中国地震局地震工程与工程振动重点实验室重点专项（2020EEEVL0103）
吉林省科技发展计划（20180201034SF）

延吉市活断层探测与地震危险性评价

张　羽　赵成男◎主　编

地　震　出　版　社

图书在版编目（CIP）数据

延吉市活断层探测与地震危险性评价 / 张羽，赵成男主编.—北京：地震出版社，2021.7

ISBN 978-7-5028-5330-3

Ⅰ.①延…　Ⅱ.①张…②赵…　Ⅲ.①活动断层—地震勘探—研究—延吉　Ⅳ.①P631.4

中国版本图书馆CIP数据核字（2021）第118072号

地震版　XM4589/P（6123）

延吉市活断层探测与地震危险性评价

张　羽　赵成男◎主编

责任编辑：刘素剑　郭贵娟

责任校对：凌　樱　鄂真妮

出版发行：地震出版社

北京市海淀区民族大学南路9号　邮编：100081

发行部：68423031　传真：68467991

总编办：68462709　68423029

编辑室：68467982

http：//seismologicalpress.com

E-mail：dz_press@163.com

经销：全国各地新华书店

印刷：河北文盛印刷有限公司

版（印）次：2021年7月第一版　2021年7月第一次印刷

开本：889×1194　1/16

字数：569千字

印张：19.75

书号：ISBN 978-7-5028-5330-3

定价：128.00元

延吉市活断层探测与地震危险性评价

编写组成员

主　编：张　羽　赵成男

参　编：陈棋福　崔　静　金东淳　金学申
李　峰　李晓燕　李艳波　刘华国
吕　月　朴　军　邱庆良　全　浩
时志安　田勤俭　田　甜　王军亮
王沿东　魏美璇　吴熙彦　张景发
张军龙

前言

地震灾害是指由地震引起的强烈地面振动及伴生的地面裂缝和变形，使各类建（构）筑物倒塌和损坏，设备和设施损坏，交通、通信中断和其他生命线工程设施等被破坏，以及由此引起的火灾、爆炸、瘟疫、有毒物质泄漏、放射性污染、场地破坏等造成人畜伤亡和财产损失的灾害。世界上 90% 以上的地震、几乎所有的破坏性地震均属于构造地震。构造地震也称为断层地震，由地壳在构造运动中发生形变，当变形超出了岩石的承受能力，岩石就发生断裂，在构造运动中长期积累的能量迅速释放，造成岩石振动，从而形成地震。绝大多数强震震中分布于活断层带内，发生在岩石开始断裂的部位，故其也可以称为地震震源，特别是第四纪（10 万年）以来有过活动迹象的断层——活断层更容易发生地震灾害。所以活断层探测的工作重点就是找寻断层，解决“有没有”的问题；其次鉴定是否为活断层，解决“活不活”的问题；再次对活断层未来的地震危险性进行评价，解决“震不震”的问题；最后对活断层可能发生的危害性进行评价，解决“震起来破坏有多大”的问题。

活断层探测是指利用先进的技术手段，确定活断层准确的空间位置及深部构造环境，获取其晚第四纪滑动类型、滑动速度、古地震事件、中强以上地震复发周期等参数的过程。我国自 2000 年开始在全国各大重点城市开展城市活断层探测与地震危险性评价工作，吉林省先后开展了 3 个城市的探测工作：2005—2008 年完成了长春市活断层探测与地震危险性评价项目；2011—2014 年完成了松原市活断层探测与地震危险性评价项目；2014—2020 年完成了延吉市活断层探测与地震危险性评价项目，本书就是根据延吉市的工作成果编写的。

延吉市活断层探测与地震危险性评价项目在吉林省地震局及延边州地震局

指导下，延吉市地震办公室负责具体实施，严格执行中国地震局和吉林省地震局有关项目管理规定，按照相关要求进行施工。按照国家重点建设项目的有关法律法规，实行项目负责人制、招投标制、监理制和合同制管理，项目负责人按照审查批准的项目初步设计，负责组织项目的实施，编制专题项目施工设计及招投标文件、财务计划落实和经费管理。在项目实施过程中，延吉市地震局办公室赵成男主任作为项目负责人，张羽高级工程师、金东淳研究员作为技术负责人，负责项目实施与协调工作。在这里感谢监理专家杨主恩、何正勤研究员给予的热心帮助，感谢田勤俭研究员提出很多建设性建议和悉心指导，感谢参加项目工作各单位的大力支持与鼎力合作，感谢政府机构的关怀与帮助，在此一并致以衷心的感谢和诚挚的谢意！

参加项目工作与本书编写的单位有：

吉林省地震局；延边州地震局；延吉市应急局；延吉市地震办公室；中国地震局地壳应力研究所（现名：应急管理部国家自然灾害防治研究院）；中国地震局地震预测研究所；吉林大学；延边地质工程勘察处；吉林省煤田地质物探公司；吉林省第六地质调查所；中国科学院地质与地球物理研究所；北京美辰建筑工程抗震有限公司。

支持与感谢的政府机构有：

延吉市人民政府；延吉市发展和改革局；延吉市工业和信息化局；延吉市财政局。

目录

第1章　绪　言

1.1　项目背景

延吉市位于吉林省东部，是延边朝鲜族自治州的首府，全市辖区约1748km²，辖6个街道、4个镇。截至2020年，全市户籍人口约55.78万人，朝鲜族人口约30.79万人，约占总人口比重的55.2%。城市化水平超过90%，是一座以工业、商贸、旅游为主的具有朝鲜族民族特色的宜居旅游开放中心城市，综合实力位居全省县（市）第一，是吉林省唯一的全国百强县（市），获“全国创先争优活动先进县（市、区、旗）党委”等150多项国家级荣誉称号。多年来，延吉市紧紧围绕“稳增长、促改革、调结构、惠民生”，深入实施“诚信立市、工业强市、依法治市”战略，全力抓好经济、项目、社会和城乡建设，全市呈现出经济稳步增长、民生持续改善、社会和谐稳定的良好局面。2020年，全市生产总值完成314.55亿元，下降0.4%；全市一般公共财政预算收入完成23.79亿元，税收收入实现19.37亿元，增长13.6%；第一产业增加值为4.39亿元，下降7.7%；第二产业增加值为108.15亿元，下降1.7%；第三产业增加值为202.01亿元，增长0.6%；城镇常住居民人均可支配收入和农村常住居民人均可支配收入分别达到36980元和16732元，均增长7.2%。延吉市被正式批准为全省扩权强县试点，截至2021年，其位居全国中小城市综合实力百强县市第92位、全国新型城镇化质量百强县市第51位、全国创新创业百强县市第63位，是吉林省唯一荣获全国三大百强县市称号的城市。

延吉市位于吉林省东部、长白山脉北麓。地理坐标：北纬42°50′～43°23′，东经129°01′～129°48′。由于地处高纬度地带的山林盆地，故呈大陆性气候特点。春季干燥多风，夏季温热多雨，秋季凉爽少雨，冬季漫长寒冷，属中温带半湿润气候区。年平均气温5.5℃，全年无霜期约160天，年平均降水量约479.0mm，平均日照2447.2小时，结冰日164天。延吉市东、南、北三面环山，西面开阔，中间平坦，呈马蹄状盆地。平均海拔高度150m。地势北高南低，地形为丘陵状起伏。境内河流皆图们江支流，主要有布尔哈通河、烟集河和海兰江。区内土质主要为灰棕壤土、水稻土、冲积土、草甸土和黑土等。

延吉市地处山区与平原的结合部，大部分属延吉盆地，城市及周边地区断裂构造发育，经过延吉市的主要断裂有布尔哈通河活动断裂。延吉市及其附近发生的最大地震为 2008 年 5 月 26 日延吉城区北依兰乡 2.5 级地震，距城区仅 11km。

延吉市及周边的活断层研究虽然有一定基础，但由于研究目的不同，目前对于延吉市区及其附近的断层活动性与地震的关系，还不十分清楚。因此，吉林省地震局立项，选择延吉市的主要断层作为目标断层，并查明断层的活动性，确定发震构造及发震断层的准确位置，评价它们的地震危险性和危害性，判定延吉市是否存在突发性快速错动而引发地震的可能，为延吉市防震减灾、城市规划、建设、土地利用提供依据，进一步促进城市可持续发展是十分必要的。

1.2 任务来源

2006 年延吉市被国务院确定为全国 11 个地震重点监视防御城市之一，2012 年《省委、省政府关于支持延边朝鲜族自治州加快经济社会发展若干意见》中将延边州区域城市活断层探测列入防灾减灾项目。2014 年 10 月，作为国家防灾减灾项目，吉林省发改委批准了“延吉市活动断层探测与地震危险性评价工程初步设计书”。根据《延吉市活断层探测与地震危险性评价施工设计》及中国地震局颁布的相关法规、规范等，编制本设计，并将其作为实施的依据。

“延吉市活断层探测和地震危险性评价”项目分为两个阶段。第一阶段为“初查”，主要完成控制性探测任务，该阶段按初步设计方案执行；第二阶段为“详查”，根据第一阶段工作结果和存在的问题，进行施工设计，除解决第一阶段遗留问题外，主要针对目标断层活动性鉴定与定位、目标区地震危险性与危害性评价、城市活断层信息系统建设等任务，最终完成项目。

延吉市位于欧亚大陆东缘，受太平洋板块俯冲及弧后盆地（日本海）开合影响，附近新生代火山活动强烈，深源地震频繁，浅源地震相对较少，但有 6 级左右浅源地震发生。

延吉市主要位于中生代盆地内。盆地呈马蹄状，经多期活动，构造复杂。该盆地现今已褶皱隆起，有中生代地层出露地表。

探测区范围主要出露中生代地层，第四纪地层主要位于河谷地带，构成河流阶地。境内河流皆图们江支流，主要有布尔哈通河、烟集河和海兰江。

延吉目标区主要有布尔哈通河断裂（F_2）、小营断裂（F_3）、八道—东盛断裂（F_6）等目标断层；需要确定延吉目标区主要目标断层及地表破裂带的准确位置和活动性。

1.3 目标及工作范围

工程建设总体目标是：加强延吉市抗震设防的基础工作，查明延吉目标区目标断层的位置、规模、活动性及地震危险性；确立延吉目标区主要目标断层及地表破裂带的准确位置，并提供在1 ∶ 25万地理底图上的活断层分布图和断层强地面活动场分布图；为城市建设、土地利用、城市发展规划和抗震防灾等提供依据，提高城市防震减灾综合能力。

1.3.1 建设目标

第一阶段：

（1）确定主要利用浅层地震等手段探测活动断层的技术参数和浅部标准物性界面层；

（2）建立布尔哈通河Ⅰ级阶地和烟集河Ⅱ级阶地两个第四纪地层标准剖面；

（3）编制《延吉市活动断层探测探测区1 ∶ 25万工作区区域地震构造图》（包括深部）；

（4）编制《延吉市活动断层探测目标区1 ∶ 5万主要断层分布图》；

（5）初步查明目标区活断层的位置及其活动性；确定目标区内需要详细探测的主要活断层段。

第二阶段：

（1）查明延吉目标区布尔哈通河断裂（F_2）、小营断裂（F_3）、八道—东盛断裂（F_6）、龙渊—李花洞断裂（F_7）4条目标断层的位置、规模、活动性及地震危险性；

（2）确定延吉目标区主要目标断层及地表破裂带的准确位置；

（3）综合深浅部的探测成果建立活断层的三维结构模型，评定地震活断层灾害，提出城市活断层危害防范对策；

（4）采用计算机技术建立目标区目标断层基础数据库和用于活断层地震危险性分析、近断层强地面运动场和危害性对策咨询的地理信息系统；

（5）建立信息咨询服务部。

1.3.2 工作范围

依照中国地震局GB/T 36072—2018《活动断层探测》的规定，开展“延吉市活动断层探测与地震危险性评价项目”。延吉市活动断层探测与地震危险性评价项目目标区（图1.1）范围为：129.3°～129.65°E、42.85°～43.0°N，显示东西长25km，南北宽19km，面积约

475km²；探测区范围为：127.2°～131.2°E，41.4°～44.7°N，显示东西长337km，南北宽366km，去除探测区内的海域、国境外的地区，探测区实际面积约90000km²。

1.4 工作依据和技术思路

项目工作依据：

（1）《吉林省发展改革委关于延吉市城市活断层探测与地震危险性评价项目可行性研究报告的批复》（吉发改审批〔2014〕226号）；

（2）《延吉市活断层探测与地震危险性评价初步设计》（中国兵器工业北方勘察设计研究院有限公司，2014年8月）；

（3）《中华人民共和国防震减灾法》；

（4）《国务院关于加强防震减灾工作的通知》（国发〔2004〕25号）；

（5）《关于重点防御城市的通知》（国办发〔2006〕54号）；

（6）《国务院关于进一步加强防震减灾工作的意见》（国发〔2010〕18号）；

（7）《中国地震活动断层探测技术系统技术规程》（JSGC—04）；

（8）《地震灾害预测与信息管理系统技术规范》（GB/T 19428—2003）；

（9）《活动断层探测》（GB/T 36072—2018）；

（10）中国地震局《地震数据库系统技术规范》；

（11）《中华人民共和国地震行业标准1：5万活动断层填图》（DB/T 53—2013）；

（12）《中华人民共和国地震行业标准活动断层探测1：25万地震构造图编制》（DB/T 73—2018）；

（13）《中国地震局活动断层探测技术系统工程监理实施细则》；

（14）各种地球物理、地球化学和钻孔探测等技术规范和要求；

（15）《投资项目可行性研究指南》；

（16）《城市活动断层管理办法》（中震防发〔2013〕23号）；

（17）《城市活动断层探测工作大纲》（中震办发〔2014〕3号）；

（18）《延吉市活断层探测与地震危险性评价施工设计》（中国地震局地震预测研究所，2015年2月）。

项目实施的技术流程如图1.2所示。

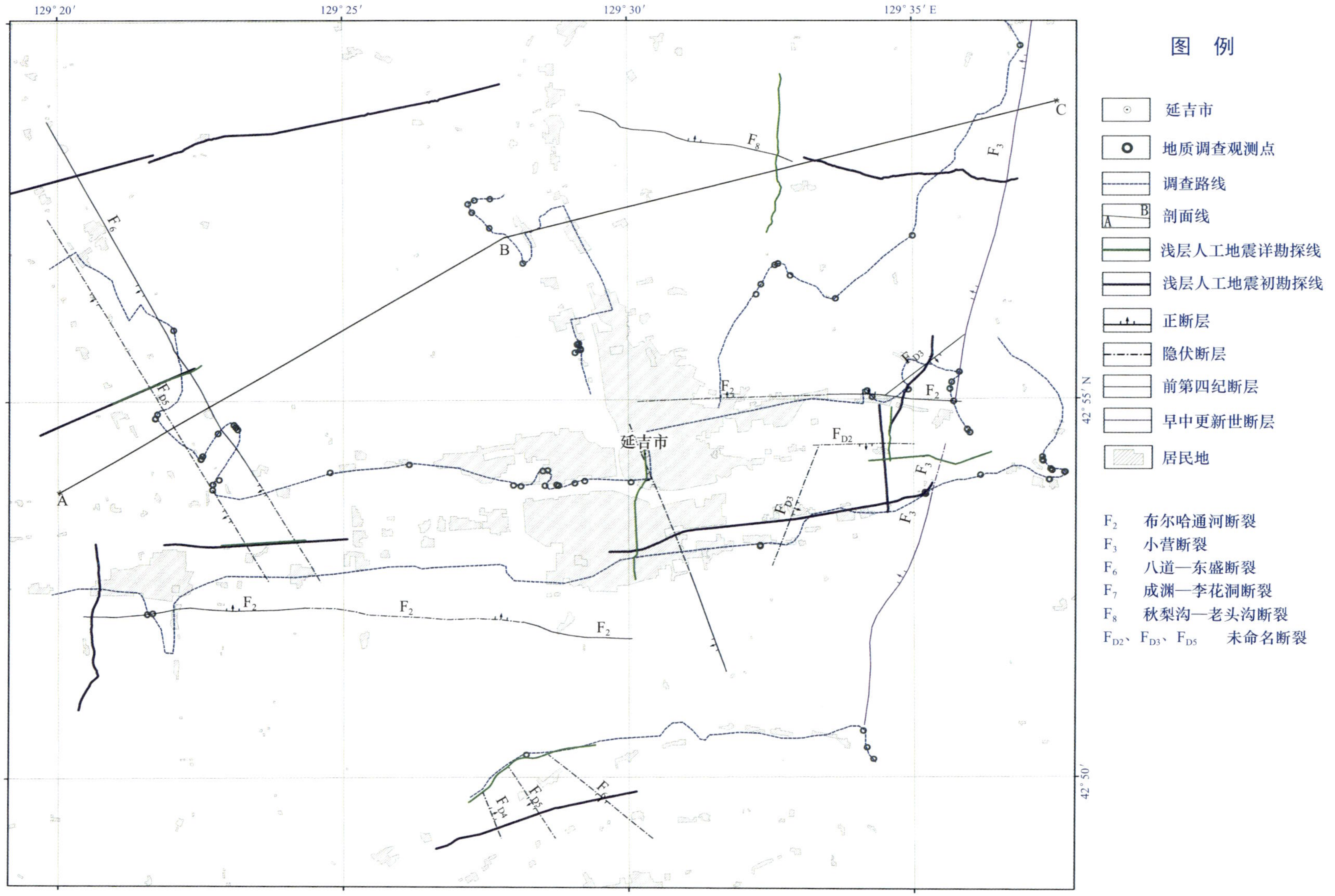

图 1.1 目标区 1 ∶ 25 万实际材料图

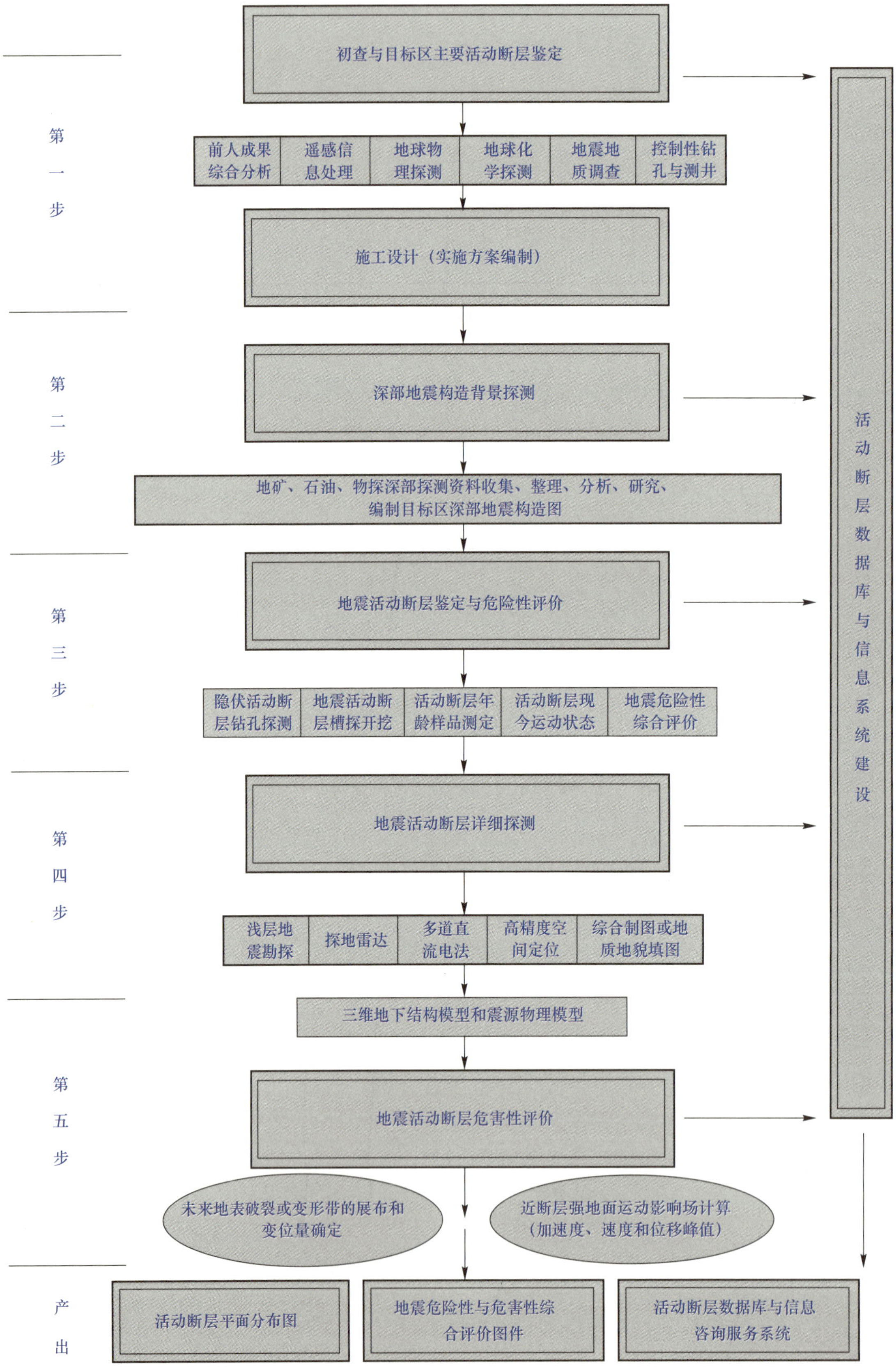
第一步
初查与目标区主要活动断层鉴定
前人成果综合分析
遥感信息处理
地球物理探测
地球化学探测
地震地质调查
控制性钻孔与测井
施工设计（实施方案编制）
第二步
深部地震构造背景探测
地矿、石油、物探深部探测资料收集、整理、分析、研究、编制目标区深部地震构造图
第三步
地震活动断层鉴定与危险性评价
隐伏活动断层钻孔探测
地震活动断层槽探开挖
活动断层年龄样品测定
活动断层现今运动状态
地震危险性综合评价
第四步
地震活动断层详细探测
浅层地震勘探
探地雷达
多道直流电法
高精度空间定位
综合制图或地质地貌填图
三维地下结构模型和震源物理模型
第五步
地震活动断层危害性评价
未来地表破裂或变形带的展布和变位量确定
近断层强地面运动影响场计算（加速度、速度和位移峰值）
产出
活动断层平面分布图
地震危险性与危害性综合评价图件
活动断层数据库与信息咨询服务系统
活动断层数据库与信息系统建设

图 1.2　技术流程

1.5 工作成果

综合考虑延吉市及邻区具体的地质环境、已有探测成果等资料，以先进、有效、可靠为基本原则，选择不同工作阶段切实可行的探测技术手段进行探测，具体包括以下内容：高分辨遥感信息处理与解译（101 专题）、标准钻孔探测与第四纪地层剖面的建立（102 专题）、控制性浅层地震勘探初查工程（103 专题）、探测区 1 ∶ 25 万地震构造图编制（104 专题）、浅层地震勘探详查工程（201 专题）、延吉市及附近地区深部结构背景探测（202 专题）、目标区 1 ∶ 25 万断层分布图编制（203 专题）、地震危险性评价（204 专题）、目标区活动断层活动时代鉴定、目标区断层地质地貌调查与活动性鉴定（205 专题）、延吉市活动断层探测与地震危险性评价项目数据库建设专题（206 专题）等。

（1）101 专题，针对延吉市工作区及目标区，基于多源遥感数据，利用 ENVI/IDL（图形图像处理软件）ArcGIS（地理信息软件）PCI（图像处理软件）等进行遥感、地质和数字地貌等方式的融合处理与分析，然后结合构造地质学，提取出与断裂构造有关的光谱异常信息，分析了断裂构造地貌及空间展布特征。

（2）102 专题，通过在目标区内布尔哈通河Ⅰ级阶地和Ⅱ级阶地上开展控制性钻孔探测，分析和描述钻孔剖面的岩芯，系统采集沉积物样品、孢粉分析样品和第四纪年龄测试样品，分析和对比钻孔剖面第四纪地层，建立目标区第四纪地层标准剖面，并为活断层地震危险性评价提供依据。

（3）103 专题，初查工程采用浅层地震反射纵波勘查方法，详查采用浅层地震反射纵波或横波勘查方法，查明测线控制范围内的断裂位置、性质及其上断点埋深，为地震危险性评价提供依据。结合对勘查工作目标区踏勘，依照监理公司审查意见内容修改，初查工程设计在目标区跨断层及附近布设 9 条浅层地震测线。设计测线总长度 49.962km。野外实际完成地震测线 10 条，完成测线总长度 50.72km。

（4）104 专题，为给评价延吉市的地震危险性提供较为完整的区域构造环境资料，本次认真收集了吉林省地质调查院近年来编制的 1 ∶ 25 万区域地质调查资料、吉林省第六地质调查所编制的 1 ∶ 20 万区域地质图，以及工作区内地球物理、水文地貌等资料，并进行了综合分析整理，编制了探测区 1 ∶ 25 万地震构造图。在编图过程中，前新生代地层根据编图技术要求进行了合并，新生代以来的地层按实际地层单元及分布范围在图面上进行了表示，断层按活动时代划分为前新近纪断层及新近纪以来的断层。对于前新近纪断层，只表示了规模较大的，以适当简化图面，突出活动断层。新近纪以来的活断层，采用了前人的研究成果，并将其标注在图面上。

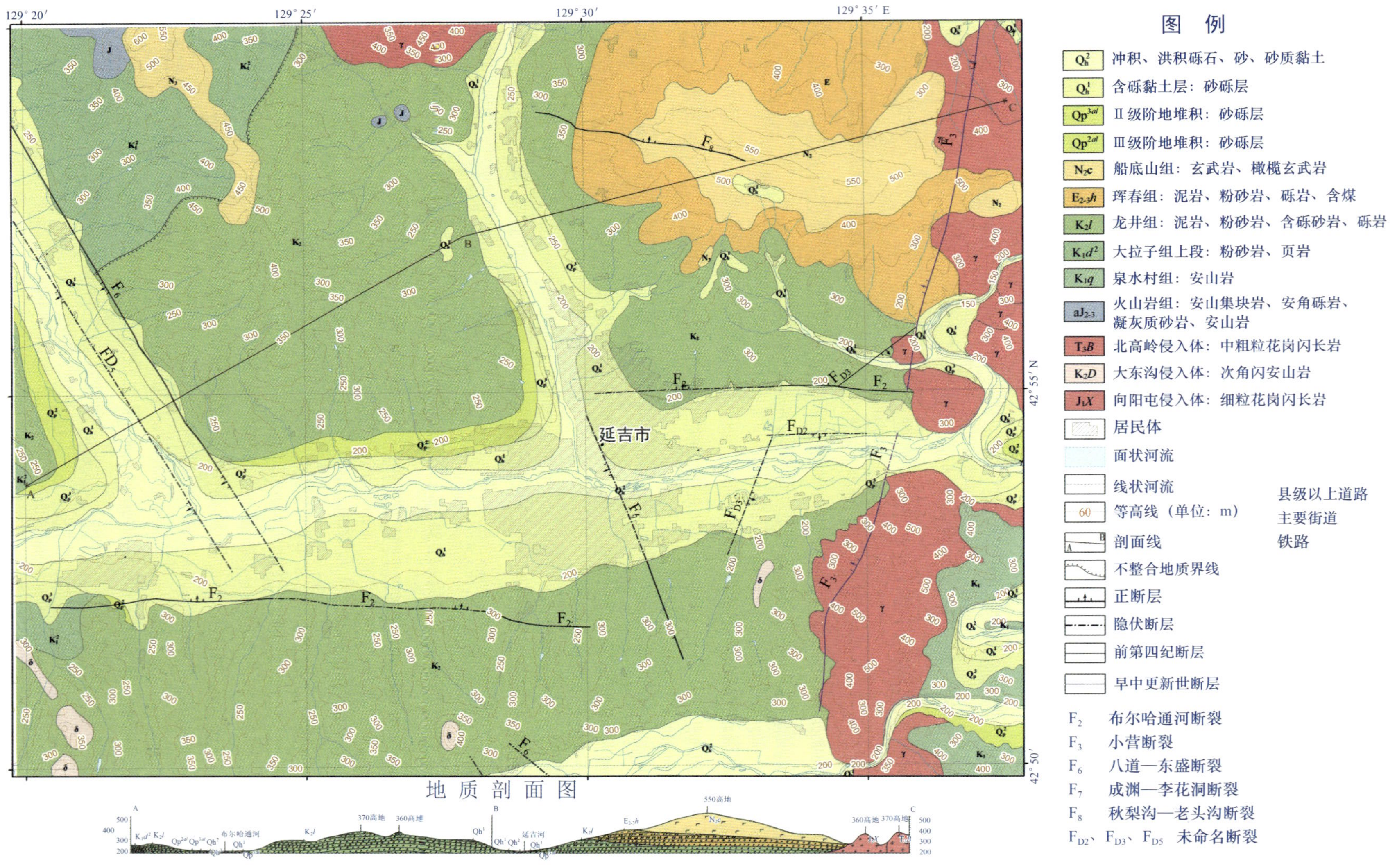

图 1.3　目标区 1 ：25 万主要断层分布图

（5）201专题，完成试验线3条，试验线总长度7km，完成生产地震测线7条（包括横波测线3条、纵波测线4条），生产地震测线总长度19.77km。完成地震物理点3324个（其中试验物理点978个，生产物理点2346个）。获得生产地震记录2346张。其中，一级品2037张，一级品率86.83%；二级品309张，二级品率13.17%，全区无空炮、无废炮。获得水平叠加剖面和叠加偏移时间剖面各7张，时间剖面总长度均为19.531km。

（6）202专题，本研究利用布设在我国东北地区的NECsaids流动台阵及固定地震台站和NECESSArray流动台阵的波形记录，采用多种深部结构成像方法获得了研究区深部结构的图像。结果表明：研究区下方速度结构存在明显的横向和纵向不均匀性，浅部速度结构与浅表地质构造单元有较好地对应，深部速度结构较好地反映了区域火山活动及深部热物质作用的结构特征；长白山火山、龙岗火山和镜泊湖火山在深部（岩石圈地幔或者更深）可能具有同源的特征；在俯冲板片与660km间断面交会作用区域，660km间断面发生大幅度下沉（30～50km）；研究区域410km间断面表现为整体下沉；郯庐断裂带两侧的深部速度结构存在明显差异，表明郯庐断裂带的形成和发育与深部构造背景可能存在密切的联系；近东西向穿越延吉市的布尔哈通河断裂下方8～45km深部存在明显的S波速度结构差异且深部稍显南倾。延吉市活断层探测工作区地壳内没有明显的低速体，其地壳厚度为30～32km，其波速比为1.7～1.8，探测工作区的八道—东盛断裂和龙渊—李花洞断裂之间的地壳厚度稍薄而波速比稍高。综合分析认为，延吉市活断层探测目标区的深部结构与1902年汪清6.6级地震附近的深部结构有着明显差异。

（7）203专题，综合已有地质和地球物理资料、地球物理与地球化学控制性探测、钻孔探测与第四纪地层划分方案，以及地震地质调查结果，编制目标区1 ：25万主要断层分布图（图1.3）等，确定第四纪地层层序及物性参数、初步鉴定主要断层的活动性及需要开展地震危险性评价的主要活动断层数量。

（8）204专题，勘查清楚目标区隐伏断裂分布及其地震危险性，划定城区及其周围的地震危险地段，确定相应的抗震设防标准和防御措施，是现代城市防御和减轻地震灾害的重要基础工作。通过不同类型活断层产生的地震破坏、位错类型，评估断裂附近的强地面运动，为城市防震减灾和制定发展规划提供科学依据。

（9）205专题，基于前期地球物理浅层勘探成果，通过跨断层两侧探地雷达探测、DGPS地貌测量、联合钻探剖面等方法相结合，探测活动断层的位置、上断点埋深、分析断层活动性和时代鉴定等工作。在浅层物探基础上，使用探地雷达探测小于50m埋深范围内（主要在10m以内）的断层空间位置，并讨论上断点埋深；在浅层物探和探地雷达探测成果的基础上，合理设计断层两侧的钻孔位置及探测目标层（深度），使用钻探联合剖面探测活动断层的位置、上断点埋深，以及活动时代鉴定等工作。对布尔哈通河断裂、小营断裂、八道—东盛列等3条目标断层，获取断裂位置、断点埋深、滑动方向及位移值；确定隐伏断层最新活动时代，并给出活动断层的平均滑动速率。

（10）206专题，根据活断层探测、数据库建设行业标准，对涉及的9个专题重新构建，建立延吉市活断层探测与地震危险性评价数据库。

第 2 章　区域地震地质构造环境

2.1　区域地质构造概况

目标区所处区域及周围出露大部分地层，其中以二叠系分布广、厚度大、化石丰富，最具分区特征。区内主要存在 3 种断裂体系，即为北西向断裂体系、北东向断裂体系及纬向断裂体系（图 2.1）。区内火山岩主要以海西期花岗岩和新生代玄武岩形式存在，大范围覆盖探测区。

2.1.1　大地构造轮廓及其所处大地构造位置

延吉市所在的东北地区位于近东西向分布的古亚洲洋构造域与北东向展布的太平洋构造域的交叉点，其地质构造演化历史极为复杂，岩浆活动强烈。穿越东北的满洲里—绥芬河地学断面项目通过多学科方法对中国东北地区深及上地幔的岩石圈结构及物质组成的研究显示我国东北地区是由额尔古纳—兴安陆块、松嫩—张广才岭陆块和佳木斯陆块等拼合而成的增生大陆，为世界上一种新型的小地块碰撞拼合时受大洋板块俯冲的应力场作用形成的盆、山相间结构。

延吉盆地是吉林省东部的一个中生代山间断陷盆地，呈马蹄状，在构造单元上属于吉黑褶皱系东部延边州地槽褶皱带南部、延边复向斜西南缘。总面积约 1670km^2，地表基本被白垩纪和第四纪地层覆盖。区内地质构造较为发育（图 2.2）。

断裂构造：盆地断裂极其发育，均为张性正断层，平面上可明显分为北北东向、北东向、东西向和北西向展布的 4 种类型。北西向断层规模最大，贯穿全盆地，构成了盆地内一级或二级构造单元的边界。东西向断层次之，与北西向断层相交构成构造单元的南北边界。区内断层相互交切，控制了盆地构造格局。

（1）东西向断裂：为一组相互平行，近东西向展布的强烈挤压断裂构造，断面倾向北，倾角为 40°～ 70°。断裂带发生于华力西期，在燕山期、喜山期甚至现今仍继续活动。它控制了布尔哈通河河谷分布及第四系沉积作用。

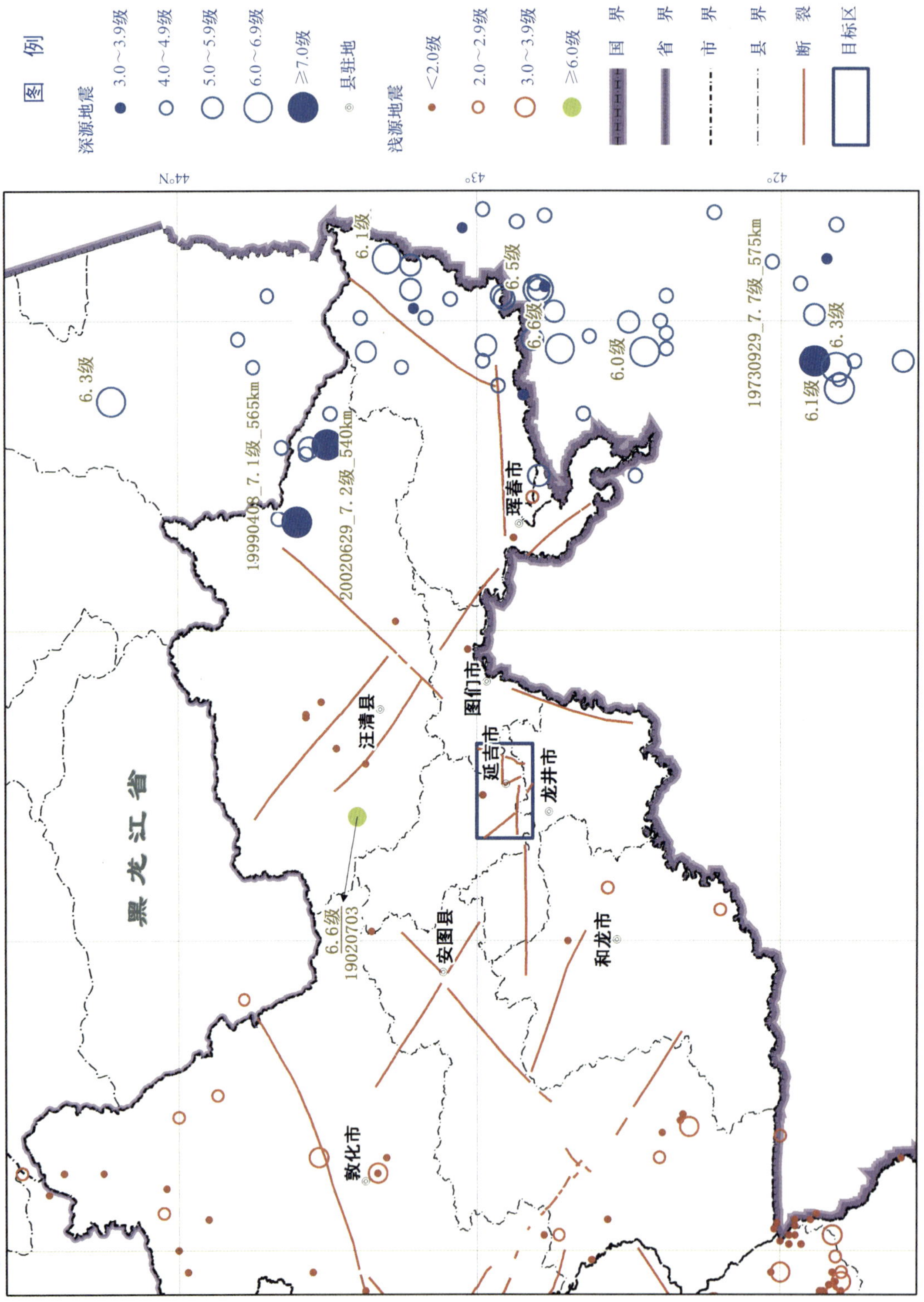

图 2.1 探测区区域构造示意图（蓝色方框为目标区）

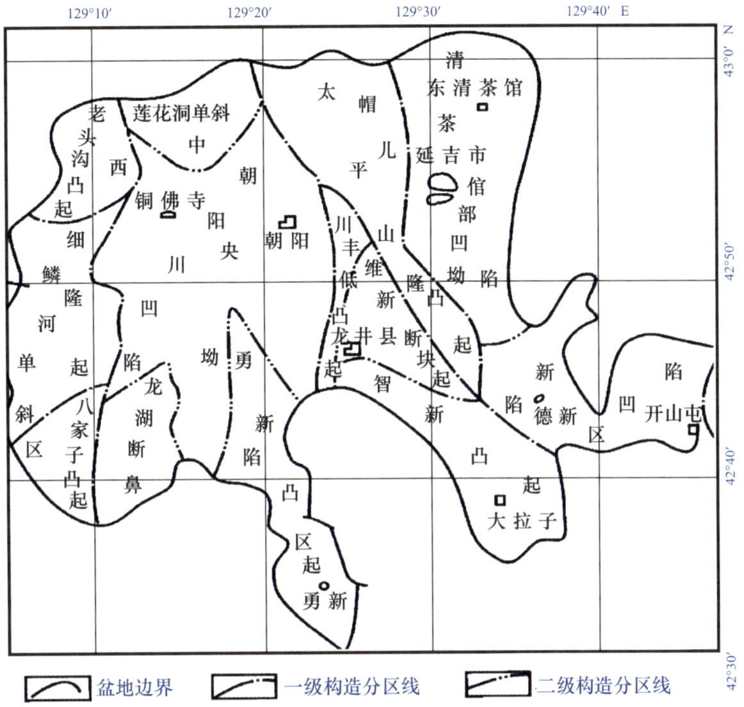

图 2.2　延吉盆地地质构造分区示意图

（2）北东向断裂：区内多条断裂发育，断裂为压性，压剪性断裂，走向为 20°～ 40°，倾向北西。

（3）北西向断裂：主要分布在烟集河的断裂带，走向为 320°～ 340°，倾向南西。褶皱构造：延吉盆地由两个叠置向斜组成。其中，下为屯田营组、长财组、大砬子组组成轴向北北西的早白垩世褶皱；上为龙井组组成轴向北东的晚白垩世褶皱。规模为长 60km、宽 50km，为开阔向斜，四周被断裂控制。向斜轴在延吉—头道一线，轴向为 55°～ 60°。核部地层为白垩系龙井组，两翼地层为白垩系大砬子组和长财组，岩层产状为 8°～ 15°。

延边地区自华力西期构造运动至印支构造运动塑性变形占主导地位，而到了燕山构造运动，由于库拉板块向欧亚板块强烈俯冲和随着各地块之间的多运动造山缝合作用的完成，以脆性变形为特征的断块升降运动和平移剪切作用占主导地位，形成了与其有关的上叠盆地构造，如延吉内陆湖泊断陷盆地、清茶馆河湖相断陷盆地及第四纪布尔哈通河沉降区，各盆地的形态和延伸方向均受基底断裂构造的控制。

延吉断陷盆地在早白垩纪时，受南北向断裂构造控制，形成以大砬子组地层为主体的湖泊相盆地；到晚白垩世，在前一盆地继承性活动的基础上，又形成了以龙井组地层为主体的湖相盆地。清茶馆河湖相断陷盆地，以新生代下古近系古新统珲春组地层为主体，构成宽阔的向斜，其北翼倾角为 6°～ 21°，南翼倾角为 4°～ 5°，轴向东西，受东西向断裂的控制。

从上新世起，延边地区区域构造运动以上升运动为主，处于隆升环境，但水平运动明显。两级夷平面和Ⅵ级阶地的存在（金钟范，1994）表明该区曾存在 8 次比较明显的抬升运动。

敦化—镜泊断裂带两侧地块在新构造期向中心对冲，敦化大山咀子逆断层等的存在则是本区水平运动存在的证据。

延吉盆地内部可划分为 4 个一级构造单元和 13 个二级构造单元。盆地经历了上侏罗统屯田营组和长财组沉积时期的初始裂陷、白垩系头道组和铜佛寺组沉积时期的裂陷、大拉子组沉积时期的裂坳、龙井组一段和二段沉积时期的坳陷、龙井组三段及第三系沉积以后的萎缩 5 个发展阶段。盆地内坳陷和隆起特征显著，由西至东，依次大致分为西部隆起，中央坳陷、中部隆起和东部坳陷。东部坳陷呈现近南北向的条带状特征，盆地内基底最深处位于延吉北侧的坳陷内，深度达 2.6km。

2.1.2 区域地层

区域地层由下元古界变质岩～新生界第四系组成（下元古界、泥盆系、石炭系、二叠系、侏罗系、白垩系、第三系、第四系）（表 2.1）区域地层自中生界白垩系上统龙井组（K_2l）到第四系（Q），编图方面根据“DB/T 73—2018《活动断层探察 1 ： 250000 地震构造图编制》”规范进行老地层的合并，叙述如下。

表 2.1　区域地层简表

界	系	统	组	段	厚度 /m
新生界	第四系	全新统		低浸滩及河床冲积沙砾石（Qh^3）	20～70
				高浸滩砂砾石及亚黏土层（Qh^2）	
				Ⅰ级阶地中下部砂砾石及黏性土（Qh^1）	
		上更新统		新黄土（Qp_3^2x）	
				棕黄色冰碛层（Qp_3^1）	
				马连河玄武岩（βQp_3^1m）	
				冲积、湖积、沼泽沉积（Qp_3^1）	
		中更新统		上老黄土（$Qp_2^{2-2}sh$）	
				Ⅲ级阶地冰碛层（Qp_2^{2-1}）	
				下老黄土（$Qp_2^{1-2}x$）	
				哈达门冰碛层（$Qp_2^{1-1}h$）	
		下更新统		白金玄武岩（βQp_1b）	
				绛红色冰碛层（Qp_1）	
	新近系	上新统—中新统	土门子组（$N_{1-2}tm$）		11～762
	古近系	渐新统—古新统	珲春组（$E_{1-3}h$）		200～960
中生界	白垩系	上统	龙井组（K_2l）	100～91Ma	290～1150
		下统	大拉子组（K_1dl）		296～3628
			铜佛寺组（K_1tf）		
			头道组（K_1td）		
			屯田营组（K_1tt）		110～1500

1．白垩系上统龙井组（K_2l）

其分布于延吉、屯田营、蛤蟆塘、大甸子等地。为一套红色沉积建造，岩性和厚度变化较大，一般可分为上下两段。

下段为砂砾岩段，由灰黄色及红色含砾砂岩、粗砂岩、砾岩组成，夹紫红、绿灰色粉砂岩，底部局部为巨砾岩。

上段为砂泥岩段，由红色、紫色、灰绿色的粉砂岩、砂质泥岩、砂岩组成，夹含砾砂岩和薄层泥灰岩，局部夹有薄层石膏，厚度为 290 ～ 1150m。

2．古近系渐新统—古新统珲春组（$E_{1-3}h$）

其分布于珲春凉水、土门子、金塘村、延吉开山屯、三合、清茶馆、白龙洞等地，主要由砾岩、砂岩、页岩、凝灰质页岩、凝灰质砂岩及煤层组成，厚度为 200 ～ 960m。

3．新近系上新统—中新统土门子组（$N_{1-2}tm$）

其分布于珲春春化，老头沟、桦树嘴子、二道沟，宁安五峰楼、金坑、鹿道，敦化县城以北及杨家店等地，主要由砂岩、砾岩、凝灰质页岩及硅藻土层组成，厚度为 11 ～ 762m。

4．第四系（Q）

下更新统：绛红色冰碛层（Qp_1），由砾石、亚黏土、砂等组成，胶结紧密，厚度为 10m。白金玄武岩（βQp_1b），主要为橄榄玄武岩，厚度为 20 ～ 70m。

中更新统：哈达门冰碛层（$Qp_2^{1-1}h$），为黄色沙土，混杂大小不等的砾石。厚度 10 ～ 20m。下老黄土（$Qp_2^{1-2}x$），为褐红色黄土，厚 5 ～ 10m。Ⅲ级阶地冰碛层（Qp_{2-1}），下部为黄褐色黏土质砂夹砾石，中部为灰色含砾黏土，上部为黄色含砾亚黏土。其厚度为 10 ～ 15m。上老黄土（Qp_2sh），为棕红色黄土，厚度为 5 ～ 10m。

上更新统：冲积、湖积、沼泽沉积（Qp_3l），由砾石、砂、泥炭等组成，厚度为 2 ～ 15m。马连河玄武岩（βQp_3lm），主要为黑色板状、致密状橄榄玄武岩，厚度大于 10m。棕黄色冰碛层（Qp_3l），冰碛泥砾友砾、砂及亚黏土组成，厚度为 20 ～ 30m。新黄土（Qp_3x），厚度为 5 ～ 10m。

全新统：Ⅰ级阶地中下部砂砾石及黏性土（Qhl），厚度为 5 ～ 15m。高浸滩砂砾石及亚黏土层（Qh），厚度为 5 ～ 10m。低浸滩及河床冲积沙砾石（Qh），厚度为 3 ～ 10m。

2.1.3　区域构造发展阶段的划分

区内构造演化经历了龙岗陆核形成、古亚洲构造域、滨太平洋构造域三个发展阶段，在其发展的各阶段均有独自的构造特征。

1．龙岗陆核的形成及发展

在探测区的南部龙岗地块北缘出露一套最古老的变质岩：阜平期龙岗群，由于遭受强烈的褶皱变形作用、变质作用和混合岩化作用，形成太古代花岗—绿岩地体，即通称的花岗—

绿岩带，这就是龙岗陆核。其后又经历了陆核的增生和发展阶段，开始转为稳定板块的发展阶段。

2. 太古代构造层

龙岗古陆块形成之后，在陆块的南北两侧处于陆块边缘裂陷环境，地壳早期断裂活动并未停止，上地幔熔融物质再次上涌，在雏形古陆块的两侧形成了晚太古代火山—沉积建造。在阜平运动的影响下，在花岗—绿岩地体的北侧形成了北西向的古洞河断裂，在花岗—绿岩地体内部形成一套开阔型的褶皱构造和北西向的韧性剪切带，奠定了区内最基本的构造格局。

3. 元古代构造层

太古代陆块形成之后，本区处于一种离散环境，在五台运动初期，在浑江、松江、检德之间形成了 3 个初始裂谷臂。五台运动晚期结束了裂谷的发生、发展、夭折的历史。在中条运动末期，由于陆缘活化碰撞，夭折裂谷拗拉槽受到挤压、隆起、平移变形并伴随大规模的岩浆活动，形成构造岩浆带。扬子运动时期陆块内不断穹起，产生大规模的断块运动，先后形成富尔河—古洞河断裂和两江断裂，结束陆核增生而形成地块。

4. 古生代构造层

元古代末期以来，延边地质史进入了一个新的发展时期，在南部龙岗和龙地块形成的同时，北部佳木斯隆起也同时形成，中间为吉黑海洋区，形成了南块北隆夹一洋的构造格局。

由于加里东构造运动的波及，形成加里东褶皱带，并固结成陆壳，形成南块北隆的首次封闭。

华力西期构造运动本区为以东西向构造线为主逐渐转变为以北东向构造线为主的一个过渡时期，本区东西向、南北向和北东向构造均较发育，特别是深大断裂，东西向逐渐闭合，南北向和北东向逐渐加深扩张，造成区内基性、超基性岩带多呈南北向和北东向分布。

5. 中生代构造层

进入中生代以后，华北板块与兴蒙造山带拼贴为一体，构造演化进入滨太平洋中国东部大陆边缘活动带的发展阶段。

印支运动以来，南块北隆连为一体，海水退出，整体上升为陆，三叠纪晚期，由于库拉板块开始向欧亚板块下俯冲而引起地壳的剧烈褶皱与隆起，在探测区内产生北东—南西向的两条大断裂带，一条从六道崴子到防川，一条从天桥岭到两江，并沿此断裂带产生大量的岩浆活动，成为本区中生代构造岩浆发展新阶段的开始。

印支期构造运动时期，由于库拉板块的继续俯冲，在大陆边缘形成广阔的火山弧，区内表现有张广才岭—长白山带。

燕山期构造运动第三幕，使中、晚侏罗纪地层发生褶皱、断裂，并伴随相应的岩浆侵入及强烈的火山活动，本次构造运动之后，本区由挤压为主阶段转化为以引张为主的阶段，形成了一系列大小不等的断陷盆地，如敦密断陷和延吉盆地等，一些先存断裂发生构造反转。

到早白垩纪，太平洋板块已紧靠欧亚大陆，由于大洋板块向西继续俯冲，引起大陆板块向东仰冲，进而使延边地区地壳处于拉张状态，在刚性基底上产生大量张性正断层及地壳大规模裂陷，形成了本区北东向成带、北西向及南北向成行的凹陷带。

6. 新生代构造层

新生代第三纪时期，由于太平洋板块继续向西俯冲，区内处于岛弧后（大致为北西—南东向）的拉张应力场中，使本区的陆壳发生张性破裂形成一系列断陷盆地，其中有敦化、珲春、土门子、松江盆地等。

在新生代裂谷—断裂总的离散环境下，本区出现敦化—密山，春化—长白山两大断裂为主的近北东向平行分布的裂隙—中心式火山岩带，从早第三纪古新世到第四纪全新世共发生 13 次火山旋迴活动，火山喷发产物数量也由寡微发展到宏大，种种迹象表明本区在新生代已进入一个大陆边缘断裂活动逐渐活化与加剧的构造环境。

新生代晚期即进入第四纪构造演化发展阶段，一些深大断裂是有继承性发展的特征，较强烈的火山活动，活动性断裂均可引发地震活动。

2.1.4 区域内第四纪以来有过活动的主要断裂

区域内断裂发育，按走向可分为东西向断裂带、南北向（包括北北东向）断裂带、北东向断裂带及北西向断裂带，按切割深度可分为盖层断裂、基底断裂、壳断裂和岩石圈断裂。探测区内第四纪以来有过活动的主要断裂带简述如下：

1. 东西向断裂带

赤峰—开原—和龙—榆城川断裂带。该断裂延伸长、切割深、规模大，发育历史长久，为超岩石圈断裂，沿赤峰、开原、辉南、和龙、清津一带分布，走向东西、北西，倾向南或北，倾角 60°～ 70°，横贯探测区的中南部，区内长约 300km。断裂以北为古生代建造，以南为太古界、早元古界建造，沿线超基性岩分布广，并控制了中新生代沉积边界及现代河床的线性地貌。断裂带内发育有线性挤压片理、片麻理构造，属压性断裂。断裂挤压破碎现象明显，由强烈的千枚岩化、糜棱岩化构成韧性剪切带。新生代以来，断裂沿线相继有火山喷溢活动。1779 年库伦发生 5.0 级地震之后，通辽、开原、清津等地相继发生了 5.0 ～ 6.5 级浅源地震，表明该断裂是一条继承性活动强烈的断裂。

天池—广坪断裂。其展布在长白山天池，广坪一带，走向东西，倾向南，倾角 60°左右，是壳断裂，区内长约 116km。断裂经长白山东西向展布，控制第四纪火山活动，属现今活动的断裂带。

二道沟—长白断裂。其位于三道沟—长白山一带，走向东西，倾向南或北，倾角 80°，区内长度约 90km，是壳型断裂，沿断裂有新生代火山喷溢活动。沿断裂带展布的鸭绿江两岸地貌不对称。该断裂近期有小震活动，是第四纪活动断裂。

延吉—马滴达断裂带。该断裂西起安图南，经延吉、图们、珲春，一直延伸到马滴达一带，近东西走向，长 220km、宽 25km，由数条断续出露的压性断层组成。断裂倾向北，倾角 40°～ 70°。断裂控制了古近纪、新近纪沉积和现代河谷的形成和发育，如布尔哈通河、珲春河等河谷仍保留线性地貌特征。新近纪后期仍有活动，并切割新近纪地层。航磁和电法资料表明，该断裂切入白垩纪盆地基底。

2. 南北向（或北北东向）断裂带

图们江断裂。图们江断裂位于图们、三合一带，沿图们江展布，为压性断层组成的断裂带，带宽 20km。该断裂形成于中生代之前，沿断裂形成的古近纪、新近纪盆地呈串珠状分布。断层切割古近系、新近系地层，垂直断距大于 50m，显示第四纪以来有过活动。

春化断裂。该断裂展布在春化、马滴达之间，断裂北东端伸入俄罗斯境内，向西南经朝鲜延入日本海，走向北北东，倾向北西，倾角 60°～ 70°，由压性、压剪性断层及挤压破碎带组成。断裂形成于晚古生代，控制古近纪、新近纪盆地的沉积。沿断裂带有上新世玄武岩喷溢活动，断层三角面清晰可见，后期正断层活动切割古近纪、新近纪地层及玄武岩。航磁、重力资料均有显示，卫片表现线性特征，断裂最新活 动发生在早更新世。

兴凯湖断裂。该断裂位于兴凯湖、双城子，走向北北东，长 195km，为张性断裂，有新生代火山喷溢活动。沿该断裂带曾发生过 5.1 级和 5.2 级地震。

3. 北东向断裂带

敦化—密山断裂带。该断裂是东北地区内一条规模巨大的岩石圈断裂，南起沈阳经抚顺、敦化、密山进入俄罗斯境内，全长 1000 余千米，总体走向北东，由两条相互平行的高角度主干逆断层构成，切错莫霍界面 1.5 ～ 4.4km。喜马拉雅运动时期该断裂带除继承性活动外，尚有新生断层活动。该断裂带可分为东、西两支。其中，西支断裂出露点多，规模大，连续性好，性质多属逆断层；东支裸露点少，连续性差，规模和构造迹象等不如西支。断裂由南至北分为浑河地堑段、辉发河地堑段、玄武岩覆盖段、密山地堑段、第四纪覆盖段 5 个段，长约 300km。

两江—大兴沟断裂。该断裂的西南从两江开始，经安图、大兴沟向北东延伸，全长约 180km。该断裂由多条平行断续出露的压扭性逆冲断层组成，宽 3 ～ 8km，倾向北西或南东，倾角 65°～ 80°。断层生成较早，控制两江、万宝、安图、屯田营、大兴沟等地中新生代盆地，切割北西向分界断裂，使它发生右旋错动。新生代以来断裂各段活动强度有所差异。两江段从两江开始向北东延伸全长约 55km。断裂具有一定的活动性，沿断裂不对称阶地发育，同 I 级阶地高差达 30m，断裂控制中、新生代盆地沉积和火山活动，断裂的后期活动又把盆地沉积和火山岩切割。近期发生小震活动。大兴沟段，从大兴沟向南西延伸，全长约 40km，断裂带在此处呈弧型构造，在 3 ～ 8km 宽的断裂破碎带内，次级断层呈羽状排列，显示右旋运动特征，促成断裂破碎带内的小型断层常常转向，其走向为北东东或东西向。此段断裂活动性标志明显，断层陡坎呈线状延伸达 7km。断裂控制中、新生代盆地沉积的展布以及玄武岩喷溢活动。后期切割中、新生代沉积地层和玄武岩。地貌表现为断裂带沿线的山脊错位，水系直角转弯，拐点附近存有断塞塘。断裂带沿线的山体、陡坡常发生滑坡、崩塌等，航磁异常带明显，卫片上线性构造线清楚，是一条新活动特征明显的断裂。该断裂带西约 20km 的四方台山一带 1902 年发生 6.6 级地震。

天池—狼林断裂。该断裂展布于狼林、天池一带，走向北东，长度约 250km，是壳断裂，断裂大部分地段隐伏在玄武岩盖层之下，控制上更新世玄武岩喷溢活动，切错中更新世粗面岩，天池区控制全新世火山喷发活动，沿断裂小震丛集分布。

崇善—德化断裂。该断裂展布于崇善、德化、三合、庆原、珲春一带，走向北东，倾向北西、南东，倾角 80°，长约 280km，是壳断裂。该断裂形成于古生代晚期，为压性破碎构造带，沿断裂古近纪、新近纪盆地呈串珠状分布，有多期玄武岩喷溢活动。沿断裂展布的图们江两岸阶地不对称，图们江古河道抬升 70m，沿断裂发生 4.8 级地震。向北东延伸经庆原进入珲春，为第四纪活动断裂。

明川断裂。该断裂位于朝鲜明川、吉州一带，走向北东，长度约 110km，是壳断裂。该断裂控制古近系、新近系沉积和新生代火山喷溢活动。断裂沿线分布有温泉，发生过多次小震。向北清津一带切割榆城川断裂。

4. 北西向断裂带

春阳—汪清—珲春北西向断裂带。1902 年 7 月 3 日汪清 6.6 级地震的发震断裂是春阳—汪清—珲春北西向断裂，是晚古生代以来继承性活动的复活断裂，曾有多次活动。特别是新生代以来，由于太平洋板块对欧亚板块的俯冲作用，使北西向断裂发生引张或张扭性（左行）滑动，形成了汪清地震的发震断裂。

春阳—汪清—珲春北西向断裂带，主要分布在春阳、蛤蟆塘四方台（发震区）大兴沟、汪清、西大坡、白岩及珲春一带，宽 2 ～ 4km，长达 150km，走向 310°左右，是基底老断层继承性活动而形成的。该断裂带的华力西期花岗岩普遍发育片麻理化，且片麻理方向北西向；控制着侏罗—白垩纪火山岩呈线状分布；天桥岭一带由于该断裂右行滑动，使北东向的二叠纪和三叠纪晚三叠世地层发生 2 ～ 3km 位错。该断裂的活动迹象反映在断层三角面零星可见，古河床堆积抬升 10 余米，抬升速率不大为 0.0lmm/a。在春阳—汪清—珲春北西向断裂带中，发现 1 条塑性变形带和 24 条北西向断层，其中扭性断层 5 条，压扭性断层 3 条，复活断层 6 条及次一级断层 10 条。

2.2 区域地震活动性

延吉市位于东北地震区的东部，该区中强地震数量较少，地震群体的地震分布特征可参照探测区所在的地震大区特征进行分析（图 2.1）。

2.2.1 区域地震活动空间分布特征

本区地震的空间分布是不均匀的，大部分地震活动沿断裂或其附近分布。区域内中强地震主要集中分布在中朝边境的集安—和龙以南，中俄边境密山以东，勃利、汪清和舒兰零星分布，微震分布显示明显的条带状和丛集状。北东方向的微震活动条带有集安—和龙带、伊通—舒兰带、方正—佳木斯带，北西方向条带有集安—柳河带、抚松—伊通带、方正—鹤西带等地震的密集呈丛集状分布的地点有抚松、通化、伊通、吉林、方正等地，构成了微震活动网络。无论中强地震还是小震，总体上集中展布在宽约 500km，走向东北的区域内。

东北地震活动有 20 年左右的活动周期，但已查明并对目标区最有影响的地震是 1902 年汪清 6.6 级地震、1947 年和龙崇善 4.7 级地震和 1810 年朝鲜清津 6.5 级地震，其中距离目标区最近的最大地震为 1902 年的汪清地震（6.6 级），震中距目标区仅十几千米，但影响烈度不大于Ⅳ度。

探测区地震的空间分布具有以下特征：

（1）受构造活动的影响，探测区中强以上地震及小地震分布均呈分区集中。

（2）地震的空间分布显示了断裂构造的痕迹。在北区地震主要呈北西走向条带分布，南区地震主要呈北东向条带分布。

（3）部分中强地震发生于断裂的交会处，如 1902 年汪清 6.6 级地震、1948 年七台河 5.3 级地震。虽然 1810 年清津 6.5 地震断裂延伸至日本海内，但在资料上也显示构造交会迹象。

2.2.2 地震震源深度分布特征

中国东北现今的地应力场是在太平洋板块、菲律宾板块和印度板块的共同作用下形成的北东东向应力场，且太平洋板块北西西向的俯冲起着主导的作用。太平洋板块的俯冲使东北地区的块体之间的升降运动加剧，孕育了东北地区的浅震和深震区。目标区属于东部深源强震为主的地区，是我国唯一的深源地震区的组成部分，发震机制与太平洋板块向西部欧亚板块俯冲有关，但也不排除浅震发生的可能，1902 年汪清发生的 6.6 级的地震，震源深度仅为 20km。

根据易明初（中国地质科学院地质力学研究所）对中国东部地震的研究，深度上，本区的浅源地震属于壳内浅源，深度在 15 ～ 20km，成层分布，集中在康氏面上下（图 2.3）。

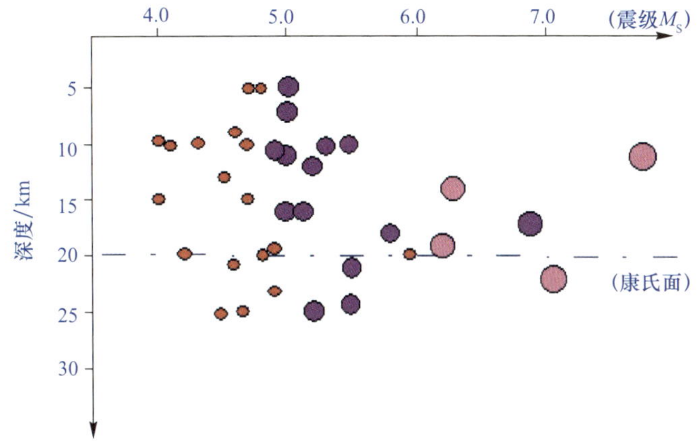

图 2.3　中国东部地区震源深度图

2.2.3　区域地震活动的时间分布特征

由于区内中强地震数量少，难于单独讨论地震时间特征。在探测区的地震资料不足的情况下，一般将研究范围扩大到探测区所在的地震大区研究地震群体的地震时间分布特征。目标区主要涉及东北地震区，而目标区的 M_s4.0 以上地震的时间分布与东北地震区中强地震的时间分布序列相似，因此，本项目以东北地震区地震时间分布特征来表征目标区的地震时间分布特征。

东北地震区历史地震资料缺乏，数百年尺度的地震活动分期尚无法进行，但是，近 80 年东北地震区发生了 20 余次 5 ～ 6 级地震。这些地震在时间分布上与华北地震区的地震活动时段有关联性。而华北地震区现处于 19 世纪以来的地震活动期，由此可判定近百年来东北地震区是处于中强地震的活动期，并推测今后数十年内 5 ～ 6 级地震活动仍将处于活跃状态。

近 90 年，东北地震区发生的 5 ～ 6 级地震存在若干活动时段。地震的平静及活跃期呈交替出现。从中强震 *M*–*T* 图（图 2.4）看，东北地震于 20 世纪 40 年代、60 年代、80 年代，曾呈密集发生。图 2.5 是地震应变释放曲线。可认为东北地震区地震活动经历一次平静期到活跃期，大约需要 20 年。而对东北地震区地震熵谱分析可判断东北地震区地震起伏变化具有准周期性，周期最大值为 21 年，其与上述的分析结果吻合。通过近十年地震统计数据（图 2.6）可知，2013—2014 年东北地区地震最为活跃。

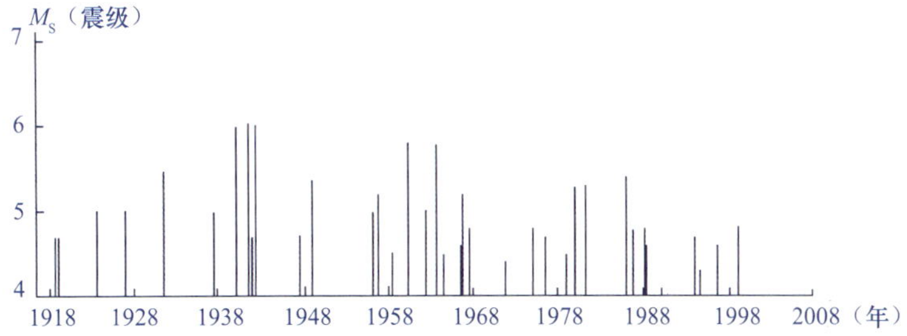

图 2.4　东北地震区中强地震的 *M*–*T* 图

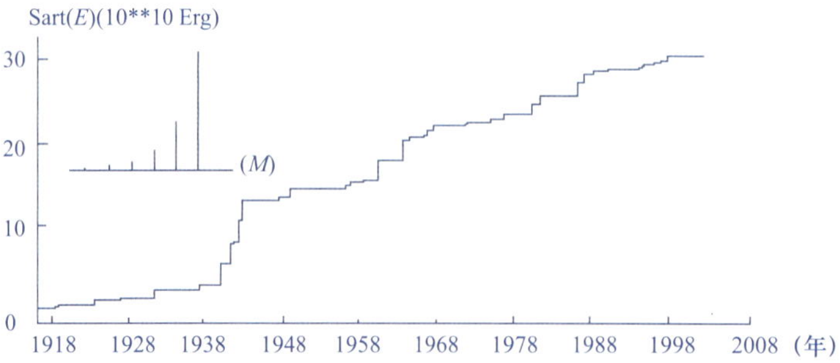

图 2.5 东北地震区的地震应变释放曲线

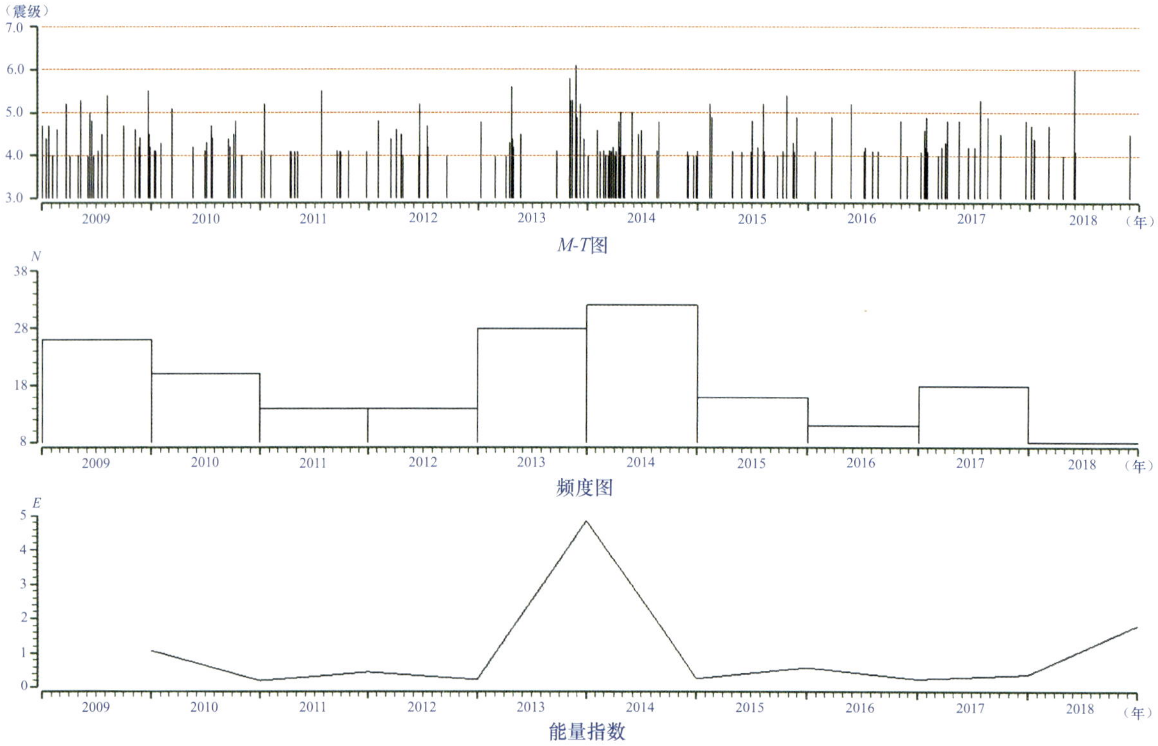

图 2.6 东北地震区近十年来地震统计数据

2.2.4 浅源地震精定位

本研究收集了吉林省地震台网 2007 年 6 月—2017 年 10 月的地震观测报告所记录的地震资料，并结合 NECsaids 流动地震台阵观测记录地震拾取的震相到时资料，采用双差定位方法（Waldhauser & Ellsworth，2000）对图 2.7 所示范围的浅源地震进行了精定位处理。

双差定位法（Waldhauser & Ellsworth，2000）是一种多事件相对定位法，该方法有效地利用空间距离相近的 2 个地震事件到同一台站的震相走时差数据进行定位，可以在一定程度上消除由速度模型偏差引起的定位误差。定位前后地震震中分布的对比（图 2.7）表明，双差定位前分布较为分散的地震事件，双差定位后成组地震活动的震中分布更加密集，显示出与区域构造更为密切的活动分布形态。

由图 2.7 和图 2.8 可知，在有观测报告可用的 2007 年 6 月—2017 年 10 月时段内，延吉市活断层探测探测区内浅源地震活动甚少，不利于通过小震活动对断层的展布形态进行分析。

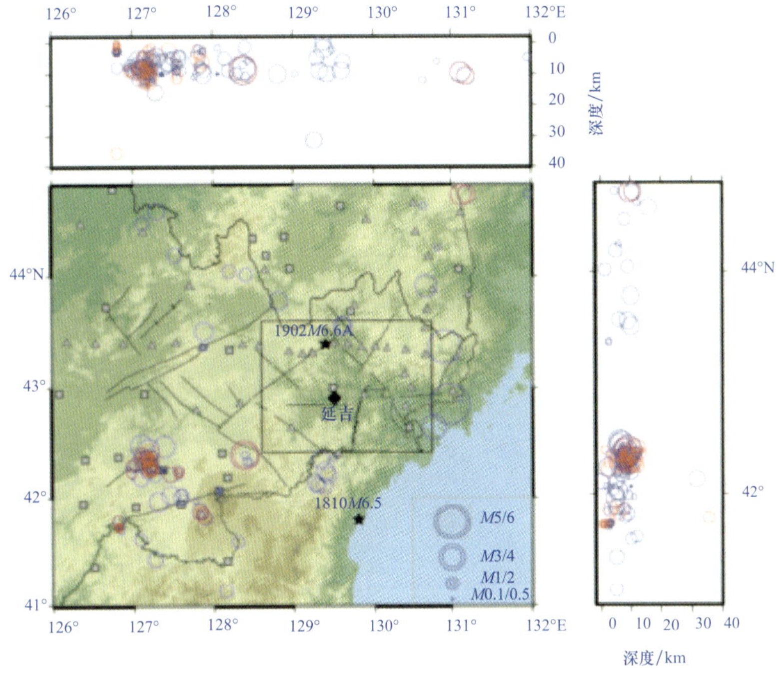

图 2.7　2007 年 6 月—2017 年 10 月探测区周边的浅源地震活动分布

图中，方块和三角分别为固定和流动地震台；黑线表示断层；上边和右边为经向和纬向的深度分布。

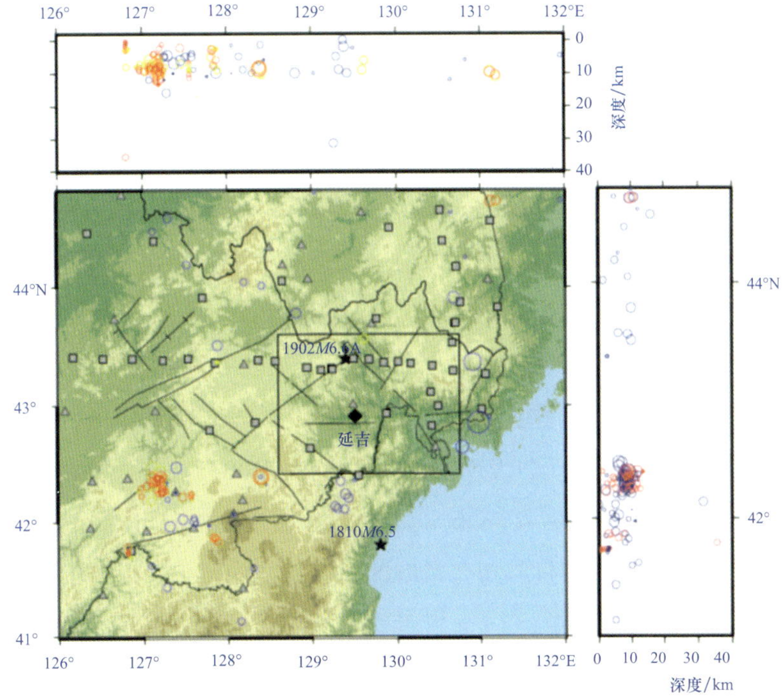

图 2.8　双差定位前（黄色）和双差定位后（红色）的成组地震活动对比

2.2.5 2011 年 5 月 10 日深源地震震源机制反演

2011 年 3 月 11 日在太平洋板块俯冲带的上部日本东北近海（38.1°N、142.6°E）发生的 M_w9.0 巨大地震及其造成的大范围南东东向同震位移和震后持续的滑移（Ozawa et al.，2011；王敏等，2011；Shestakov et al.，2012），为太平洋板块俯冲动力作用提供了前所未有的观测机遇（图 2.9）。而 M_w9.0 地震后 2 个月的 2011 年 5 月 10 日，在俯冲带深部发生的 M_w5.7 深震与俯冲板块上端发生的 M_w9.0 地震是否相关，对深入探讨俯冲板块动力作用是一难得的观测研究资料。

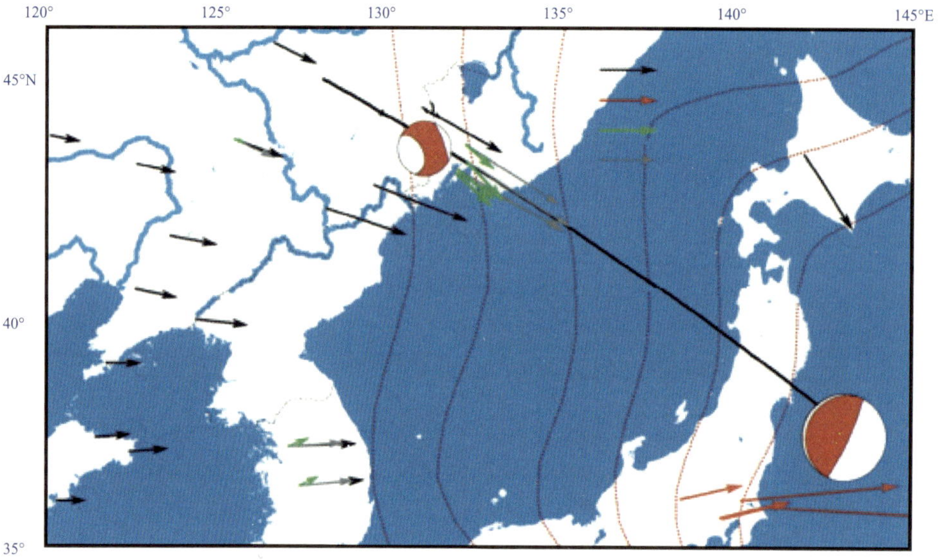

图 2.9 GPS 观测的日本东北近海 M_w9.0 地震同震位移和震后滑移

图中，红色、黑色、灰色带箭头线为日本东北近海 M_w9.0 地震产生的 GPS 同震位移。其中，红色和黑色线为王敏等（2011）给出的结果，灰色和绿色线为 Shestakov 等（2012）给出的结果，绿色线为 GPS 水平分量在 9.0 级地震后 120 天的滑移。图中有红色填充的圆分别为 2011 年 3 月 11 日 M_w9.0 地震和 5 月 10 日 M_w5.7 深震的 gCMT 矩张量解；红点线表示俯冲深度，相应深度标在线上。

中国地震台网（http://www.csndmc.ac.cn）测定的该深震震源深度为 560km，震中位于中国东北中俄边界处（43.3°N、131.2°E），但中国地震台网未给出其震源机制解，而全球矩张量解 gCMT 网站（http://www.globalcmt.org）给出的该深震震源机制解的最佳双力偶解两个节面（走向 / 倾角 / 滑动角）分别为 31°/53°/−175° 和 298°/86°/−37°，$M_w = 5.7$，震源深度为 564.5km。但 gCMT 给出的矩心矩张量解，较以往该区域发生的深震震源机制有着明显的差异，其补偿线性矢量偶极（CLVD）的相对强度（$200*|\varepsilon|\%$）（Shuler et al.，2013）几乎达到 90%。这里的 $\varepsilon \approx -0.45$ 以 $-\lambda_2/\max(|\lambda_1|, |\lambda_3|)$ 计算（Giardini，1984；Shuler et al.，2013），其中 $\lambda_1 \geqslant \lambda_2 \geqslant \lambda_3$ 为震源机制矩张量解的 3 个特征向量值，$\varepsilon=\pm0.5$ 为纯 CLVD 机制，$\varepsilon=0$ 为纯双力偶机制。CLVD 的正（负）ε 值表明最大绝对特征向量值为张（压）应力主轴，即以张裂（挤压）变形为主）（Kuge & Kawakatsu，1992）。对 gCMT 这一非同寻常的矩张量结果，在用以探讨其与日本俯冲带下插板片上边界发生的 M_w9.0 逆冲地震相关性之前，考

虑 gCMT 常规的矩张量反演将其各向同性源（ISO）变化约束为 0（Ekström et al.，2012），而将震源区介质破坏可能致使的 ISO 变化转化到 CLVD 部分（Ben-Zion & Ampuero，2009），以及 gCMT 多利用远震波形记录（几乎没有利用中国区域地震台网的近场资料）来进行震源参数的反演，有可能给出非真实的全矩张量结果，故本研究应用全矩张量波形拟合 gCAP（Generalized Cut & Paste）方法（Zhu & Ben-Zion，2013），以区域台网记录的近震波形数据对该深震进行震源反演，并结合该区域以往的深震震源机制数据反演确定俯冲带深处的区域应力场方向，对该深震活动的动力学成因进行探讨。

图 2.10 中的红色三角表示台站；绿色充填为 1977—2008 年的深震 gCMT 震源机制，其发震时间以“年 / 月 / 日”标注；2011 年 5 月 10 日事件震源机制解的 gCMT 和本研究结果分别用绿色和红色表示；2010 年 2 月 18 日事件的 gCMT 和本研究结果也分别用绿色和红色表示，2010 年 2 月 18 日深震的 USGS 不同结果以蓝色表示，但用不同测定方式的首个字母来标注。黑线为探测剖面的位置；红色和白色标注的俯冲深度点线同图 2.9。

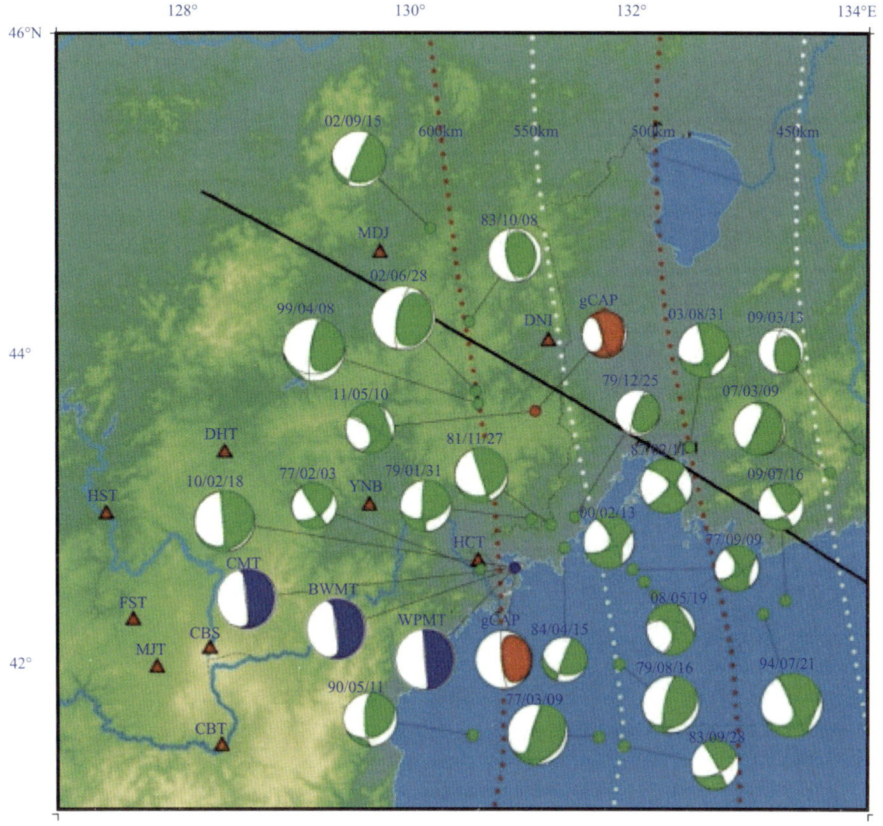

图 2.10　区域台站和深源地震震源机制分布图

gCAP 全矩张量反演方法（Zhu & Ben-Zion Y，2013）是在 CAP 波形反演最佳双力偶（DC）震源机制解（Zhu & Helmberger，1996）基础上，将震源机制在主轴坐标系中分解为各向同性源（ISO）DC 和 CLVD 的组合（Zhu & Ben-Zion Y，2013），通过对 Pnl（P 波及其后续震相）和 S 波（或面波）波形部分分别赋予不同权重，进行理论和观测波形的拟合来反演确定地震的全矩张量。对新改进的 gCAP 反演方法（Zhu & Ben-Zion Y，2013），本研究首先对探测区内 2010 年 2 月 18 日发生的中俄交界 M_w6.9 深震（中国地震台网测定的震中为：42.6°N、130.8°E，震源深度 540km），利用图 2.10 所示的 10 个中国区域台站的近震波形数据，进行全矩张量的反演，以验证 gCAP 对于深震震源反演的适用性。

对图 2.10 所示 10 个台站的原始速度记录去除仪器响应并旋转到径向、切向和垂向，且将波形分解为 Pnl 波和 S 波（或面波）两部分，然后分别进行 0.05 ～ 0.2Hz 和 0.03 ～ 0.1Hz 的 4 阶带通滤波来压制噪音的处理。gCAP 反演中的理论地震图采用广泛使用的频率－波数法（F-K 方法；Zhu & Rivera，2002），基于 iasp91 模型（Kennett &Engdahl，1991）进行计算，对计算得到的理论地震图与观测波形进行同样的滤波处理，得到每个台站 Pnl 波的垂向和径向分量及 S 波（或面波）的垂向、径向和切向 5 个部分。通过波形互相关计算理论地震图和观测波形各部分的波形拟合残差时，对 Pnl 波和 S 波（或面波）部分赋予不同权重，且对两部分采用不同的时移约束来消除未考虑的速度模型缺陷及地震定位误差等效应，对该深震先采用大参数间隔搜索，即在可能深度范围（500 ～ 650km）内以 10km 深度为间隔、震源机制解的走向 / 倾角 / 滑动角间隔为 10°，通过格点搜索法进行波形拟合反演，可确定震源深度在 560 ～ 600km 存在误差极小值，进而在 550 ～ 610km 深度范围以 5km 间隔、走向 / 倾角 / 滑动角间隔 5° 进行细搜索。

震源深度搜索的拟合表现出明显的深“V”特征，较好地收敛在 585km 左右，且观测波形与理论波形拟合得甚好（图 2.11）。由图 2.11（a）可以看出，在 10 个台站共计 50 个波段中，若从相关系数大小判断，拟合较好（70% 以上）的波段达 38 段，其中相关系数大于 90% 以上的段达 30 个，仅 DNI 台和 CBT 台有 3 个或 4 个波段拟合不大好。反演得到的矩震级（M_w）为 6.84，地震矩（M_0）为 2.32×1019N · m，矩张量解（Mrr/Mtt/Mpp/Mrt/Mrp/Mtp）为 0.219/-0.112/-0.101/0.102/-0.977/0.028；其最佳双力偶解的节面 1（走向 / 倾角 / 滑动角）为 334° /5° /71°，节面 2 为 174° /85° /92°。

表 2.2 所示为本研究反演的最佳双力偶结果与 gCMT 和美国地质调查局（USGS）分别用不同方法或波形资料反演给出的最佳双力偶结果（中国地震部门未公布此地震的震源机制结果），由表 2.2 和图 2.12 可知，所得到的反演结果与 gCMT 和 USGS（http://earthquake.usgs.gov/earthquakes/eqinthenews/2010/us2010swaf/）给出的结果基本一致，仅震源深度略深些。gCAP 反演结果中少许的 CLVD 成分，与探测区以往深震和中国台湾以东地区（郑天愉等，1994）及首都圈地区（许力生等，2007）浅源地震中存在的少许 CLVD 成分相差不大，从对比结果以及 gCAP 的波形拟合效果看，利用区域台记录的宽频波形数据基于 gCAP 方法来反演探测区的深震震源矩张量是可行的。

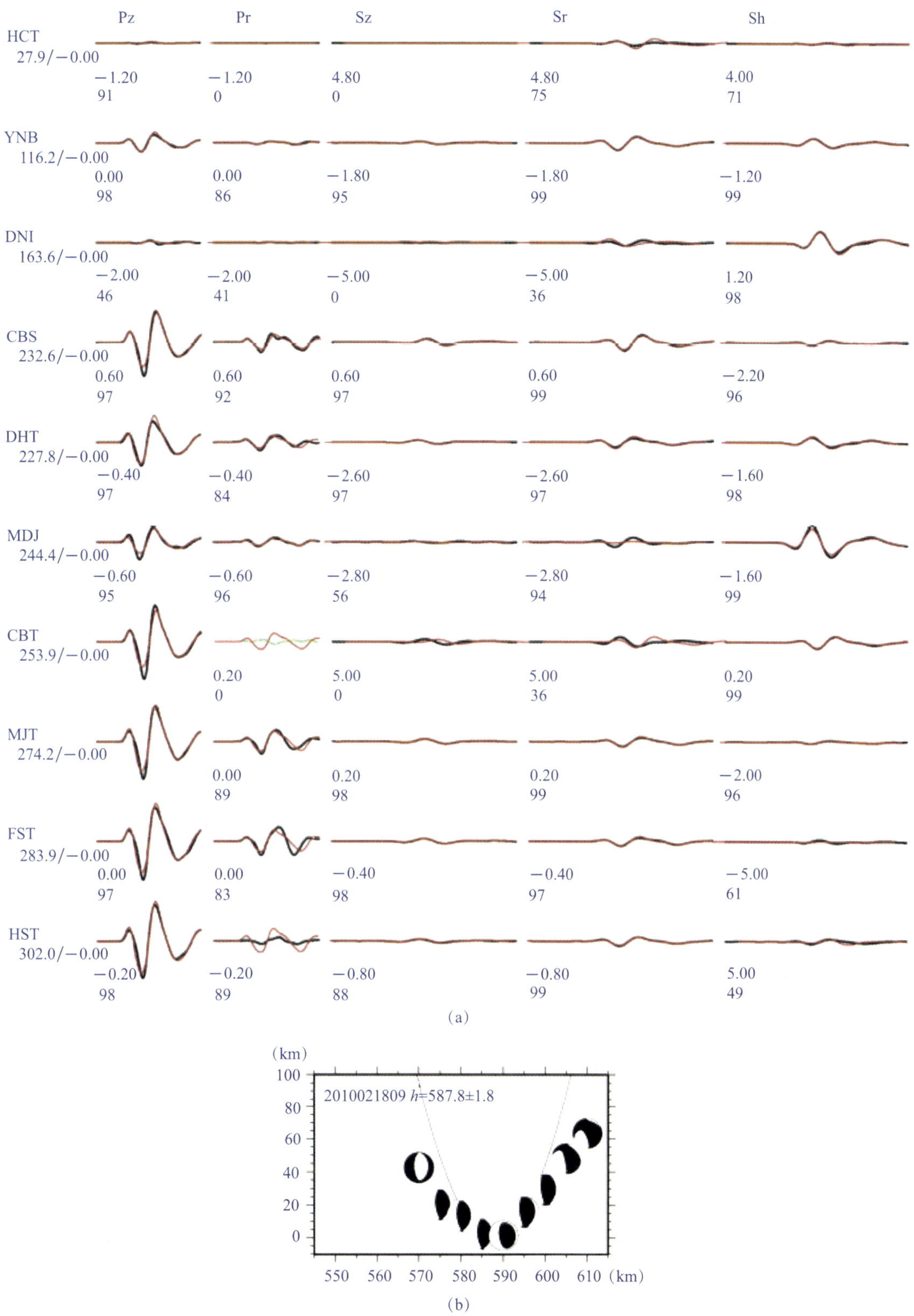

图 2.11　2010 年 2 月 18 日深震反演的波形拟合结果和反演误差随深度变化情况

图中，(a) 为各台站理论地震图与实际观测地震图拟合波形，红线表示理论地震图，黑线表示实际观测地震，拟合较差的观测波形用绿色表示；其下的数字分别表示理论地震图相对观测地震图的相对移动时间和二者的相关系数（用百分比表示）；(b) 为不同震源深度下搜索的最佳震源机制解所对应的误差，深度反演搜索的最优结果为（587.8±1.8）km。

表 2.2　2010 年 2 月 18 日深震几种最佳双力偶震源机制反演结果的对比

结果出处	矩震级（M_w）	深度 /km	节面 1	节面 2	ISO	CLVD ε	CLVD χ
			走向（°）/ 倾角（°）/ 滑动角（°）				
本研究（gCAP 近震波形反演）	6.84	587.7	334/5/71	174/85/92	0.00	0.103	−0.09
gCMT Moment Tensor Solution	6.9	578.7	71/15/166	175/87/76	0	−0.033	0.029
USGS Centroid Moment Tensor Solution	6.8	575	28/5/124	174/86/87	0	−0.076	0.068
USGS Body−Wave Moment Tensor Solution	6.9	577	36/5/134	172/86/86	0	−0.115	0.105
USGS W−Phase Moment Tensor Solution	6.8	562	27/3/121	175/87/88	0	−0.021	0.018

对 2011 年 5 月 10 日深震，同样以图 2.10 所示的区域地震台站记录资料，采用与 2010 年 2 月 18 日深震震源机制同样的数据处理方式和 gCAP 方法来进行反演。所使用台站与该深震震中的水平距离为 50 ～ 340km，台站覆盖的方位角约为 180°。

经搜索迭代获得观测波形与理论波形拟合最优矩张量（图 2.12 和表 2.3）的震源深度为（564.4±1.4）km，矩震级为 M_w5.41，最佳双力偶解的两个节面（走向 / 倾角 / 滑动角）为 45°/21°/152°、161°/80°/71°，主应力轴（方位 / 倾角）P 轴为 267°/33°、T 轴为 50°/51°，约束该解的 Pnl 波垂向分量 Pz（图 2.12 中的黑线）的拟合相关系数大都在 94% 以上，仅几乎位于震源正上方东宁台（DNI）的 Pnl 波相对不大发育而稍小（68%），Pnl 波径向分量 Pr 整体较垂向分量弱，拟合相关系数较低，而敦化台（DHT）Pnl 波径向分量的大波动，是否与特殊的台站方位或区域结构有关，有待研究。距该地震最近的东宁台（DNI）珲春台（HCT）延边台（YNB）和牡丹江台（MDJ）4 个台的 S 波记录较为发育，与理论波形拟合的相关系数大都在 90% 以上，尽管牡丹江台（MDJ）台的振幅拟合不太理想。其余台因距离及方位的原因，致使 S 波（或面波）辐射振幅较弱而对矩张量解的约束能力较弱。

表 2.3　2011 年 5 月 10 日深震震源参数对比

结果出处	M_w	深度 / km	深度 / km	矩张量 Mrr/Mtt/Mpp/Mrt/Mrp/Mtp	节面 1 走向 / 倾角 / 滑动角	节面 2 走向 / 倾角 / 滑动角
本研究 gCAP 反演	5.4	564.8	564.8	0.281/0.533/−0.489/0.159/−0.820/−0.022	45°/21°/152°	161°/80°/71°
gCMT	5.7	564.5	564.5	0.744/2.160/−2.910/1.530/−3.240/2.330	31°/53°/−175°	298°/86°/−37°

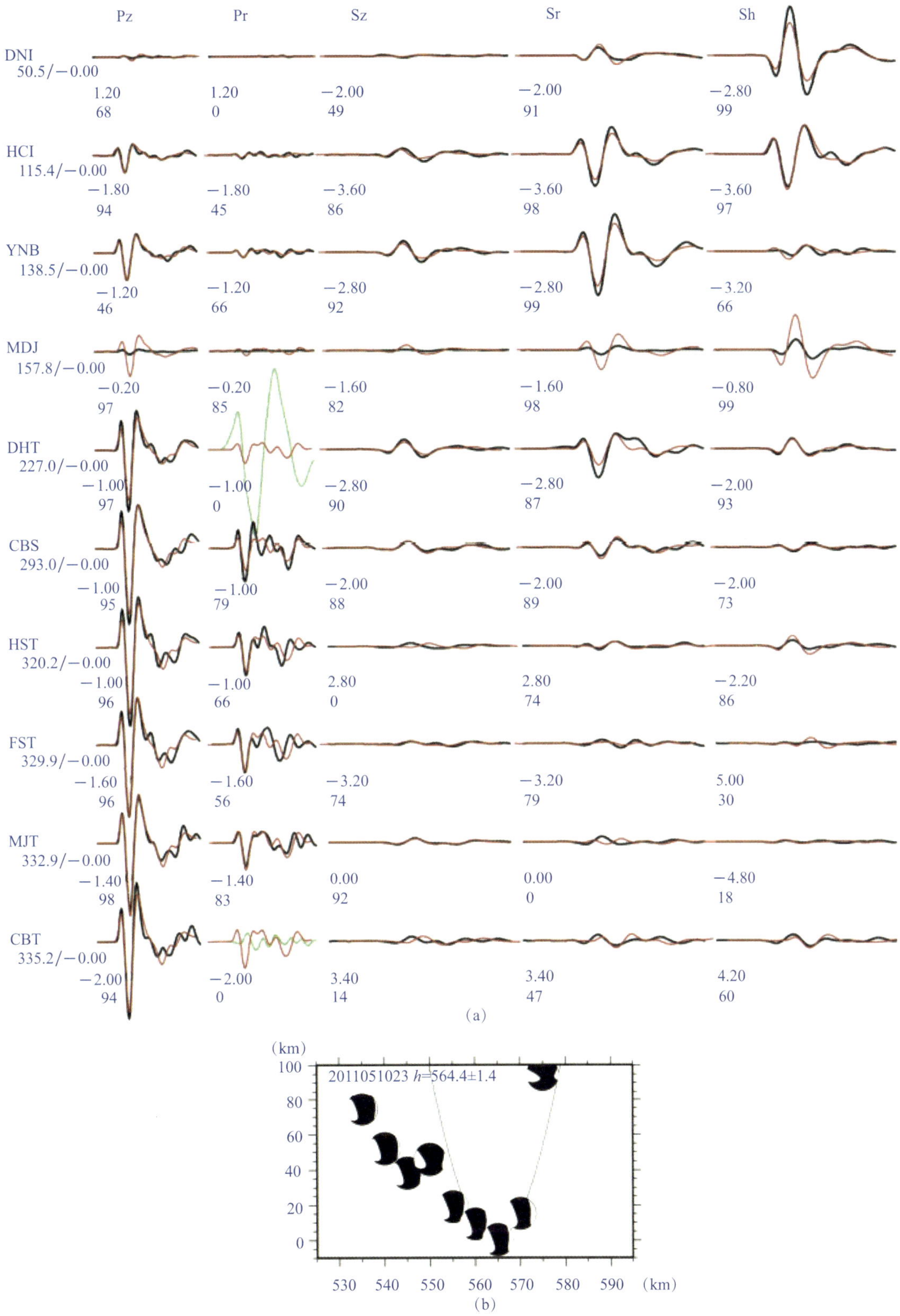

图 2.12　2011 年 5 月 10 日深震反演的波形拟合结果（a）和反演误差随深度变化情况（b）

本研究基于区域宽频带波形记录反演得到的震源深度（564.8km）与 gCMT 的结果相当一致，矩震级（5.4）虽比 gCMT 的小一些（表 2.3），然而本研究和 gCMT 的矩张量反演结果都一致显示出：2011 年 5 月 10 日在中国东北中俄边界附近发生的深震震级虽不大，但得到的震源机制与探测区以往发生的深震震源机制有着较明显的差异（见图 2.9 和图 2.12），即除具有双力偶的剪切位错部分外，还具有相对较强的 CLVD 部分。对本研究给出的震源机制计算常用以度量 CLVD 成分得到的绝对 ε 值（-0.324）较 gCMT 结果的（$\varepsilon \approx -0.450$）小，以 Zhu & Ben-Zion（2013）新改进 gCAP 时提出的 $\chi=\sqrt{3/2}\lambda_2$ 计算，本反演结果的 χ 绝对值（0.32）也较 gCMT 结果的（$\chi \approx 0.45$）小。gCAP 反演得到的 CLVD 绝对量值较 gCMT 结果少，即 CLVD 部分所占比例小的原因，较可能是 gCAP 反演中将 ISO 部分的变化计入考虑的结果，反演得到的 ISO 部分量值为 0.13，相较 ISO 的变化范围（-1 ～ 1）而言量值并不算大。

图 2.13 是以日本东北近海 9.0 级地震在探测区产生的 GPS 同震位移滑移方向（南东东向，见图 2.9）剖面投影的 gCMT 震源机制解在地幔转换带（410 ～ 660km）附近的分布图像，可见在地幔转换带深处 1977—2010 年间 23 个深震震源机制的大部分（20/23 ≈ 87%）十分相似，仅 1977 年 9 月 9 日 M_w5.2、2008 年 5 月 19 日 M_w5.6 和 2009 年 3 月 13 日 M_w5.2 深震（图 2.13 中蓝色标注发震时间的 3 个地震）存在较明显的非双力偶成分。这 3 个深震的 CLVD 部分量值 ε 值分别为 -0.264、-0.395 和 0.217，虽较 gCMT 及本研究反演给出的 2011 年 5 月 10 日深震的 CLVD 量值相比并非十分显著，但与以往研究发现（Kuge & Kawakatsu，1992；Frohlich，1995；Miller et al.，1998；Houston，2007）相对高比例的深震比浅源地震含有较显著的 CLVD 成分甚为相符。而 2011 年 5 月 10 日深震中含有如此显著 CLVD 成分的原因，需结合探测区的构造应力场进行分析探讨。

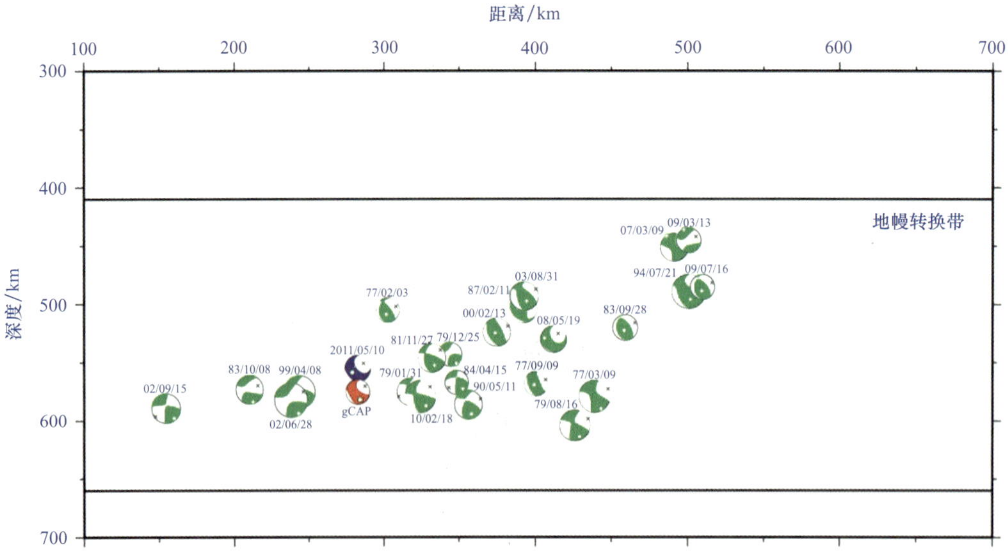

图 2.13　深源地震震源机制沿日本 M_w9.0 地震的 GPS 同震位移滑移方向的深度剖面分布

剖面位置参见图 2.9 和图 2.10；震源机制球均已做了旋转以便视线为西南—东北向并垂直

于该剖面。图中清晰显示 2011 年深震的 gCMT 和 gCAP 震源机制，对其震源深度分别上下偏移 10km；图中黑 x 和白圆点分别表示 P 轴和 T 轴，其他图例同图 2.9。

有研究（Kuge & Kawakatsu，1992；Frohlich，1995）将 CLVD 震源解释为 2 个断层面的双力偶震源破裂的叠加效应，这是否可以解释 2011 年 5 月 10 日深震出现非同寻常的 CLVD 部分，需从发生该深震的日本俯冲带的动力作用过程来进行分析探讨。

国际地震中心（http://www.isc.ac.uk）给出的图 2.10 所示范围内 1964 年 1 月—2012 年 10 月 $M \geq 4.5$ 地震，沿 9.0 级地震的同震位移滑移方向投影展示的日本俯冲带大体轮廓如图 2.14 所示，图中同时标出了 2011 年 3 月日本 M_w9.0 地震和 5 月中国东北深震的震源位置（图中★所示）和相应旋转的震源机制解。由图 2.14 可知，2011 年 5 月深震发生在日本俯冲带上，位于太平洋板块俯冲至欧亚板块深处的俯冲板片作用面上。

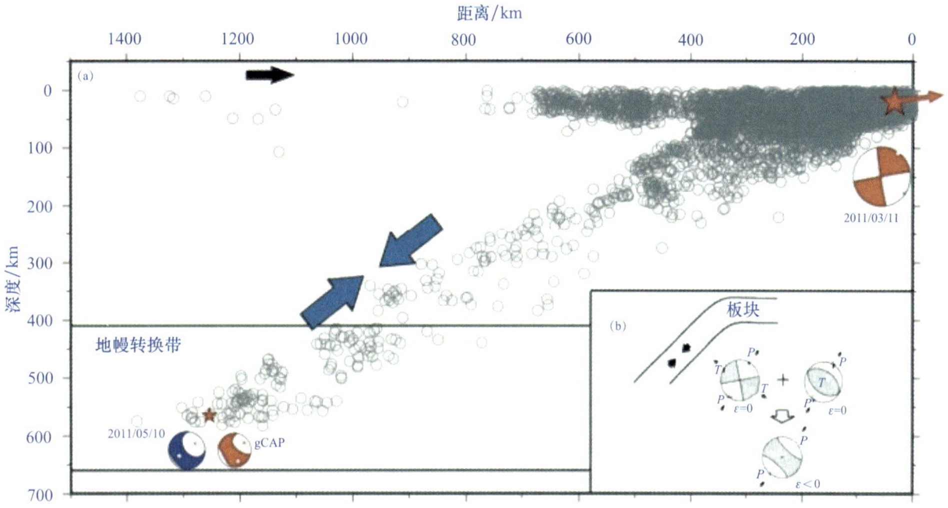

图 2.14　ISC 给出的 1964—2012 年 $M \geq 4.5$ 地震及 2011 年深震的可能机制

根据日本 M_w9.0 地震震源附近地区观测到的南东东近东西向的同震（Ozawa et al. 2011）和震后水平滑移（http://www.gsi.go.jp/cais/topic110315.2-index-e.html），对比在探测区 GPS 观测到的高达 35 mm 同震位移（王敏等，2011）和震后 120 天（2011 年 7 月上旬）仍观测到不少于 13 mm 的同方向持续水平滑移（Shestakovet al.，2012），结合应力场反演得到的探测区地幔转换带的应力方向，可以认为探测区由地表至地幔转换带深部皆受控于太平洋板块的俯冲构造作用。而俯冲板片下插处突然发生的 M_w9.0 地震，巨大的逆冲运动显现为俯冲板片克服了太平洋板块一侧的挤压力，从而导致震后持续的南东东向构造运动。从日本巨震导致的探测区地表同震和震后持续的滑移方向，推测地幔转换带处在日本 M_w9.0 地震后，其南东东向的拉张应力可能有所增强。由于区域构造环境的突然变化，可能如图 2.14（b）所示（Kuge & Kawakatsu，1992）几乎同时发生纯双力偶的 2 个地震，从而导致 gCMT 和本研究给出的 2011 年深震震源机制解较探测区以往的震源机制出现非同寻常的显著 CLVD 成分。

人们试图从相变致裂、脱水致脆、热剪切失稳和预存断层活化等方面来解释深震的成因（Houston，2007），但提出的各种成因解释与所观测到的深震活动现象仍有着或多或少的出入，深震发生的物理过程至今仍是个有待深入研究的问题（Houston，2007）。在特殊构造应力状态下发生的2011年5月10日深震及其所具有的非同寻常CLVD成分，为深入探讨深震的物理成因提供了难得的观测资料。本研究用于反演2011年5月10日东北深震的区域观测波形虽然有限，但反演得到与gCMT甚为接近的非同寻常的震源机制结果，与该深震发生时特殊的构造应力环境是相符的，而矩张量反演中出现的ISO部分变化，是否与相变致裂和脱水致脆成因提出的断层形成和破裂相关，则需收集更多的区域观测波形并分析更多的深震震源机制反演结果。

综上所述，结合构造应力场分析和日本东北近海M_w9.0地震在我国东北附近地区造成了大范围同震水平位移和震后滑移分析表明，我国东北地区明显受控于太平洋板块的构造运动。2011年3月11日日本东北近海M_w9.0地震发生之后，2个月内（5月10日）在中国东北中俄边界发生的深震活动的非同寻常震源机制，可能是属于日本俯冲带动力作用过程中的响应活动，即在区域构造应力方向没有明显改变的情况下，由于日本东北近海M_w9.0地震造成南东东向拉张应力的变化，可能致使有着不同DC破裂机制的2个地震几乎同时发生，从而展现出具有显著CLVD成分的震源机制结果。

在有观测报告可用的2007年6月—2017年10月时段内，延吉市活断层探测探测区内稀少的浅源地震活动，无法通过小震活动对断层的展布形态进行精细分析。

2.3 地球物理场

2.3.1 重力场

1. 区域重力场

延吉地区原始布格重力异常图（图2.15）显示，整个探测区的区域布格重力异常值总体呈负值，仅在探测区的东北部出现小面积的重力正异常。总体上，探测区的重力场呈现为由北向南重力值逐渐降低的缓坡带，说明地壳厚度由北向南呈现逐渐增大的趋势。重力值变化范围为−96.6～22.3mGal，重力异常最高值分布在珲春市南部，而最低值分布于长白县。沿敦化—密山断裂形成了一条北东方向的重力梯度带，梯度带重力异常值变化剧烈。富尔河—古洞河断裂沿线为长轴状重力低异常圈闭体，长轴方向为北东向，可见延吉区域的浅部地表形变在区域布格重力场中反映良好。

将原始布格重力数据做 5km、10km、15km、20km 的上延处理。随着延拓高度的不断提高，所体现出的重力异常信息不断趋于简单化、集中化（图 2.16）。高度延伸至 5km、10km 处，重力异常表现为北高南低的特点，东北的延吉地块为高重力异常，南部的和龙地块为低重力异常，敦化—密山断裂带沿敦化市附近重力梯度带分布；高度延伸至 15km、20km，地质体重力特征淡化，区域更加突出块体分异性，整个探测区以低重力异常为主，以赤峰—开原—榆城川断裂带分界，重力异常北高南低。

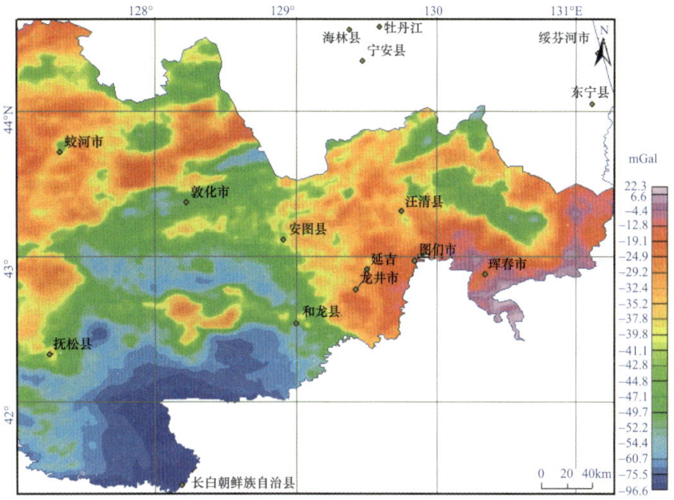

图 2.15　延吉地区原始布格重力异常图

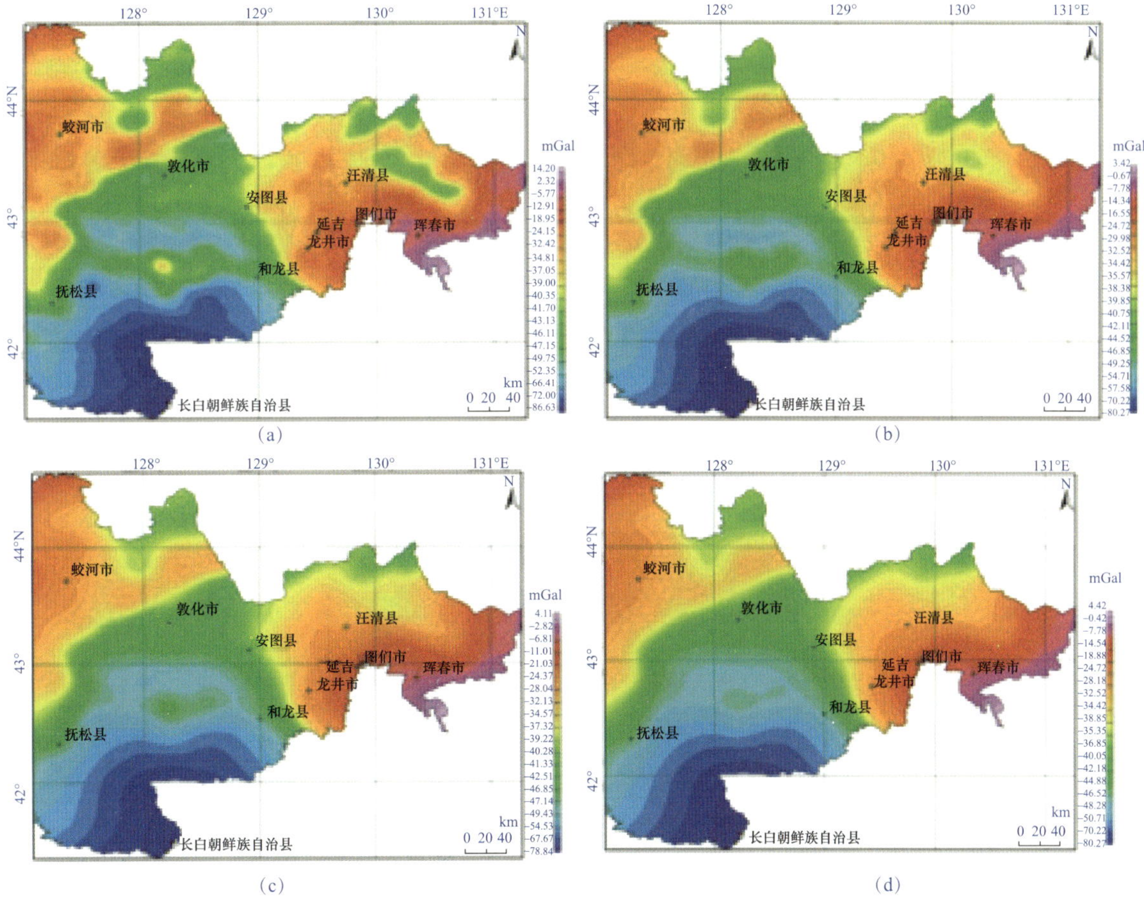

图 2.16　延吉地区布格重力异常延拓图

（a）5km；（b）10km；（c）15km；（d）20km

2. 目标区重力场特征

目标区内重力场异常总体格局以东高西低为特征（图 2.17），主要的重力高异常值出现在开山屯镇附近，异常值约 -8mGal；主要的重力低异常中心出现在福洞镇附近，异常值约 -50mGal。此外，在智新镇—东城镇一线，还存在一明显的重力高异常中心，异常值为 -23 ～ -18。在小波 3 阶逼近图上［图 2.18(a)］，能够更加清晰地观察到区内。

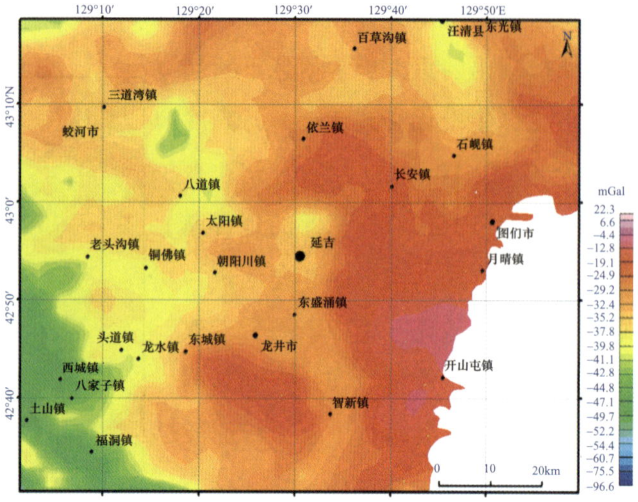

图 2.17 目标区布格重力异常图

重力异常东高西低的特点。在小波细节图上［图 2.18（b）］，以团块状的高、低异常中心散布为特征，可能与构造复杂，地体密度变化剧烈有关。

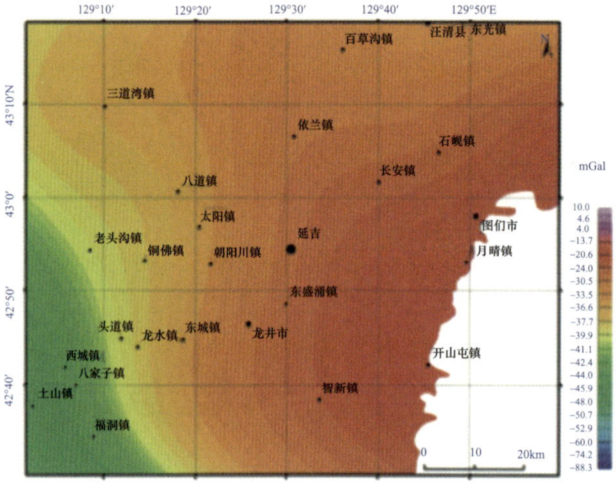

（a）

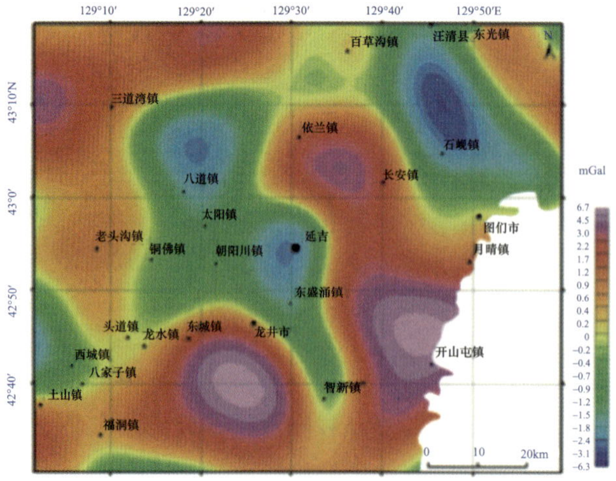

（b）

图 2.18 目标区重力异常（1 ～ 3 阶小波逼近图）

2.3.2　磁力场

1．区域磁力场

从探测区原始航磁异常图中可以看出（图 2.19），磁场面貌总体以北西向展布，相间分布的正、负异常条带为主要特征，异常变化幅度为 -393 ～ 575nT。其中，最高异常分布于汪清县以东约 50km 位置，最低异常值分布在抚松县以南约 60km 处。全区以蛟河、敦化、安图、龙井一线北西向分布的航磁正、负异常分界线最为显著，其位置与华北北缘造山带和松嫩地块之间的分界相对应。其南侧航磁正高异常中心，属华北北缘造山带，异常中心的航磁异常值为 200 ～ 350nT，局部可达 450nT，整体呈北西向条带状展布，宽度约 40km；其北侧为航磁负低异常为主，属松嫩地块，异常中心航磁异常值为 -100 ～ -200nT，最低可达 -300nT。除此之外，在和龙县以南存在一显著的航磁正异常区，应与长白山北端晚期华力西花岗岩的分布有关；在汪清、图们、珲春一线以北，亦存在显著的正高异常中心，其南部边界为图们江—嘎呀河大断裂。区内整体表现出航磁异常起伏较大的特点，异常中心成团块状散布，形状复杂，这可能与区内遍布的火成岩及构造线有关（图 2.20）。

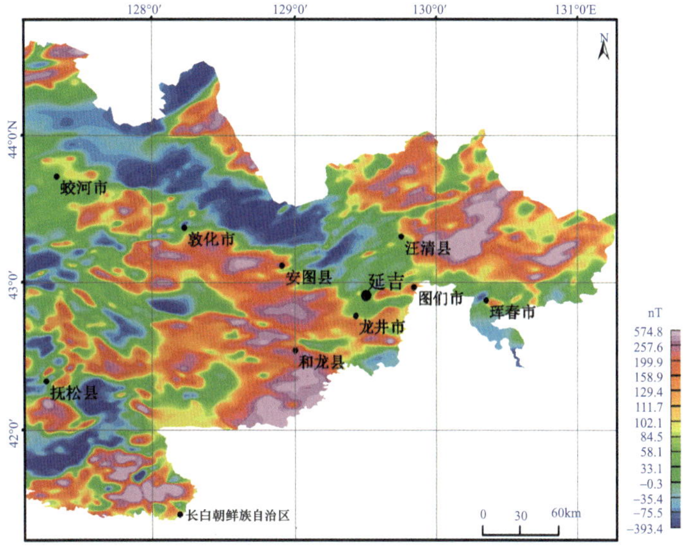

图 2.19　延边地区磁力异常图

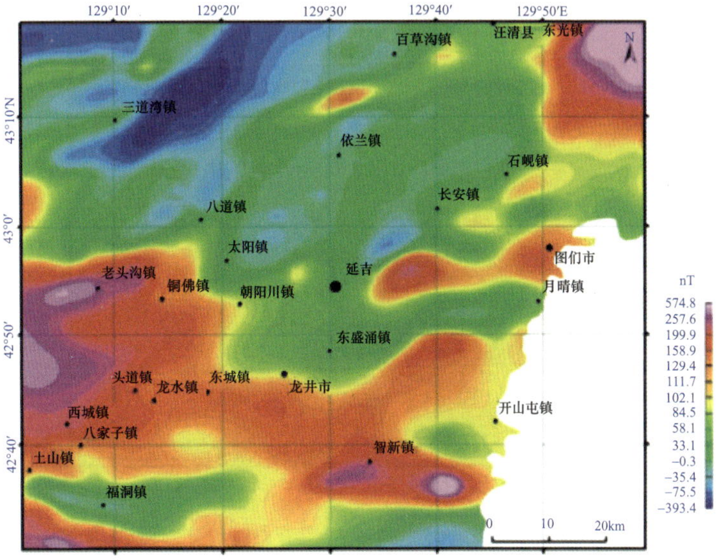

图 2.20　目标区航磁异常 ΔT 图

2．目标区磁力场

目标区航磁异常 ΔT 值为 -150 ～ 450nT（图 2.20），航磁异常极高值出现在智新镇附近，异常中心约 450nT，极低值出现在三道湾镇附近，异常中心约 -150nT。此外在老头沟镇—西城镇一线以西、汪清县以东各存在一高异常中心，最高磁异常分别约 310nT、400nT。总体特征以延吉为界，其北侧为显著的低异常区，南侧为显著高异常区，在航磁异常 3 阶小波逼近图［图 2.21（a）］上更能明显观察到该异常分布格局特点。在航磁小波细节图上［图 2.21（b）］，目标区内以北东向展布的，相互近平行的航磁正高、负低异常条带为特征。这些条带在断裂出现的位置往往出现明显的错断现象。

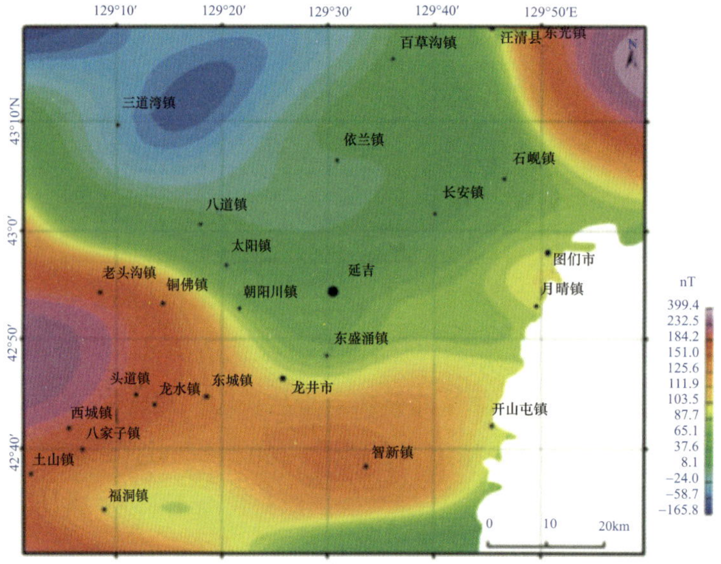

（a）

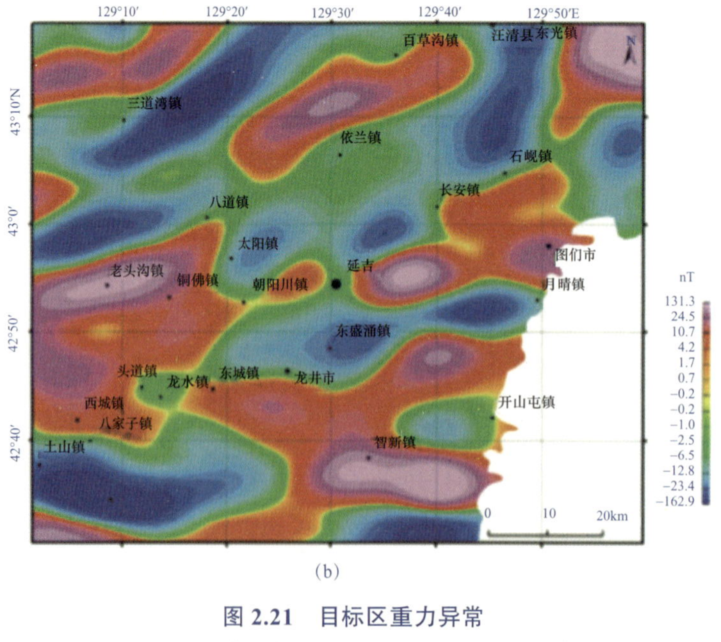

（b）

图 2.21　目标区重力异常

（a）1 ～ 3 阶小波逼近图；（b）1 ～ 3 阶小波细节图

2.4　地壳形变特征

根据《长春市地震构造图报告》阐述的吉林省东部山区地壳形变特征，总体表现为上升隆起。

依据阶地隆起幅度可以大致计算，东部山区隆升最大年平均幅度：上新世（长白、白金等地）0.08 ～ 0.09mm，早更新世（长白镇）舒兰凤凰山 0.15 ～ 0.17mm，中更新世（吉林）0.24mm，晚更新世（舒兰红旗乡）1.1mm，全新世（舒兰红旗乡）1.5mm。由此可以看出，从上新世到全新世，探测区所在的东部山区地壳隆起幅度有越来越大的趋势，这与从古生代到中生代到新生代我省地壳升降运动的幅度越来越大的规律是一致的。

东部山区新生代以来形成的中新世末长白期、上新世末临江期二期夷平面和Ⅵ级河流阶地，反映出本省发生八次地壳节奏性或间歇性上升运动，多期的冰期和间冰期气候冷暖交替也反映出东部山区地壳的周期性活动特征。

地壳脆性形变特征以继承性断裂为主，表现为北东向郯庐等主断裂展布，次一级断裂以北西向为主，伴随断裂存在第四纪以来的小规模受控于断裂构造的岩浆活动。

探测区地壳形变为上升隆起区，局部为沉降区，不同地区隆起和沉降仍然存在一定的差异，反映出地壳的不均衡的形变特征。

从上升和沉降幅度看，探测区大体可划分为 5 个区，即大黑山缓慢上升区，上升幅度 100 ～ 300m；依兰—伊通断陷区，上升幅度 0 ～ 100m；吉林市—老爷岭较强烈上升区（分为北西部较强烈上升区，上升幅度 300 ～ 500m，南东部强烈上升区，上升幅度＞500m），上升幅度 300 ～ 500m；敦化—密山断陷区，沉降幅度 -300 ～ -500m；长白山强烈上升区（分为北部较强烈上升区，上升幅度 300 ～ 500m，南部强烈上升区，上升幅度＞500m）。

2.5　目标区活动断裂基本特征

2.5.1　布尔哈通河断裂（F_2）

1．断层的空间展布及地貌特征

布尔哈通河断裂位于近场区的中部（图 2.22），沿布尔哈通河两侧展布，控制着布尔哈通河第四纪沉积。其由多条断续出露的断层组成；断裂整体走向近东西，断层倾向北，倾角

40°～70°。主断层可分为近平行的两个分支（F_{2-1}、F_{2-2}）。断裂西段位于布尔哈通河南岸，在东丰村南部的布尔哈通河山前阶地截切八道—东盛断裂；断裂东段经延吉市在小营村南截切小营断裂北东向分支。

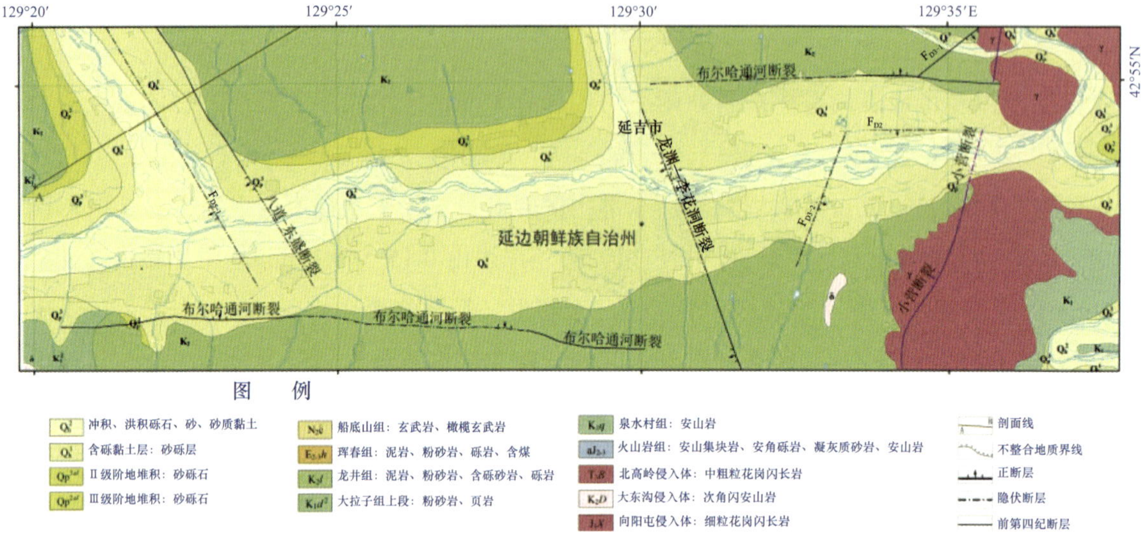

图 2.22　断层 F_2 布尔哈通河断裂空间展布

2．断层的遥感影像特征

在 DEM 与遥感影像融合处理的图像上，布尔哈通河断裂西部基本沿河谷与山前交界分布，可见近东西向分布的线性影像特征，东部穿过河谷，线性特征不明显，地貌上形成较宽的河谷。两岸阶地比较发育，可见明显阶地陡坎，北侧地形呈波状起伏，南侧为丘陵或低山，正在接受侵蚀。在 SAR 图像中断层、半地堑地貌及山前陡坎构造较为清晰。此外，已有资料及遥感影像上还可以看出，布尔哈通河断裂截切了目标断层八道—东盛断裂，说明其形成活动时代较晚。

3．野外调查结果

布尔哈通河横穿延吉市，沿布尔哈通河展布的布尔哈通河断裂（F_2）在目标区内截切了目标断层小营断裂（F_3）、八道—东盛断裂（F_6），在形成时间上布尔哈通河断裂应相对晚于其他几个断层。

在朝阳川南Ⅲ级阶地后缘发现夹紫红色泥岩夹层的灰白色厚层含砾粗砂岩中发育的阶梯状断层，此断层发育在龙井组（K_2l）中，由 2 条互为平行的小断层组成，上覆中更新世老黄土，断层面平直。断层错断白垩纪龙井组但上覆中更新世地层并未错断，表明该断层为基岩断层。

4．浅层地震勘探结果

探测的 3 条剖面均揭示了断层的存在，且所测得的断层性质相同，该断层倾向北，较陡，正断层性质。不同测线断层倾角相近，可以组合。组合的断层与前人资料 F_2 断层基本相符，只是平面位置有不同程度的偏移。断面上盘反射波特征明显，为正常沉积地层，下盘无明显的反射波特征。

5. 钻探勘察结果

分别于朝阳川污水处理厂东侧布尔哈通河 I 级阶地和延吉热电厂东侧布尔哈通河 I 级阶地上进行钻探，各有 4 个钻孔。勘察结果显示，白垩系地层中存在断层，而没有错断第四纪晚期地层，说明该断层第四纪晚期以来不活动。

2.5.2 小营断裂（F_3）

1. 断层的空间展布特点

小营断裂(F_3)在小营村被布尔哈通河断裂截切为南、北两段，断距约 60m。小营断裂(F_3)北段断裂从溪洞站北部开始向北经过磨盘村、五岩洞、西南沟屯、兴家村延伸至目标区外伊兰河沿岸（图 2.23），总长度约 11km。

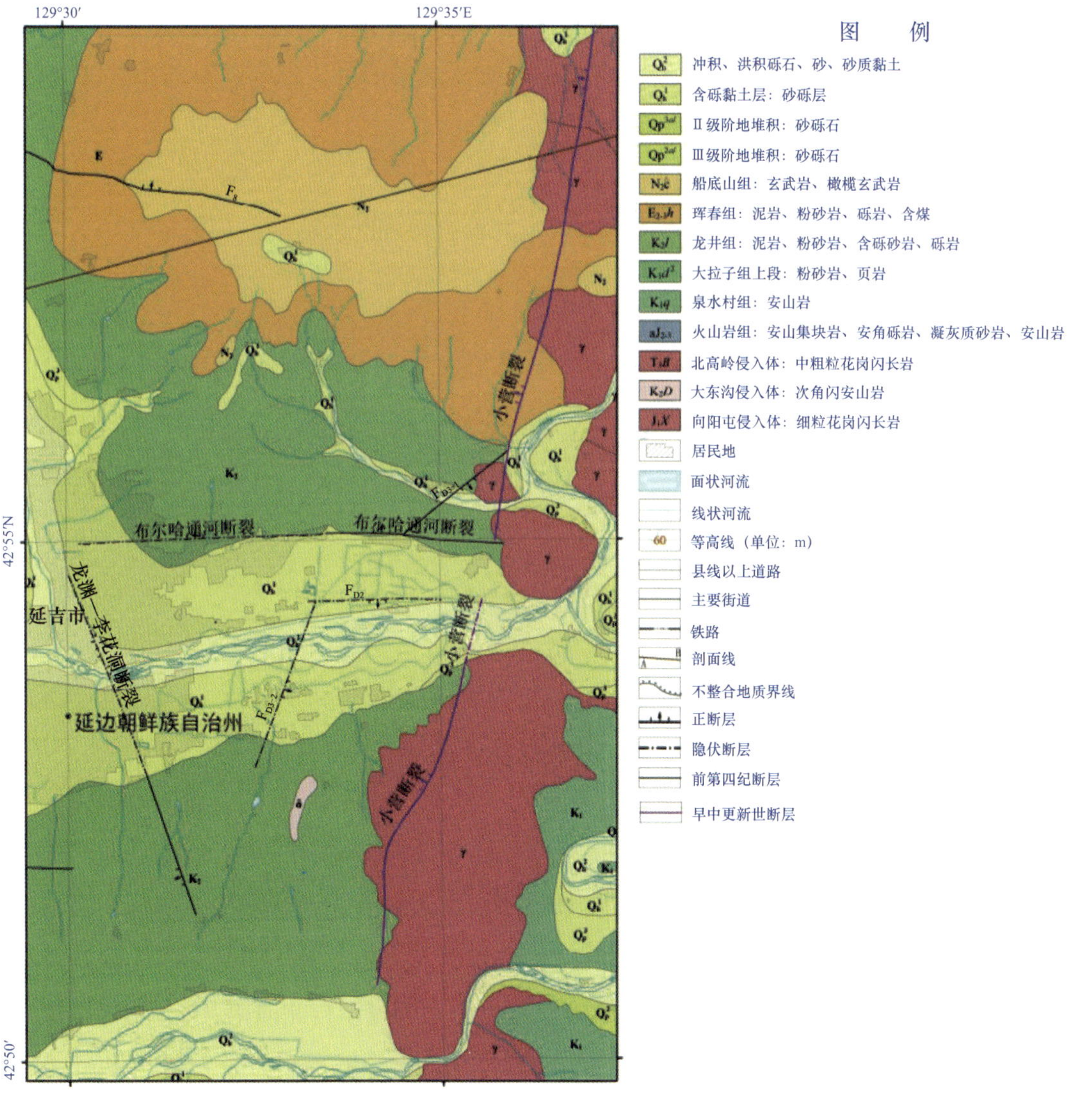

图 2.23　断层小营断裂（F_3）空间展布

2．断层的遥感影像特征

在DEM数据与遥感影像融合处理的图像上，可见F_3断裂北段处于丘陵和山地的分界处，线性影像平直且两侧颜色迥异。断裂东侧地形高于西侧，线性构造控制着负地形及沟谷的分布，呈现出西北侧缓而东南侧陡的地貌景观。

3．野外调查结果

小营子断裂（F_3）位于小营东部延吉盆地东部边界，该断裂被布哈尔通河断裂截切。北支从溪洞站向北延伸至目标区外，断裂南端与北西向、东西向断裂交会，南支自营南村向西南方向延伸。

在南北向断裂带、北北东向断裂带与其他断裂交汇处发现一老的断裂带，上部为灰白色花岗闪长岩，下部为中粒老花岗岩，断层走向112°，倾角73°，断层面平直，有光滑面，有一高度约1.5m的陡坎，为逆左滑移断层，上盘破碎严重，下盘较完整，该断裂无第四纪活动的证据。

对布尔哈通河两岸进行了路线追踪。在广济村（富兴屯北）村头，看到大片的Ⅱ级阶地和Ⅲ级阶地分布，但未发现有断层活动的证据。

4．控制性浅层地震勘探结果

穿过小营断裂初查时布设了四条控制测线，并没有发现断裂活动的证据。

5．钻探勘察结果

在小河龙西南的山前堆积至盆地的Ⅱ级阶地上布置联合钻探剖面两个，每个剖面各有钻孔5个。

勘察结果显示，白垩系地层中存在断层，而没有错断第四纪晚期地层，说明该断层第四纪晚期以来并有活动过。

2.5.3 八道—东盛断裂（F_6）

1．断层的空间展布及地貌特征

八道—东盛断裂（F_6）倾向南西，由近平行的F_6及次断层F_{D5}组成，两者相距约620m，主断裂位于两级阶地交界处（图2.24），断裂南段规模较小。

2．断层的遥感影像特征

八道—东盛断裂北段沿朝阳河方向展布并控制了朝阳河干流的分布，在DEM数据与遥感影像融合处理的图像上局部有略呈弧形的影像特征；其南段在影像上特征不明显。

3．浅层地震勘探结果

八道—东盛断裂（F_6）被布尔哈通河断裂切割为南北两段，自北向南共布设控制测线4条。4条剖面均揭示了断层的存在，且所测得的断层性质相同，该断层倾向237°，倾角变化较大，26°～62°，正断层性质，断距较大。F_6断层在两条线上并未延伸至第四纪地层。

4. 钻探勘察结果

于太阳村东侧布尔哈通河Ⅰ级阶地上进行钻探，共 4 个钻孔。勘察结果显示，白垩系地层中存在断层，而没有错断第四纪晚期地层，说明该断层第四纪晚期以来不活动。

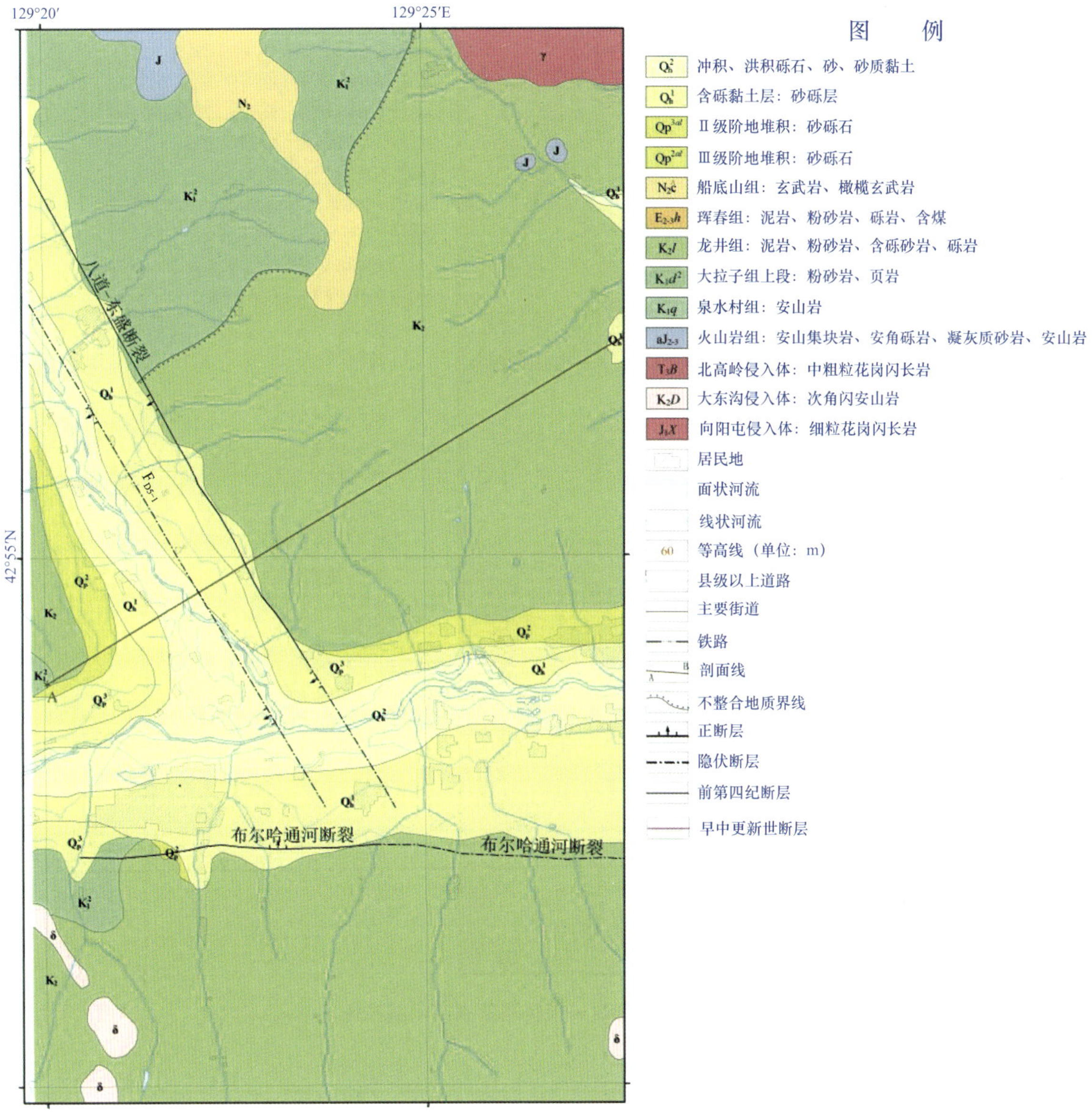

图 2.24　F_6 八道—东盛断裂空间展布图

2.5.4 龙渊—李花洞断裂（F_7）

1. 断层的空间展布及地貌特征

龙渊—李花洞断裂（F_7）分布在目标区中部，北部未发现断裂形迹，南部断裂长 5.5km，布哈尔通河谷中的断裂部分为隐伏断层，该断裂为张性或张扭性断裂，倾向西南，倾角 50°～70°（图 2.25）。

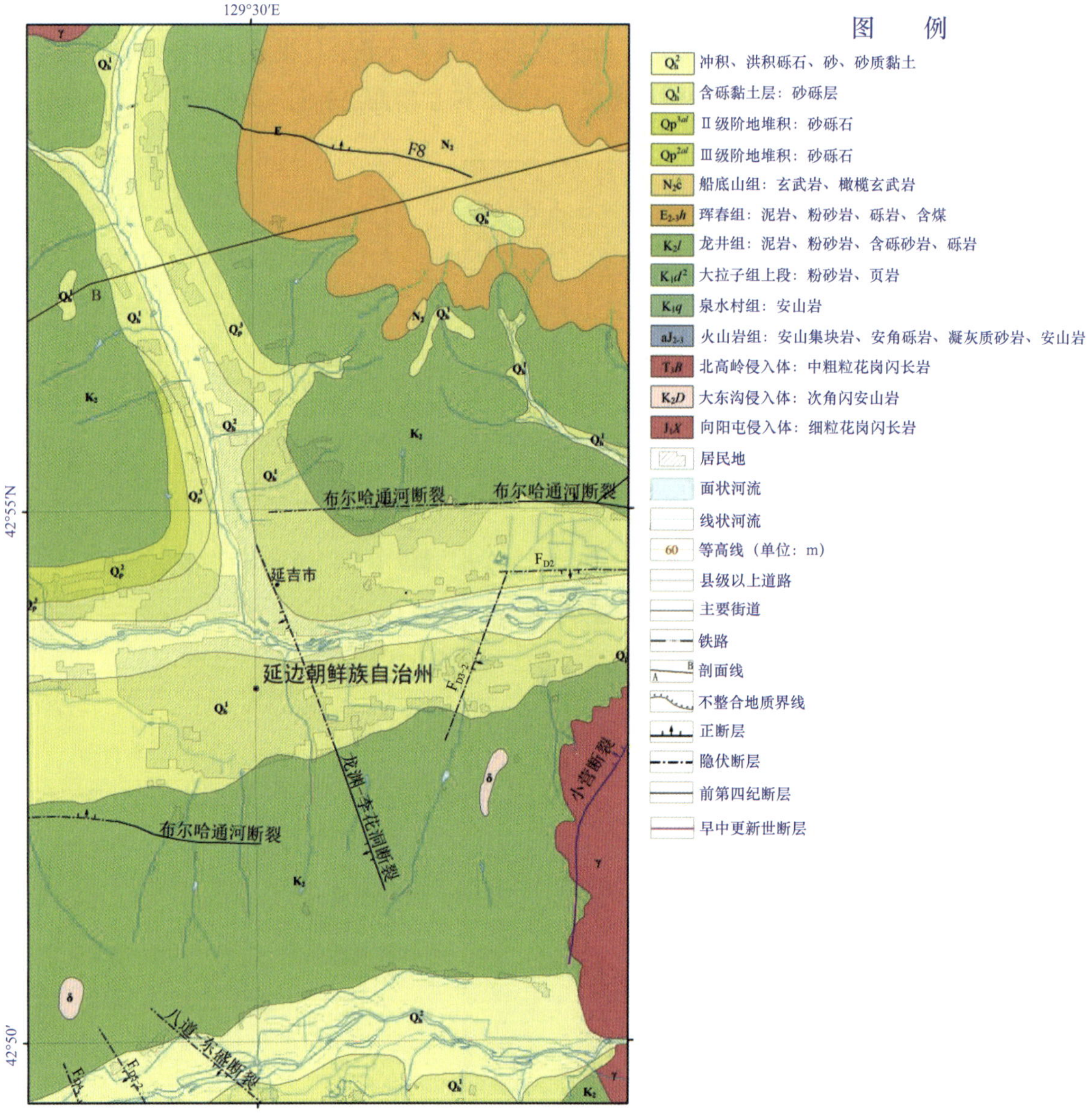

图 2.25　F_7 龙渊—李花洞断裂空间展布图

2．野外调查结果

沿珲乌公路横穿了龙渊村，该断裂北支在珲乌公路以东的大片区域多出露在龙井组灰白色砂岩和紫红色泥岩中，只有顶部有少量第四纪残积物，未发现有断裂错断第四纪地层。而在路西Ⅲ级阶地上，发现了一处似逆冲断层（该位置为前人资料中龙渊—清茶馆东西向逆断层位置），倾向 85°、倾角 19°，两侧为灰白色含粗砂砾岩，砾岩较厚，未见底，断层面舒缓波状，断裂顶部发育小沟，疑为左旋逆冲后形成，但沿断裂面向下挖了大约 2m，发现断裂面终止，并未下延，因此该裂缝很可能为滑坡的滑动面。在该线路上没有发现第四纪断裂活动的证据。

3．浅层地震勘探结果

横跨龙渊—李花洞断裂（F_7）布设了 2 条浅层地震探测剖面，并未发现明显的断层特征，推测该断层并未错断第四系。

2.6　区域应力场分析

本研究基于 Global CMT（http://www.globalcmt.org/CMTsearch.html）给出的探测区内 1976—2017 年的地震震源机制解数据（Dziewonski et al.，1981；Ekstrom et al.，2012），使用基于区域阻尼应力场反演算法（Hardebeck &Michael，2006）编写的 SATSI（Spatial & Temporal Stress Inversion）应力反演程序（http://earthquake.usgs.gov/research/software/#SATSI），按照深度剖面及地震活动时段分区，对西太平洋俯冲带日本本州至中国东北段的应力场进行反演计算，得到了从浅表到深部俯冲带的应力状态分布图像。

2.6.1　应力场反演方法

本研究使用 Hardebeck&Michael（2006）提出的区域阻尼应力场反演方法进行应力场解算，其算法思想如下（这里仅对空间区域阻尼的情形进行介绍，时间区域阻尼的情形与之类似）：

图 2.26 中 x_1 轴平行于断层走向，x_2 轴反向于断层面倾向，x_3 轴竖直向上，n 为下盘断层面的外法线矢量，d 为上盘相对于下盘的位移方向矢量，如此 x_1 轴与正北的夹角 φ_f 即为断层的走向，断层面倾向由断层走向顺时针旋转 90° 得到，即 φ_f+90°；断层面倾角为 $-x_2$ 轴与断层面间的锐夹角；断层面滑移方向为断层面上 x_1 轴逆时针旋转至位移矢量 $\boldsymbol{d}$ 方向上所需的角度 λ；图 2.26 中，$\boldsymbol{n}$ 为断层面的外法线矢量，$\boldsymbol{N}$ 为剪应力所在方向上的矢量，$\boldsymbol{T}$ 为作用在断层面上的应力矢量，σ_n、τ 分别为 $\boldsymbol{T}$ 在断层面上的分量——正应力与剪应力，$\boldsymbol{s}$ 为断层的滑移矢量，$\boldsymbol{a}$ 为滑移矢量同剪应力所在方向之间的角度差。

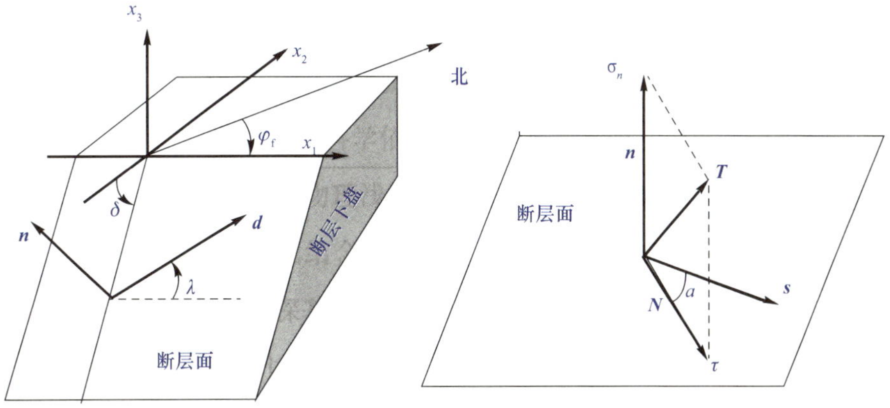

图 2.26　断层面参数示意图（据 Stein 等（2003）修改）

作用在断层面上的任一应力 **T** 可以表示出该断层面上的正应力 σ_{n} 及剪应力 τ，为

$$\sigma_n = T_i n_i \tag{2.1}$$

$$\tau N_i = T_i - \sigma_n n_i \tag{2.2}$$

这里 T_i 为任一应力矢量的坐标分量，n_i 为断层面上单位法向量的坐标分量，N_i 为剪应力所在方向上单位向量的坐标分量。

借助连续介质力学中的柯西准则，有

$$T_i = \tau_{ij} n_j \tag{2.3}$$

这里，τ_{ij} 是应力 **T** 在断层面上的作用点处应力张量的坐标分量。

可以写出断层面上剪应力与应力张量间的关系为

$$\tau N_i = \tau_{ij} n_j - \tau_{jk} n_k n_j n_i \tag{2.4}$$

引入克罗内克符号 δ_{ij}，则式（2.4）可简写为

$$\tau N_i = \tau_{kj} n_j (\delta_{ik} - n_k n_i) \tag{2.5}$$

进而得到

$$N_i = \frac{\tau_{kj}}{\tau} n_j (\delta_{ik} - n_k n_i) \tag{2.6}$$

前面提及断层的滑移矢量 **s** 平行于断层面上的剪应力矢量 τ，则式（2.6）可变为

$$s_i = \frac{\tau_{kj}}{\tau} n_j (\delta_{ik} - n_k n_i) \tag{2.7}$$

基于震源机制解数据（断层面走向 ϕ_{f}，断层面倾角及断层面滑移方向 λ），断层的滑移矢量 **s** 在（东，北，上）坐标系下可表示为

$$\begin{aligned} s_1 &= \cos\lambda\sin\phi_{\mathrm{f}} - \sin\lambda\cos\delta\cos\phi_{\mathrm{f}} \\ s_2 &= \cos\lambda\cos\phi_{\mathrm{f}} + \sin\lambda\cos\delta\sin\phi_{\mathrm{f}} \\ s_3 &= \sin\lambda\sin\delta \end{aligned} \tag{2.8}$$

到这里，Michael（1984）提出另一个假设：断层滑移时作用在断层面上的剪切应力可取作常值，故这里将 τ 归一化，即

$$\tau = 1 \tag{2.9}$$

同时，去除对剪切变形不起约束的静岩压力部分，有

$$\sigma_{11} + \sigma_{22} + \sigma_{33} = 0 \tag{2.10}$$

再结合应力张量本身的对称性，应力部分的未知数有 $\{\sigma_{11}, \sigma_{12}, \sigma_{13}, \sigma_{22}, \sigma_{23}\}$ 共计 5 个。如果记

$$d = [s_1, s_2, s_3]^{\mathrm{T}} \tag{2.11}$$

为一个断层面上的单位滑移矢量，记

$$\boldsymbol{m} = [\sigma_{11}, \sigma_{12}, \sigma_{13}, \sigma_{22}, \sigma_{23}]^{\mathrm{T}} \tag{2.12}$$

为探测区域内的应力场分布，记

$$G = n_j\ (\delta_{ik} - n_k n_i)\quad (i,\ j,\ k \in \{1,\ 2,\ 3\}) \tag{2.13}$$

为核矩阵，它完全由断层面参数决定，则式（2.7）便可写成矩阵形式，即

$$\boldsymbol{G}\boldsymbol{m} = \boldsymbol{d} \tag{2.14}$$

当探测区内发生过许多地震事件，并且有记录在案，如果能够得到每次地震事件的震源机制解（断层面几何参数以及滑移信息），便可依据式（2.14）组建线性方程组，有

$$\boldsymbol{G}_{\mathrm{all}}\boldsymbol{m} = \boldsymbol{d}_{\mathrm{all}} \tag{2.15}$$

这里$\boldsymbol{G}_{\mathrm{all}} = \begin{bmatrix} G_1 & \cdots & 0 \\ \vdots & \ddots & \vdots \\ 0 & \cdots & G_n \end{bmatrix}$，$\boldsymbol{d}_{\mathrm{all}} = [d_1,\ d_2,\cdots,\ d_n]^{\mathrm{T}}$，$n$ 为探测区内参与计算的地震事件总数。

对于这种超定问题，可以选择使用最小二乘法进行求解，有

$$\boldsymbol{G}_{\mathrm{all}}^{\mathrm{T}}\boldsymbol{G}_{\mathrm{all}}\boldsymbol{m} = \boldsymbol{G}_{\mathrm{all}}^{\mathrm{T}}\boldsymbol{d}_{\mathrm{all}} \tag{2.16}$$

考虑各应力分区间存在的关联性，Hardebeck&Michael（2006）又引入了平坦度（Flatness）的概念，用它来表示各相邻分区应力场模型间的差异，有

$$\|\boldsymbol{D}\boldsymbol{m}_{\mathrm{all}}\|_2 \tag{2.17}$$

这里 $\boldsymbol{D} = \begin{bmatrix} I & -I & 0\cdots & \cdots & \cdots \\ I & 0 & \cdots & 0 & \cdots \\ 0 & I & 0\cdots & -I & 0\cdots \\ & & \cdots & & \end{bmatrix}$ 为阻尼矩阵，$\boldsymbol{I}$ 为单位矩阵。

综合阻尼后的模型长度［式（2.17）］和拟合误差［式（2.18）］

$$\|\boldsymbol{G}_{\mathrm{all}}\boldsymbol{m}_{\mathrm{all}} - \boldsymbol{d}_{\mathrm{all}}\|_2 \tag{2.18}$$

便得到区域阻尼应力场反演的核心算法，为

$$\{\boldsymbol{G}_{\mathrm{all}}^{\mathrm{T}}\boldsymbol{G}_{\mathrm{all}} + e^2\boldsymbol{D}^{\mathrm{T}}\boldsymbol{D}\}\,\boldsymbol{m}_{\mathrm{all}} = \boldsymbol{G}_{\mathrm{all}}^{\mathrm{T}}\boldsymbol{d}_{\mathrm{all}} \tag{2.19}$$

式中，e 为阻尼因子，它从模型长度与拟合误差的 trade-off 曲线中读出，一般选择 trade-off 曲线拐点处的 e 值作为阻尼系数。

应力反演结果的精度依靠自助重采样方法（Bootstrap Resampling）进行评估。该方法由美国斯坦福大学的 Efron 教授于 1979 年提出（Efron et al.，1986；邓智恒等，2007），运用到应力反演结果的精度分析，则这样进行（Michael，1987）：

（1）探测区内所有的地震事件组成原始数据集，使用该数据集资料反演探测区内的应力场分布。

（2）从数据集中随机抽取等量的地震事件，组建自助取样子集，重复该步骤，获得大量的自助取样子集。

（3）使用每一个自助取样子集的数据反演探测区内的应力场分布。

（4）计算相同分区内由自助取样子集数据得到的应力解与使用原始数据集资料反演得到

的应力解间的相似度（closeness）。

定义置信度对应的置信区间为相似度最接近于 1 的部分所对应的应力分布范围。

这里，相似度的定义是

$$\text{closeness}(M,N)\left(\frac{\sum_{i=1}^{3}\sum_{j=1}^{3}M_{ij}N_{ij}}{\left(\sum_{i=1}^{3}\sum_{j=1}^{3}M_{ij}\right)^{1/2}\left(\sum_{i=1}^{3}\sum_{j=1}^{3}N_{ij}\right)^{1/2}}\right) \tag{2.20}$$

式中，M、N 为两个二阶张量，closeness（M，N）的取值范围为［-1，1］，当两张量各分量相平行时，取值为 1；当两张量各分量相反向时，则取值为 -1，其他情形取值在 -1 到 1 之间。

反演结果最终以应力张量解的特征值及其对应的特征向量展示，其中特征值 σ_1、σ_2 及分 σ_3 别为最大主压应力、中间主压应力及最小主压应力（图 2.27）之间存在以下关系：

$$\sigma_1 < \sigma_2 < \sigma_3 \text{（以拉张应力为正）} \tag{2.21}$$

应力形状因子为

$$R = (\sigma_2-\sigma_3)/(\sigma_1-\sigma_3) \tag{2.22}$$

用来表征主应力量值间的相对大小关系。在展示应力主轴方位及其量值相对大小关系时采用主应力的空间图样（黄骥超等，2016），以形象直观的表征区域内的统一应力场。

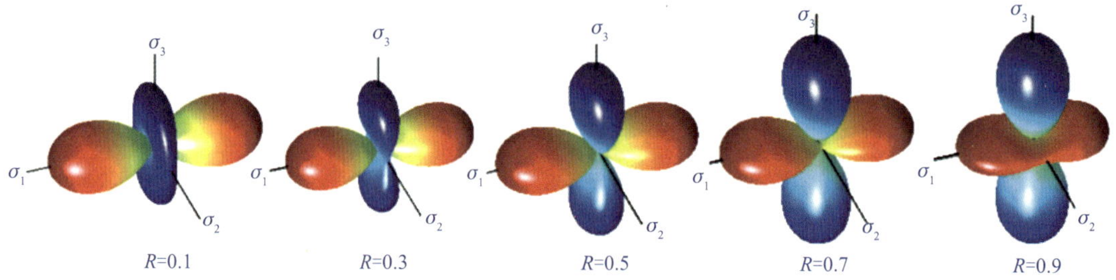

图 2.27　主应力空间三维分布说明

图中，三个主应力方位给定，不同的 R 值显示出不同形态的主应力空间图样。

断层面解的准确选取对反演结果有所影响，Michal（1987）及 Vavryčuk（2014）的正演分析结果表明断层面选取正确与否对于所得应力方位影响不大，但会对应力形状因子 R 产生较为显著地影响。鉴于此，应力反演结果中应力主轴的方位解直接采用，而对应力形状因子 R 进行统计分析，取其置信区间内的均值。需要指出的是，虽然断层面选取正确与否对于所得应力方位影响不大，但在自助重采样的过程中仍然设定等概率随机选取两组节面解中的其中一个作为断层面解使用。

2.6.2　数据处理及结果

从 Global CMT 网站下载 1976 年至 2017 年 M_w>5 的地震目录，将其投影至图 2.28 所示的 AB 剖面上，然后在该剖面上（图 2.29）将域内所有地震事件按照其位置、深度、密集度等标准划分为 10 个区域，保证每个分区内地震数目不少于 10 个，使用区域阻尼应力反演方法对各个分区内的应力场进行解算。

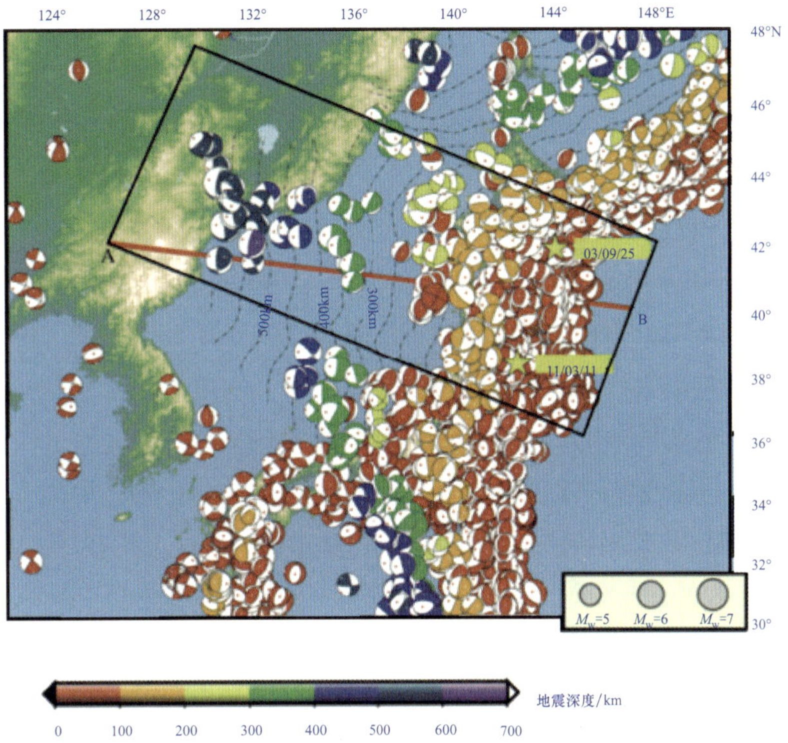

图 2.28　探测区域及 1976—2017 年 M_w>5.0 的 GCMT 解分布

图中，探测区域见黑色矩形框内，AB 为深度剖面分区所用剖面，震源机制为下半球投影，按颜色对应于不同的发震深度，星形为选作地震活动时段分区所用的两个震级大于 8 地震事件的震中，虚线为西北太平洋俯冲带等深线（据 slab1.0，Hayes et al.，2012）。

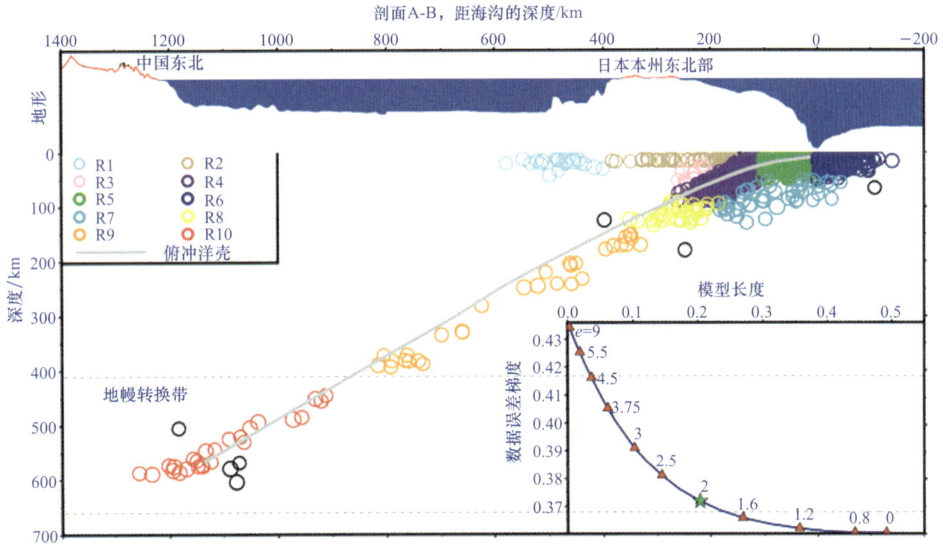

图 2.29　深度剖面分区示意及反演阻尼系数挑选

图中，区内所有地震以及俯冲等深线投影到剖面 A-B 上得到本图，地形高度只用来展示大陆、岛弧、海沟、大洋板片所在的位置。在剖面图上，按照地震分布的位置、深度、密集度等标准将域内所有地震事件划分在 10 个分区内；从 trade-off 曲线中挑选阻尼系数为 2.0。

确定的10个分区（图2.30）中，R1与R2位于海沟前的大陆地壳一侧，所属位置分别对应于弧后区和岛弧区（Uyeda，1992；Hasegawa et al.，1994；Yoshida et al.，2015），分区内可使用的GCMT地震数均不少于20个；R3位于陆壳同洋壳之间所夹的地幔楔中（Hasegawa et al.，1994，2005；Miura et al.，2005），该分区内可用的GCMT事件最少（只有11个）；R4～R5位于浅部俯冲系统的陆洋板片接触带，R6～R10共5个分区均位于大洋岩石圈内，从近地表一直延伸至地幔转换带的下界面。具体而言，R6处于海沟之外的大洋板片内，该区受前端大洋板片俯冲牵带影响，其内可用GCMT事件众多，达到128个。R5段大洋板片从海沟处进入俯冲（Goto et al.，1985；Miura et al.，2005），且其俯冲倾角不超过（Umino et al.，1995；Miura et al.，2005），分区内可用GCMT事件增至374个。大洋板片于深部的陡倾俯冲形态在R4内基本成型，确立了其俯冲的方向与倾角（近）（Umino et al.，1995；Miura et al.，2005），这里拥有最多的可用GCMT事件（481个）。

R7位于俯冲板片的内弯折处（Inner Fold Hinge，Warren et al.，2015），因其同俯冲板片上界面有一定距离，故推测其位于大洋岩石圈地幔中（Kita et al.，2010），可用的GCMT解相对于R4～R6出现了明显的下降（减少至45个），震源分布的集中度也同样出现下降，分布显得发散。沿大洋板片俯冲方向向下的R8内可用的GCMT解与R7基本相当。继续沿俯冲方向向下的R9完全没入地幔中，该分区在空间上的延伸最长，GCMT解分布表现为较为显著的不连续三区段。R10处于地幔转换带内，选用紧靠俯冲板片轮廓线的GCMT事件25个进行分析。

从trade-off曲线图（图2.29右下角）中选取反演使用的阻尼系数e=2，同时计算e=0非阻尼情形下的应力反演结果，以比对约束阻尼系数e选为2时可能带来的过阻尼情况，最终反演所得结果见表2.4。

表2.4　日本本州至中国东北段深度剖面应力反演所得最优参数

反演区域	反演所用震源机制个数	σ_1		σ_2		σ_3		R
		方位/(°)	倾伏角/(°)	方位/(°)	倾伏角/(°)	方位/(°)	倾伏角/(°)	
R1	21	96	4	186	2	302	85	0.46
R2	49	97	13	190	16	329	69	0.30
R3	11	106	15	199	13	329	70	0.41
R4	481	112	22	205	7	312	67	0.36
R5	374	112	44	207	6	303	45	0.38
R6	128	120	61	210	0	300	29	0.28
R7	45	122	32	228	24	348	48	0.41
R8	31	115	11	234	67	21	19	0.36
R9	31	297	11	175	70	30	17	0.38
R10	25	292	22	176	47	38	35	0.32

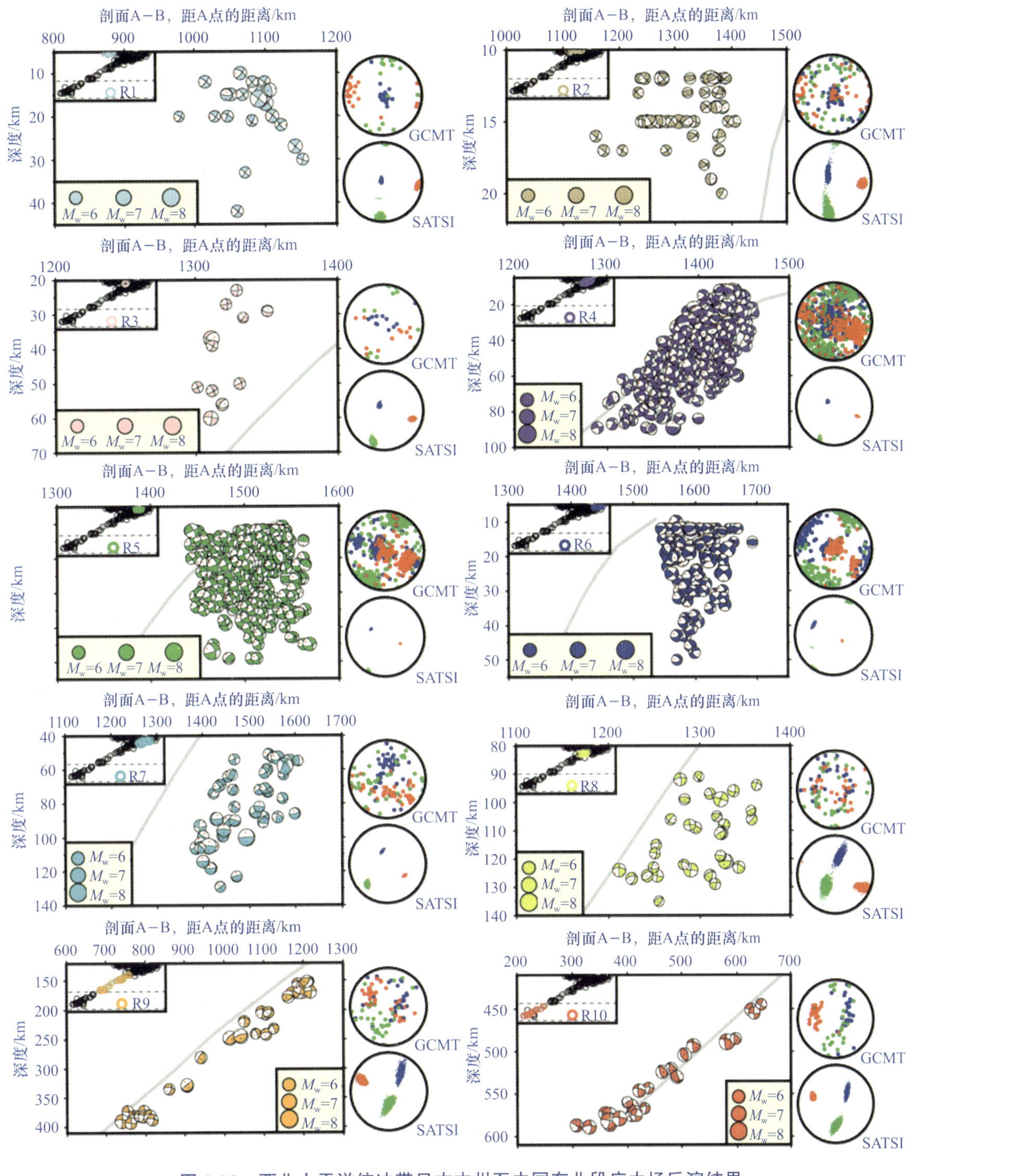

图 2.30　西北太平洋俯冲带日本本州至中国东北段应力场反演结果

图为应力分区内包含的地震震源机制解。在剖面图右侧的 GCMT 结果中，红、绿及蓝点分别代表 *P* 轴、*B* 轴和 *T* 轴，SATSI 反演结果的红、绿及蓝点分别代表最大、中间和最小主压应力 σ_1 轴、σ_2 轴和 σ_3 轴方位的置信度为 95% 的置信区间，置信区间通过 2000 次自助重采样获得。

综合图 2.30 与图 2.31 来看，10 个分区中除 R2 和 R8 两分区内应力反演结果中的应力主轴 95% 的置信区间稍大，对 Global CMT 提供的 *P* 轴、*T* 轴方位解的统计结果也较发散外，其他各分区内的应力状态较为明确统一，使用区域阻尼反演与不使用区域阻尼反演结果差异较大处也集中在这个两个分区里，而在其他分区内则差异并不显著，因此若无特别说明，以下描述与讨论均使用区域阻尼反演的结果（表 2.4）。

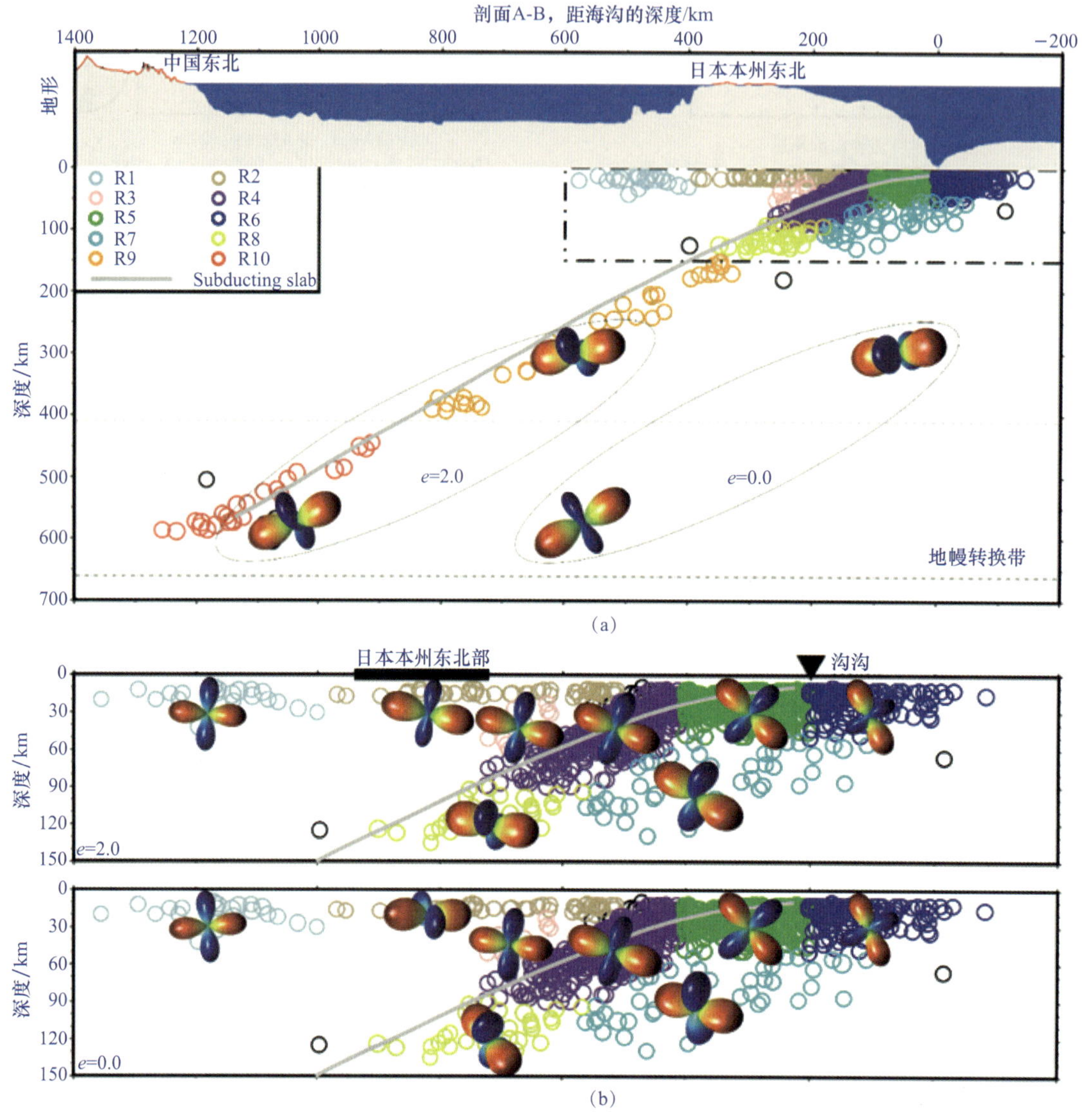

图 2.31　应力场反演所得主应力的空间图样

图中，(b) 为 (a) 中虚线所圈部分的放大，俯冲板片轮廓由俯冲带等深线投影到剖面 A–B 所得。

进入俯冲板片之内的 R6 分区，3 个应力主轴方位更加集中，相比于 R1 ～ R2 分区，主张、压应力轴方位交换；R5 分区里，3 个应力主轴方位依然十分集中，在 R6 分区内应力模式的基础之上，应力主轴方位出现垂直于 AB 剖面的逆时针旋转，逐渐向板片的俯冲方向靠拢；初始进入俯冲状态的 R4 分区内 3 应力主轴方位集中，主张、压应力轴继续垂直于 AB 剖面逆时针转动，并且主张应力轴达到比俯冲板片轮廓更为都陡倾的状态；R7 分区处在俯冲板片的内弯折区域，应力主轴方位集中，主压应力轴垂直于板片的俯冲方向，主张应力轴则渐转向海沟的延伸方向，从非区域阻尼反演的结果中看，这种趋势更加明显。

R8 分区内 3 个应力主轴 95% 的置信区间范围较大，同时看到 Global CMT 给出的 *P* 轴、*T* 轴方位解的统计结果也较发散，考虑该深度范围内存在有双地震带（张克亮等，2008，2011），故对该应力分区再行细分，即距离俯冲板片表面 24km 范围内划为一分区（上分区），范围之外划为另一分区（下分区），且新得的 2 个分区内包含的地震事件数均超过 10 个，反演结果见表 2.5。从新结果图 2.32 中可见，对 R8 内地震事件重新划分后，上分区内主压应力轴沿板片俯冲方向延伸，下分区内主张应力轴近平行于板片俯冲方向，需要注意的是，下分区中的反演结果与 R7 分区内的应力模式有些相似之处。

表 2.5　R8 再分区应力场反演所得最优参数

反演区域		反演所用震源机制个数	σ_1		σ_2		σ_3		R
			方位 /(°)	倾伏角 /(°)	方位 /(°)	倾伏角 /(°)	方位 /(°)	倾伏角 /(°)	
R8	深度 <24km	14	284	29	187	13	76	58	0.66
	深度 >24km	17	121	47	223	11	322	41	0.31

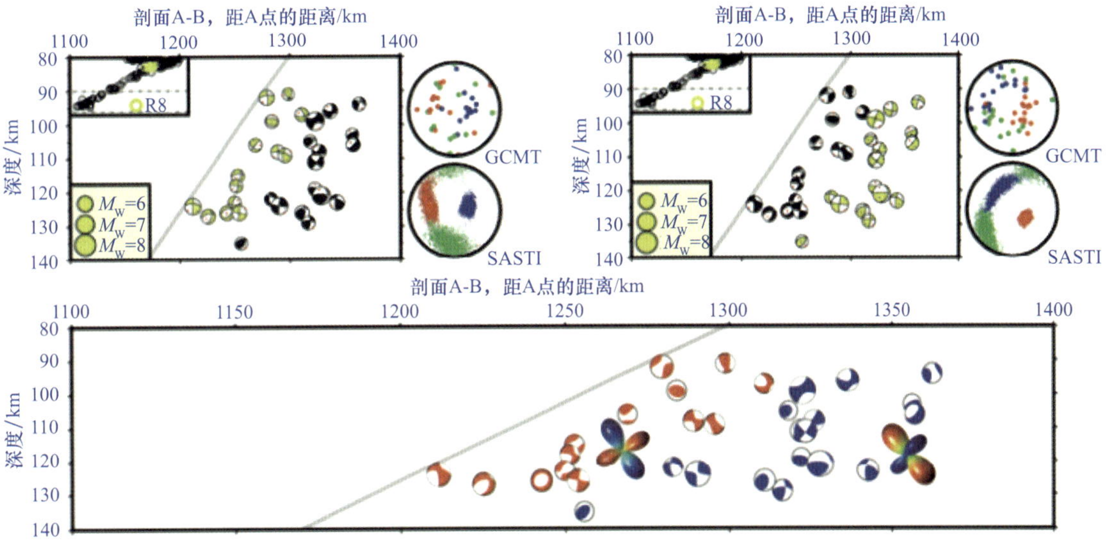

图 2.32　R8 再分区应力反演结果

图中，黄色震源球展示了该应力分区内包含的地震事件，震源机制为震源球的内半球投影，俯冲板片轮廓由俯冲带等深线投影到 AB 剖面所得，主应力的空间图样的视图正对于 AB 剖面；剖面图右为该分区内应力反演结果及其与 GCMT 解的对比，其中 GCMT 结果中红点代表 *P* 轴，绿点代表 *B* 轴，蓝点代表 *T* 轴，反演结果中，红点组成最大主压应力 σ_1 轴方位的置信度为 95% 的置信区间，同样，绿点代表中间主压应力 σ_2 轴，蓝点代表最小主压应力 σ_3 轴方位的置信度为 95% 的置信区间，置信区间通过 2000 次自助重采样获得。

R9 分区介于俯冲板片拉张段与压缩段的过渡部分，其内 3 个应力主轴方位比较集中，主张、压应力轴处在近水平面上；R10 分区进入地幔转换带内，这里应力主轴方位集中，应力场表现为显著的 DDC（Down-dip Compression）状态。

2.6.3 分析与讨论

根据深度剖面分区反演的结果可以归纳出俯冲带内从浅到深不同部位的应力场分布如图 2.33 所示。

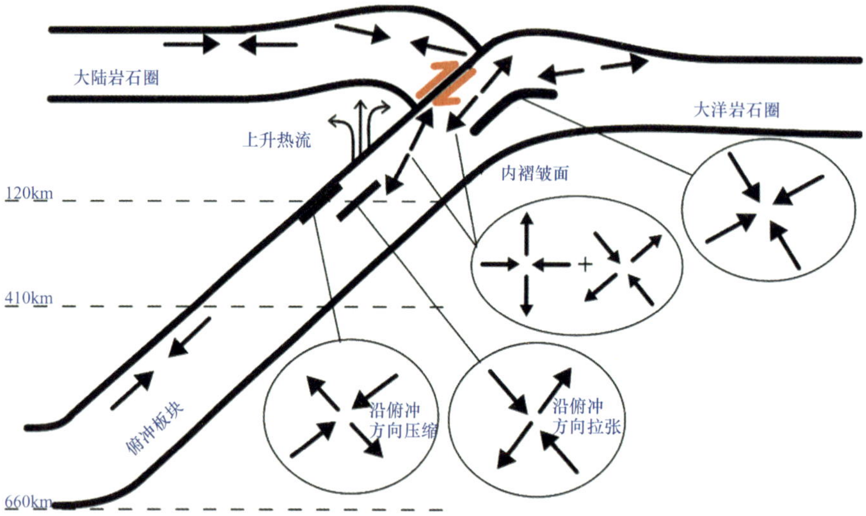

图 2.33　西北太平洋俯冲带日本本州至中国东北段应力模式卡通图

图中，箭头表示各区域内应力主轴的方位。

浅部陆壳一侧，远离海沟（约 500km）的弧后区存在有水平方向挤压、垂直方向拉张的应力分布。事实上，位于日本岛弧弧后区的日本海早已停止扩张（Sato，1994），且受东侧太平洋板块显著的西向俯冲推挤作用（Pollitz，1986），而处于明显的水平挤压应力环境下（Uyeda，1992；Hasegawa et al.，1994；Sato，1994）。岛弧部位，除承受来自海沟方向而来的板片推挤作用外，随俯冲板片下潜到深部的流体加入到次级（secondary or induced）对流中，岩石发生部分熔融，进而底辟上升形成的热物质上升推力（Uyeda，1992；Hasegawa et al.，1994，2005；Stern，2002）也将作用于此，两者的共同作用或造成了该部位应力主轴发生顺时针旋转。而探测区东部位于海沟之外的浅部大洋板片内，应力环境则相反，这里因前端板片俯冲下行的拖拽作用（Slab Pull）而发生小幅度弯曲，总体处于近水平向拉伸环境，挤压作用近垂向分布。从海沟起大洋板片进入低倾角俯冲，在这里俯冲板片的弯曲作用（Bending）显著，拉张应力指向板片俯冲方向，而其倾角相比于俯冲板片轮廓却更为陡倾，这与九州—琉球海沟俯冲带内 100km 以上部位的应力状态类似（Christova，2004a）。Christova（2004a）认为是俯冲板片间的耦合程度弱或者解耦，致使深部地幔物质的阻挡作用难以独自同俯冲板片的拖曳作用相平衡，而出现过剩的竖直向下海沟吸力（trenchsuction，Forsyth et al.，1975），导致拉张应力方向于深度剖面内逆时针旋转至更为陡倾的状态。但本探测区所在的日本海沟处，太平洋板块与上覆北美板块间耦合紧密（Uyeda，1992；Uchida et al.，2009），因此过剩的海沟吸力不能用于解释该处出现的更为陡倾的拉张应力状态。其可能的原因在于该区段应力分区时未区分陆洋板片，因而获得的是上下陆洋板片内应力状态的综合结果，而在占据绝大多数时段的间震期（Interseismicperiod，Wang et al.，2012）内上覆板片属沿俯冲方向的压缩应力状态，下覆俯冲板片则处于沿俯冲方向拉张的状态，两相综合可能导致了拉张应力轴变得更为陡倾。

在板片陡倾俯冲形态确立的部位，存在三处情形复杂的区域：陆洋壳夹角处的地幔楔、俯冲板片内弯折处的大洋岩石圈地幔及两者之间的板片陡倾俯冲段。虽然本研究划归到地幔楔内的地震事件偏少，但反演结果显示该处应力主轴方位集中，应力模式与岛弧部位的情形一致。俯冲板片内弯折区域，从平面上看主压应力轴平行于板片俯冲方向，拉张应力转向了海沟延伸方向，此处由于受到板片内弯折区段的挤压作用理应发育沿俯冲方向上的压缩应力环境（Warren et al.，2015），但考虑深度剖面内垂直于俯冲方向上大洋岩石圈地幔物质变形受到外侧更具刚性的洋壳部分的阻挡，物质变形便有可能转到水平方发向上发展（夏永旭，1984），因此俯冲板片内弯折处大洋岩石圈地幔物质可能出现的侧向水平挤出或导致了该方向上的拉张应力状态。陆洋壳交汇区与板片内弯折区两处相间的板片陡倾俯冲段，主张应力轴基本沿板片俯冲方向展布，但达到比俯冲板片轮廓更为陡倾的状态，与板片低倾角俯冲段内的应力场情景相似，成因或许一致。此三区域内的复杂应力状态的更精细分析，有待今后收集更多的中小地震事件的震源机制解，在精定位基础上进行精细的分区应力反演。

在俯冲板片存在有双地震层活动的部位（深度 120km 附近区域），反演结果表明靠近俯冲板片表面的主压应力轴沿板片俯冲方向延伸，而其下方的主张应力轴则与板片俯冲方向近平行，这与典型的Ⅰ型双地震带应力模式（Hasegawa et al.，1979，1994；张克亮等，2008，2011；Kita et al.，2010）：即上层 DDC、下层沿俯冲方向拉张（down-dip tension，DDT）相符。考虑板片内弯折区域内的应力状态与双地震带下层 DDT 应力模式的相似性及其所处的位置，俯冲板片内弯折区域发生的地震极有可能也位于双地震带内（Hasegawa et al.，1979，1994；Kita et al.，2010）。

俯冲板片更深处的应力场表现为 DDC 为主的状态，与俯冲下行的板片受到深部地幔物质阻挡进而内部产生压缩（Isacks et al.，1971；Forsyth et al.，1975），并开始在 660km 间断面处平躺（何建坤等，1998；Zhao et al.，2009）的判断相符。

综上所述，本研究对西北太平洋俯冲带日本本州至中国东北段的应力场反演得到的应力场分布完整展现了俯冲带不同部位的应力状态。通观所研究的整个俯冲系统，水平面内主压和主张应力轴基本保持了与西北太平洋板片俯冲方向上的一致性，表明俯冲状态下板片的拖曳作用显著。具体来说，陆壳一侧弧后区及岛弧区应力状态表现为水平压缩和垂向拉伸；洋壳一侧海沟之外应力状态呈现近水平拉伸和近垂向压缩；沿俯冲板片向下至明显发育双地震层之上的部位，俯冲板片表层区域内的应力状态基本为 DDT，但拉张应力轴相较于俯冲板片轮廓更为陡倾，而其下部区域中垂直于俯冲板片轮廓的压缩应力模式更为显著，同时出现了拉张应力转向海沟走向的趋势；而在明显存在双地震层的部位（120km 附近），应力模式同典型 I 型双地震带应力模式一致：上层 DDC，下层 DDT；随着俯冲板片深度继续增加，应力模式便逐渐过渡到主压应力轴指向板片的俯冲方向，显示俯冲板片受到了周边地幔物质的阻挡而产生沿俯冲方向上的压缩应力。

基于地震震源机制解来研究俯冲带应力场的分布是目前获取俯冲带应力环境的基础手段，随着地震震源机制解资料的积累及对俯冲板片结构的精细勾勒，将可更准确系统地把握俯冲带的应力分布特征。俯冲带应力场环境，是俯冲板片在俯冲过程中所处状态的一种物理表示，其成因涉及俯冲板片的几何形态、俯冲速率、俯冲角度、物质组成及与地幔物质的相互作用等方面，完整地揭示俯冲带应力场分布特征及其成因，需要多学科的共同协作研究。俯冲带应力场的数值模拟可较好地融合多学科取得的研究成果，模拟结果既可检验各学科的俯冲带研究结果，也可为俯冲带现今应力环境及其成因解释提供有益的参考。

2.7 探测区内 1902 年汪清 6.6 级地震及其发震构造

1902 年 7 月 3 日汪清 6.6 级地震已近 120 年，苏联强震目录给出的震中烈度为Ⅷ度，但依四方台山南坡地面构造遗迹看，震中烈度可能要大于Ⅷ度。为了考证此次地震，20 世纪 80 年代末和 90 年代初吴戈等人和延边州地震局专门进行了史料分析与实地考察研究。无论是通过震中区附近年迈者“口碑”资料的辨释，还是通过震中区存在的较为活跃的新构造活动背景，如断陷池塘群，小溪错动、断层崖崩塌、辽金时代古城垣破坏等，都印证了汪清 6.6 级地震的存在，并给出了宏观震中位置（43° 25′ N，129° 25′ E），与苏联强震新目录给出的震中位置（43.2° N，129.6° E）相比偏于北西方向约 28km，参考地点为吉林省汪清县蛤蚂塘乡四方台山。

汪清 6.6 级地震的发震断裂是春阳—汪清—珲春北西向断裂带，是晚古生代以来继承性活动的复活断裂，曾有多次活动。特别是新生代以来，由于太平洋板块对欧亚板块的俯冲作用，使北西向断裂发生引张或张扭性（左行）滑动，形成了汪清地震的发震断裂（金东淳等，2004）。

春阳—汪清—珲春 NW 向断裂带，主要分布在春阳、蛤蟆塘四方台（发震区）大兴沟、汪清、西大坡、白岩及珲春一带，宽 2 ～ 4km，长达 150km，走向 310° 左右，是基底老断层继承性活动而形成的。该断裂带的华力西期花岗岩普遍发育片麻理化，且片麻理方向北西向；控制着侏罗—白垩纪火山岩呈线状分布；天桥岭一带由于该断裂右行滑动，使北东向的二叠纪和三叠纪地层发生 2 ～ 3km 位错。该断裂的活动迹象反映在断层三角面零星可见，古河床堆积抬升 10 余米，抬升速率不大，为 0.01mm/a。在春阳—汪清—珲春北西向断裂带中，发现

1 条塑性变形带和 24 条北西向断层，其中扭性断层 5 条，压扭性断层 3 条，复活断层 6 条及次一级断层 10 条。

汪清断裂主要位于断裂带北部（图 2.34），可以再分为东西两支，其中西支为位于四方台东南一带（即蛤蟆塘红星屯北西向复活断层），东支位于汪清县以东（即汪清北砖厂北西向活动断层）。

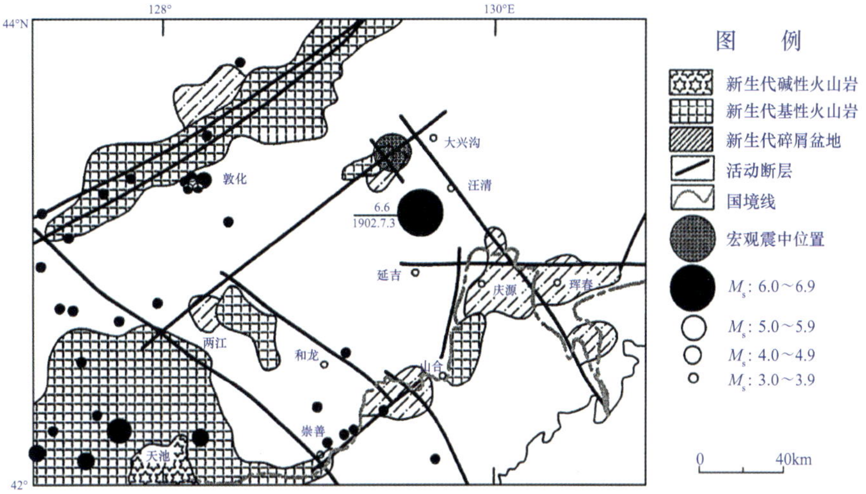

图 2.34　汪清地震及断裂分布示意图（据金东淳等，2004）

汪清县大兴沟镇汪清断裂西支红兴村剖面：汪清断裂通过处 T_1 阶地未见断错；断错前河（汪清河的一级支流）Ⅱ级阶地，阶地基座断错约 1.5m；但地表未见明显的构造变形（可能受后期改造），沿断层面砾石层呈定向排列；断层泥带可见近直立的擦痕，表明断裂活动以正断为主，兼有少量的走滑分量；对比延吉盆地布尔哈通河Ⅱ级阶地年龄，5 ~ 7.5 万年；初步认为汪清断裂西支为晚更新世中期活动断裂；垂直断距约 1.5m，垂直滑动速率约 0.03mm/a。

汪清县城东北大川村东剖面（原砖厂剖面）：在汪清县城北汪清河右岸 T_2 阶地上，汪清—珲春断裂东支疑似错断 T_2 阶地，阶地面上形成 1.5 ~ 1.8m 的断层陡坎，但沿断层追踪，迹线并不明显；在 T_2 阶地发育的冲沟内见约 2m 的基岩陡坎形成跌水。在跌水位置前 5 ~ 10m 的冲沟东壁开挖清理成约高 6m、宽 6m 的探槽剖面。

剖面共揭示出 4 套地层，自上而下分别为：青灰色耕作土层，厚度约 1m；锈黄色粗砂岩层，具有平行层理，含厚度约 15cm 的灰黑色花岗岩碎屑条带，厚度约 1.5m；灰黑色坡积物与锈黄色坡积物互层，坡积物的主要成分为黄岗岩风化产物，其中偶见椭球状花岗岩碎块，推测该层为断层活动形成的坎前堆积物，该层在断层两盘厚度变化较大；燕山期花岗闪长岩层。

剖面揭示汪清断裂东支在该处表现出低角度逆冲的性质，断层面倾向 40°、倾角 30°，总垂直断距约 2.7m。断层活动错断了燕山期花岗闪长岩（层 4）及其上覆混杂堆积物（层 3），燕山期花岗闪长岩垂直断距 2.7m，灰黑色与锈黄色混杂堆积物垂直断距为 1.1m。上覆锈黄色粗砂岩层（层 2）和表层耕作土层（层 1）未见明显断错。

第 3 章　深部结构与构造背景探测

延吉市位于吉林省东部长白山山脉北麓，为延边朝鲜族自治州的首府，位于中、俄、朝三国的交界处。延吉市位于欧亚大陆东缘，受太平洋板块俯冲及日本海开合影响，其附近地区新生代火山活动强烈，深源地震多发，浅源地震相对较少，但有 6 级左右浅源地震发生的历史记录。

收集探测区周边固定地震台和密集流动地震台阵（图 3.1）的观测资料，基于高精度地震定位和震源反演方法，对探测区周边深源地震和浅源地震的震源特征进行研究。基于接收函数、地震面波和背景噪声反演等方法，获取延吉市城市活断层探测探测区周边的深部细结构。综合分析探讨探测区地震孕育的深部结构环境。

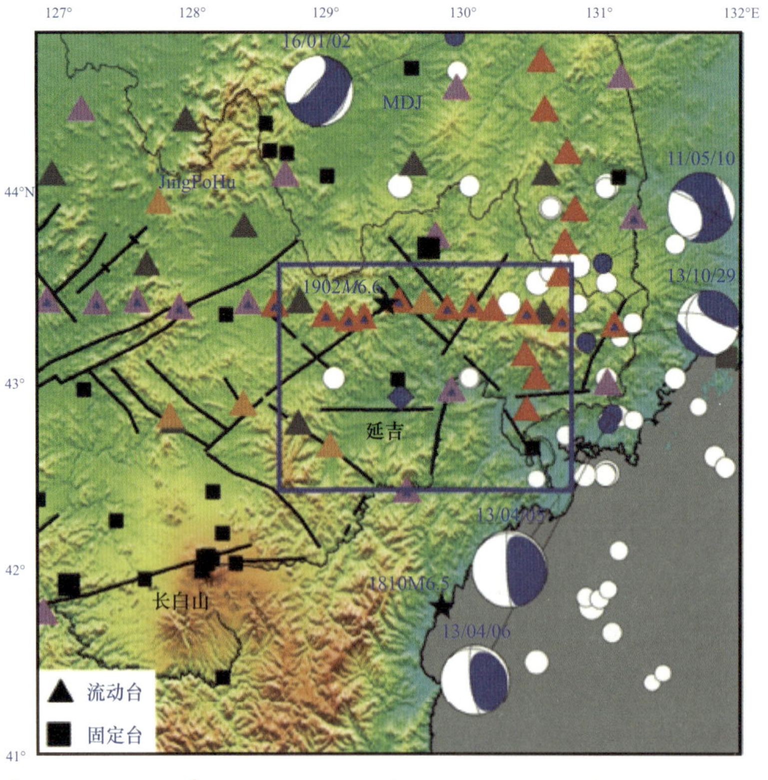

图 3.1　探测区（蓝线）周边地震台与浅源强震（星号）和 5.0 级以上深震（白圆点）

图中，2011 年 1 月—2016 年 6 月 20 日的 5.0 级以上深震震源机制单独标出。

3.1 区域地球物理探测研究现状

在涵盖长白山火山区的较大区域内（图 3.2），基于不同尺度研究需要先后布设了不少的宽频带流动地震台。为约束太平洋俯冲板片的几何形态及研究东北地区地壳拉伸和火山作用的起因，中美日三方合作在东北地区布设了由 127 个流动地震台组成的 NECESSArray（The Northeast China Extended SeiSmic Array，图 3.2 中黑菱形），台间距 70 ~ 80km，观测时间为 2009 年 9 月—2011 年 8 月（Tang et al.，2014；Tao et al.，2014）。2010 年 8 月、2011 年 10 月和 2012 年 7 月先后完成布设的探测深俯冲的中国东北地震台阵（NECsaids 台阵，Northeast China Seismic Array to Investigate Deep Subduction，图 3.2 中红三角）共 60 个台，由与西太平洋深俯冲相垂直和平行的 2 条测线和空间散布的流动台组成，2 条测线的台间距约 20 ~ 35km，散布台与固定地震台的台间距约 70km，NECsaids 台阵的台共同观测至 2014 年 10 月后留下 22 个台持续观测，其中的 20 个台观测到 2017 年 8 月截止（Wang et al.，2016）。在图 3.2 中，棕红色三角为中国科学院地质与地球物理研究所布设的流动地震台（Ai et al.，2008；Xu & Zhao，2009），紫色三角为艾印双研究组在 2016 年 10 月新布设的流动地震观测剖面的部分台，右上角的蓝色倒三角为吴庆举研究组布设的 2 条流动地震观测剖面的部分台（张风雪等，2013 和 2014），淡蓝色倒三角为段永红研究组布设的流动台（段永红等，2005；Duan et al. 2009），粉红色倒三角为吉林大学研究组布设的流动台（Tian et al.，2016）。

而围绕长白山火山的地球物理观测早在 1985 年就开始围绕天池火山进行，1985—1991 年由安图地震观测站于每年 6—9 月进行季节性的单台地震、水温和水氡观测，1992—1996 年由吉林省地震局布设 3 ~ 5 个流动地震台进行 1 ~ 2 个月的观测，1999 年 6 月长白山天池火山观测站正式投入观测（杨清福等，2007）。正式投入观测的长白山天池火山监测系统由地震、形变、水化学和电磁观测等组成，包括 11 个固定地震台、15 个 GPS 流动观测点、2 条流动短水准测量线和在 4 个温泉点测量 CO_2、CH_4、He、H_2、O_2、N_2 等气体组分和泉水温度，及在中心台开展地震、电磁与石英伸缩仪、数字水管倾斜仪和垂直摆倾斜仪形变监测（杨清福等，2013a；刘国明等，2011）。除了长白山天池火山连续观测系统外，中国地震局系统在 1995—1999 年对长白山天池火山岩浆系统开展了地球物理探测研究。汤吉等（1997，2001）于 1995 年 7—8 月和 1997 年 7—8 月围绕长白山天池火山口开展大地电磁测深探测，分别完成了 15 个测点和 46 个测点的野外观测工作（参见图 3.3 的蓝色五边形点，右下角为清晰展示图）。

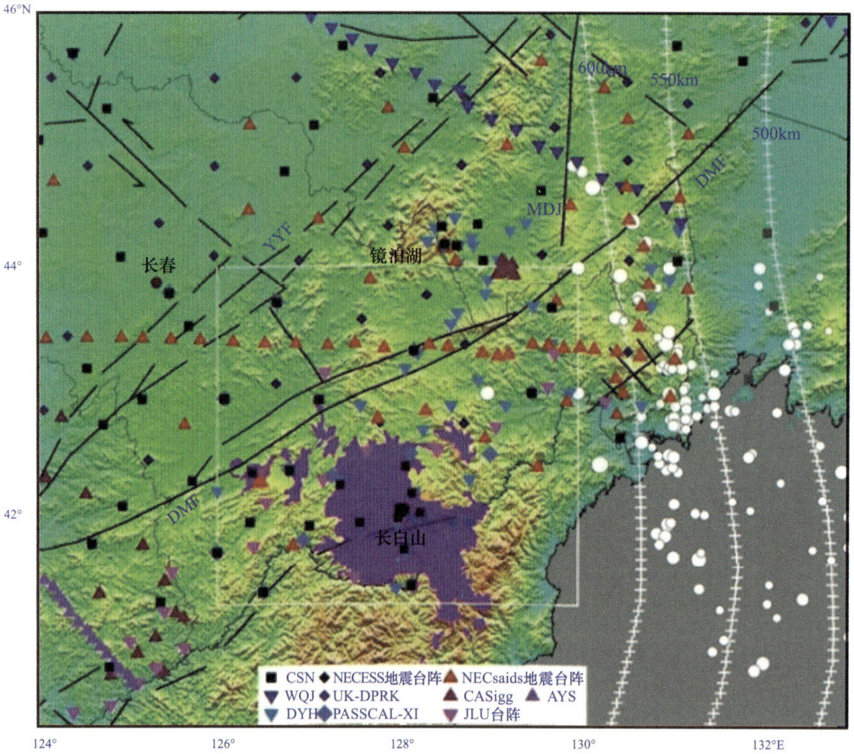

图 3.2　长白山火山区附近构造简图及地震台站分布示意图

图中，黑方块为固定地震台，正反三角形和菱形为流动地震台（具体图例含义见正文说明）。紫色展布区为长白山火山玄武岩分布范围示意，带拖尾的红三角形为龙岗火山和镜泊湖火山活动示意点。▣为 ISC 目录（www.isc.ac.uk）给出的震源深度≥300km 和震级≥4.0 的深震震中，白十字线为太平洋俯冲深度的示意线，黑线为断裂，YYF 和 DMF 分别表示依兰—伊通断裂和敦化—密山断裂。

张先康等（2002）于 1998 年 7—9 月围绕天池火山地区开展了三维深地震测深研究（参见图 3.3），观测系统包括 2 条长约 300km 的纵测线（L1 和 L2）、2 条辅助纵测线（L3 和 L4）和一个包围天池火山口大约 50km×80km 的三维地震台阵，200 台三分量数字或模拟地震仪（图 3.3 红圆点）沿着这 4 条测线和台阵内布设，接收位于测线和台阵周围 9 个炮点（图 3.3 红五角星）上进行的 9 次吨级井下爆破所激发的地震波。1998—1999 年间中国地震局地球物理勘探中心和美国纽约州立大学宾汉顿分校合作（Hetland et al.，2004），围绕长白山火山区布设了 19 个宽频带地震台（参见图 3.2 标示 PASSCAL-XI 的台，含图外的丹东、辽阳和铁岭的 3 个台）进行地震观测。在 2002—2005 年天池火山区地震活动明显增加期间，吴建平等（2003，2005，2007，2009）分别在 2002 年、2003 年和 2005 年夏季围绕长白山火山加密布设了流动地震台。而针对外媒体称长白山天池火山近期有可能喷发的言论（仇根根等，2014），自然资源部于 2012 年 6—10 月跨过天池火山口布测了一条大地电磁测深测量剖面（参见图 3.3 右下角清晰展示的红十字），对火山口下方深部电性结构重新进行了探测研究（仇根根等，2014）；2012 年 8 月—2014 年 9 月间还布设 31 套短周期地震仪（参见图 3.3 绿菱形）进行火山地震活动的密集观测，却没有检测到天池火山区地震活动水平有明显变化。

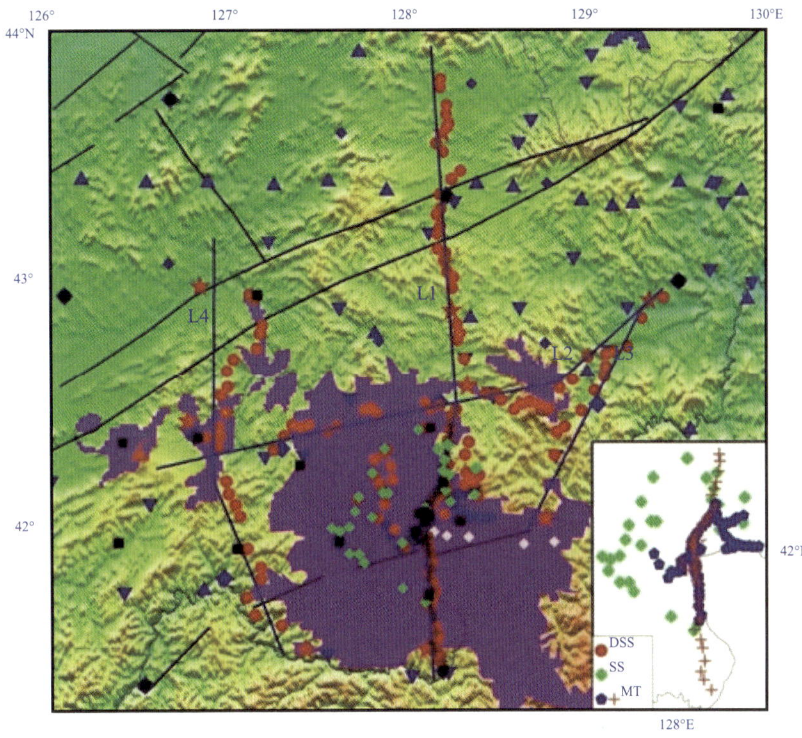

图 3.3　长白山火山人工地震（红圆点）大地电磁测深测点（蓝色五边形和“+”）及短周期地震仪（绿菱形）分布示意图

本图据张先康等（2002）、汤吉等（2001）、仇根根等（2014）汇编。图中的红五角星为人工地震测深的爆破点，标 L1 ～ L4 的蓝线为 4 条观测测线。

长白山火山坐落于中朝边界，其中的胞胎台山火山主要喷发中心更位于朝鲜境内，但上述有关长白山火山深部结构的地球物理探测都在中国境内开展，在朝鲜境内唯一的地震探测研究来自英国、美国和朝鲜的联合地震观测研究（Kyong-Song et al.，2016），即在 2013 年 8 月朝鲜境内的火山区布设了 6 个宽频流动地震台（参见图 3.3 的白色菱形和图 3.2 标 UK-DPRK 的蓝色菱形）。

3.2　地壳和岩石圈地幔结构

3.2.1　电性结构

地下电阻率对介质的温度、含水和熔融状态较为敏感，大地电磁测深是探测火山区深部低阻岩浆囊的有效方法之一。

汤吉等（2001）利用图 3.3 所示伞状分布的 61 个测点资料，对长白山天池火山区的大地电磁测深研究［图 3.4（a）］表明：整个区域电性水平不均匀性较严重，由浅到深存在多个低阻体和电性的高梯度带，分别对应于不同深度的异常结构和断裂；浅部（5km 以上）的几处低阻体可能与天池水体、温泉和地下热水聚集有关，而在长白山天池及其以北和以东地区，约从 12km 向下延伸至最深达 45km 深处的低阻体可能是地下岩浆囊，推测岩浆囊可能向深部继续延伸（汤吉等，1997）。仇根根等（2014）利用长约 100km 的北偏东向大地电磁测深观测剖面，得到了与汤吉等（2001）探测的整体电性不均匀性较严重和由浅到深存在多个低阻体等相似特征，但局部（主要是天池往北 7 ～ 20km 处下方低阻体和高阻体的形态）有所不同的结果。仇根根等（2014）探测结果［图 3.4（b）］表明：在天池火山口下方存在明显的直立型岩浆通道，岩浆通道在下方 5 ～ 8km 位置形成关闭；在火山口下方往北方向附近，在埋深位置约 7km 深处存在一个明显的与岩浆通道对接的低阻体，推测其可能是地表浅部发育的岩浆囊；在长白山山门附近 C07-C09 号测点和 C04-C05 号测点之间，在埋深 7 ～ 17km 深处发现近直立型低阻带，该低阻带与深部低阻体相连，推测其可能是由深部岩浆沿着薄弱的断裂构造带向上运移所形成；从天池火山口南约 20km 处往北方向，在埋深 13 ～ 30km 壳内广泛发育明显的低阻异常体，推测其可能是活动的岩浆囊。

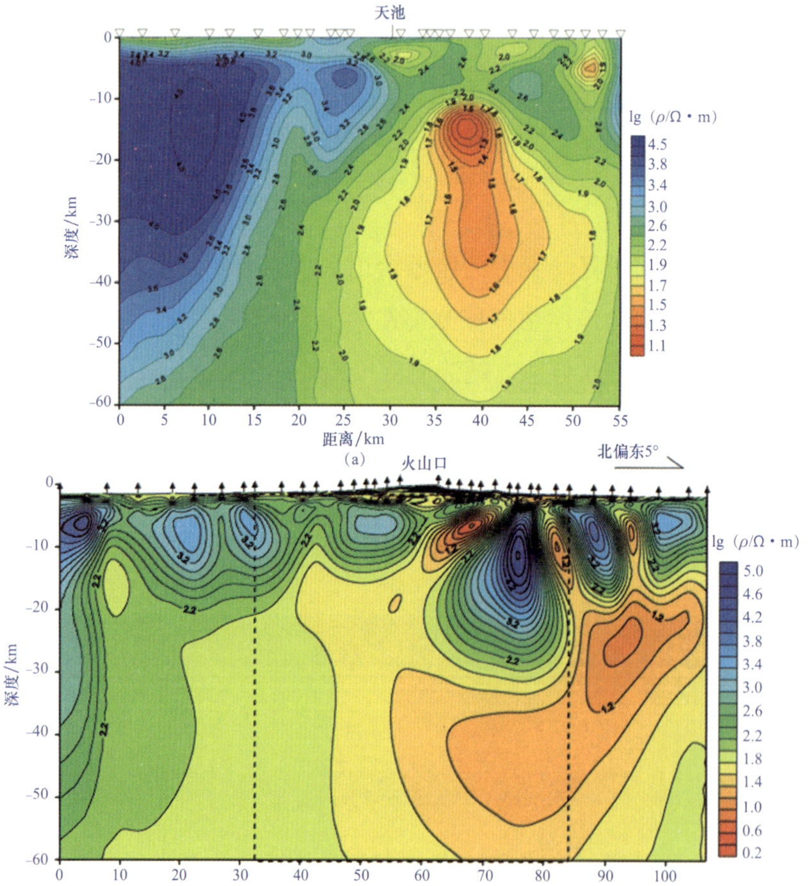

图 3.4 大地电磁测深反演结果大致对比图（据仇根根等，2014）

（a）汤吉等（2001）的结果；（b）仇根根等（2014）的结果

3.2.2　P 波速度结构

张先康等（2002）利用图 3.3 所示的人工地震测深系统，发现长白山天池火山口下方 9km 深度至下地壳存在一倒三角状低速体［图 3.5（a）］，勾画出长白山天池火山区“活动”的岩浆系统分布状态：9 ～ 15km 为岩浆分布的主要位置，近南北走向分布，南北延伸 80 ～ 90km，东西向宽度可能为 30 ～ 40km；15km 至下地壳岩浆分布横向尺度较小，显示出岩浆自上地幔侵入地壳的“痕迹”；在深度小于 8 ～ 9km 的地壳浅部，岩浆的分布范围更小一些，似乎集中在天池火山口稍偏北的南北方向上，可能反映了岩浆喷发过程中的传输通道。王夫运等（2002）应用一种可同时获得地壳上地幔二维速度结构和界面形态的地震走时反演算法，对图 3.3 所示的 L1 剖面反演得到与张先康等（2002）基本类似的天池火山岩浆系统，显示出壳内反射界面和莫霍面一致呈下凹形态，幅度 2 ～ 6km 不等。杨卓欣等（2005）利用该深地震测深系统所采集的反射 P 波走时资料，通过三维层析成像反演确认了张先康等（2002）的结果：天池火山口下方壳内岩浆现今仍以“活动”的状况存在，下地壳或更深的地方存在岩浆囊；但认为壳内岩浆系统可能是呈北北东方向展布的，推测下地壳或更深的岩浆囊可能位于天池火山口以西，而不在天池火山口的正下方。Song 等（2007）运用与王夫运等（2002）相同方法对图 3.3 所示的 2 条主剖面（L1 和 L2），进行 P 波速度结构精细反演得到与杨卓欣等（2005）较为相近的结果，认为与长白山火山相关的低速体位于天池火山口北 30 ～ 60km［图 3.5（b）］，南北展布 30 ～ 75km，东西最多宽 35km，位于地下 10 ～ 25km 处。

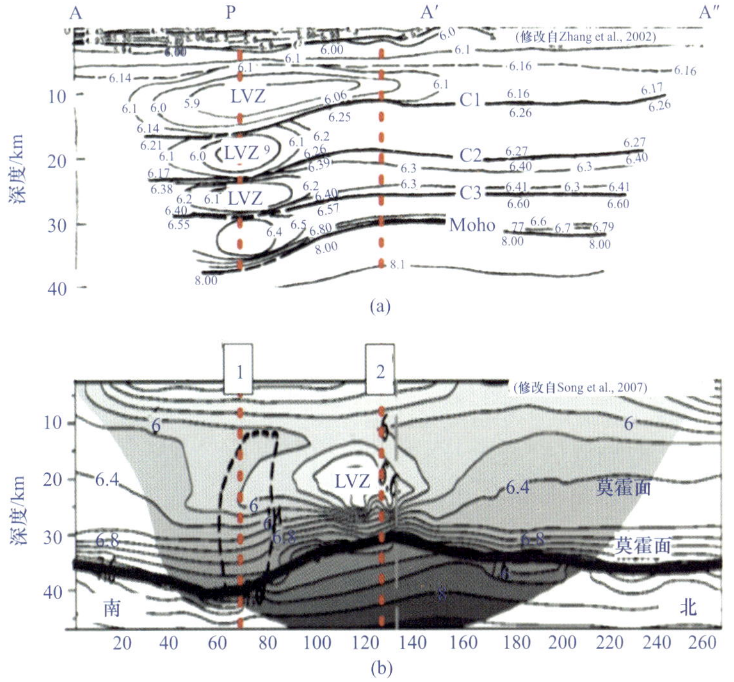

图 3.5　人工地震探测获得的 L1 测线 P 波速度结构对比（据 Choi et al.，2013）

（a）张先康等（2002）结果；（b）Song 等（2007）结果

除了以上所述人工地震探测获得的地壳 P 波速度结构，壳幔 P 波速度结构多来自全球尺度或大区域及远震层析成像的反演结果（如 Zhao，2004；Lei & Zhao，2005；Huang & Zhao，2006；Wei et al.，2012，2015；Chen et al.，2017），近震层析成像的结果较为少见。仅冯暄等（2013）基于图 3.2 所示吉林大学布设的 16 个宽频流动台拾取的 2008—2010 年 173 个近震 P 波到时，及吉林省台网 12 个固定台拾取的 1990—2008 年 566 个近震 P 波到时数据，反演了水平方向 0.5°×0.5° 网格划分的长白山及邻区深至 40km 的地壳和上地幔顶部三维 P 波速度结构，结果证实了长白山火山区岩浆囊的存在，推测岩浆囊的位置位于火山口的西南方向，岩浆囊在 10～20km 深度呈近北东走向，在 20～40km 呈南北走向。此外，赵大鹏和田有等（Zhao et al.，2009；田有等，2011）收集了中国华北和东北周围地区 645 个地震台，1980—2005 年记录的 4802 个近震或区域地震到时 49799 条与 1980—2002 年记录的 9599 个远震到时 239519 条，及从牡丹江、北京和海拉尔 3 个 CDSN 台站和图 3.2 所示长白山火山区 19 个 PASSCAL-XI 临时地震台波形记录图上读取的 548 个高质量震源 P 波到时资料（赵大鹏等，2004；Lei &Zhao，2005），反演得到水平方向 0.8°×0.8° 和深度方向上以 20～80km 为节点间距的 P 波速度模型，表明长白山火山区的地壳上地幔中存在显著的低速异常，该低速异常深达 410km 左右，且在地幔转换带中存在高速异常，说明长白山火山的形成与滞留的太平洋俯冲板片上方大地幔楔内的湿热软流圈物质上涌有关。

3.2.3 S 波速度结构

刘志等（2005）对图 3.3 所示的 L1 测线资料运用与王夫运等（2002）同样的方法反演了 P 波和 S 波速度结构，得到的 S 波速度分布与 P 波速度在局部有所差异，但总体趋势相一致的结果，特别是在天池火山下同样存在一明显呈倒三角状的低 S 波速度分布。对图 3.2 所示的 PASSCAL-XI 台，Hetland 等（2004）和段永红等（2005）通过接收函数反演得到的台站下方 S 波速度结构，表明在少量几个长白山火山区附近台站下方地壳内部存在明显的 S 波低速层，与张先康等（2002）的 P 波速度结构大体一致。

吴建平等（Wu et al.，2009；吴建平等，2009）以 2002—2005 年夏季所布流动台和长白山固定地震台 CBS 的远震记录，通过接收函数反演获得的 S 波速度结构展现出：天池火山区地壳内部存在明显的 S 波低速层，在离天池火山口较近的 WQD 台附近，低速层顶部埋深约 8km、厚度近 20km；而在距离天池火山北部 50km 的 EDO 台地壳中没有明显的低速层；火山区 S 波速度结构总体表现出距离天池越近，地壳的 V_P/V_S 越大，低速层的厚度和幅度增加的特征，表明天池火山口附近地壳内部存在高温物质或岩浆囊。CBS 台站不同方位的接收函数及反演结果表明：地表低速层厚度以及莫霍面深度存在随方位的变化，地表低速层在南部方向明显较厚，莫霍面深度在南部天池火山口方向存在小幅度抬升，推测天池火山口下方可能存在上地幔与地壳内部岩浆囊之间物质交换的通道。

Li 等（2012）基于中国东北地区 6 个区域固定地震台网记录的地震面波数据，利用连续小波变换法提取瑞利波 15 ～ 60s 的群速度及相速度，进一步反演得到其可分辨尺度的 S 波速度结构，并没有在长白山火山区地壳中观测到低速异常，但在上地幔存在明显的低速异常。潘佳铁等（2014a）联合利用噪声成像方法得到 8 ～ 30s 周期的瑞利波群速度和相速度频散资料与天然地震 36 ～ 145s 周期瑞利波群速度频散资料，反演得到的 200km 深度内的三维壳幔 S 波速度结构，也显示长白山火山下方仅上地幔顶部有较明显的低速异常。Kim 等（2017）使用图 3.2 所示的 PASSCAL-Ⅺ 19 个台和 NECESSArray 的 26 个台及 MDJ 固定台的垂直分量连续波形记录进行背景噪声相关分析，采用变维贝叶斯反演（transdimensionalBayesian inversion）得到深至 100km 网格为 0.25° ×0.25° 的 S 波速度结构，展现出长白山火山下方地壳较厚（约 40km）和中下地壳（20 ～ 40km）的 S 波相对高速图像。但 Guo 等（2015）使用 2009 年 9 月—2011 年 8 月布设的 NECESSArray 流动台阵 127 个台和 7 个固定台的地震背景噪声记录通过互相关获得的面波相速度及 NECESSArray119 个台提取的远震接收函数，采用噪音面波相速度和接收函数联合反演获得的水平方向 0.5° ×0.5° 网格划分的地壳和上地幔顶部 S 波速度结构，展示出长白山地区上地壳表现为高速分布，下地壳至上地幔顶部存在低速异常。Guo 等（2016）进一步使用 NECESSArray 流动台阵 127 个台和 120 个固定台记录，通过背景噪声成像方法得到的 6 ～ 40s 相速度图，及双平面波法提取的远震面波 20 ～ 140s 相速度图，利用蒙特卡洛非线性技术反演得到地表至上地幔 200km 的剪切波速度结构，则在长白山地区中上地壳整体呈现出高速异常，仅长白山火山区在中地壳存在较弱的低速，长白山地区下地壳的大部也为高速异常，而上地幔内最明显的速度异常是长白山地区沿着郯庐断裂带北北东向大范围连续的低速异常带，该低速异常一直延伸到 200km。Kang 等（2016）主要依据 NECESSArray 台阵多种互补的三种地震数据（包括背景噪声和地震面波面波频散结果、接收函数、瑞利波振幅比），通过贝叶斯蒙特卡罗联合反演反演得到的地壳和上地幔 S 波速度结构，则显示出上地幔最明显的低速异常位于长白山火山地区，该低速异常沿着依兰伊通断裂和敦化密山断裂向东北方向延伸。而 Fu 等（2016）使用 NECESSArray 台阵和固定地震台共 269 个台的远震切向分量记录，采用双平面波法获得了勒夫波 20 ～ 125s 相速度图，并反演得到地表至上地幔 115km 的 SH 波速度结构，则呈现出长白山地区下地壳至上地幔内的显著低速异常。而王武等（2017）利用图 3.1.2 所示的 NECsaids 台阵 60 个流动台和 67 个固定地震台的多年连续观测数据，应用地震背景噪声成像反演方法得到的分辨尺度在 35km 或更小的深达 50km 的 S 波速度结构表明：长白山火山下方的 9 ～ 30km 深度范围内存在明显低速异常区并有向下延伸趋势，结果与三维人工地震测深得到的低速体范围（张先康等，2002）大体一致，极可能是长白山火山的地壳岩浆囊；在龙岗火山下方 12 ～ 30km 深度范围内存在较弱的低速区，可能代表火山喷发后的残留物。

3.2.4 面波速度

潘佳铁等（2014b）利用159个固定台和27个流动台的背景噪声波形连续记录，得到了2204条路径上的瑞利波群相速度频散曲线，反演得到分辨达2°×2°周期8～30s的瑞利波群速度和相速度高低速分布特征很相似，在主要反映探测区浅表速度变化的8s周期图上长白山呈现出较明显的高速，而长白山区在中长周期未显示较明显的异常。但付媛媛等（2016）利用东北地区122个宽频固定地震台近18个月记录得到的背景噪声频散曲线，获得的瑞利和勒夫波周期为8～35s相速度分布则表明：长白山火山区在上地壳出现强度较弱的低速异常，中地壳的低速异常却逐渐增强，下地壳至上地幔顶部存在低速异常。而Liu等（2016）利用2009年9月—2011年8月布设的NECESSArray流动台阵和固定台得到的背景噪声频散曲线，反演得到的5～50s瑞利波各向同性相速度及方位各向异性图像，也展现出长白山火山周围相速度的相对低速异常。田原等（2017）利用中国东北地区较均匀分布的48个固定台2007—2011年记录的M_W≥5.5远震波形数据，结合双台法获取的面波频散曲线及NECESSArray流动台阵得到的背景噪声相速度频散曲线，反演得到的8～160s瑞利波各向同性相速度及16～160s方位角各向异性图像则表明：长白山火山有明显的从8s到160s的连续的低速（尽管低速位置在100s以后有明显的向北北东方向的移动），在40s以上的周期范围内长白山火山区都是整个区域内相速度值最低的地方；五大连池、哈拉哈和阿巴嘎火山在60～100s范围内的低速“根”通过松辽盆地下方各向异性为北西—南东向的低速结构与东部长白山火山的低速“根”相连，并推测中国东北的新生代火山可能均与长白山火山下方的热地幔上涌有关。

3.2.5 地壳间断面

段永红等（2003）利用图3.3所示的深地震测深系统采集的Pg波资料反演得到：

（1）长白火山区沉积盖层很薄，地表速度在探测区北部与南部有所差别，表明地表层的沉积物质有所不同；

（2）长白火山区结晶基底深度总体变化不大，大部分地区为2.0～3.0km，最深处（约4.0km）位于二道白河—池西之间和天池火山口下，这二处均为低速区但形成原因不同，二道白河—池西可能是地质构造上的坳陷区，而天池火山口下则可能是由火山喷发物填充所致；

（3）速度横向变化剧烈和基底深度突变的地区均与断层穿过的剖面位置相对应。

张成科等（2002）由图3.3所示的L1剖面资料反演得到，长白—敦化深地震测深剖面的莫霍面与C1、C2、C3界面起伏明显，变化情况大体一致，天池附近埋深最深，敦化附近次之，松江镇附近最浅。天池附近的C1、C2、C3界面分别为17km、23km、29km，松江镇附近分别为11km、19km、26km；莫霍面由松江镇附近的31km，向南急剧加深至天池附近约为39km，向北缓慢加深至敦化附近为33km左右；松江镇附近下方存在着上地幔隆起，其隆起幅度相对天池附近下方达 7km 左右。对图 3.2.2 所示的 PASSCAL- Ⅺ长白山火山区台，Hetland 等（2004）和段永红等（2005a）通过接收函数分析得到基本相同的莫霍面深度。Song 等（2007）得到的 2 条主剖面（L1 和 L2）莫霍面约 35km，在天池火山口下方加厚到约 40km，而在低速体下方则减薄为约 30km。

Kyong-Song 等（2016）对朝鲜境内架设的近东西向的 6 个宽频地震台，通过接收函数 H- κ 分析得到了 5 个台的结果，天池附近 20km 范围内 2 个台的莫霍面为 39km（波速比 >1.87），天池 60km 之外 2 个台的莫霍面为 35km（波速比约 1.76），与中国境内人工地震测深的结果（张成科等，2002；刘志等，2005；Song et al.，2007）相当一致。吴建平等（2009）由 H- κ 方法得到的结果显示：天池火山口附近地壳厚度介于 33 ～ 34.5km，距离天池火山口 15km 的双目峰和 50km 的二道镇附近地壳厚度为 30.5 ～ 31.5km，不同台站得到的地壳厚度最大相差 4km；在大多数台站的波形叠加图中莫霍面附近存在多个极值点，可能与地壳内部以及莫霍面附近介质的复杂性有关；V_P/V_S 值在火山口附近较大，而天池火山北部 50km 的 EDO 台则明显减小；而接收函数反演得到的速度结构揭示火山口附近地壳厚度约 36km，比 H- κ 方法得到的地壳厚度偏大，比人工地震测深得到的结果略小（张先康等，2002）。深地震测深和接收函数分析得到的长白山火山地区地壳厚度较厚的结果，也为后续的较大区域 H- κ 分析所证实（张广成等，2013；王开燕等，2015；朱洪翔等，2017）。

3.2.6 介质结构特性

刘志等（2005）由反演得出 P 波和 S 波速度结构计算的 L1 剖面泊松比分布显示：

（1）地表以下尤其是火山口附近有深达 5km 的高泊松比层，应为低剪切应力的火山灰盖层。

（2）在天池火山口下的上地壳范围内有一条状高泊松比异常，其位置与长白山天池火山区上地壳三维速度层析成像（赵金仁等，2003）的波速比扰动分布异常区几乎相同，这一高泊松比（波速比）条带应为热物质上涌或喷发通道。

（3）天池火山口下的地壳低速体内有一宽约 30km、高约 12km 的高泊松比异常区，其泊松比值高于周围介质 8% 左右，应为高温熔融岩石介质，即岩浆囊；在其上方直至上地壳顶部有一高泊松比条带，代表了热物质上移的通道；在其下部高泊松比区域，局部深达莫霍面形成了地幔热物质底侵的可能通道。

Choi 等（2013）基于全球重力场 EGM2008 数据集，以地质和地球物理探测结果（张先康等，2002；张成科等，2002；Song et al.，2007）为约束，对长白山火山周围地区的三维地壳密度建模，结果表明：长白山天池、望天鹅和胞胎山等火山区的 Bouguer 重力异常是最低的，造成这种重力异常归因为火山区的莫霍面深度最深、低波速和低密度、浅表低密度火山岩分布、未探测到的新岩浆房存在。Choi 等（2013）模拟给出了前人未探测到的长白山天池、望天鹅和胞胎山火山岩浆囊，长白山天池下方的岩浆囊位于地表 10km 之内，平均厚度为 5km，密度约为 2350kg/m^3。但 Choi 等（2013）的三维密度建模结果并不能证实 Song 等（2007）和 Hetland 等（2004）给出的在天池火山口北约 70km 处存在的低速体。Choi 等（2013）还推测上新世以来的长白山火山活动为从东南的朝鲜东海岸向西北迁移途径。

尾波 Qc 值结构研究（Wu et al.，2006）揭示天池火山口附近 Qc 值比外围地区明显偏低，甚至较世界上显著火山区的 Q 值低，显示出长白山天池火山附近尾波的强烈衰减可能与浅层岩浆囊引起的高温介质有关。高金哲等（2007）从 1999—2005 年 CBS 台记录到的 480 多个火山地震中，基于空间分布挑选信噪比较高的 94 个震级为 0.6 ～ 3.7 的地震记录，依据 S 波单次反散射模型测算了长白山天池火山区的尾波 Qc 值，获得尾波 Qc 值与频率的关系为 Qc ＝（47±2）f（0.74±0.01），也显著低于国际上一些典型的火山区，暗示着在长白山天池火山地区地下介质似乎有很高的非均匀性，佐证了长白山天池下方地壳范围内可能存在岩浆囊的结论。而 Zhao 等（2010）利用中国东北地区分布较为稀疏的中国地震台网和全球地震台网共 20 个台记录的区域地震记录，反演获得的大区域 1°×1°分辨网格的 Lg 波 Q_{Lg} 值结构，表明长白山区具有相对高的 Q_{Lg} 值。Zhao 等（2015）以 2006 年、2009 年和 2013 年朝鲜核爆的观测资料为基础，建立的中国东北和朝鲜半岛地区宽频带高分辨率的上地幔顶部 P 波衰减模型，发现长白山火山分布与上地幔顶部 P 波的强烈衰减区相对应。

3.3 地幔结构

全球和区域不同尺度的地震层析成像结果（如 Zhao，2004；Huang & Zhao，2006；Fukao& Obayashi，2013；Wei et al.，2012，2015；Chen et al.，2017）普遍展现出长白山火山区下方地幔转换带突出的高速异常和地幔转换带以上的广泛低速异常，表明太平洋俯冲板片停滞在长白山火山下方的地幔转换带中。但因不同研究所用的地震台站分布和资料多少与反演方法的差异，以及反演结果的可信分辨率和解释角度方面都存在差别，不同研究者给出的区域地幔结构在细节上必然会有所不同，这里主要对近年来的区域性探测研究结果进行概述。

3.3.1 地震波速结构

雷建设、赵大鹏等（Lei & Zhao，2005；赵大鹏等，2004）利用图 3.2 所示长白山火山区 19 个 PASSCAL- Ⅺ临时地震台站和 3 个 CDSN 台站（牡丹江、北京和海拉尔）记录的 68 个远震波形图上读取的 548 个高质量震源 P 波到时资料，反演得到水平方向 2°×2°和深度方向上以 90 ～ 200km 为节点间距的 P 波速度模型，表明长白山火山下深至 400km 存在明显的低速异常，而在地幔转换带中存在高速异常，并提出长白山火山形成的大地幔楔（BMW）模型（Lei & Zhao，2005；赵大鹏等，2004），认为长白山火山是与太平洋俯冲板块在地幔转换带中的滞留和深部脱水等过程密切相关的一种弧后板内火山（赵大鹏等，2004）。Lei & Zhao（2005）的跨越长白山火山南北向和东西向速度扰动剖面意味着，深部上涌的热物质到达约 180km 深度分别由南向北和由东往西上涌至长白山火山（图 3.6）。

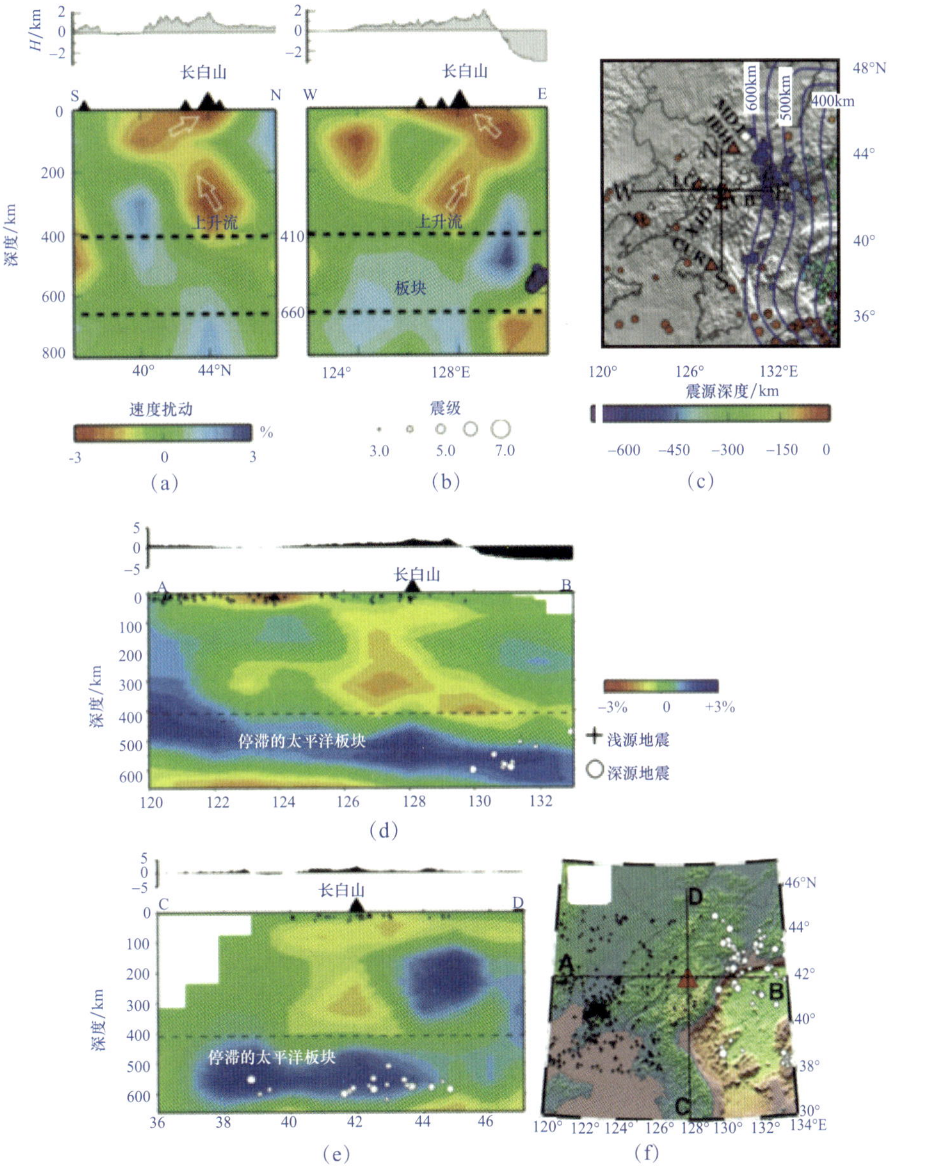

图 3.6　跨越长白山火山的 P 波速度剖面结果对比

（据 Lei et al.，2013；Lei & Zhao，2005；Zhao et al.，2009）

Zhao 等（2009）和田有等（2011）的地壳上地幔反演结果与 Lei & Zhao（2005）大体相似，但跨越长白山火山东西向速度扰动剖面所展示的由低速体形态的方向性不强，而南北向剖面展示的低速体形态类似（参见图 3.6）。但 Duan 等（2009）基于 8 个固定台和 53 个流动台记录的 186 个远震事件到时数据，反演得到的 P 波速度结果，也展示长白山火山下方明显类似的低速异常，但具体形态又有所差异且约在 100km 深度处断开，而在龙岗火山南部的低速异常从地表延伸到 200km 后转向北出现在龙岗火山下方 200 ～ 380km 深处。

Wei 等（2012）利用较 Huang & Zhao（2006）更多的中国区域台网和全球台网观测报告震相及一些流动台的震相拾取数据，反演得到的三维 P 波成像结果展现了长白山火山和龙岗火山下深至 300km 处的明显低速异常，与 Huang & Zhao（2006）和 Fukao & Obayashi（2013）得到的明显低速异常出现深度相当。张风雪等（2013，2014）反演得到东北地区下方深达 800km 的 P 波和 S 波速度结构，及 Wei 等（2015）和 Chen 等（2017）分别反演得到的东亚和东北亚的 P 波和 S 波速度结构，也都展现出形态稍有不同的长白山火山下方低速异常体图像。而 Tang 等（2014）基于 NECESSArray 台阵和约 140 个固定台站拾取的 S 波相对走时和 P 波到时数据，采用有限频层析成像得到的 P 波和 S 波速度结构，表明长白山火山下方存在一个从地表一直延伸到地幔转换带下方的地震波低速异常体，并结合三维地震波形拟合结果提出：地幔转换带下方的热物质通过滞留的太平洋俯冲板片空缺上涌，在上地幔浅处减压熔融形成长白山火山的成因模型。

3.3.2 地幔转换带滞留的太平洋俯冲板片

对于研究者大都认为的西太平洋俯冲作用于东亚大陆问题（张国伟等，2011）的最重要地球物理依据，即滞留在地幔转换带的太平洋俯冲板片认识，主要来自分辨率有限的地震层析成像结果（如 Fukao et al. 1992；Zhao，2004；Huang & Zhao，2006；Li &van der Hilst，2010；Zhao et al.，2011；Wei et al.，2012，2015；Fukao&. Obayashi，2013；Chen et al.，2017）和三重震相或 SS 前驱波对地幔转换带（如 Tajima et al. 2009；Wang & Niu，2010；Gu et al. 2012；Zhang et al.，2012；Li et al.，2013，2016；Takeuchi et al. 2014；Wang et al. 2014；Dokh et al.，2016）的有限约束信息，以及接收函数的分析结果（如 Ai et al.，2003；Li & Yuan，2003；Liu et al.，2015；Tian et al.，2016；Zhang et al.，2016；崔辉辉等，2016；王新，2016）等。有关西太平洋俯冲动力作用与中国东北地区新生代火山成因机制的相关探讨，与三方面的研究内容密切相关，即俯冲的太平洋板片是停滞在地幔转换带内向西伸展，还是穿透 660km 间断面直接进入下地幔？太平洋俯冲滞留板片在长白山火山下方是否存在空缺？太平洋俯冲滞留板片向西延伸多远？

关于中国东北下方地幔转换带中存在太平洋俯冲滞留板片的认识，首先来自地震层析成像结果（参见 Fukao et al. 1992），且为各种尺度的地震层析成像结果所确认（如 Zhao，2004；Lei & Zhao，2005；Huang & Zhao，2006；Li et al.，2010；Zhao et al.，2011；Wei et al.，2012；Fukao&. Obayashi，2013；Tang et al.，2014；Chen et al.，2017），Wei 等（2015）

新近反演结果展示出 S 波成像的太平洋俯冲滞留板片厚度较 P 波成像刻画的薄。而接收函数研究表明中国东北的深俯冲板片形态较为复杂，Niu &Kawakatsu（1996）和 Ai 等（2003）均发现东北下方 660km 间断面附近可能存在与非橄榄岩相变有关的多重间断面，Li&Yuan（2003）针对所发现的 660km 间断面下沉提出太平洋俯冲板片可能穿透 660km 间断面进入下地幔这一有待探讨的问题。Li 等（2008）的远场 S-P 转换波研究表明我国东北部 660km 间断面深度自东向西（130.8°～131.4°E）从 660km 增至 680km，Niu（2014）基于远场 S-P 转换波研究则给出俯冲板片穿透 660km 间断面进入下地幔的解释图像，Tian 等（2016）给出的长白山火山下方上地幔结构和动力学解释图像也展示出俯冲板片穿透 660km 间断面进入了下地幔。张瑞青等（Zhang et al.，2012；高占永等，2015；Zhang 等，2016）的三重震相波形模拟研究和接收函数分析研究则认为：俯冲到中国东北地区下方的西北太平洋板块在较小区域范围内出现 660km 间断面的较大深度下沉，可能暗示着俯冲板片穿透 660km 间断面直接进入了下地幔，并推测西北太平洋俯冲板块可能并未大面积停滞于地幔转换带之中。而王新和陈棋福等（王新，2016；Chen et al.，2016）最近综合利用密集布设的 NECsaids 台阵和 NECESSArray 的流动台与固定地震台数据，通过接收函数及其波形模拟研究得到的地幔转换带精细结构，观测到了很可能代表太平洋俯冲板片的上界面和下界面，展现出太平洋板块俯冲进入地幔转换带之前部分的厚度约为 90km，俯冲板片进入地幔转换带后滞留平躺部分的厚度增厚为约 140km。

针对 Tang 等（2014）远震层析成像得出的长白山火山下方太平洋俯冲滞留板片存在空缺（A Gap or A Hole）问题，Chen 等（2017）汇集了中国、韩国和日本三国的固定地震台及 NECESSArray 流动台记录的近震和远震到时数据，通过区域震和远震及联合成像反演测试，得到的层析成像结果并不支持俯冲滞留板片存在空缺的结论。Takeuchi 等（2014）利用 NECESSArray 流动台和日本 F-Net 固定台的三重震相记录，反演得到的 P 波速度结构似乎也看不出俯冲滞留板片存在空缺，而 Dokh 等（2016）利用远震的 SS 前驱波波形模拟得到的长白山火山附近地幔转换带结构信息则不足以分辨是否存在俯冲板片空缺的图像。

有关俯冲至中国东北下方的太平洋滞留板片在地幔转换带西延多远的问题，区域层析成像结果（Huang & Zhao，2006；Li et al.，2010）展示的西边界大约到达大兴安岭—太行山重力梯度带，从 Fukao & Obayashi（2013）的全球有限频层析成像模型似乎可看到向西延伸至靠近阿巴嘎火山下方，由 Wei 等（2012）三维 P 波成像结果所推测的西边界（参见 Liu et al.，2017）大体与 Fukao & Obayashi（2013）展示的相当。但 Liu 等（2015）接收函数成像得到的地幔转换带结果则表明在东北南部（约从双辽穿过阿巴嘎火山剖面附近）可能并不存在太平洋俯冲滞留板片。而 Li 等（2013）利用主要分布在华北地区固定地震台站的三重震相观测记录，推断的太平洋俯冲滞留板片的西边界大约远至 118°E。

经过 30 年左右的地球物理观测和多学科不同尺度的研究，对长白山火山区附近深部结构的探测工作已取得了显著的进展，取得了一些普遍的共识，但也存在不少的差异，在深入探测研究方面还存在不少挑战性的问题。这些共识和挑战性问题可以概括为如下几点：

（1）普遍认为长白山火山下方地壳和上地幔中存在与火山岩浆系统相关的低速低阻体，相关的低速体可深至地幔转换带的410km界面处。但由于使用的观测资料、分析研究方法和反演成像分辨率的不同，导致对低速体的具体分布位置和展布形态还存在差异。

（2）长白山火山在成因机制上与西太平洋板块俯冲活动密切相关，但具体的主控因素则有不同的观点，如与俯冲滞留脱水相关的大地幔楔模型（Zhao &Liu，2010；Lei et al. 2013）穿过地幔转换带空缺上涌的热物质（Tang et al.，2014）局部地幔环流模型（Guo et al.，2016）板块后撤导致的岩石圈扩张引起（Zhang et al.，2015；Kim et al.，2016）等。

（3）长白山火山区下方岩浆囊具体的三维分布形态，还有待多学科联合开展精细的探测研究，包括可有效描述地下介质流变性和构造变形的地震各向异性研究，可精细区分地下深处小尺度构造或介质变化的反演成像方法和观测系统，如大区域的重力测量（马学英等，2016）和GNSS测量与高密度地震台阵探测等。

（4）长白山火山潜在喷发危险的科学评估与动态监测预警，对比分析长白山火山2002—2005年强烈扰动活动前后的大地电磁探测结果（仇根根等，2014）和地震成像反演结果（王武等，2017），因所依据的观测资料和反演方法前后不一，所得出结果是否确实反映了地下岩浆系统的运移（仇根根等，2014）或没有可分辨的变化（王武等，2017）也有待于深入的探测研究，建设可实时监测火山岩浆囊动态变化的综合观测台网与预警系统也是十分必要的。

3.4 利用接收函数方法研究我国东北地区地壳和上地幔间断

我国东北地区位于欧亚大陆的东北部，南接华北克拉通、北靠西伯利亚克拉通、东临西北太平洋边缘海。东北地区作为西北太平洋俯冲弧后地区，不仅深源地震频发，还伴有强烈的火山活动，是研究太平洋俯冲板片与上地幔过渡带相互作用及其动力学效应的理想区域之一。

中深源地震分布和地震层析成像结果显示，冷的太平洋板块低角度（约30°）俯冲至我国东北下方，并在660km间断面附近受阻而停滞在地幔过渡带内，一直向西延伸到南北重力梯度带附近（Huang & Zhao，2006；Fukao & Obayashi，2013）。与层析成像中观测到的过渡带存在大尺度的高速异常体相比，接收函数方法观测到的660km间断面下沉则主要出现在局部地区。如，Ai等（2003）和Li & Yuan（2003）接收函数研究发现，我国东北地区660km

间断面的下沉（约 30km）仅局限在 128° ～ 130° E 范围内。最新利用 NECESSArray 和国家固定台网的地幔过渡带研究同样观测到 660km 间断面小范围（宽约 300km）大幅度下沉（下沉 30 ～ 50km；Liu et al.，2015）。由于接收函数研究中观测到的 660km 间断面大幅度下沉范围较窄，因而提供了太平洋俯冲板片局部穿透 660km 间断面进入下地幔的证据。前人利用接收函数方法对我国东北地区 660km 间断面的起伏形态及成因已有大量的研究。然而，对上地幔过渡带的精细结构研究却远远不足。如我国东北地区 410km 间断面的起伏变化是否能由温度异常所解释，还是需要额外加入水或组分异常的影响；410km 间断面之上是否存在与硅酸盐矿物脱水相关的低速层，即 410km 间断面上方低速层探测；520km 间断面的展布及成因，520km 间断面的形成是否与平躺的太平洋块相关；660km 双间断面的展布及成因等。

本研究利用布设在我国东北地区的密集流动台站以及国家固定台网数据，采用远震 P 波接收函数和共转换点叠加成像方法（包含三维速度校正），获得了我国东北地区地壳和地幔过渡带的精细结构，并将着重探讨 410km 和 660km 间断面的起伏形态及其相关的温度、组分异常等。我们利用基于密集台阵的接收函数方法研究我国东北深俯冲区上地幔的精细结构，旨在提供更准确的地震观测，帮助人们更好地理解俯冲板片动力学行为。

3.4.1　数据和方法

1．数据来源

本研究中使用的是布设在我国东北地区，主要集中在吉林、黑龙江南部、辽宁北部地震台站记录到的远场地震资料（图 3.7）。第一部分数据来自我们布设在东北地区的 60 个宽频带流动地震台站（NECsaids 台阵，Northeast China Seismic Array to Investigate Deep Subduction）在 2010 年 7 月到 2014 年 11 月期间的观测记录；第二部分数据来自中美日国际合作 NECESS Array 流动台站在 2009 年 9 月—2011 年 8 月的记录；第三部分数据来自该地区国家固定台网（CSN）同期记录（2007 年 8 月—2014 年 11 月）。台阵主要覆盖 122° ～ 133° E 和 40° ～ 48° N 的区域。

2．仪器方位角校正

在接收函数研究中，需要将水平分量（N-S 和 E-W 分量）旋转到径向和切向分量（R-T 分量）来分离 P-SV 和 SH 能量。极性旋转的关键是地震计 N 分量（例如 BHN 分量）的指向，即是否准确指向地理北。如果地震计 N 分量的实际方位没有准确指向地理北方向，将会影响旋转结果，继而影响后续研究的准确性。例如，Niu & Li（2011）对国家固定台网资料展开研究，发现在 800 多个宽频带地震台站中，约有 1/3 的台站存在仪器方位角偏差、极性反转等问题。因此，我们必须慎重对待仪器的方位角问题，尤其是临时布设的流动地震台站。在进行接收函数研究之前，我们首先利用 P 波质点运动方法，对探测深俯冲的中国东北流动地震台阵 NECsaids 台站进行了方位角估算与校正（Wang et al.，2016）。

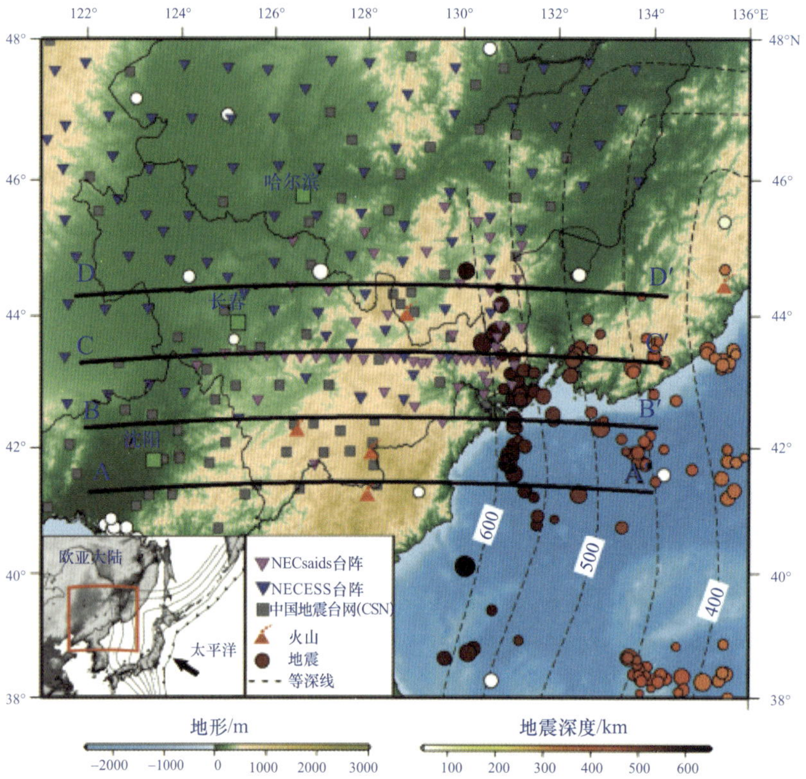

图 3.7　探测区域及地震台站分布

图中，实心圆代表 1960.04.13—2008.10.22 发生在该区域的地震，数据来源于 EHB 地震目录（Engdahl et al., 1998），虚线代表贝尼奥夫等深线。粗实线给出了图 6.2 中的四条 CCP 叠加成像剖面位置。

3. 接收函数研究

研究过程中，我们选取的震中距范围为 30°～90°，震级大于 5.2 级三分量齐全的地震事件来提取远震 P 波接收函数。原始地震记录首先经过去均值，去线性和 0.02～2.0Hz 的带通滤波以去除长周期和高频信号的干扰，然后将水平分量旋转到径向和切向方向。对于有方位角问题的地震台站，我们首先采用估算出的台站方位角对原始数据进行旋转校正。本研究采用频率域水准反褶积方法计算接收函数，即

$$RF(w)=\frac{V(w)\times P^{*}(w)}{\max\left\{\left|P(w)\right|^{2},k\times\left|P\max(w)\right|\right\}} \tag{3.1}$$

式中，水准因子 k 为 0.01；高斯滤波系数 a 为 1.5（相当于拐角频率 0.5Hz）；$P(w)$ 和 $V(w)$ 分别为径向和垂向的频谱。研究过程中，为了保证数据质量，首先选取高信噪比三分量地震数据（垂向分量信噪比大于 3）。其次通过互相关方法，对不同台站记录到的同一远震事件做互相关分析，剔除相关系数小于 0.7 的地震记录。在反褶积后，经过进一步人工筛选，最终挑选出 50180 条高质量接收函数（图 3.8）。

图 3.8 显示了本研究中用到的远震事件分布，图 3.9 给出了所有接收函数按震中距排列并叠加后的结果。我们可以清晰识别出莫霍面的 Ps 震相和多次反射波震相。在直达 P 波后

40 ～ 80s 内，可清晰分辨出 410km 和 660km 间断面，而 520km 间断面能量较弱。

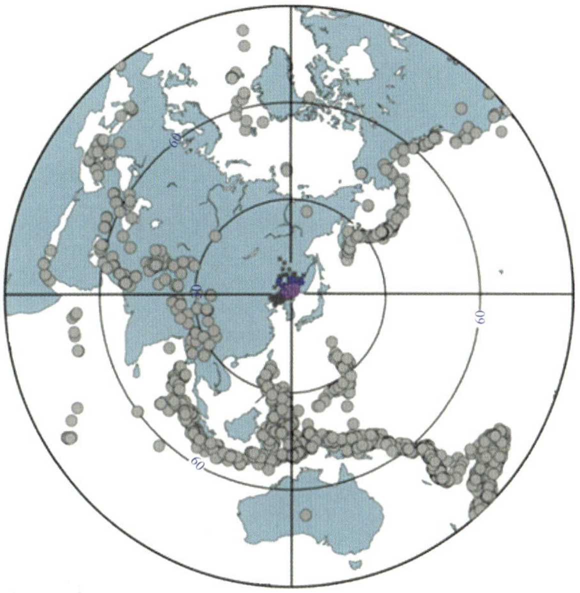

图 3.8　研究中用到的远震事件分布（中心区域为该研究中用到的地震台站）

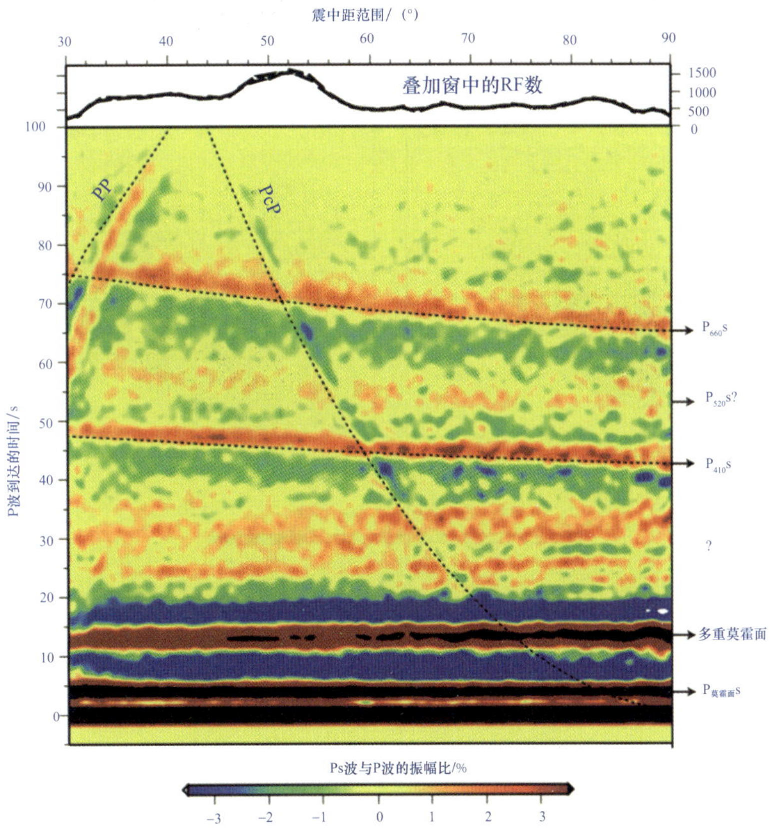

图 3.9　接收函数按震中距排列并叠加后的结果

图中，叠加窗半径大小为 0.5°。其中，虚线表示 IASP91 模型计算出的理论到时。图中可观测到清晰的 410km 间断面和 660km 间断面，而 520km 间断面能量较弱。

4. CCP 叠加成像

由于上地幔间断面的转换波震相能量较弱，必须采用叠加技术才能有效识别上地幔间断面。在本次研究中，我们采用共转换点叠加方法（Common Conversion Point stacking，CCP 叠加）（Zhu，2000），将射线经过的空间按一定间隔划分，对于每道接收函数按一维 IASP91 速度模型（Kennett & Engdahl，1991）及射线追踪将其反投影到空间的相应位置；再将落在每个网格中接收函数的振幅进行叠加，获得最终叠加成像结果（图 3.10）。具体的，我们将探测区域划分为的网格，在每个网格点处，对半径以内的接收函数进行叠加成像。图 3.12 中给出了每个叠加窗中接收函数数目。可以看到，本研究中数据覆盖密集，有力保障了上地幔间断面精细结构的探测。

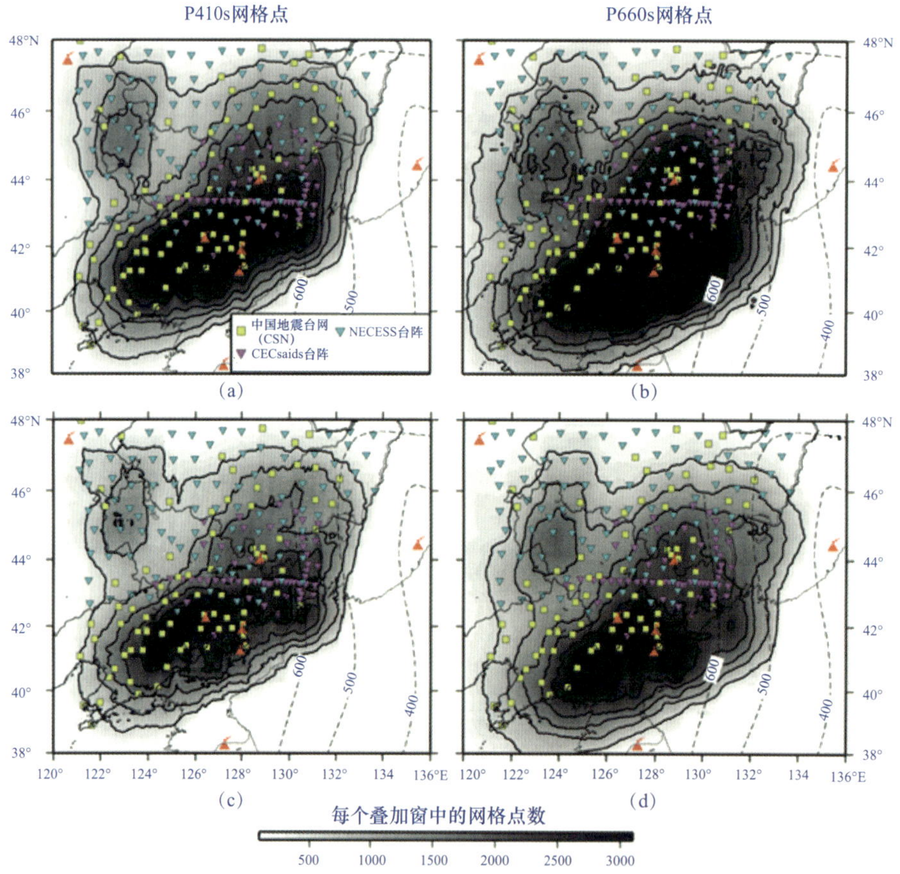

图 3.10　每个叠加窗中的接收函数数目

图中，(a) 和 (b) 的叠加窗大小为半径 1.0° 的圆；(c) 和 (d) 的叠加窗大小为半径 0.5° 的圆。

在 CCP 叠加并利用一维 IASP91 速度模型进行时深转换后，我们获得的间断面深度为“视深度”，而非“真实深度”。实际间断面的深度受地下三维速度结构的影响。在本次研究中，我们采用射线追踪方法进行三维速度校正（Liu et al.，2015）。但考虑三维射线追踪计算量巨大，因此，在基于目前层析成像模型中速度扰动较小，三维射线路径与一维射线路径相似的前提下，用一维射线路径代替三维射线路径。具体而言，首先将三维速度模型划分为 10km×10km×10km 的网格。其次对每一条接收函数，自台站出发沿一维射线路径反向追踪，并计算每个网格点中由三维速度扰动而造成的时差校正值并对接收函数进行相应的校正（图 3.10）。最后，将所有三维速度校正后的接收函数进行 CCP 叠加成像，获得三维速度校正后的结果（图 3.11）。

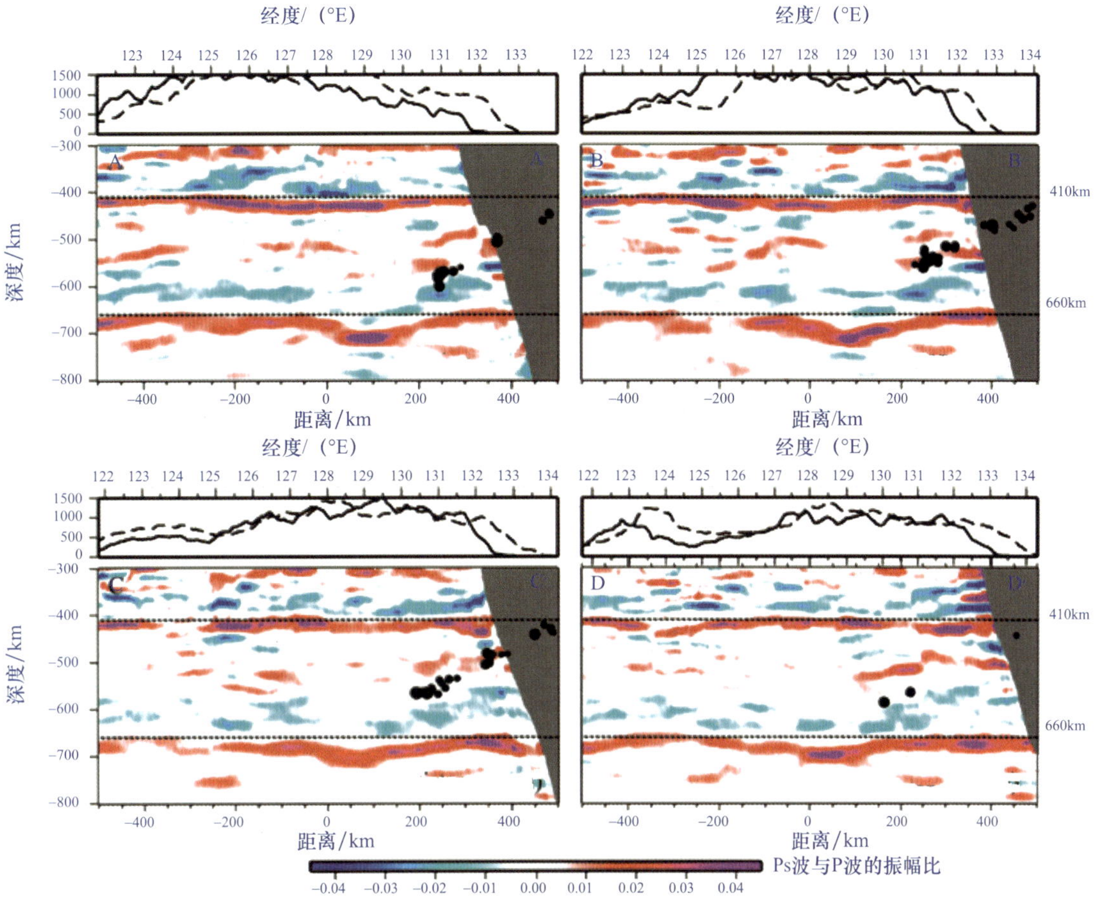

图 3.11　CCP 叠加剖面（剖面位置见图 3.10）

每幅图上侧黑色实线和虚线分别代表 410km 和 660km 深度处 CCP 叠加窗中接收函数数目。CCP 剖面叠加中，叠加窗为长方形叠加窗，沿剖面方向 60km，沿垂直剖面方向 180km。

3.4.2 上地幔间断面结果

1. CCP 叠加剖面

图 3.11 给出了 4 条走向基本垂直于俯冲板片的 CCP 叠加成像结果。其中，暖色调为正振幅，代表了由低速向高速跳变的界面（从浅到深）；冷色调为负振幅，代表了可能的高速向低速转变的界面（从浅到深）。本研究中观测到了清晰的 410km 间断面和 660km 间断面，且 410km 间断面和 660km 间断面均表现为连续的强间断面结构特征。410km 间断面表现为整体下沉，且剖面东侧比西侧下沉更明显。660km 间断面同样表现为整体下沉，但在局部范围内（128°～131°E）发生大幅度下沉，幅度为 30～50km。在 660km 间断面大幅度下沉两侧，

我们观测到了 660km 双间断面。

2. 上地幔间断面视深度

图 3.12（a）和 3.12（b）给出了三维速度校正前的上地幔间断面深度图，这里我们也称为“视深度”。410km 和 660km 间断面的“视深度”对平均值为 419.6km 和 680.5km，标准差分别为 6.2km 和 9.7km。410km 间断面表现为大范围下沉，幅度为 10 ～ 20km。660km 间断面深度基本在 660 ～ 710km 变化，表现为整体下沉；在俯冲板片与 660km 间断面相交会区域，表现为明显下沉，幅度为 30 ～ 50km（A 区域）。在大幅度下沉区域的东西两侧，660km 间断面表现为轻微上隆（B、C 区域）。

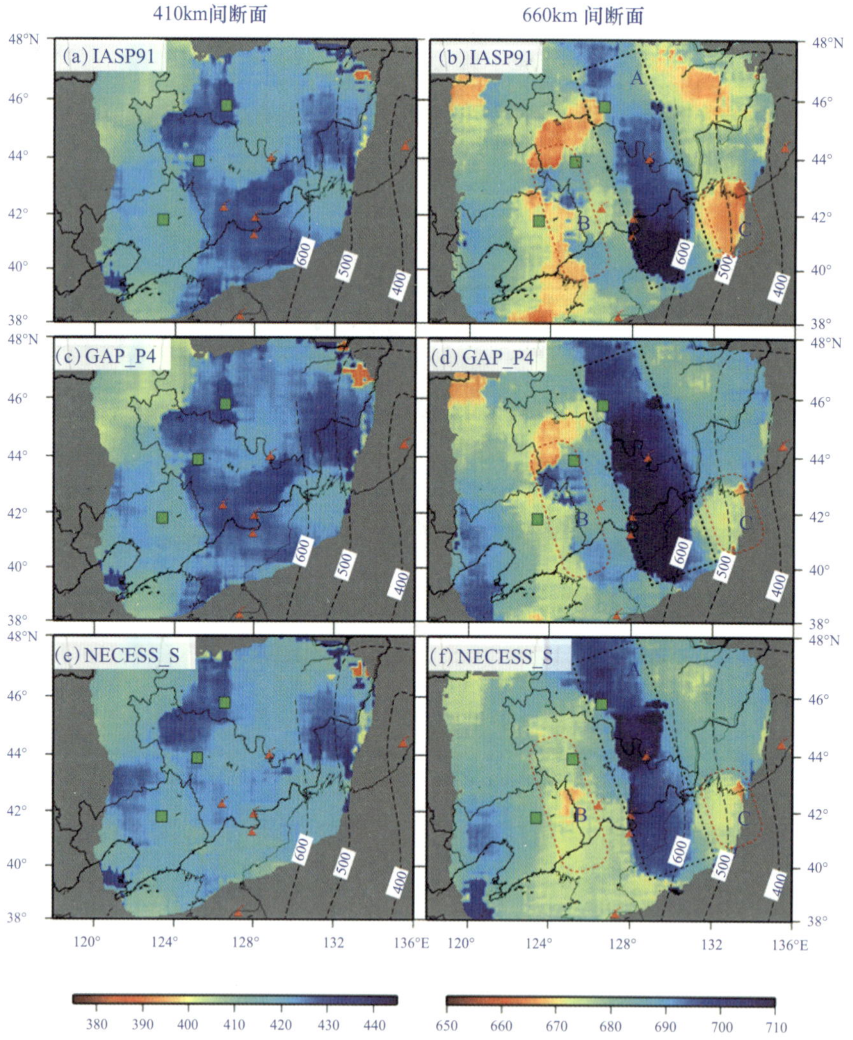

图 3.12 410km 和 660km 间断面起伏形态

图中，（a）和（b）为利用 IASP91 模型获得的结果；（c）和（d）为经过 GAP_P4 模型（Fukao & Obayashi，2013）校正后的结果；（e）和（f）为经过 NECESS_S 模型（Tang et al.，2014）校正后的结果。其中，叠加窗为半径 1° 的圆。绿色方框给出哈尔滨、长春、沈阳的地理位置。

3. 三维速度校正后的深度

图 3.12（a）和 3.12（b）中给出的 410km 和 660km 间断面深度是采用一维 IASP91 速度

模型获得的，为“视深度”。实际间断面的深度还受地下三维速度结构的影响。本研究中使用了两种层析成像模型进行三维速度校正，包括全球高精度 P 波层析成像模型 GAP_P4（Fukao & Obayashi，2013）和区域高精度 S 波层析成像模型 NECESS_S（Tang et al.，2014）。由于两种层析成像模型在分辨率、模型假设及数据量上的差异，本研究没有直接采用 P 波异常来自 GAP_P4、S 波异常来自 NECESS_S 这样的组合，而是分别采用了两种速度模型校正，对应的 S 波和 P 波异常采用经验公式 $f = \mathrm{dln}V_S/\mathrm{dln}V_P = 1.6$（Karato & Karki，2001）进行转换。

图 3.12（c）～（f）给出了两种三维速度模型校正后的结果。使用三维速度模型 GAP_P4 校正后，探测区域北部，410km 间断面和 660km 间断面下沉更为显著；660km 间断面两侧上隆区域幅度变小。使用 NECESS_S 速度模型校正后，长白山火山下方 410km 间断面下沉幅度明显减弱；660km 间断面两侧上隆区域幅度变小［图 3.12（d）中 B 和 C 区域］。但无论使用哪种层析成像模型校正，410km 间断面和 660km 间断面起伏的主要特征保持不变，均表现为 410km 间断面的大范围下沉和 660km 间断面局部大幅度下沉。

4．地幔过渡带厚度

我们获得的平均地幔过渡带厚度为（261.3±9.1）km（IASP91），使用两种不同三维速度模型校正后略显增厚，可以达到（266.5±9.6）km（GAP_P4）和（264.7±8.2）km（NECESS_S）（图 3.13）。尽管上地幔间断面起伏形态受三维速度的影响较大，但地幔过渡带的厚度受 410km 以上地震波速度横向不均匀性影响较小。在俯冲板片与地幔 660km 间断面相交汇处，地幔过渡带厚为 280～290km，增厚 30～40km。而在该区域两侧，地幔过渡带厚度基本维持在 250～260km。探测区域的最西侧，地幔过渡带厚度为 270～280km。

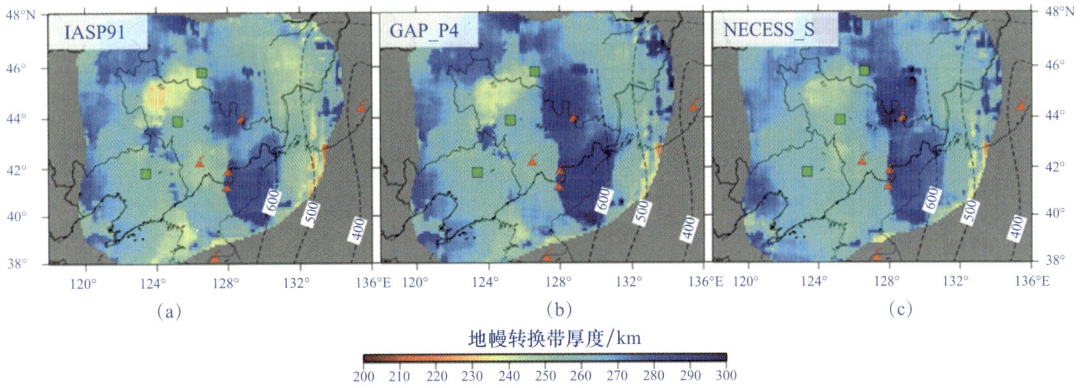

图 3.13　地幔过渡带厚度

图中，(a)、(b)、(c) 分别对应一维 IASP91 模型、经过 GAP_P4 和经过 NECESS_S 三维速度模型校正后的结果。

3.4.3　上地幔间断面结果的分析与讨论

1．三维速度校正的影响

要想去除上地幔三维速度结构的影响，需要知道准确的地震 P 波和 S 波三维速度结构。

本研究中用到了两种层析成像模型：GAP_P4 和 NECESS_S。两种层析成像模型及三维速度校正量对比见图 3.14 和图 3.15。

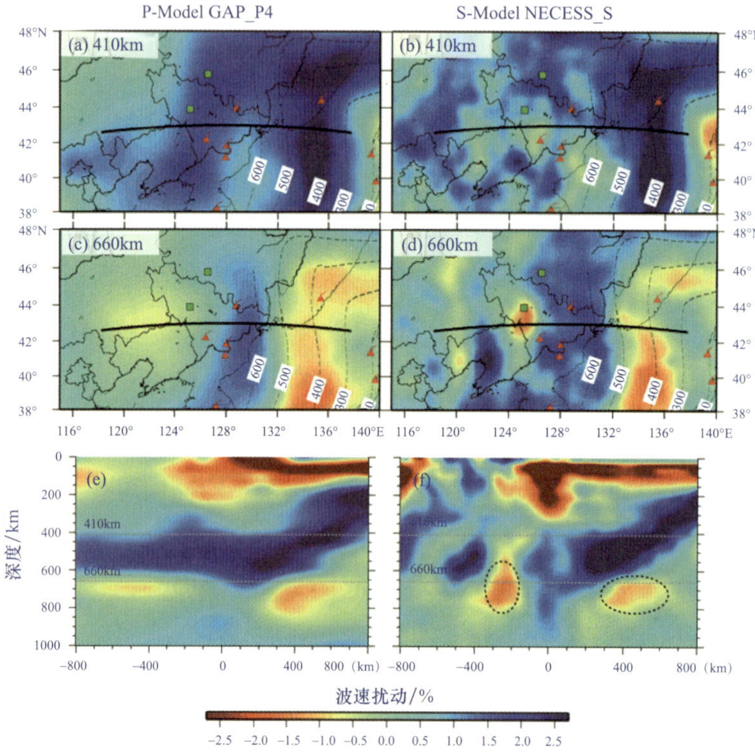

图 3.14　用到的两种层析成像模型对比

图中，(a)、(b) 和 (c)、(d) 分别为 GAP_P4 和 NECESS_S 模型在 410km 和 660km 深度处的速度切片；(e) 和 (f) 为相应的剖面图。为方便对比，图中所绘 GAP_P4 速度异常已按经验公式放大 1.6 倍（Karato & Karki，2001）。

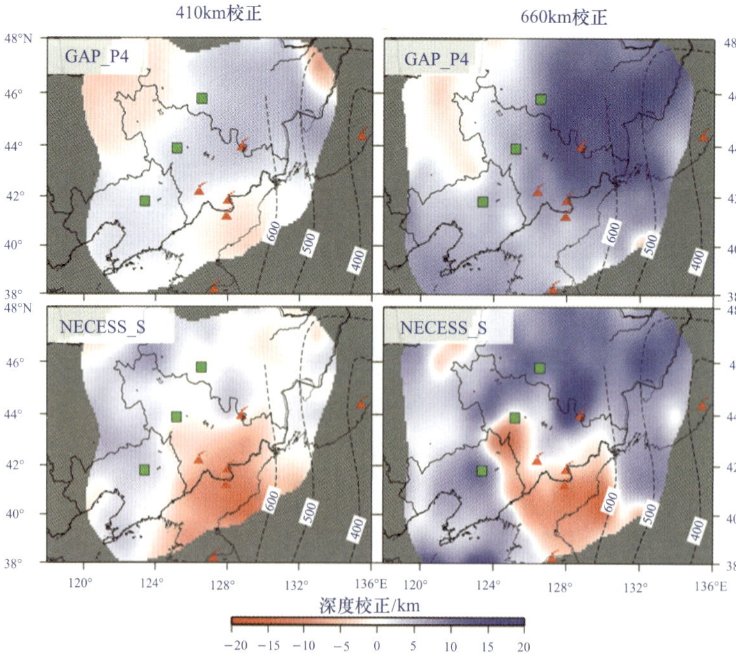

图 3.15　三维速度校正量（depth3D-depth1D）

GAP_P4 是 Fukao 和 Obayashi 最新发表的 P 波层析成像模型（Fukao & Obayashi，2013；Obayashi et al.，2013）。其体波成像数据主要包括 ISC 走时信息及西北太平洋区域地震走时数据，包括的区域台站有中国国家台网、Ocean Hemisphere Project 台网、日本 F-net 台网、俄罗斯远东台网以及海底地震仪数据等。GAP_P4 在上地幔的平均分辨率约为。在西北太平洋俯冲地区，由于用到了大量区域台站，横向分辨率更高（图 3.14）。NECESS_S 是 Tang 等（2014）以 GAP_P4 为初始速度模型，利用布设在东北地区的密集流动台阵 NECESSArrary，使用远震体波有限频成像方法获得的区域 S 波速度结构，横向分辨率约为 200km。该研究显示，长白山火山下方的低速体并非起源于地幔过渡带顶部，而可能是被俯冲板片拖拽到地幔过渡带下方的热异常物质穿透俯冲板片的空隙或边缘上涌，在上地幔浅处减压熔融形成长白山火山喷发热源（Tang et al.，2014）。

两种层析成像模型最主要的区别在于俯冲板片的形态及长白山火山下方低速异常体的分布不一致，这也解释了间断面深度校正最明显的区域位于长白山火山附近（图 3.15）。

Fukao & Obayashi（2013）的层析成像模型显示，长白山下方低速体仅延伸到地幔中 200 ～ 300km 深度处；这一结果也同大多数全球体波层析成像模型类似，如 Huang & Zhao（2006）和 Li & van der Hilst（2010）等。但越来越多的区域精细层析成像研究表明，长白山下方低速体延伸到了 410km 间断面附近（Lei & Zhao，2005；Zhao & Tian，2013；Takeuchi et al.，2014；Tang et al.，2014）。Lei & Zhao（2005）和 Zhao & Tian（2013）认为长白山火山的起源与俯冲板片在地幔过渡带脱水造成的上涌地幔物质相关。Tang 等（2014）根据 NECESS_S 模型成像结果，提出长白山火山的起源与地幔回流物质有关。区域层析成像模型均显示长白山火山下方的低速体异常一直延伸到地幔过渡带附近，差别在于上涌物质是由脱水造成的，还是地幔物质回流造成的。解释不同层析成像模型之间的差异以及长白山火山的起源问题已超出了本研究的初衷。鉴于 NECESS_S 中用到了更多的区域台站，为最新研究结果，且同大多数区域层析成像模型一致——均观测到了长白山火山下方的低速体一直延伸到地幔过渡带附近。因此，后面我们将主要对经过 NECESS_S 模型校正后的深度做进一步讨论。我们将重点关注利用不同速度模型获得结果中的共同特点（410km 间断面的大范围下沉和 660km 间断面局部大幅度下沉），并揭示其相关的温度、组分异常及相应的俯冲动力学意义。

2．660km 间断面

660km 间断面是上地幔中最明显的地震波速度不连续面。通常认为，660km 间断面的形成与林伍德石到布里奇曼石和铁方镁石的相变相关，具有负的克拉伯龙斜率（-4MPa/K ～ -0.2MPa/K）（Katsura & Ito，1989；Ito et al.，1990；Helffrich & Wood，2001；Tauzin & Ricard，2014）。这表明在有冷的物质扰动时，如俯冲板片作用区域，660km 间断面将加深；在热扰动地区，如地幔柱作用区域，660km 相变面变浅。探测区域 660km 间断面基本在

660 ～ 710km 变化，表现为整体下沉。图 3.12（f）中，A 区域的 660km 间断面大幅度下沉，幅度为 30 ～ 50km；B 和 C 区域，660km 间断面深度在 670km 左右变化，较周围区域而言，表现为轻微上隆；其他区域的 660km 间断面表现为整体下沉，幅度为 15 ～ 30km。

在西北太平洋俯冲地区，P 波层析成像结果显示，冷的太平洋板块低角度俯冲至我国东北下方，并在 660km 间断面附近受阻而停滞在地幔过渡带内，一直向西延伸到南北重力梯度带附近，由于平滑作用其厚度可达 250km，速度异常约为 1.5%（Lei & Zhao，2005；Huang & Zhao，2006；Fukao & Obayashi，2013）。俯冲板片动力学模拟中，不同学者考虑了板块的后撤、地幔的黏度、660km 间断面的克拉伯龙斜率等不同因素，模拟出了俯冲板片平躺在地幔过渡带中的情形（Bina & Kawakatsu，2010；Cizkova & Bina，2013）。我国东北地区的三重震相精细波形模拟表明，平躺板片的厚度约为 140km，P 波速度异常为 1% ～ 2%，并且地幔过渡带下部含有 0.2wt% ～ 0.4wt% 的水（Li et al.，2013）。低温异常和水的存在都会导致 660km 间断面的下沉。因此，根据以上观测推断，660km 间断面应在较大范围内下沉。根据实验室测定的地震波速度对温度的敏感性 $\partial V/\partial T=-5.5\times10^{-4}$km/s/K（Sinogeikin et al.，2003），1.5% 的高速异常对应的温度异常约为 280K。假设 660km 间断面的克拉伯龙斜率为 -2.0MPa/K（Bina & Helffrich，1994），则 280K 的低温异常对应的 660km 间断面下沉约为 17km。如果同时考虑地幔过渡带中水的存在对地震波波速和 660km 间断面起伏的影响，在含有 0.3wt% 水情形下，660km 间断面下沉约 23km（Yamada et al.，2009）。这与本研究中在东北地区观测到的 660km 间断面的普遍下沉幅度相当，但无法解释在 A 区域观测到的 30 ～ 50km 的大幅度下沉和 B、C 区域观测到的轻微上隆。

远震体波层析成像方法很好的揭示出了西北太平洋板块的主要俯冲特征，但其空间分辨率较低（分辨率约 200km），对于一些细节问题揭示的不够清楚。最新的区域 S 波层析成像结果显示，地幔过渡带中平躺俯冲板片中间出现空隙，表现为断续的高速体，在俯冲板片与 660km 间断面相接触位置，俯冲板片局部穿透 660km 间断面进入下地幔［图 3.12（f）］（Tang et al.，2014）。图 3.12（f）中 A 区域，660km 间断面下沉幅度为 30 ～ 50km，横向展布宽约 300km，位于俯冲板片与 660km 间断面相交会作用的区域，走向基本与贝尼奥夫等深线一致。由此推断，660km 间断面的大幅度下沉是俯冲的太平洋板片所致。西北太平洋地区俯冲板片数值模拟表明，板片俯冲至地幔过渡带深度时，其中心温度比周围温度低约 600K（Kawakatsu & Yoshioka，2011）。假定导致 660km 间断面相变的克拉伯龙斜率为 -2.0MPa/K（Bina & Helffrich，1994），该温度异常会引起约 36km 的间断面下沉。如果同时考虑俯冲板片的运动学作用，则 660km 间断面会额外下沉约 15km（Kubo et al.，2009；Kawakatsu & Yoshioka，2011），二者相加，与本研究中接收函数观测相吻合。因此，在 A 区域观测到的 660km 间断面的大幅度下沉可能由俯冲板片的温度异常及运动学作用共同引起。而 B 和 C 区域中 660km 间断面较周围而言，表现为轻微上隆，这可能与层析成像中观测到的热的地幔回流物质相关（Tang et al.，2014），即 660km 间断面附近的低速体［图 3.14（f）中虚线所示］。

结合接收函数和 ScS 多次波（参见 Wang et al.，2017）研究结果，图 3.16 给出了西北太平洋俯冲区 660km 间断面总体起伏变化特征。总体而言，在二者重叠区域，即陆缘位置，两种方法获得的间断面起伏一致性较高。但由于接收函数方法具有较高的横向分辨率，能获得更为精细的结构变化；因此，在二者重叠区域采用接收函数研究结果。可以看出在西北太平洋俯冲地区，660km 间断面起伏形态大致以 400km 贝尼奥夫等深线为界，表现为明显的下沉与上隆。400km 贝尼奥夫等深线以东，如日本海东部、日本岛、鄂霍次克海南部，主要受俯冲板片后方热异常的影响，660km 间断面表现为上隆。400km 等深线以西，如我国东北地区、日本海西部及日本岛西南部，受冷的俯冲太平洋板片影响，660km 间断面表现为总体下沉。在俯冲板片与 660km 间断面相交会作用区域，由于温度异常及运动学作用共同影响，660km 间断面表现为大幅度下沉。

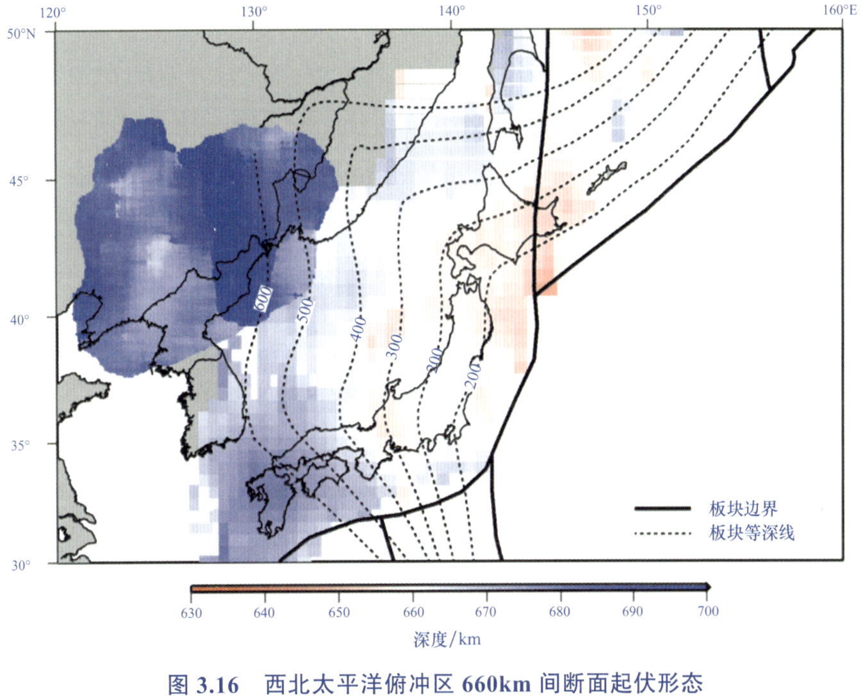

图 3.16　西北太平洋俯冲区 660km 间断面起伏形态

图中，我国东北地区和日本海下方间断面起伏形态分别由接收函数方法和 ScS 方法获得。

3．410km 间断面

矿物高温高压实验表明，410km 间断面的形成与橄榄石到瓦兹利石的相变相关，具有正的克拉伯龙斜率（1.5MPa/K ～ 4MPa/K）（Ito et al.，1990；Helffrich & Wood，2001；Tauzin & Ricard，2014）。在不考虑其他影响的前提下，410km 间断面属于放热反应：低温异常会导致相变面的上隆，高温异常会导致相变面的下沉。探测区域 410km 间断面发生普遍下沉，幅度为 10 ～ 20km［图 3.12（a）］。经过三维速度模型 GAP_P4 校正后，410km 间断面下沉幅度略微增大，下沉最明显的位置位于探测区域东侧［图 3.12（c）］；经过 NECESS_S 模型校正后，410km 间断面下沉幅度变小，最明显的变化区域位于长白山火山下方［图 3.12（e）］。尽管如此，在使用不同三维速度校正后，该区域 410km 间断面仍表现为广泛下沉，下沉幅度为 5 ～ 20km。

在长白山火山下方的局部范围内，410km 间断面的下沉可能由高温异常引起，即其下方观测到的低速异常体（Lei & Zhao，2005；Zhao & Tian，2013）。然而长白山下方的低速体影响范围有限，不足以解释整个东北地区 410km 间断面的普遍下沉。

高温高压实验表明，410km 间断面的起伏同时还受水含量和组分异常（辉石、石榴子石）的影响。俯冲过程可能会携带大量的水分进入地幔过渡带中。富水的地幔过渡带会导致 410km 间断面的上隆。此外，含水瓦兹利石的密度会降低、波速会变小，且由于浮力等作用，聚集在地幔过渡带的顶部（Litasov & Ohtani，2002；Ohtani & Zhao，2009），导致 410km 间断面的波阻抗降低（van der Meijde et al.，2003；Schmerr & Garnero，2007）。另外，高含水瓦兹利石到低含水瓦兹利石的地震波阻抗会增加，甚至形成一个新的界面，即下沉的“视 410km 间断面”。410km 间断面附近组分的异常也会导致间断面深度的变化，如 Mg 含量的增加或 Fe 含量的减少，会导致 410km 间断面的下沉。俯冲过程会携带大量的橄榄石、辉石、石榴子石等进入地幔过渡带中。由于富 Mg 矿物熔点较高、富 Fe 矿物熔点较低，在地幔楔的熔融作用下，富 Fe 矿物容易析出到上地幔中，从而在地幔过渡带中保留富 Mg 相（Schmerr & Garnero，2007）。因此，观测到的 410km 间断面的下沉可能与该区域 Mg 含量较高相关。

此外，Lee 等（2014）通过接收函数方法，发现朝韩半岛下方 410km 间断面普遍发生下沉，幅度约为 20km。结合 ScS 研究结果（Wang et al.，2017），410km 间断面发生下沉的区域主要位于 500km 贝尼奥夫等深线以西，分布在日本海西侧、鄂霍次克海南部、中国东北地区。该区域 410km 间断面发生大范围下沉，幅度为 5 ～ 20km，东西展布为 800 ～ 1000km，主要分布在俯冲板片上方，可能与俯冲的太平洋板片相关。图 3.17（a）中左上角绿色虚线指示了 410km 间断面深度发生明显变化的位置：虚线东南侧，410km 间断面发生广泛下沉；虚线西北侧，410km 间断面深度基本保持不变。该虚线的走向与太平洋板片后撤的方向（Miller & Kennett，2006；Li et al.，2008；Seton et al.，2012）较为一致（图 3.17）。因此，我们推测在日本海西侧，鄂霍次克海南部以及我国东北地区观测到的 410km 间断面的下沉与地幔过渡带顶部高含水或富 Mg 有关。而该区域的普遍下沉，可能与自新生代以来的太平洋板块后撤相关。

4. 地幔过渡带厚度

在一维和经过三维速度校正后，地幔过渡带的厚度基本保持一致，均在俯冲板片与 660km 间断面相互作用的区域增厚。由于探测区域 410km 间断面起伏变化较为一致，因而地幔过渡带的增厚主要归因于 660km 间断面的大幅度下沉。在俯冲板片与地幔过渡带交汇处，过渡带厚度增厚约为 40km，主要受到冷的俯冲板片的影响。

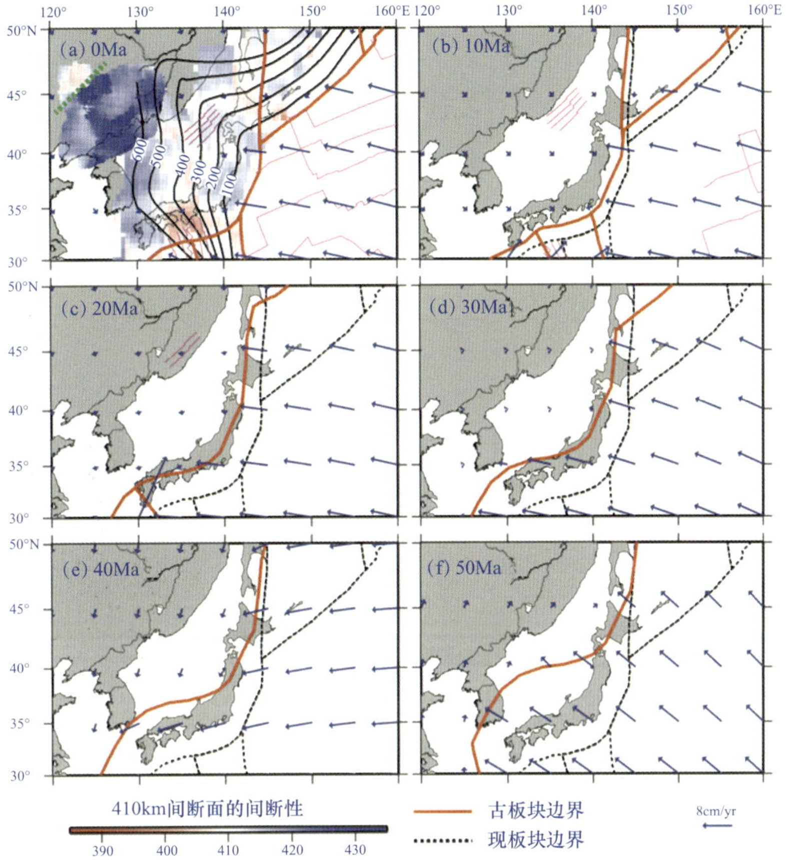

图 3.17　西北太平洋俯冲区古板块重构情况

图中，黑色虚线代表现今板块边界，红色曲线代表古板块边界，蓝色箭头代表板块运动速率及方向，粉色曲线代表海底扩张等时线。图（a）表示我国东北地区和日本海下方 410km 间断面起伏形态分别由接收函数方法和 ScS 方法获得。数据来源于 Seton 等（2012）。

3.4.4　地壳厚度和泊松比分布

本研究还使用探测区内固定地震台、NECESSArray 流动地震台及 NECSaidsArray 流动地震台 56 个记录的噪声低、初至清晰的远震事件，使用吴庆举等（2003）提出的最大熵谱反褶积的方法提取接收函数，采用 Zhu 和 Kanamori（2000）提出的 H- κ 叠加方法获得地壳厚度（图 3.18）及其波速比（图 3.19）分布，图中位于朝鲜几个台站的结果来自 Kyong-Song 等（2016）。

本研究利用密集的区域台网及接收函数方法，获得了我国东北地区地壳厚度和波速比及上地幔间断面的精细起伏形态。研究表明，在俯冲板片与 660km 间断面交会作用区域，660km 间断面发生大幅度下沉 30 ～ 50km；探测区域 410km 间断面表现为整体下沉；延吉市活断层探测探测区的地壳厚度为 30 ～ 32km，其波速比为 1.7 ～ 1.8，探测探测区的八道—东盛断裂和龙渊—李花洞断裂之间的地壳厚度稍薄而波速比稍高。

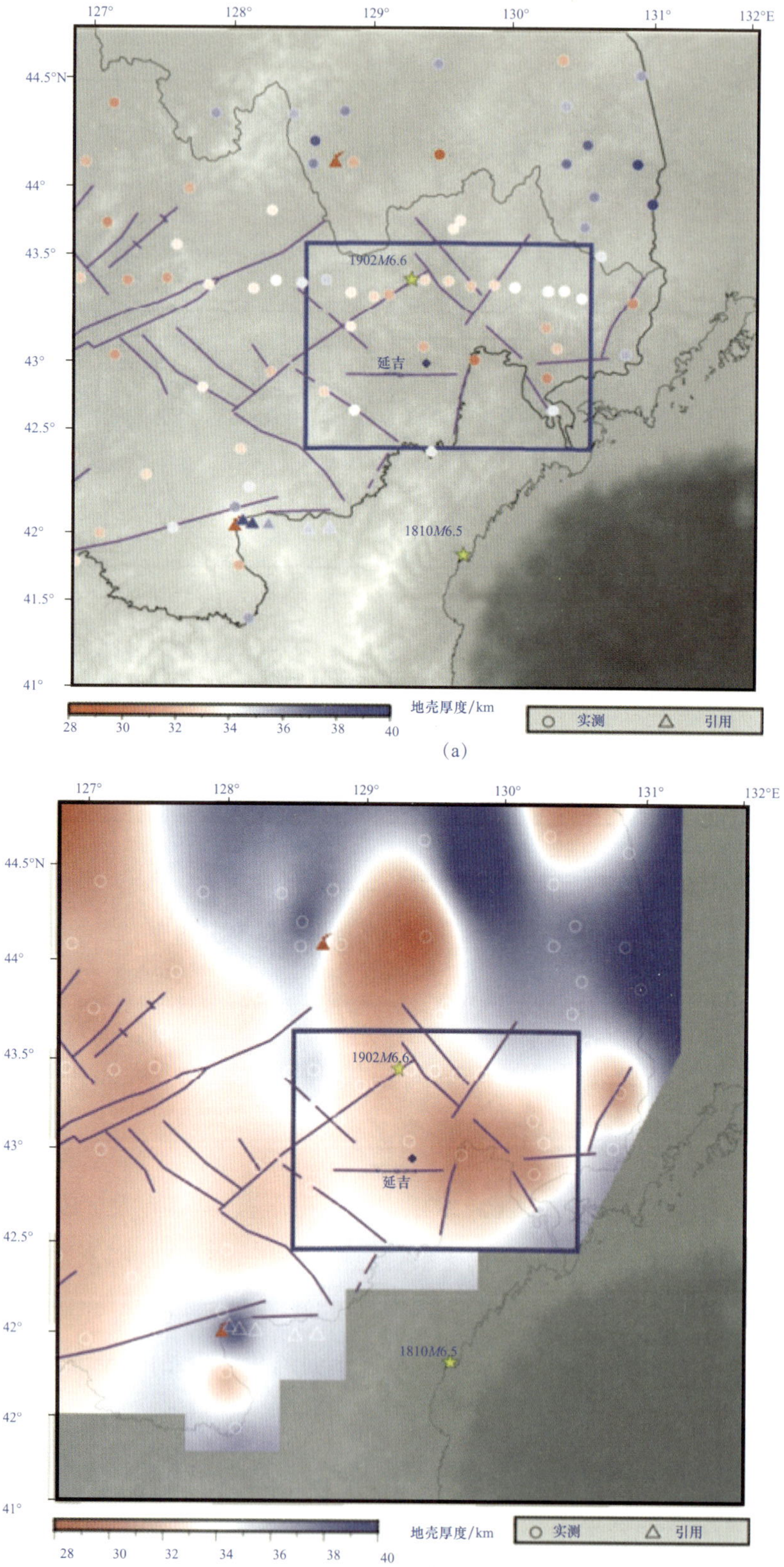

图 3.18　地壳厚度分布图

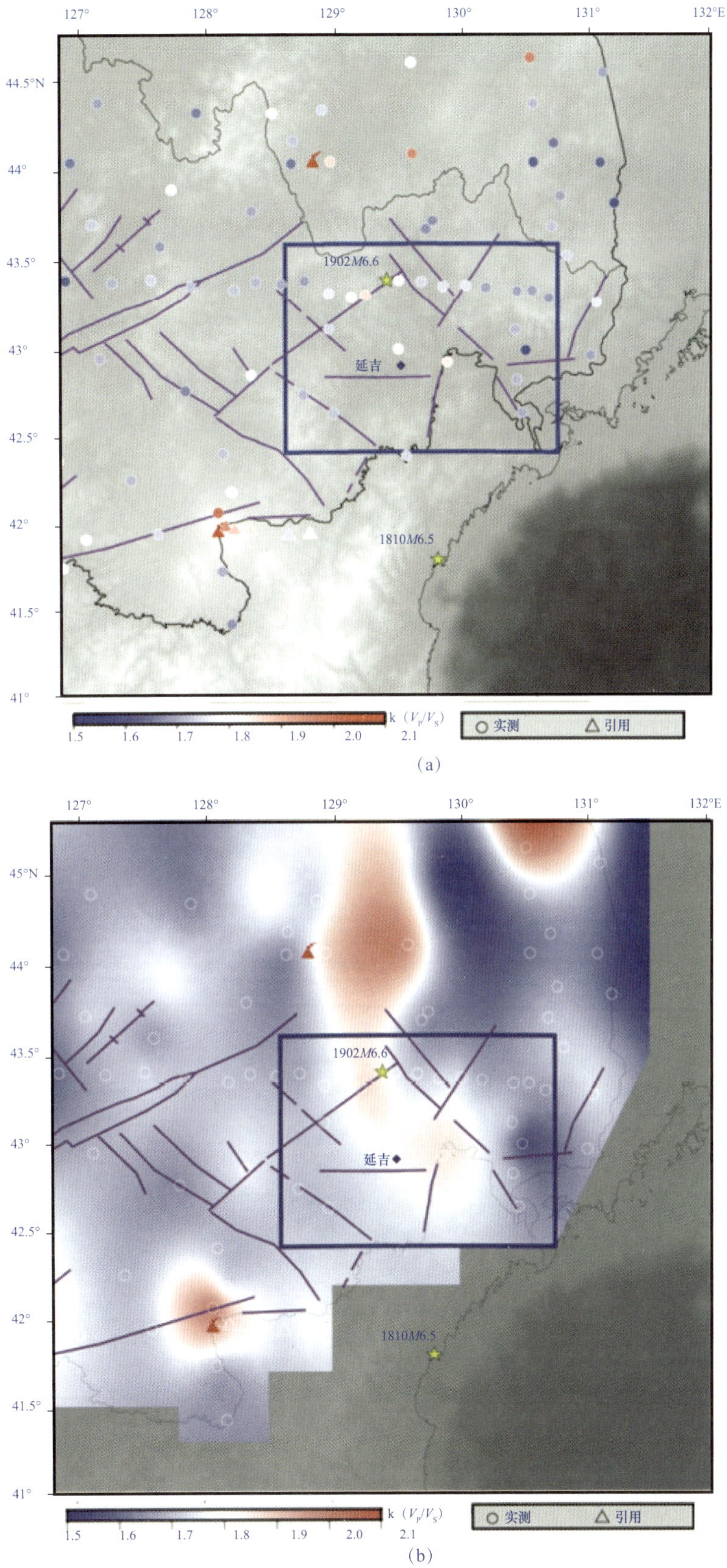

（a）

（b）

图 3.19　波速比分布图

3.5 地壳和上地幔速度结构反演

本研究利用探测深俯冲的中国东北地震台阵 NECsaids 流动地震台及固定地震台和 NECESSArray 流动地震台的垂向波形数据，采用地震背景噪声成像方法获得了探测区 6 ~ 36s 周期的瑞雷面波相速度分布，采用基于 GSDF 理论的双台地震事件法和 Eikonal 成像方法获得了 20 ~ 80s 周期的瑞雷面波相速度分布图，并通过相速度频散反演得到了探测区下方的三维 S 波速度结构。同时，利用 NECsaids 流动地震台及固定地震台记录的远震事件，采用有限频层析成像方法反演获得了探测区周围深部的 P 波结构。

3.5.1 数据

本研究面波和 S 波速度结构反演所使用的 NECsaids（Northeast China Seismic Array to Investigate Deep Subduction）台阵的流动地震台数据时间跨度为 2010 年 7 月—2017 年 4 月，固定地震台站数据的时间跨度为 2009 年 9 月—2017 年 4 月，NECESSArray 台阵流动地震台数据的时间跨度为 2009 年 9 月—2011 年 8 月，图中给出了探测区内地震台站的分布情况，大部分相邻台站间距都在 50km 以内，探测区域均匀密集的台站分布非常适合进行面波成像研究（图 3.20）。地震面波反演所用的地震事件分布（图 3.21）为地震台记录时间段内矩震级大于 6.0，震源深度小于 50km 的全球地震事件。图 3.22 为采用有限频层析成像方法反演 P 波速度结构使用的远震事件。

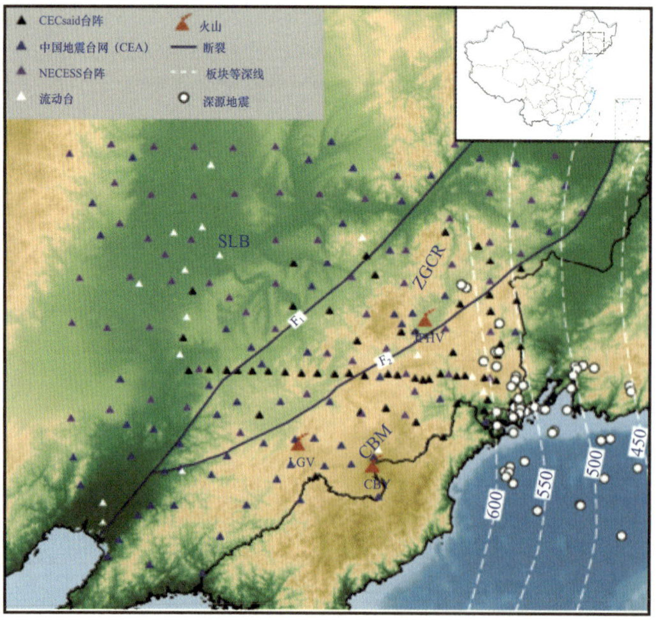

图 3.20 探测区域大地构造背景及台站分布示意图

图中，黑三角是 NECsaids 台阵，蓝三角是固定台站，紫三角是 NECESSArray 台阵。F_1 和 F_2 分别是伊兰—伊通和敦化—密山断裂，白虚线是太平洋俯冲等深线，SLB 代表松辽盆地。

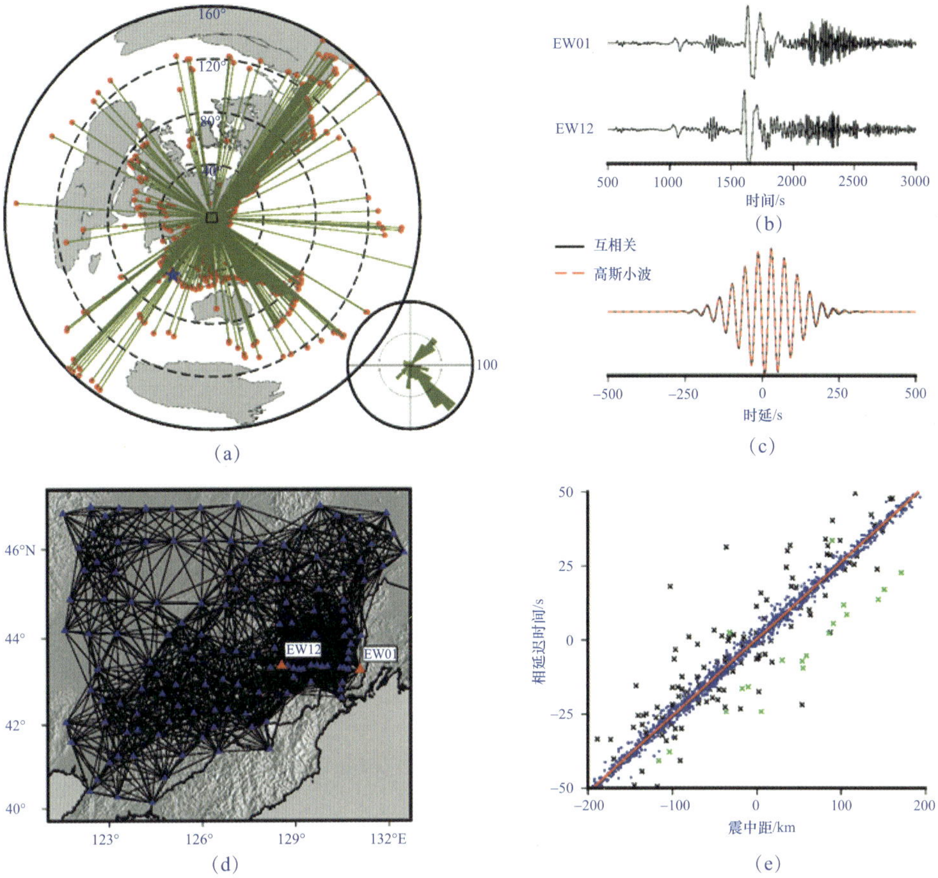

图 3.21 地震面波反演所用地震事件分布及分析示例

图中，(a) 红色实心圆表示所用的地震事件；(b) NECsaids 台阵 EW01 台和 EW12 台对 (a) 中蓝色星号标记的 2010 年 10 月 25 日 M_w7.8 地震的 10 ~ 200s 带通滤波记录；(c) 双台提取相延迟时间示例，黑实线是在 40s 中心周期经过高斯窄带滤波后的波形，红虚线是高斯小波拟合波形；(d) 双台互相关测量的射线路径 (<200km) 覆盖；(e) 提取的相延迟时间与震中距关系，黑十字和绿十字是舍弃的误差大于两倍标准差的测量值，蓝圈是选用的数据点，红实线是最小二乘拟合得到的直线。

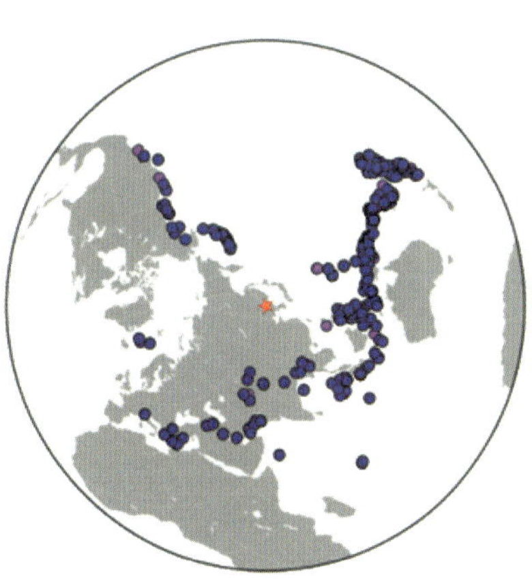

图 3.22 有限频层析成像方法反演 P 波速度结构使用的远震事件分布

3.5.2 反演方法

地震背景噪声成像反演的采用 Bensen 等（2007）介绍的宽频带背景噪声数据处理过程，使用自动时频分析法（Levshin et al.，1989）进行频散曲线的提取，利用 Barmin 等（2001）提出的面波成像反演方法来获取探测区域的瑞雷面波相速度分布。

本研究地震面波反演所基于的 GSDF 理论的双台地震事件方法则不需要传统的地震面波双台法要求两个地震台站与震源几乎处于同一大圆路径上的限制，它的主要思想是在每个频率上，对所有满足台站间距要求的相邻台站对间进行波形互相关操作，然后测量得到所有相邻台站对间的相延迟信息，进行反演成像。Gee 和 Jordan 1992 提出的 GSDF 理论（Generalized Seismological Data Functional）指出，将实际观测的地震图和理论地震图进行互相关后可用来定量地约束地震波的相位和振幅（Gee & Jordan，1992），在此理论基础上，Jin 和 Gaherty（Jin & Gaherty，2015）提出用相邻台站波形替代理论地震图再进行互相关操作的数据处理方式，由此发展得到了在无需考虑大圆路径前提假设条件下可用于自动提取双台间相速度的双台地震事件方法。该方法的核心步骤是用一个含有 5 个参数的高斯小波来对相邻台站互相关波形进行拟合。高斯小波在时域和频域的表达式（Gee and Jordan，1992；Jin and Gaherty，2015）为

$$f = Ae^{-\frac{1}{2}\left[\left(t-t_g\right)\sigma\right]^2}\cos\left[\omega_c\left(t-t_p\right)\right] \tag{3.2}$$

$$F(\omega)=\frac{A\sqrt{2\pi}}{\sigma}e^{\frac{\omega-\omega_c}{\sigma}}e^{i\left[\omega_c t_p+(\omega-\omega_c)t_g\right]} \tag{3.3}$$

式中，A 是尺度因子；ω_c 是窄带波形的中心频率；σ 是半带宽；t_g 是双台间的群延迟；t_P 是双台间的相延迟。从高斯小波的时域解析式可以看出，它实际上是由一个高斯包络函数和一个余弦函数的乘积构成。

密集台阵相邻台站记录的地震波形往往具有一定程度相似性，将加窗后的互相关波形在各个中心频率上进行窄带滤波，然后用上述的高斯小波进行拟合，得到双台间的相延迟时间，由于双台间距已知，进一步就可以得到双台间的相速度。单个地震事件在整个探测区域内可以获得一个不同台站对间相速度的数据集，采用 Eikonal 层析成像方法进行反演（Lin et al.，2009），得到该事件下探测区域内的瑞利波相速度分布，最后为提高测量精度，将所有地震事件得到的相速度分布进行筛选、叠加、平均、再筛选等步骤，得到探测区域最终的瑞利波相速度分布图。

设两个相邻台站的波形分别为 F_1 和 F_2，对 F_2 加窗得到 W_fF_2（W_f 即上步求得的面波窗），然后计算 F_1 与 W_fF_2 的互相关 $C(t)$

$$C(t)=F_1*W_fF_2 \tag{3.4}$$

计算得到互相关函数 $C(t)$ 后，对 $C(t)$ 加窗得到 $W_C C(t)$ ，接着将 $W_C C(t)$ 在各个中心频率进行频率域高斯窄带滤波，得到 $G(\omega_i) * W_C C(t)$ ，$G(\omega_i)$ 代表在中心频率 ω_i 的高斯滤波器，最后，采用非线性最小二乘法对这些经过窄带滤波后的互相关函数用 5 个参数的高斯小波进行拟合，拟合参数值便是该中心频率下双台间的相延迟。图 3.21（b）和图 3.21（c）展示了 NECsaids 台阵 EW01 和 EW12 两个台站提取相延迟的过程，从图 3.21（c）的结果可以看出波形拟合程度很高，说明了该方法的可靠性。数据处理中设置允许进行互相关的最大双台间距为 200km，图 3.21（e）展示了地震事件中探测区域相延迟与震中距差值的关系在中心频率的分布情况，从中可以看出在中心频率相延迟与双台震中距差值存在很好的线性关系。

在各中心频率，由单个地震事件确定的相速度分布可以用 Eikonal 方程导出，为

$$\frac{1}{c(\boldsymbol{r})} = \left|\nabla T(\boldsymbol{r})\right| \tag{3.5}$$

式中，$T(r)$ 是相位走时；$c(r)$ 是相速度。该公式表明在位置 $\boldsymbol{r}$ 处，相位走时的梯度值就是该处相速度值的倒数（也即慢度值），梯度的方向就是波传播的方向，这就是 Eikonal 成像的基本原理（Lin et al.，2009）。另外，相邻台站间的相延迟可以用慢度沿路径的积分进行表示，有

$$t_p = \int_{r_i} \boldsymbol{s}(\boldsymbol{r})\, d\boldsymbol{r} \tag{3.6}$$

式中，$\boldsymbol{S}(\boldsymbol{r})$ 是慢度矢量；r_i 是连接两个台站间的球面路径。反演中，位置 $\boldsymbol{r}$ 处的慢度 $\boldsymbol{S}(\boldsymbol{r})$ 被分解成 $\boldsymbol{S}_R(\boldsymbol{r})$ 和 $\boldsymbol{S}_T(\boldsymbol{r})$ 两个互相正交的分量，$\boldsymbol{S}_R(\boldsymbol{r})$ 的方向与震源和 $\boldsymbol{r}$ 所构成的大圆路径方向一致，$\boldsymbol{S}_T(\boldsymbol{r})$ 的方向与 $\boldsymbol{S}_R(\boldsymbol{r})$ 的方向保持垂直，运用平滑约束条件，构造如下罚函数，即

$$\varepsilon^2 = \Sigma\left|\int_{r_i} S(\boldsymbol{r})\, d\boldsymbol{r} - t_{pi}\right|^2 + \lambda\left(\Sigma\left|\nabla^2 S_R\right|^2 + \Sigma\left|\nabla^2 S_T\right|^2\right) \tag{3.7}$$

等号右边第一项表示观测的相延迟和理论计算的相延迟之间的误差，第二项中的 λ 是平滑因子。将探测区域划分为 0.25° ×0.25° 的网格，然后在每个中心频率上根据平均信噪比和波长选择合适的平滑因子 λ 进行反演迭代，通过控制罚函数最小来求得相速度的分布。

理论上，每个单独的地震事件都能获得一幅探测区域的相速度分布图，但实际上部分地震事件测量得到的相速度结果并不理想，因此为提高相速度测量精度，事件叠加过程中采取如下几个方面的质量控制：第一，提取双台相延迟步骤中，有效相延迟测量数目小于所有测量数目 50% 的地震事件被舍弃掉；第二，单个地震事件反演得到的相速度分布图上，部分网格点数据由于射线路径覆盖不足或者测量误差大于所有地震事件平均值而被置为 NaN（该网格点没有有效数据），事件叠加后对有效地震事件小于 10 个的网格点，其值被设为 NaN；第三，叠加过程一共进行两次，第一次叠加后，先计算出叠加后的平均相速度值，再计算单个地震事件下相速度分布的相对误差的平均值，把相对误差平均值超过 4% 的地震事件删除后再进行第二次叠加，最后得到探测区域的平均相速度分布结果。

3.5.3 瑞利波相速度和 S 波速度反演结果

图 3.23 和图 3.24 分别给出由地震背景噪声和地震面波反演成像得到的探测区域内 6 ～ 36s 和 20 ～ 80s 的瑞利波相速度绝对值的分布情况。瑞利面波相速度对地下介质 S 波速度结构比较敏感，不同周期的相速度分布图像反映了不同深度范围内的速度结构差异，一般认为，基阶瑞利面波相速度对 S 波速度结构的最大敏感深度为其 1/3 一个波长左右。

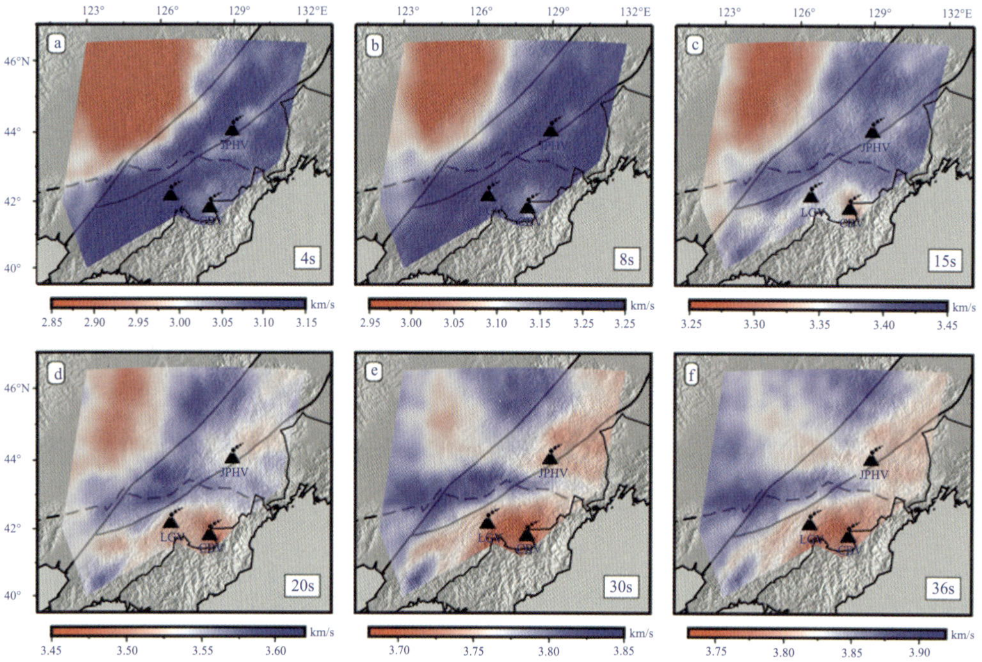

图 3.23　由地震背景噪声反演得到的不同周期瑞利波相速度成像结果

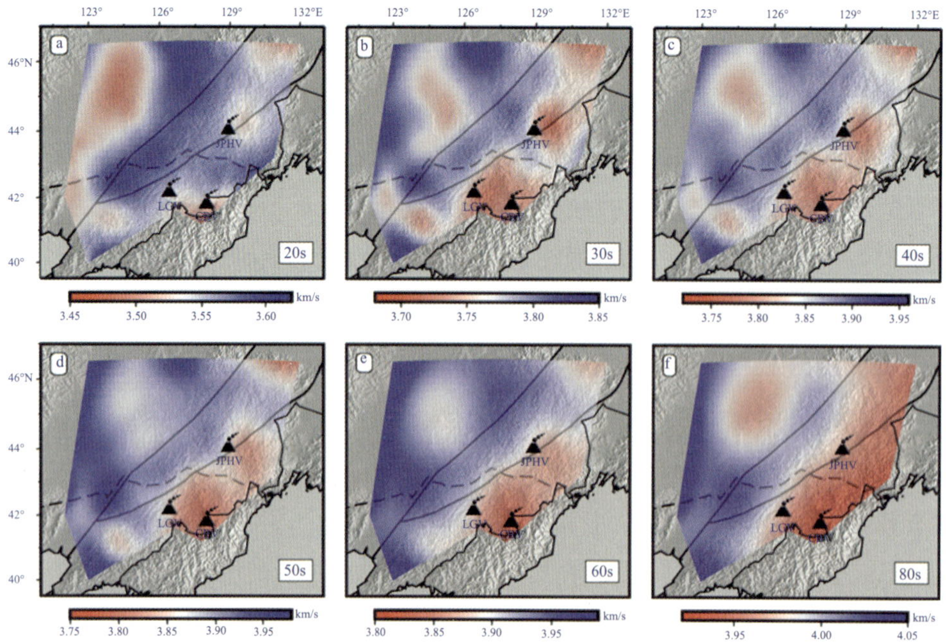

图 3.24　由地震面波 Eikonal 层析成像反演得到的不同周期瑞利波相速度结果

周期 6 ～ 10s 相速度分布图主要反映了中上地壳速度结构特征。在探测区西北的松辽盆地显示了明显的低速，郯庐断裂北延部分的依兰—伊通断裂以东的张广才岭、老爷岭、长白山山脉等则显示大面积的高速，展示了瑞雷面波相速度分布与浅表地质构造单元的明显相关性，同时表明地壳浅层的速度结构明显受到深大断裂的影响。在这些周期的图像上，在郯庐断裂带以东的存在有速度异常体，尤其是长白山火山下方存在面积较大的低速异常。

周期 15 ～ 20s 相速度分布图主要反映了中下地壳速度结构特征。从图 3.23 和图 3.24 可见该周期范围的速度结构基本上仍延续较短周期的变化特征，张广才岭、老爷岭、长白山山脉仍以相对高速为主，松辽盆地地区以相对低速为主；但随着周期变长，异常的相对幅值变小，说明随着深度增加，浅部地质构造单元对速度结构的影响逐渐变小。在长白山火山下方，仍能观察到较为明显的低速异常，且展布范围随着周期增长有逐渐变大的迹象。

周期 20 ～ 30s 相速度分布图主要反映了下地壳的速度结构特征。随着周期的增长，松辽盆地下方由相对低速逐渐转变为相对高速，体现了松辽盆地下方较薄的地壳厚度（Tao et al.，2014）对该周期范围内相速度分布的影响。在郯庐断裂带以东地区，特别是长白山火山区、龙岗火山区和邻近的镜泊湖火山区下方则出现了较大范围的低速异常，展现了可能与火山区下方岩浆系统有关的特征。

周期 40 ～ 50s 相速度分布图主要反映了下地壳至上地幔顶部的速度结构特征，地壳厚度和莫霍面上下的速度差异对瑞利波相速度的变化影响比较大。随着周期的增大，张广才岭和老爷岭地区的高速开始分散消失。长白山火山和龙岗火山的低速异常展布随着周期增长逐渐扩大，在 50s 相速度图上，三个火山区下的低速异常幅度比较接近，有连接在一起形成大面积低速区的趋势，这表明长白山火山、龙岗火山和镜泊湖火山在深部可能具有同源的特征。

周期 60 ～ 80s 相速度分布图反映了岩石圈地幔至软流圈地幔的速度结构特征，随着周期的增大，郯庐断裂区域（依兰—伊通断裂和敦化—密山断裂）两侧速度结构存在明显的差异，郯庐断裂区以西主要表现为相对高速，以东包括三个火山区在内表现为大面积低速，断裂带两侧深部速度结构的明显差异表明断裂带本身的形成和发育与深部地质构造背景可能存在密切的联系。

在获得的相速度分布基础上，进一步得到了 0.25°×0.25° 网格的纯路径频散，进而采用最小二乘迭代线性反演程序 surf96（Herrmann，2013）反演每个格点下方的一维速度结构。因反演过程中给定的初始模型越接近真实的区域结构，反演解的非唯一性越小，故我们采用了 Shen 等（2016）新近反演给出模型中有关本探测区的相应格点结果作为反演的 S 波初始模型，并采用由较密集地震台阵的接收函数反演的地壳平均纵横波速度比（Tao et al.，2014）来约束地壳中的相应 P 波速度，莫霍面的深度也以这 2 篇文献（Shen et al.，2016；Tao et al.，2014）的结果为约束，地幔中的 P 波速度 $V_P = 1.732V_S$ 来计算，密度由经验公式 $\rho=0.32+0.77V_P$ 计算得到。在格点速度结构反演基础上，通过线性插值获得了整个探测区的 S

波三维速度结构，图 3.25 展示了不同深度的水平剖面图，图 3.26 展示了穿越长白山火山和镜泊湖火山下方的纵剖面分布图（纵剖面的位置见图 3.25），结果表明长白山火山、龙岗火山和镜泊湖火山在深部（岩石圈地幔或者更深）可能具有同源的特征。图 3.27 展示了延吉市活断层探测探测区内几条剖面的 S 波绝对速度和相对速度扰动深度分布图，结果表明近东西向穿越延吉市的布尔哈通河断裂下方 8 ～ 45km 深部两侧存在明显的 S 波速度结构差异且深部稍显南倾，这与基于重磁资料开展深部构造分析专题获得的断裂两侧地体间存在较为明显的密度变化和断裂在地壳深部向南倾的认识相一致。

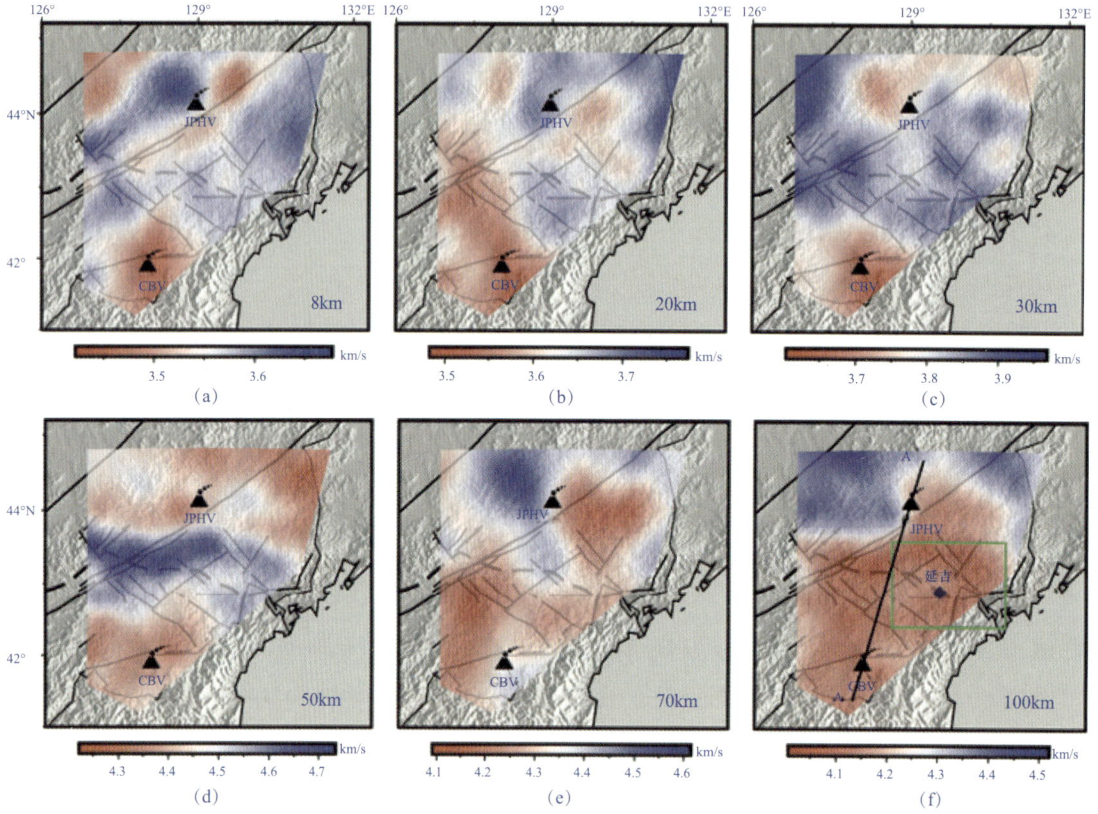

图 3.25　探测区内不同深度的 S 波速度分布

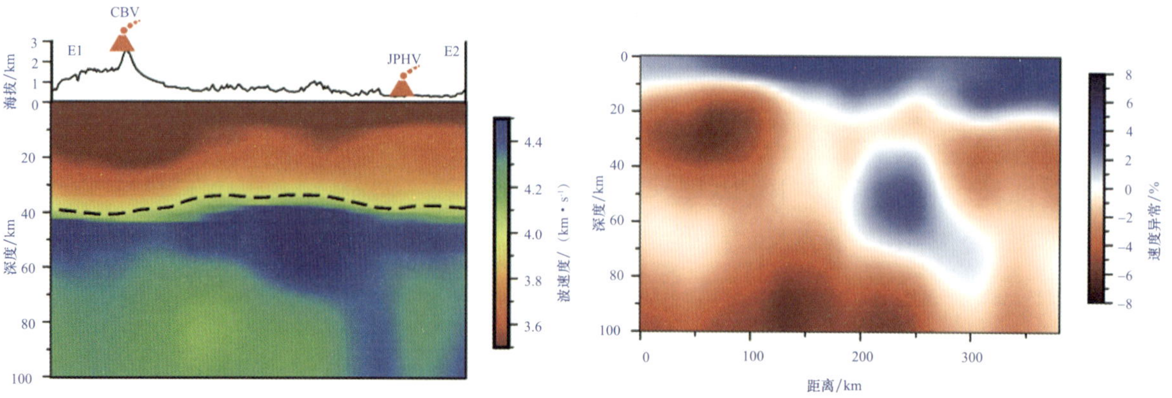

图 3.26　穿越长白山火山和镜泊湖火山下方的 S 波速度剖面

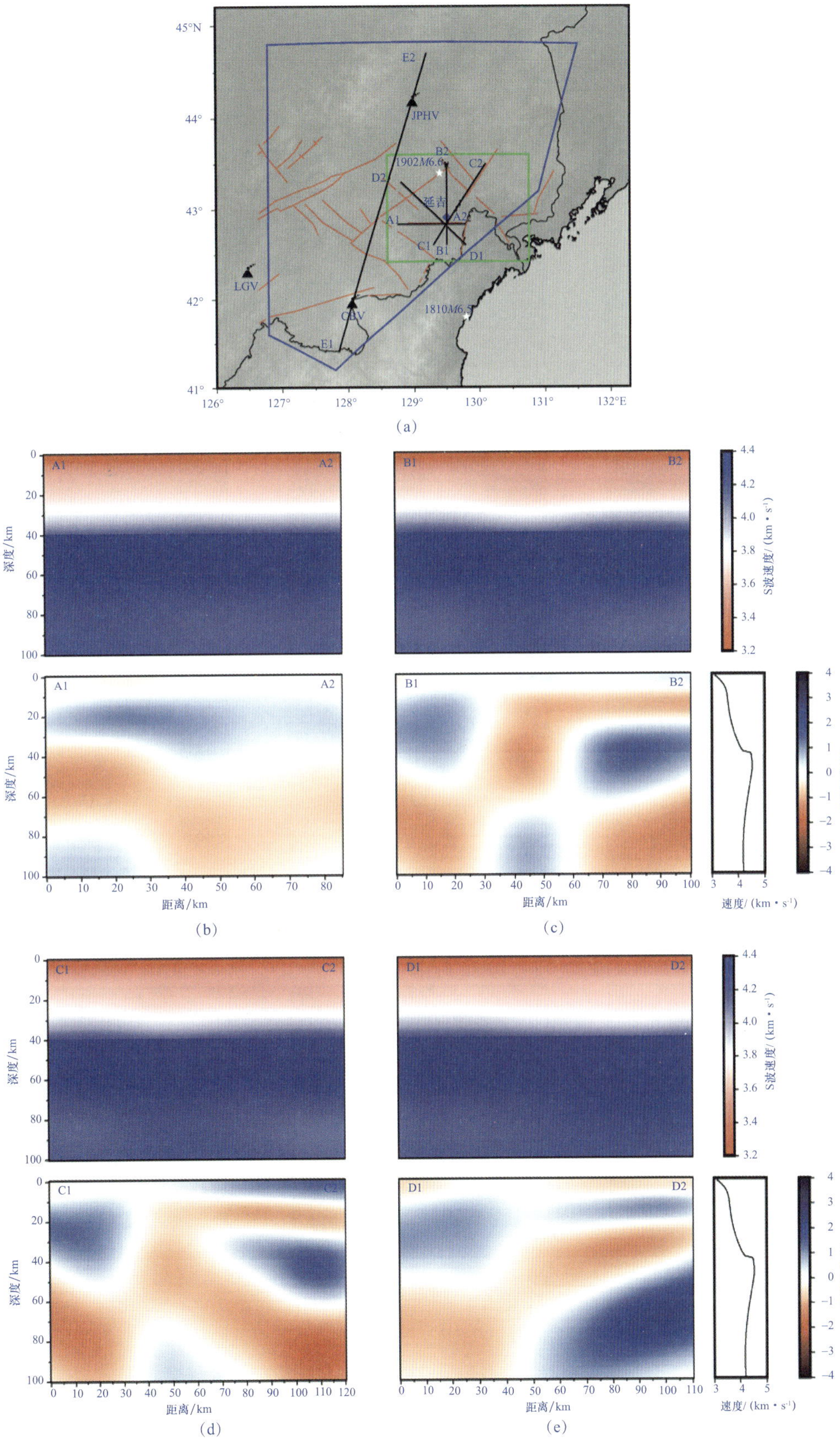

图 3.27　延吉市活断层探测区内几条剖面的 S 波绝对和相对速度扰动分布

采用中频相对走时数据反演得到的不同深度的P波速度和三台不同纬度的P波速度扰动剖面参见图3.28和图3.29。

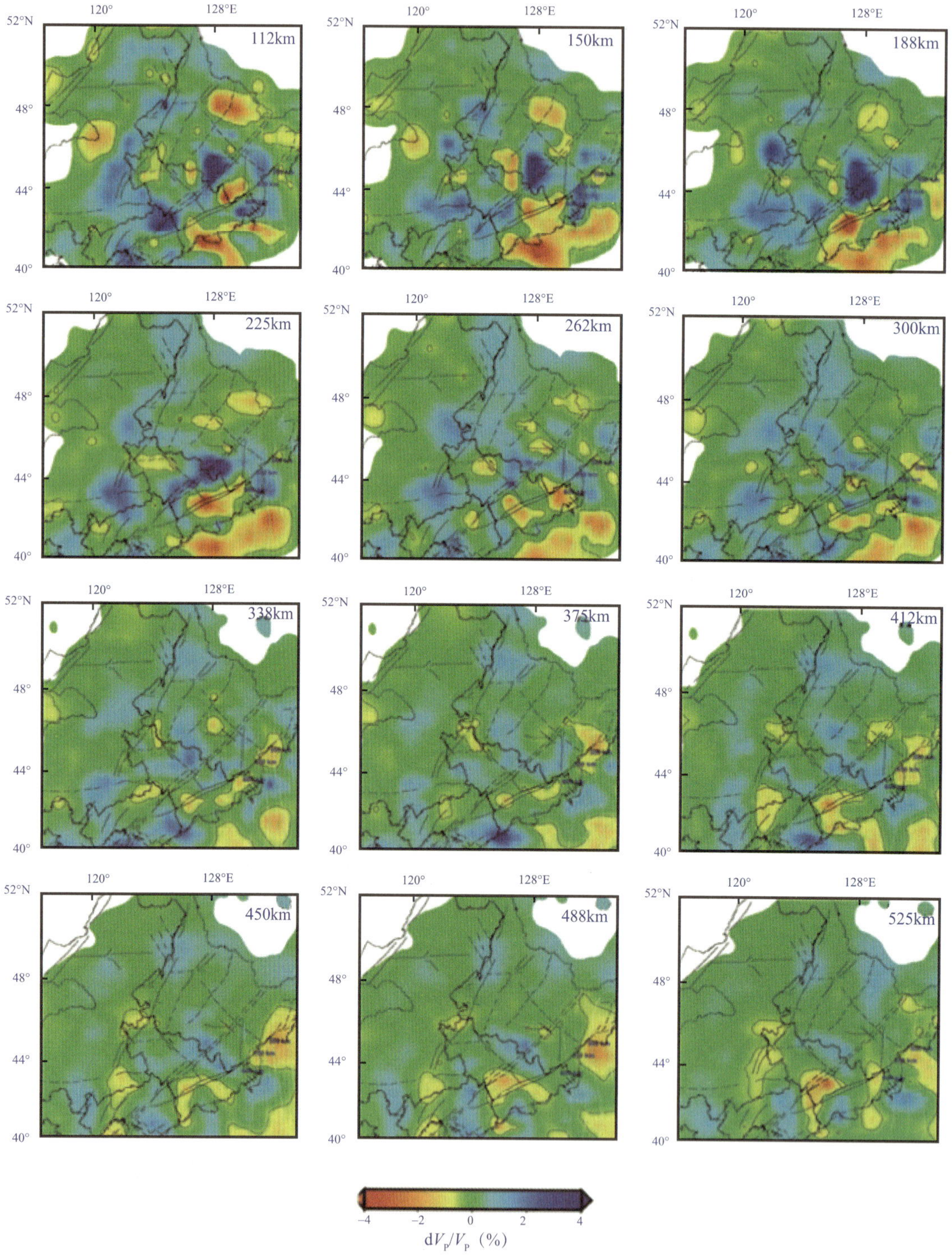

图3.28 采用中频相对走时数据反演得到的不同深度的P波速度分布

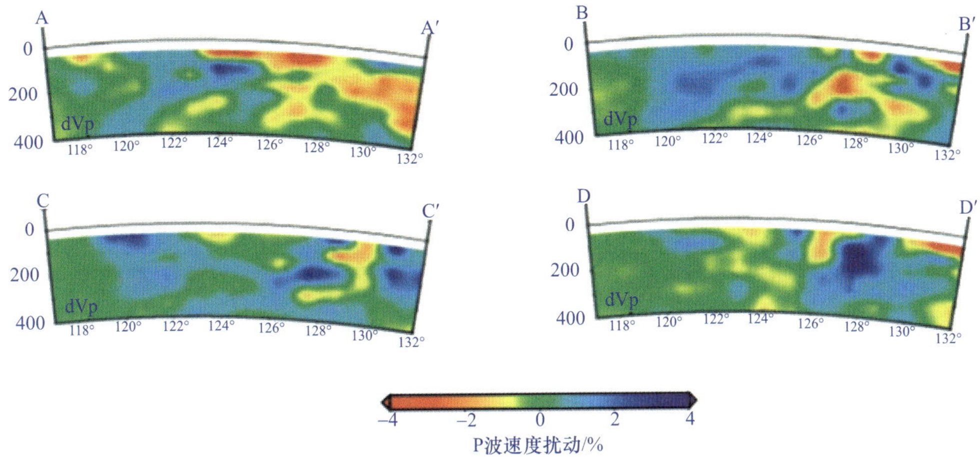

图 3.29　沿 N42°、N43°、N44°和 N45°的 P 波速度扰动剖面（A、B、C、D）分布

3.5.4　远震有限频层析成像反演

本研究进一步利用 NECsaids 流动地震台阵和周围固定地震台所记录的远震事件中，筛选了 2010 年 7 月 29 日—2014 年 11 月 1 日震级大于 6.0 级，波形良好的远震事件共 245 个，所选用远震事件具有较完备的方位角和震中距覆盖（图 3.22）及较高的信噪比。在进行数据处理时，选取宽频带地震波中频频段进行处理（0.1 ～ 0.5Hz），使用 AIMBAT 软件（Lou et al.，2013）处理得到可利用的 P 波相对走时残差数据 24307 个。

结果表明，长白山下方存在低速异常条带一直延伸到上地幔底部 400km 左右，方向从西北向东南延伸；在地幔转换带内，存在高低速异常相间分布的 P 波速度异常结构，其可能与太平洋板块向下俯冲有关。在长白山周边尤其是西北部地区，存在大面积明显的高速异常区域，这与前人的研究结果相吻合。

综上所述，经过 30 年左右的地球物理观测和多学科不同尺度的研究，对长白山火山区附近深部结构的探测工作已取得了显著的进展，取得了一些普遍的共识，但也存在不少的差异，在深入探测研究方面还存在不少挑战性的问题。这些共识和挑战性问题可以概括为如下几点：

（1）普遍认为长白山火山下方地壳和上地幔中存在与火山岩浆系统相关的低速低阻体，相关的低速体可深至地幔转换带的 410km 界面处。但由于使用的观测资料、分析研究方法和反演成像分辨率的不同，导致对低速体的具体分布位置和展布形态还存在差异。

（2）长白山火山在成因机制上与西太平洋板块俯冲活动密切相关，但具体的主控因素则有不同的观点，如与俯冲滞留脱水相关的大地幔楔模型（Zhao & Liu，2010；Lei et al. 2013）穿过地幔转换带空缺上涌的热物质（Tang et al.，2014）局部地幔环流模型（Guo et al. 2016）板块后撤导致的岩石圈扩张引起（Zhang et al.，2015；Kim et al.，2016）等。

（3）长白山火山区下方岩浆囊具体的三维分布形态，还有待多学科联合开展精细的探测研究，包括可有效描述地下介质流变性和构造变形的地震各向异性研究、可精细区分地下深处小尺度构造或介质变化的反演成像方法和观测系统，如大区域的重力测量（马学英等，2016）和 GNSS 测量与高密度地震台阵探测等。

（4）长白山火山潜在喷发危险的科学评估与动态监测预警，对比分析长白山火山 2002—2005 年强烈扰动活动前后的大地电磁探测结果（仇根根等，2014）和地震成像反演结果（王武等，2017），因所依据的观测资料和反演方法前后不一，所得出结果是否确实反映了地下岩浆系统的运移（仇根根等，2014）或没有可分辨的变化（王武等，2017）也有待于深入的探测研究，建设可实时监测火山岩浆囊动态变化的综合观测台网与预警系统也是十分必要的。

本研究获得了两个新的认识：

（1）利用密集的区域台网及接收函数方法，获得了我国东北地区地壳厚度和波速比及上地幔间断面的精细起伏形态。研究表明，在俯冲板片与 660km 间断面交会作用区域，660km 间断面发生大幅度下沉 30 ～ 50km；探测区域 410km 间断面表现为整体下沉；延吉市活断层探测探测区的地壳厚度为 30 ～ 32km，其波速比为 1.7 ～ 1.8，探测区的八道—东盛断裂和龙渊—李花洞断裂之间的地壳厚度稍薄而波速比稍高。

（2）利用布设在中国东北深俯冲区的 NECsaids 流动台阵及固定地震台站和 NECESSArray 流动台阵的波形记录，通过采用地震背景噪声成像反演和基于 GSDF 理论双台地震事件的 Eikonal 成像反演及远震有限频层析成像反演得到了探测区深部的 S 波和 P 波速度结构，结果表明探测区下方速度结构存在明显的横向和纵向不均匀性，浅部速度结构与浅表地质构造单元有较好的对应，深部速度结构较好的反映了区域火山活动及深部热物质作用的结构特征；长白山火山、龙岗火山和镜泊湖火山在深部（岩石圈地幔或者更深）可能具有同源的特征，这与地球化学的研究结果比较一致（Zou et al.，2008）；郯庐断裂带两侧的深部速度结构存在明显差异，表明郯庐断裂带的形成和发育与深部构造背景可能存在密切的联系；近东西向穿越延吉市的布尔哈通河断裂下方 8 ～ 45km 深部存在明显的 S 波速度结构差异且深部稍显南倾，这与基于重磁资料开展深部构造分析专题获得的断裂两侧地体间存在较为明显的密度变化和断裂在地壳深部向南倾的认识相一致。

第 4 章　第四纪地质与标准地层划分

新生代期间中国东北地区除了大范围的伸展作用和更新世以来的弱的近东西向的挤压作用之外，总体表现为拉张作用形成的断陷，及相应的盆地沉积和沿断裂分布的火山活动。

探测区位于东北区东部，活动大陆边缘内侧，由于受太平洋板块活动的影响，区域性构造运动以升降运动为主。在第四纪时期，总体表现为近东西向的弱挤压，地壳运动剧烈且频度高，但上升运动占绝对优势，其上升幅度大于下降幅度或只有剧烈的上升运动而没有下降运动，地壳发生的抬升由东向西逐渐减弱。

延吉市区属延吉盆地的东部，地层主要以新生界第四纪地层为主，下覆中生界白垩纪龙井组地层，是本区自然资源赋存及经济建设、人类活动涉及的主要层位。建立第四纪以来的地层层序，并准确判断其形成时代和特征是研究活动断层的关键。第四系地层在区域内较发育，主要分布于布尔哈通河及支流烟集河等河谷中的河漫滩和各级阶地，分别对地表出露的和埋藏于地下的第四系加以论述。

4.1　延吉地区第四纪地质研究现状

早在 20 世纪 30 年代，日本人就在延边地区进行过金矿地质调查。新中国成立后，吉林省地矿部门、大庆油田、延边州建设部门、省州地震部门对延吉地区进行了大量的地质调查，地震地质特征研究和地震安全性评价工作，对延吉市地质、构造和地震情况积累了丰富的资料。吉林省地质局区调队在 1964 年、1978 年分别出版了 1 ： 20 万地质调查报告和地质图。1984—1987 年，长春地质学院在延边地区开展了新生代火山研究工作。1993 年延吉市建设局还进行了“延吉市工程地质图系”编制工作。1999—2001 年，吉林省地质调查院吉林省区域地质矿产调查所，完成了《中华人民共和国区域地质调查报告（1 ： 50000）》（L52E006016（石岘）K52E007015（延吉市）K52E007016（图们市）K52E008015（崇明）K52E008016（开山屯镇）K52E009015（智新镇）K52E009016（砢岛）。1996—2006 年，延边州地震局先后两次申请到了中国地震局地震科学联合基金项目，对图们江流域第四纪中晚期地层、地震活动及断裂构造进行了较为详细的调查。以上工作对延吉市的地层、构造、工程地质环境、地震危险性、震害预测等进行了较详细的研究，取得了宝贵的成果。1993—2013 年，吉林省工程地震研究中心和延边州地震局承担了延吉市区 14 项工程地震安全性评价工作，对延吉市地震地质情况积累了丰富的资料。这些工作成果为开展延吉市第四纪地质地貌标尺工作奠定了一定的基础。目标区已有主要地质资料目录参见表 4.1。

表 4.1　目标区已有主要地质资料目录

序号	承担单位	资料名称	主要内容	时间 / 年
1	地质部	航磁普查（1：200000）	航磁	1958
2	吉林省地质局区调队	1：200000 延吉市幅区域地质调查报告及地质图	地质、构造	1966
3	吉林省地质局第六调查所	1：200000 航磁图解译	地质、构造	1980
4	长春地质学院	吉林省东部新生代火山、火山岩研究	火山、构造	1984—1987
5	延吉市环境水文地质队	延吉市综合水文地质调查	地质、构造	1989
6	朝鲜中央矿物资源调查团	朝鲜北部及其邻区的新构造运动和地形构造的形成研究报告	地质、构造	1990
7	延吉市规划设计院	延吉市工程图系编制报告	地质、构造	1993
8	吉林省区域地质矿产调查所	中华人民共和国区域地质调查报告（1：50000）K52E007015（延吉市）等 7 幅	地质、构造	1999—2001
9	延边州地震局	图们江流域震害预测研究	地震、地质、构造	1998
10	延边州地震局	图们江流域断裂构造及地震活动与经济发展关系研究报告	地震、地质、构造	2006
11	吉林省工程地震研究中心、延边州地震局	延吉市龙华电厂等 14 项地震安全性评价报告	地震、地质、新构造	1993—2013

孙建中（1982）在吉林省长白山脉和大兴安岭山脉的中段，在前人工作的基础上提出这些地区第四纪冰期划分的意见，为第四纪地质地貌研究提供了重要的参考资料。

在浑江市岗头村玄武岩高原面上测得玄武岩 K–Ar 法同位素年龄为 1130 万年，玄武岩面上的洼地中形成了岗头组的硅藻土矿，其中含有仅分布于第三纪的植物化石。在长白县马鞍山测得覆于硅藻土矿之上与四等房冰碛层下伏的“下玄武岩”相当的玄武岩的 K–Ar 法同位素年龄为 443 万年。二道白河测得覆于四等房冰碛层之上的“上玄武岩”的 K–Ar 法同位素年龄为 103 万年。将四等房冰期年龄定在 300 万年左右，而与红崖冰期或龙川冰期对比。在长白县城西侧高出鸭绿江约 200m Ⅴ级阶地上的灵光塔玄武岩 K–Ar 法同位素年龄为 166 万年，腰岭冰期的年龄大概在 100 万～ 150 万年，可与鄱阳冰期（137 万～ 150 万年前）和公王岭冰期对比。布老克冰碛层位于高出鸭绿江 100 ～ 140m Ⅳ级阶地上，常有棕红色黄土覆盖，后者可与华北中更新世周口店期的红色土或离石黄土对比。所以将布老克冰期与大姑冰期（105

万～120 万年前）相对比。二道岗冰碛层颜色淡黄，湿热化程度浅，可与庐山冰期（10 万～32 万年前）对比。在长白县城西头高出鸭绿江 30～40m 的Ⅱ级阶地上的褐黄色冰碛泥砾可能是白头山冰期中较早阶段的冰碛物，可与大理冰期（1 万～11 万年前）对比（图 4.1 和图 4.2）。

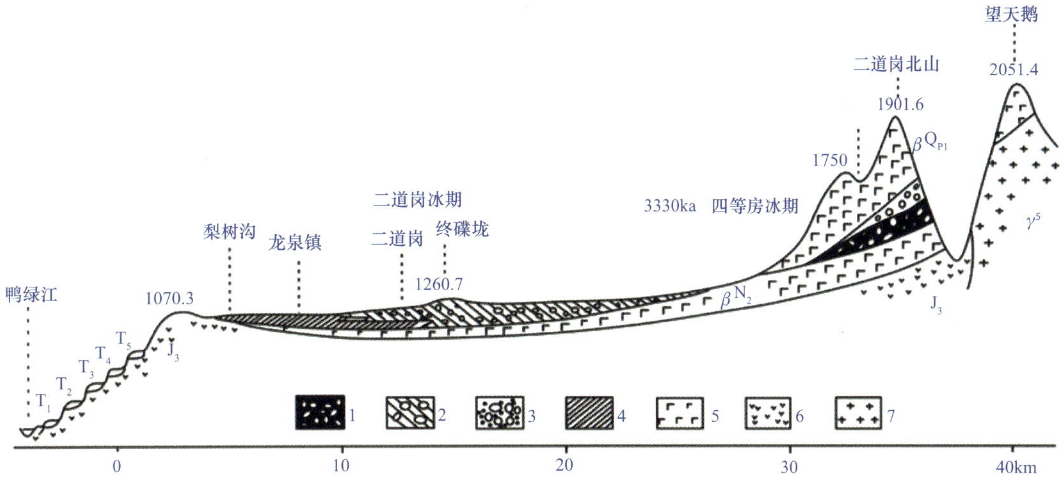

图 4.1　望天鹅—二道岗剖面图

1—四等房冰碛层；2—二道岗冰碛层；3—间冰期砂砾；4—冰水黏土；5—玄武岩；6—安山岩；7—花岗岩；βQp_1—上玄武岩；βN_2—下玄武岩；J_3—上侏罗统；γ^5—燕山期花岗岩；T_1～T_5—Ⅰ～Ⅴ级阶地

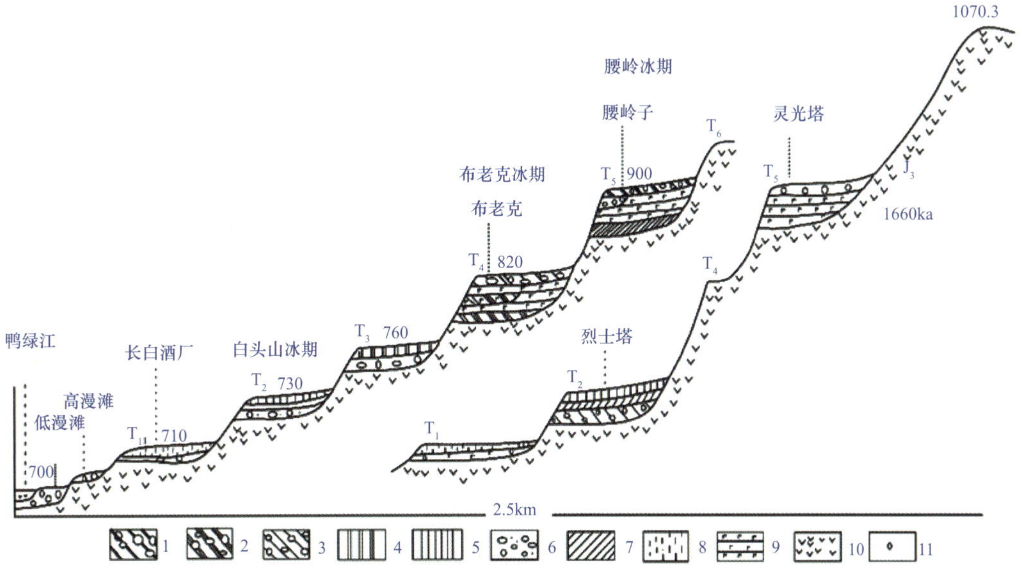

图 4.2　长白县附近剖面图

1—腰岭冰期冰碛层；2—布老克冰期冰碛层；3—白头山冰期冰碛层；4—棕红色黄土；5—棕黄色黄土；6—砂砾石；7—灰色黏土；8—棕黄色亚砂土；9—玄武岩；10—安山岩；11—K-Ar 同位素年龄；T1～T5—Ⅰ～Ⅴ级阶地，数字为标高

本区从早更新世到全新世大致可以划分出有规律的六个构造旋回，第一旋回由早更新世早期形成，Ⅵ级阶地或第三纪末夷平面（与江面比高为 250～270m）→四等房冰碛层→间冰期冲击物（岗头组）→军舰山玄武岩，与下伏上新世船底山玄武岩不整合接触；第二旋回形成于早更新世晚期，Ⅴ级阶地（高出鸭绿江面 200m）→腰岭冰碛层→间冰期冲积物；第三旋回形

成在中更新世早期，Ⅳ级阶地（高出鸭绿江面 150m）→布老克冰碛层→下老黄土→白头山组碱性喷出岩；第四旋回形成于中更新世晚期，Ⅲ级阶地（高出鸭绿江面 60 ～ 80m）→干沟子冰碛层→上老黄土；第五旋回是在晚更新世早期形成，Ⅱ级阶地（高出鸭绿江面 40 ～ 60m）→二道岗冰碛层→新黄土→南坪玄武岩；第六旋回形成于晚更新世末到全新世初期，Ⅰ级阶地（高出鸭绿江面 10 ～ 15m）→白头山冰期（白头山区只有冰川地形，明月镇洞穴）。

虽然前人在本区做了大量地质、第四纪地质、工程地质和地震地质研究工作，积累了比较丰富的研究资料，但就专门的第四纪地质地貌标尺研究来说，目标区第四纪沉积物的堆积序列、成因和形成时代研究程度不够。

4.2 标准剖面与第四纪地层

笔者结合前期区域（长白山）地质地貌成果和延吉市钻孔资料和第四纪剖面，对延吉市及其周缘第四纪沉积物的堆积序列进行分析和测年，建立和完善了第四纪阶地沉积物标准剖面。目标区内埋藏于地下的第四纪地层资料来源于钻孔资料。

统计收集钻孔的第四系厚度（去除杂填土），在 ArcGIS 中进行了插值，得到布尔哈通河及其支流第四系等厚线图（图 4.3）。目标区第四纪沉积普遍比较薄，出现的最厚沉积层分布在烟集河沿岸发展村周围，形成高值区。朝阳河沿岸第四纪沉积比较薄，形成低值区，部分地点厚度只有 1m 左右。布尔哈通河两岸第四系等厚线出现有规律递变：布尔哈通河与朝阳河交汇以西，布尔哈通河与烟集河交汇以东，等厚线自西向东逐渐降低，而在朝阳河与烟集河之间的布尔哈通河沿岸等厚线自西向东逐渐升高。

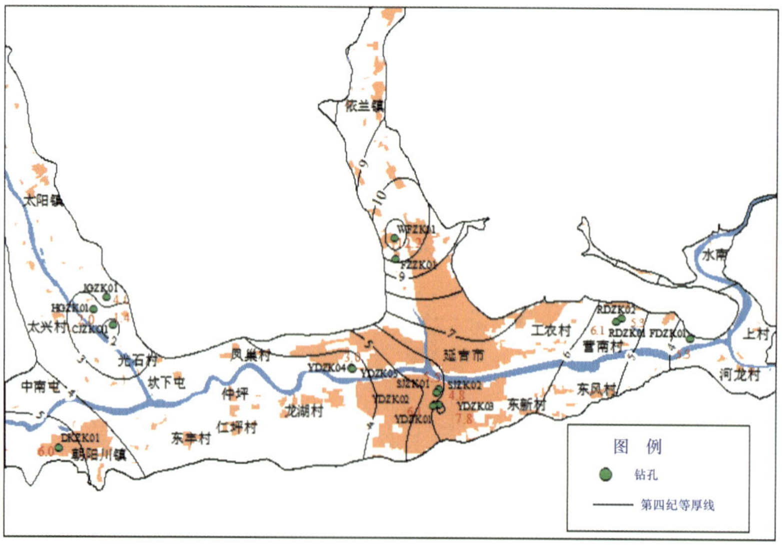

图 4.3　布尔哈通河及其支流第四纪系等厚线图

4.2.1　标准孔探测剖面

中晚第四纪地层观测点位置示意图如图 4.4 所示。

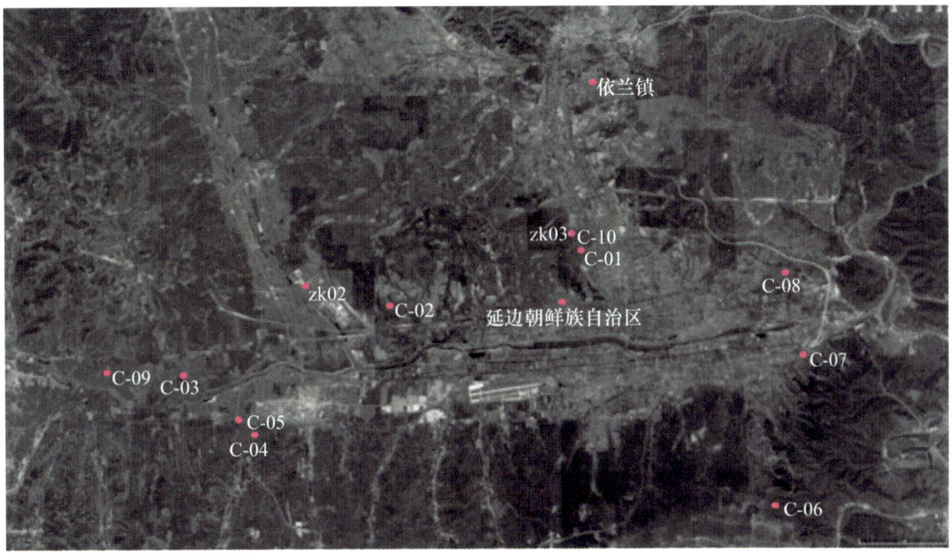

图 4.4　中晚第四纪地层观测点位置示意图（zk 为钻孔；C 为地质露头）

钻探工作和波速测井由延边地质工程勘察处完成。分层、编录、样品采集和资料整理由吉林大学地质调查研究院、吉林大学地球科学学院完成，孢粉分析由吉林大学地层学与古生物学研究中心完成，光释光年龄测试由原国土资源部地下水矿泉水及环境监测中心完成。

在钻探过程中，根据岩芯的颜色、岩性、粒度、铁锰结核含量、泥管、植物根系、菌丝体、有机质含量、密度、硬度等标志，对沉积物进行了详细分层和描述，并对岩芯进行了照相记录。

钻孔垂直钻进，黏土及粉砂岩芯的采取率达到 95% 以上，中细砂达到 80% 以上，松散粗砂不小于 50%。分层误差≤10cm。所有岩芯的平均取芯率在 85% 以上。波速测试使用仪器为河北省廊坊开发区大地工程检测技术开发有限公司生产的 XG-1 悬挂式波速测井仪，仪器接收信号的探头采用悬挂式三分量井中检波器。测试工作依据《建筑抗震设计规范》（GB 50011—2010）及《地基动力特性测试规范》（GB/T 50269—97）中的有关规定进行。

3 个钻孔将分别布置在延吉市周围布尔哈通河 Ⅰ 级阶地和Ⅲ级阶地上（图 4.5、图 4.6），钻孔编号分别为 HDBZK-1、HDBZK-2 和 HDBZK-3。

1. HDBZK-2 钻孔剖面

HDBZK-2 孔位于布尔哈通河 Ⅰ 级阶地上，具体位置在金刚山辣白菜厂东侧。钻孔钻进深度为 15.2m，穿透第四纪沉积物，并深入其下的上白垩统达 11.2m。整个岩芯划分为 3 层，第 1 层为灰黑色黏土，下部采集 OSL 样品 HDBZK-2-TL01，测年结果为（1.9±0.1）ka（表 4.2）。第 2 层为褐黄色砾石层，第 3 层为上白垩统龙井组灰褐色、灰色中粒砂岩与红褐色粉砂质泥岩互层（K_2l）。2 层和 3 层之间为角度不整合（图 4.6）。采集第四纪沉积物岩性样品 3 件，光释光年龄测定样品 1 件，孢粉分析样品 5 件。钻孔封孔之前，进行了剪切波波速测定。HDBZK-2 孔地层剖面如下（自上而下）。

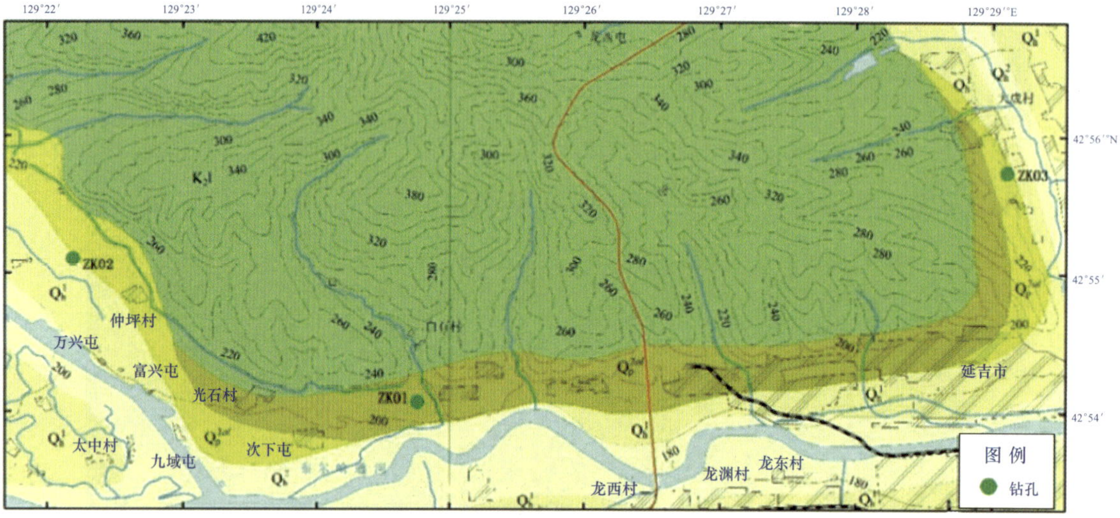

图 4.5 控制性钻孔探测钻孔位置图

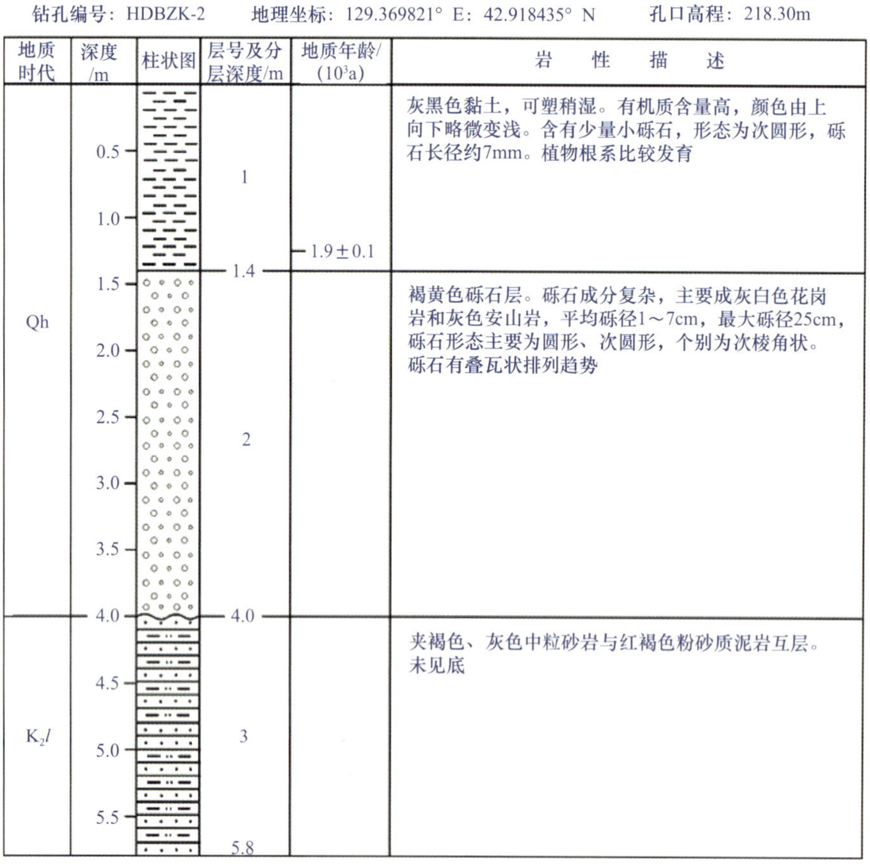

图 4.6 HDBZK-2 钻孔地层综合柱状图

表 4.2　控制性钻孔探测与第四纪剖面的建立实物工作量

钻孔编号	坐标	地貌单元	孔深 /m	孢粉样品 / 件	光释光样品 / 件	岩性样品 / 件	剪切波波速测定 /m
HDBZK-2	N42° 55′	Ⅰ级阶地	15.2	5	1	3	15.2
	E129° 22′						
HDBZK-3	N42° 56′	Ⅱ级阶地	11.3	6	3	5	11.3
	E129° 29′						
总计			26.5	11	4	8	26.5

（1）第四系全新统（Qh）。

① 灰黑色黏土，可塑稍湿。有机质含量高，颜色由上向下略微变浅。含有少量小砾石，形态为次圆形，砾石长径约 7mm。植物根系比较发育。厚 1.4m。

② 褐黄色砾石层。砾石成分复杂，主要为灰白色花岗岩和灰色安山岩，平均砾径 1 ~ 7cm，最大砾径 25cm，砾石形态主要为圆形、次圆形，个别为次棱角状。野外人工露头观察，砾石有叠瓦状排列趋势。厚 2.6m。

～～～～～～～～～～～～～～～～角度不整合～～～～～～～～～～～～～～～

（2）下伏地层。

上白垩统龙井组（K_2l）。灰褐色、灰色中粒砂岩与红褐色粉砂质泥岩互层，未见底。

2．HDBZK-3 钻孔剖面

HDBZK-3 孔位于布尔哈通河Ⅲ级阶地上，具体位置在延吉市北发展万发嘉园小区。钻孔钻进深度为 11.3m，穿透了晚更新世和全新世地层，并深入上白垩统 0.8m。整个岩芯自上而下划分为 6 层，其中第 1 层为灰黑色黏土，时代为全新世；第 2 ~第 4 层为晚更新世沉积物，第 5 层为基岩风化层，在埋深 9.7m、7.3m 和 4.25m 采集 OSL 样品 HDBZK-3-TL01 ~ 03，年龄分别为（74.5±3.3）kaB.P.、（53.7±2.6）kaB.P. 和（20.2±1.0）kaB.P.（表 4.3、表 4.4），第 6 层为白垩统龙井组（K_2l）。第 5 层和第 6 层之间为角度不整合（图 4.7）。采集第四纪沉积物岩性样品 5 件，光释光年龄测定样品 3 件，孢粉分析样品 6 件。钻孔封孔之前，进行了剪切波波速测定。HDBZK-3 孔地层剖面（自上而下）如下。

（1）第四系全新统（Qh）。

灰黑色黏土。有机质含量高，颜色由上向下逐渐变浅。含有少量小砾石，形态为次圆形，砾石长径约 7mm。植物根系比较发育。厚 1.2m。

（2）上更新统（Qp_3）。

① 褐灰色黏土，可塑偏硬。含有小砾石，砾石成分为灰白色花岗岩，砾石长径约 6mm，形态为次棱角状。具有呈星散状分布的锈黄色斑点，斑点大小 0.4 ~ 2mm。厚 0.6m。

② 黄褐色黏土，可塑偏硬。含有砾石，砾径 4cm，砾石成分为灰白色花岗岩，砾石形态为次棱角状。含有直径约 2mm 的锈黄色斑点。厚 5.2m。

③ 灰黄色砂砾石，干燥松散。砾石含量为 40 ~ 45%，砾石成分主要为灰白色花岗岩、灰白色脉石英和灰色安山岩，平均砾径 3 ~ 4cm，最大砾径 10cm，砾石形态主要为次棱角状和次圆形。粗砂成分以长石为主，少量石英。厚 2.0m。

④ 褐黄色中砂，干燥稍密。褐红色与灰白色薄层呈韵律出现，分选良好。碎屑颗粒中石英占 70%，长石占 25%，岩屑占 5%。厚 1.5m。

~~~~~~~~~~~~~~~~~~角度不整合~~~~~~~~~~~~~~

（3）下伏地层。

上白垩统龙井组（K_2l）。褐黄色中粒砂岩，分选较好，泥质胶结。未见底。

表 4.3　延吉盆地第四纪沉积物年龄测试结果

样品编号	埋深 /m	U/ppm	Th/ppm	K/%	等效剂量 E.D（Gy）	年剂量 Dy	含水量	年龄 /ka	备注
HDBZK-2-TL01	1.25	1.02	4.06	2.32	5.62±0.17	3.03±0.12	16.5	1.9±0.1	T_1
HDBZK-3-TL01	1.25	2.31	14.5	2.28	88.05±2.30	4.35±0.17	16.6	20.2±1.0	T_2
HDBZK-3-TL02	4.30	2.43	12.7	2.11	210.82±5.76	3.93±0.16	21.2	53.7±2.6	T_2
HDBZK-3-TL03	6.70	1.78	7.19	2.14	242.50±4.89	3.25±0.13	19.5	74.5±3.3	T_2

测试单位：原国土资源部地下水矿泉水及环境监测中心；1ppm=1×10^6。

表 4.4　AMS^{14}C 样品测年结果

样品编号	（材料）：处理方法	测试年龄	2σ 校正年龄
YJ-C-10	（碳化物）：acid/alkali/acid	＞43500 B.P.	
YJ-C-07	—	—	—
YJ-C-06	（有机物）：acid washes	（22790±80）B.P.	Cal BC 25365—25095（Cal BP 27315—27045）
YJ-C-04	（有机物）：acid washes	（33470±220）B.P.	Cal BC 36505—35020（Cal BP 38455—36970）
YJ-C-03	—	—	—
YJ-C-01	（有机物）：acid washes	（16950±70）B.P.	Cal BC 18650—18325（Cal BP 20600—20275）
478098	（碳化物）：acid/alkali/acid	（23930±90）B.P.	Cal BC 26274—25781（Cal BP 28223—27730）
478097	（碳化物）：acid/alkali/acid	（30330±170）B.P.	Cal BC 32736—32041（Cal BP 34685—33990）
478096	（碳化物）：acid/alkali/acid	—	—
478095	（碳化物）：acid/alkali/acid	（890±30）B.P.	Cal AD 1040—1108（Cal BP 910—842）

注：样品由美国 BETA 实验室测试，AMS-Standard delivery。
~~~~~~~~~~~~~~~~~~

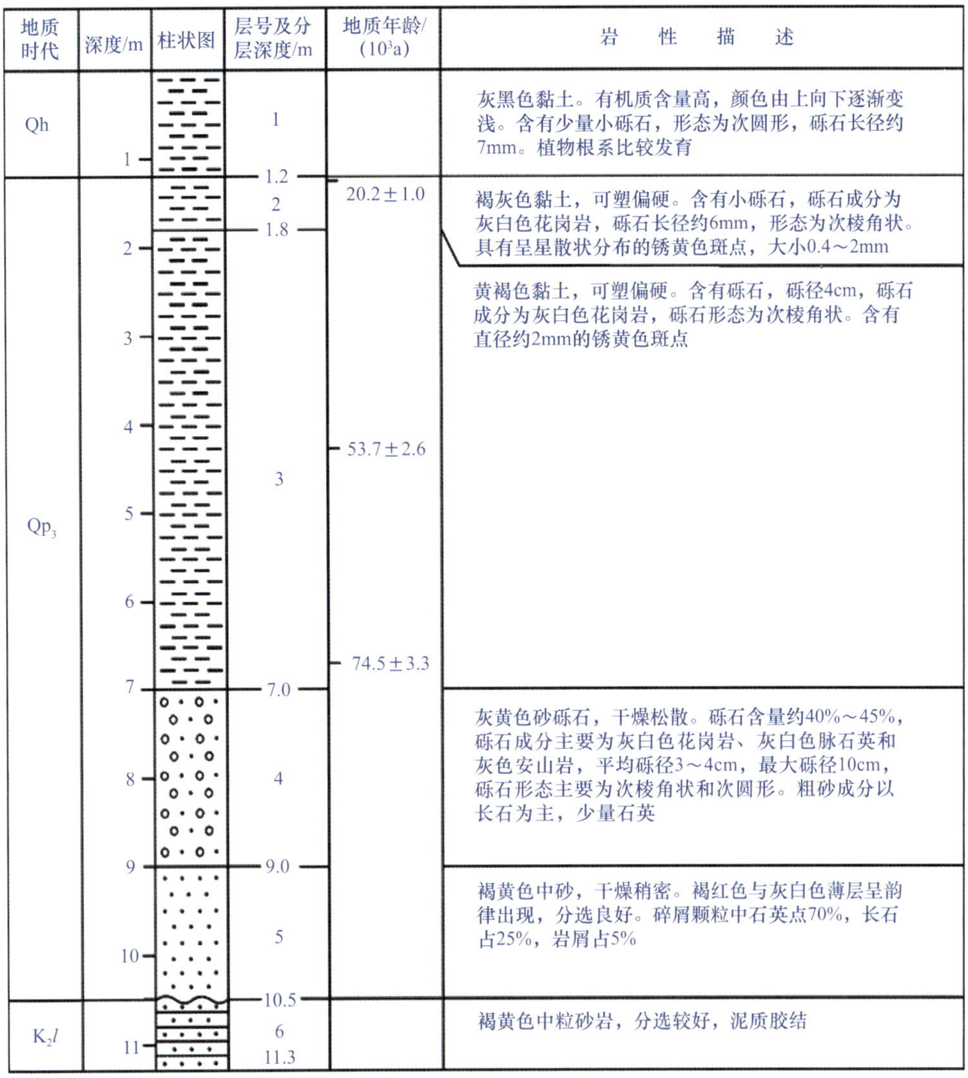

图 4.7　HDBZK-3 钻孔地层综合柱状图

4.2.2　地质出露剖面

区内第四纪地层主要由Ⅰ级、Ⅱ级、Ⅲ级阶地及河床、河漫滩堆积组成，其中以Ⅱ级阶地、Ⅲ级阶地比较发育。

第四系更新统地层：包括上、中更新统形成的Ⅱ级阶地（Qp_3^{al}）和Ⅲ级阶地（Qp_2^{al}）。

Ⅲ级阶地（Qp_2^{al}）：目标区内主要分布在烟集河和朝阳河之间的布尔哈通河北岸、朝阳河与布尔哈通河交汇西岸、溪洞站北部、河龙村北部和石井村北部，一般高出Ⅱ级阶地 20 ～ 40m，前缘平缓，前缘陡坎向河谷倾斜。主要由细砂层、中砂层、砂砾层组成，局部见水平层理，为基座阶地。

Ⅱ级阶地（Qp_3^{al}）：目标区内比较发育，主要分布在布尔哈通河及各支流交汇处，一般高出Ⅰ级阶地 10 ～ 20m，多构成基座阶地，其基座随基岩性质变化而变化。上部为褐色、黄褐色含砾黏土层，砾径为 2 ～ 4cm，次棱角状，含锈黄色斑点；中部为砂砾石或砾石层，砾石成分复杂，与基岩性质有关，主要为灰白色花岗岩、灰白色脉石英和灰色安山岩，平均砾径 3 ～ 4cm，最大砾径 10cm，砾石形态主要为次棱角状和次圆形。粗砂成分以长石为主，少量石英。下部为褐黄色中砂，干燥稍密。褐红色与灰白色薄层呈韵律出现，分选良好。碎屑颗粒中石英占 70%、长石占 25%、岩屑占 5%。

第四系全新统地层：包括 I 级阶地（Qh^1）及现代河床河漫滩堆积（Qh^2）。

I 级阶地（Qh^1）：主要分布在布尔哈通河、朝阳河及烟集河沿岸。上部为灰黑色黏土层，有机质含量高，颜色由上向下略微变浅，含有少量小砾石，形态为次圆形。下部为褐黄色砂砾层，主要为灰白色花岗岩和灰色安山岩，平均砾径为 1 ～ 7cm，最大砾径为 25cm，砾石形态主要为圆形、次圆形，个别为次棱角状，砾石有叠瓦状排列趋势。阶地高出河漫滩 2 ～ 3m，与河漫滩间有不明显陡坎。

现代河漫滩冲积（Qh^2）：由河流的横向迁移和洪水漫堤的沉积作用形成。目标区包括布尔哈通河、朝阳河、烟集河等河水洪水期淹没的河床以外的谷底部分。由砂、砂质黏土、砾石等组成。

1. 河龙村地层剖面

河龙村地层剖面位于河龙村小桥北部，地理坐标为 42° 54′ N、129° 37′ E。地貌位置为 II 级阶地。该处所见沉积物剖面如图 4.8 所示。

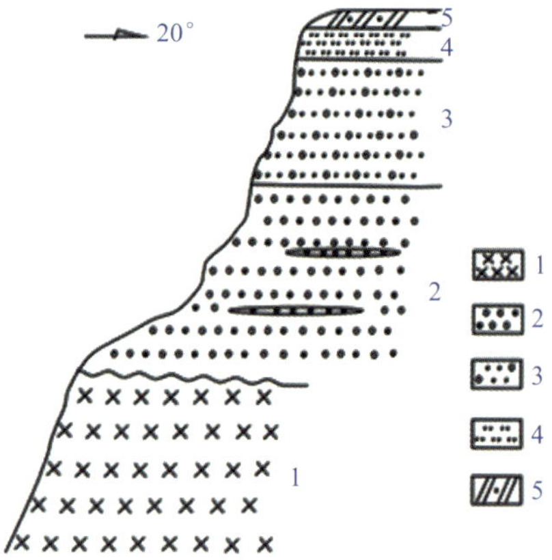

图 4.8 河龙村地层剖面素描示意图

1—花岗岩；2—砂砾石层；3—含砾细砂；4—粉砂；5—现代土壤

其岩性由上至下，依次为：

（1）灰黑色现代土壤层，厚 0.2m。

（2）黄褐色含砾粉砂，厚 0.5m。

（3）土黄色含砾粉细砂，砂粒成分主要为石英和长石，厚 2.5m。

（4）厚层灰褐色砾石层，厚 4.5m，夹约 10cm 厚的土黄色粗砂透镜体，发育中粗砂平行层理和交错层理。砾石分选较差，砾石大小平均 2 ~ 5cm，最大砾石 10cm；磨圆度较差，多数为次圆、次棱角状，少数为圆形；砾石成分复杂，有灰白色花岗岩、肉红色花岗岩、灰色安山岩等，砾石具有定向排列，有叠瓦状构造。

（5）肉红色花岗岩，厚约 2m。

从上述剖面结合钻孔剖面可以看出，这套沉积物属于中更新世晚期的沉积物。从沉积物分布的地貌位置和岩性岩相特征分析，这是一套河流冲积物，位于Ⅱ级阶地，这套沉积物在延吉盆地内广泛分布。

2．延东村地层剖面

延东村地层剖面位于延东村村头路北、布尔哈通河南岸东端，地理坐标 42° 57′ N，125° 24′ E。地貌位置为Ⅱ级阶地。该处所见沉积物剖面如图 4.9 所示。

其岩性由上至下为：

（1）褐灰色土壤层，厚 0.30m。

（2）土黄色含砾粗砂，厚 5m。

（3）灰白色砂砾石层，自下向上砾石逐渐减少，局部有鸡窝状砾石，4.5m。

（4）红色泥岩，弱风化，厚 0.3m，未见底。

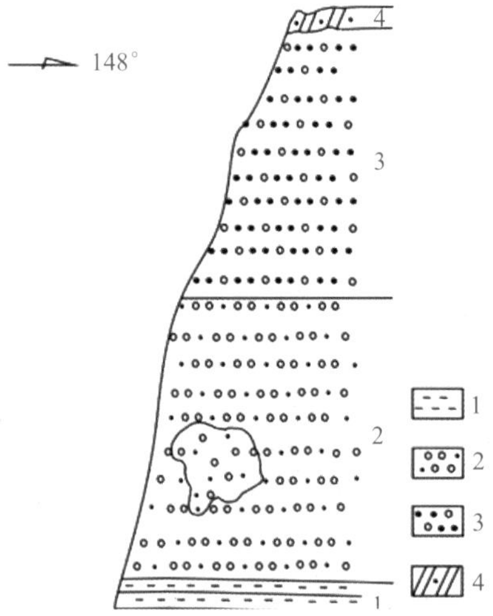

图 4.9　延东村地层剖面素描示意图

1—泥岩；2—砂砾石层；3—含砾粗砂；4—现代土壤

该剖面由冲洪积物堆积而成，与布尔哈通河北岸的河龙村地层剖面同属于布尔哈通河的Ⅱ级阶地，但该剖面所处位置高程为 182.3m，河龙村地层剖面所在地高程为 171.5m，表明河流两侧抬升速度不一样。

3．广济村地层剖面

由清茶村向东南发育有各级阶地。在西北沟屯南村房旁山坡上（42.946406° N，129.543966° E）看到含砾石黏土，砾石为致密块状橄榄玄武岩，次棱角状，大小混杂，最大直径为 1m，应为晚更新统洪积物沉积而成，此处高程为 313.3m，地貌上应属于Ⅱ级阶地，向北依次发育有Ⅲ级阶地与Ⅳ级阶地（图 4.10）。

广济村地层剖面位于广济村南部村口，分布在一自北流向南的小河的西侧，属于第四纪冲洪积层，地理坐标为 42° 54′ 11.8″N，129° 32′ 16.1″E，地貌位置为Ⅰ级阶地。该处所见沉积物剖面如图 4.11 所示。其岩性自上而下为：

（1）灰黑色土壤层，厚约 30cm。

（2）褐灰色含砾黏土层，砾石为次棱角状，砾石石径为 2 ~ 6cm。厚约 20cm。

（3）锈灰色含砾中粗砂层，厚约 35cm，表面凹凸不平，砾石直径为 2 ~ 10mm，砾石成分主要为灰黑色玄武岩，有橄榄石斑晶，其中见土黄色粉砂透镜体。厚约 4cm。

（4）灰黑色粉砂质黏土，表面凹凸不平。厚约 35cm。

（5）褐黄色含砾粗砂，局部有锈黄色夹层。砾石磨圆度不好，呈次棱角状，砾石直径为 2 ～ 15mm，可见平行层理和斜层理。厚约 90cm。

（6）灰黑色黏土层，与上层有 5mm 厚铁锈色粗砂层的明显界线，未见底。含锈黄色直立排列不规则形态的泥管、植物根系，泥管直径约 9mm。厚约 2.5m。

图 4.10　西北沟屯南各阶地分布

图 4.11　广济村地层剖面素描示意图

1—黏土；2—含砾粗砂；3—粉砂质黏土；4—含砾中砂层；5—含砾黏土；6—现代土壤

在上述剖面的第 1 层至第 5 层均属于第四纪沉积物，未见白垩纪地层（未见底）。根据第四纪沉积物分布的地貌位置和岩性岩相特征，可以判断这是一套洪流沉积物，应属于 I 级阶地。

为了补充阶地年龄，主要沿布尔哈通河两侧阶地进行调查，多处地点发现阶地沉积剖面（图 4.12），在典型的阶地剖面处采集 ^{14}C 样品和 OSL 样品，^{14}C 样品送至 BETA 实验室进行测年，测年结果以 ^{14}C 为主要参考依据。

YJ–C–01(T_3)　YJ–C–02(T_2)　YJ–C–03(T_1)

YJ–C–04(T_2)　YJ–C–05(T_1)　YJ–C–06(T_2)

YJ–C–07(T_2)　YJ–C–08(T_2)　YJ–C–09(T_2)

YJ–C–10(T_3)　YJ–C–478095–98(T_2)

图 4.12　地质露头剖面

注：YJ-C-09（T_2）为采样编号（阶地序列）。

YJ-C-03 和 YJ-C-05 剖面位于布尔哈通河 Ⅰ 级阶地上，剖面高约 1m。可以划分为 3 层（图 4.13），第 1 层为灰黑色表层土及粉细砂层。第 2 层为褐黄色砾石，上部多呈条带状与灰色粗砂细砾层相间，下部砾石增多，砂层减少，采集 ^{14}C 样品 YJ-C-03 和 YJ-C-05，第 3 层为青灰色或灰黑色泥质粉砂。

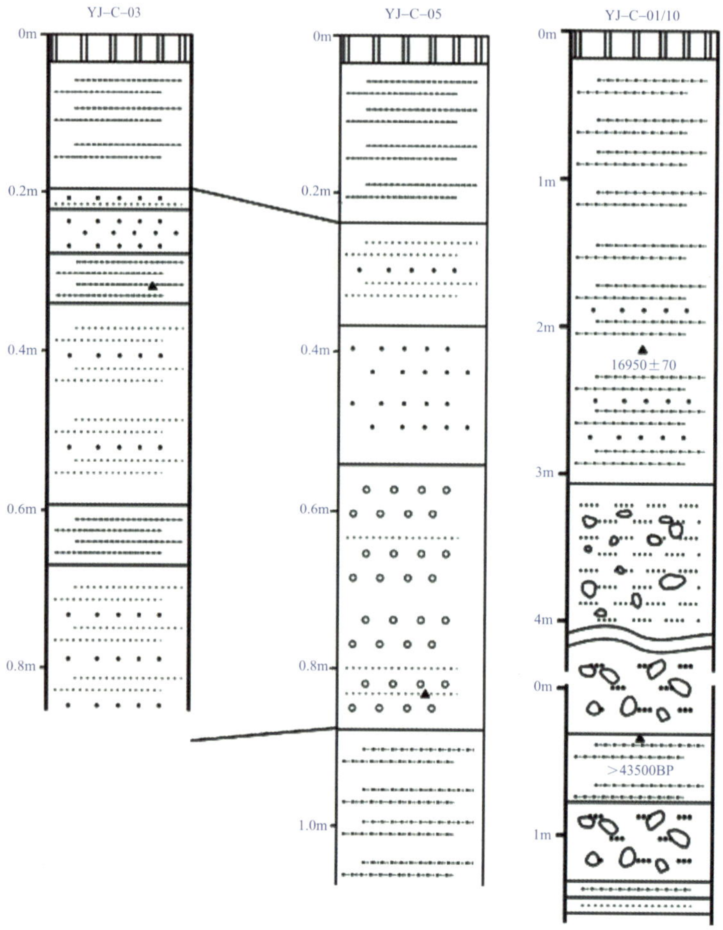

图 4.13 I 级和 III 级阶地沉积剖面图

YJ-C-02、YJ-C-04、YJ-C-06、YJ-C-07、YJ-C-09 剖面位于布尔哈通河Ⅱ级阶地上，沉积剖面可分为 3 层（图 4.12），第 1 层为灰黑色表层土及含砾粉细砂—泥质砂层。第 2 层为灰黄色—褐黄色砾石与灰色粗砂细砾层相间，可见沉积韵律，向下部砂的粒度增大，砾石增多，在层中部偶见砾径较大、磨圆度较好的砾石层，采集 ^{14}C 样品 YJ-C-06。第 3 层为灰色或灰黑色砾石层，砾径较大、磨圆度较好，形态为次圆形，砾石长径约 7 ～ 15cm，砾石中含透镜状砂层，其中采集 ^{14}C 样品 YJ-C-04，年龄介于 22 ～ 33ka。

YJ-C-01/10 剖面位于布尔哈通河Ⅲ级阶地上，毗邻钻孔 HDBZK-3，有两个剖面连接而成，前者为阶地顶部沉积，后者为阶地底部沉积（图 4.13 和图 4.14）。沉积剖面可分为 3 层：第 1 层为顶部的薄层灰黑色黏土及其下部的褐灰色黏土。颜色由上向下逐渐变浅，含有少量灰白色花岗岩小砾石，形态为次棱角状—次圆形，砾石长径约 7mm，在中部采集 ^{14}C 样品 YJ-C-01；植物根系比较发育，厚 1.2m。第 2 层为灰黄色—褐黄色砂砾石，砾石含量约 40% ～ 45%，砾石成分主要为灰白色花岗岩、灰白色脉石英和灰色安山岩，砾径自下而上减小，平均砾径 3 ～ 4cm，底部砾径可达 30cm，砾石形态主要为次棱角状和次圆形，底部可见薄层褐黄色粉细砂层，在粉细砂层上部采集 ^{14}C 样品 YJ-C-10；第 3 层为上白垩统龙井组，主要为褐黄色中粒砂岩，分选较好，泥质胶结，未见底。2 层和 3 层呈角度不整合接触。

根据沉积物分布的地貌位置、岩性岩相特征、特殊夹层、地质年龄和孢粉分析等资料，可以确定延吉盆地第四纪沉积物的堆积序列和形成时代。

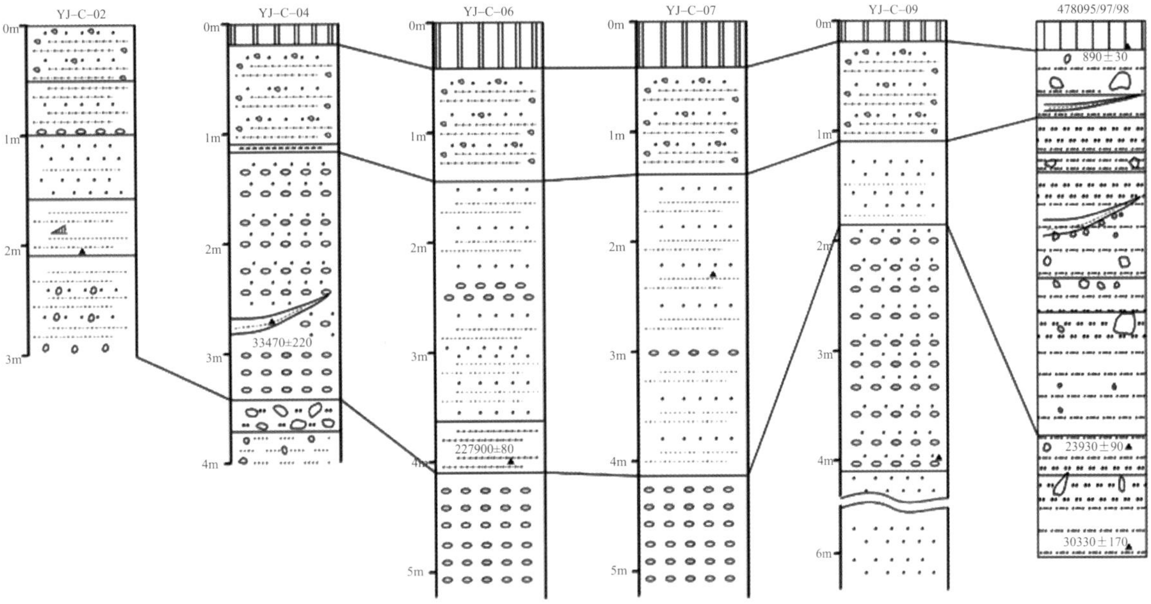

图 4.14　II 级阶地沉积剖面图

延吉盆地第四纪沉积物堆积序列如图 4.15。其由上至下依次为：

1．第四系全新统（Qh）

（1）灰黑色黏土，可塑稍湿。有机质含量高，颜色由上向下略微变浅。含有少量小砾石，形态为次圆形，砾石长径约 7mm。植物根系比较发育。厚 1.4m。

（2）褐黄色砾石层。砾石成分复杂，主要为灰白色花岗岩和灰色安山岩，平均砾径 1 ～ 7cm，最大砾径 25cm，砾石形态主要为圆形、次圆形，个别为次棱角状。根据野外人工露头观察，砾石有叠瓦状排列趋势。厚 2.6m。

2．第四系上更新统（Qp_3）

（1）褐灰色黏土，可塑偏硬。含有小砾石，砾石成分为灰白色花岗岩，砾石长径约 6mm，形态为次棱角状。具有呈星散状分布的锈黄色斑点，斑点大小 0.4 ～ 2mm。厚 0.8m。

（2）黄褐色黏土，可塑偏硬。含有砾石，砾径 4cm，砾石成分为灰白色花岗岩，砾石形态为次棱角状。含有直径约 2mm 的锈黄色斑点。厚 5.2m。

（3）灰黄色砂砾石，干燥松散。砾石含量约 40% ～ 45%，砾石成分主要为灰白色花岗岩、灰白色脉石英和灰色安山岩，平均砾径 3 ～ 4cm，最大砾径 10cm，砾石形态主要为次棱角状和次圆形。粗砂成分以长石为主，少量石英。厚 2.0m。

（4）基岩风化层，褐黄色中砂，干燥稍密。褐红色与灰白色薄层呈韵律出现，分选良好。碎屑颗粒中石英占 70%、长石占 25%、岩屑占 5%。厚 1.5m。

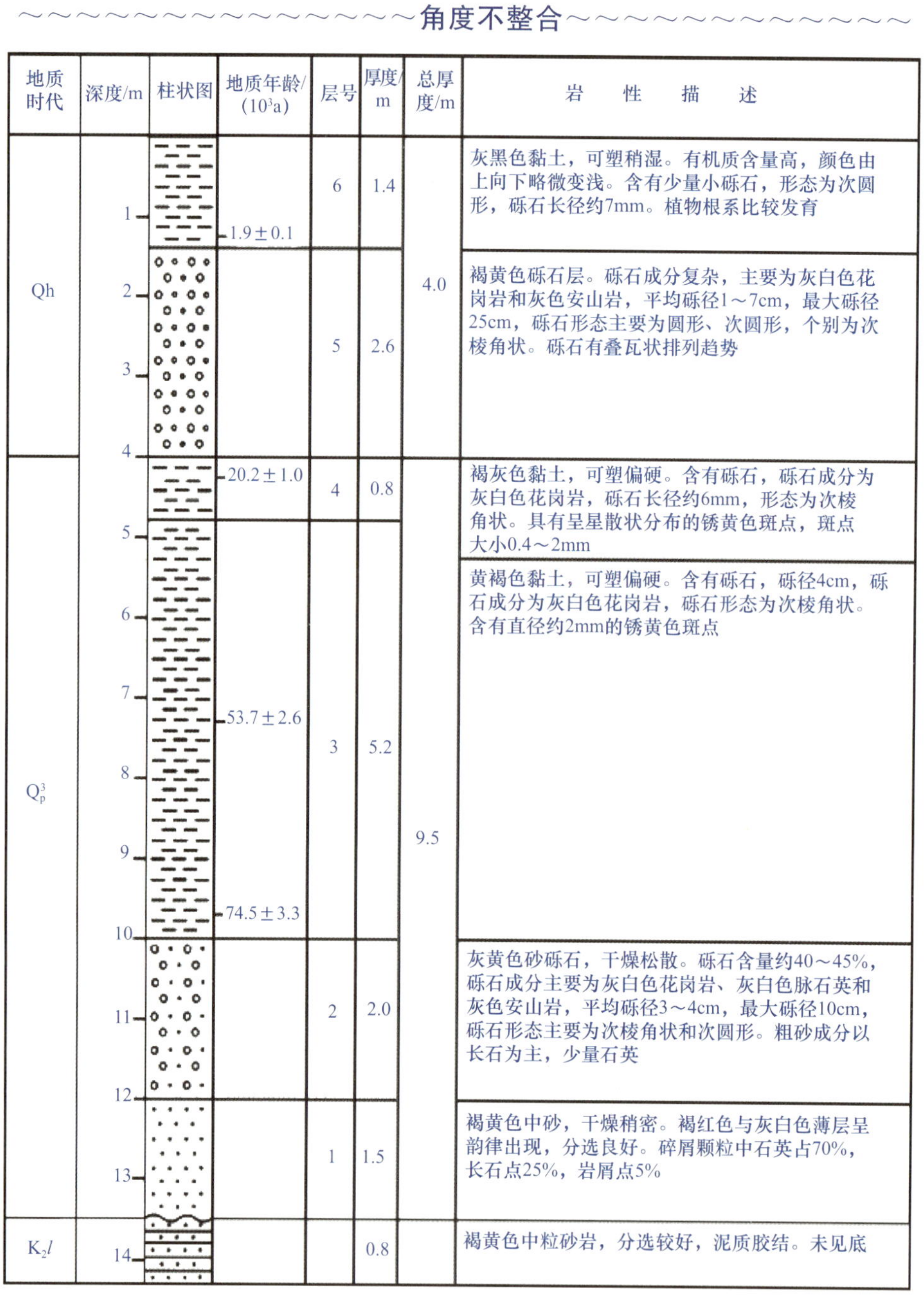

图 4.15　延吉盆地第四纪沉积物综合柱状图

3．下伏地层

上白垩统龙井组（K_2l）：褐黄色中粒砂岩，分选较好，泥质胶结。未见底。

① 晚更新世沉积物主要分布在布尔哈通河及其支流的Ⅱ级、Ⅲ级阶地上，是一套典型的河流沉积，下部为砂或砂砾石，中部为黄褐色黏土（含有少量砾石），顶部为褐灰色黏土。在埋深 9.7m、7.3m 和 4.25m 采集 OSL 年龄测定样品，经自然资源部地下水矿泉水及环境监测中心测试，年龄分别为（74.5±3.3）kaB.P.、（53.7±2.6）kaB.P. 和（20.2±1.0）kaB.P.，

相当于末次冰期的沉积物。Ⅱ级阶地顶部被厚 1.2 ～ 1.5m 的全新世黑土（灰黑色黏土）覆盖。

② 全新世沉积物主要分布在布尔哈通河及其支流的Ⅰ级阶地、河漫滩和河床中。Ⅰ级阶地沉积物为典型的河流沉积，具有清楚的二元结构，下部为褐黄色砾石层，上部为灰黑色黏土（黑土）。在埋深 1.25m 处采集光释光年龄测定样品，测定年龄为（1.9±0.1）kaB.P.，属于全新世沉积。

③ 根据野外地质调查，中更新世沉积物主要分布在布尔哈通河及其支流的Ⅳ级基座阶地上，岩性下部为砾石层，上部为砂和黏土。全新世晚期的沉积物主要分布在河漫滩和河床中，岩性主要为砾石、砂和黏土。

4.3　目标区第四纪地貌标准剖面和古环境

经过钻孔探测、编录和样品采集，并结合野外第四纪地质调查和室内测试分析，参照长白山阶地地貌标尺，建立了延吉盆地第四纪晚更新世—全新世地质地貌标准剖面（图 4.16）。

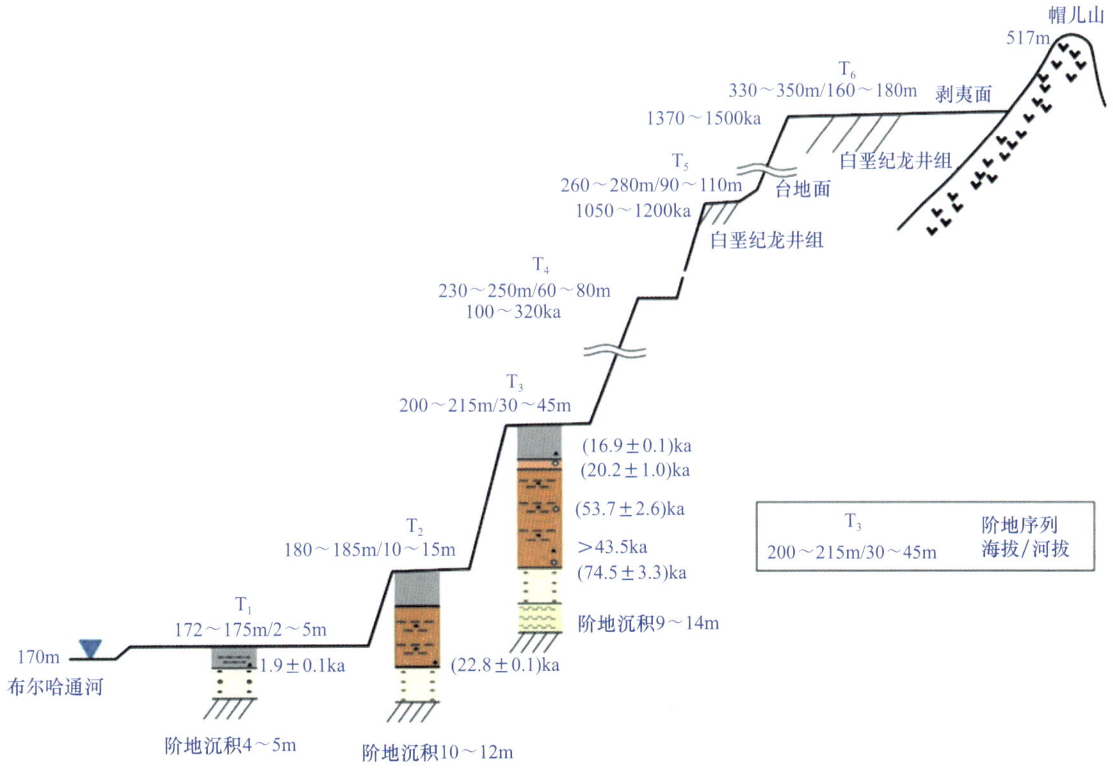

图 4.16　延吉市第四纪地质地貌标尺

（1）Ⅰ级阶地主要分布全新世沉积物。为典型的河流沉积，具有清楚的二元结构，下部为褐黄色砾石层，上部为灰黑色黏土（黑土）。Ⅱ级和Ⅲ级阶地主要分布晚更新世沉积物，是一套典型的河流沉积，下部为砂或砂砾石；中部Ⅱ级阶地为灰黄色—褐黄色砾石与灰色粗砂细砾层相间，可见沉积韵律，Ⅲ级阶地为黄褐色黏土（含有少量砾石）；顶部为褐灰色黏土。阶地顶部被厚 1.2 ～ 1.5m 的全新世黑土（灰黑色黏土）覆盖。Ⅳ级基座阶地主要分布中更新世沉积物，岩性下部为砾石层，上部为砂和黏土。

（2）中更新统冰水沉积层（Qp_2^{fgl}）分布于北侧烈士陵园及南侧残留的Ⅲ级阶地部位。多为黏性土及混砾石。上更新统冲洪积层（Qp_3^{al+pl}）分布于Ⅱ级阶地。多为黏性土，夹多层中细砂层，主要分布在北大和东山及铁南南山一带。全更新统冲积层（Qh^{1al}）主要分布于Ⅰ级阶地，上部为黏性土为主，下部为砂及圆砾层，砂层不连续分布，主要分布在布尔哈通河两侧。全新统早期冲湖积层（Qh^{1al+l}）分布于布尔哈通河南侧的铁路沿线两侧及铁南一带，沉积厚度增大，以多层结构为主，中上部为黏性土、砂、淤泥质土，下部为圆砾层。全新统现代冲积层（Qh^{2al}）主要分布于河漫滩，砂、圆砾层为主。

（3）各级阶地地质剖面和钻孔剖面均可对比，根据采集的样品年龄，Ⅰ级阶地拔河 2 ～ 5m，形成于 2 ～ 4ka，Ⅱ级阶地拔河 10 ～ 15m，形成于 22 ～ 33ka 以来，Ⅲ级阶地拔河 30 ～ 45m，形成于 75ka 以来，Ⅳ级阶地拔河 60 ～ 80m，可以与长白山二道岗冰碛层的Ⅲ级阶地（拔河 60 ～ 80m）对比，形成于 100 ～ 320ka 以来（庐山冰期），Ⅴ级阶地（或台地面）拔河约 100m，可以与长白山布老克冰碛层的Ⅳ级阶地（拔河 100 ～ 140m）对比，形成于 1200ka 以来，剥夷面拔河 170 ～ 190m，上部有第三纪—第四纪早期的玄武岩堆积，可以与长白山堆积玄武岩的Ⅴ级阶地（拔河约 190m）对比，形成时间为 1660ka 以来，帽儿山拔河约 320m，可以与长白山的海拔 1070m 的剥夷面对比。

拟合得到的隆升速率指示延吉盆地第四纪以来隆升过程可以分为 3 个阶段（图 4.17），其中第四纪早中期和中晚更新世阶段的隆升速率较大，更新世早期的隆升速率较小。

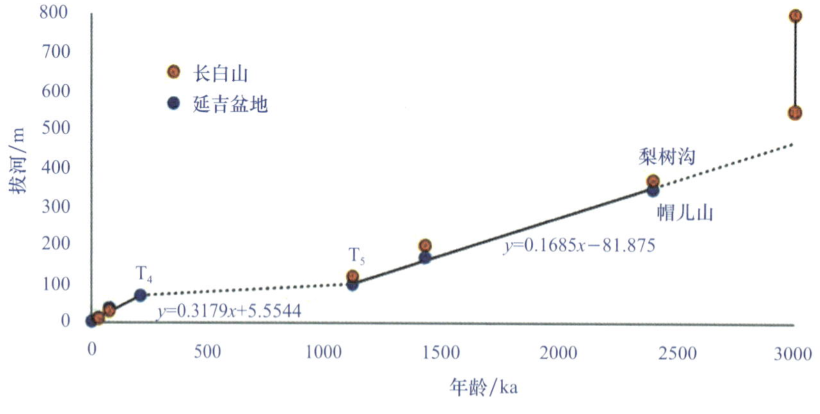

图 4.17　延吉市盆地第四纪隆升速率示意图

1. 第四纪孢粉分析与古环境变化

为了研究第四纪环境变化，在 2 个控制性钻孔中采集孢粉分析样品，经吉林大学古生物学与地层学研究中心分析鉴定，获得了晚更新世晚期以来不同阶段的孢粉组合特征。其中

HDBZK-2 孔分析鉴定了 5 个孢粉样品，HDBZK-3 孔分析鉴定了 6 个孢粉样品。每个样品取碎样过筛后的干样品 50 ～ 100g，加入约 6000 粒石松孢子（用于计算浓度），进行盐酸→氢氟酸→盐酸处理后，用筛选法将孢粉集中在试管中，制 2 个固定片在显微镜下鉴定。

2. 主要孢粉类型及环境特征

根据第四纪沉积物的堆积序列、孢粉组合特征和光释光年龄，可以将延吉盆地晚更新世晚期以来沉积物中的孢粉组合划分为 6 个孢粉带（自下而上）：

（1）Ⅰ带。其采样深度为 13.2m，统计鉴定孢粉化石 27 粒，其中针叶植物花粉 27 粒。针叶植物花粉包括云杉属（Picea）1 粒、松属（Pinus）26 粒。

该样品中的孢粉化石为第四纪沉积物中的常见类型。因此，推测该样品为第四纪沉积物。该样品沉积时期为荒漠植被景观，指示较冷的气候环境（图 4.18）。

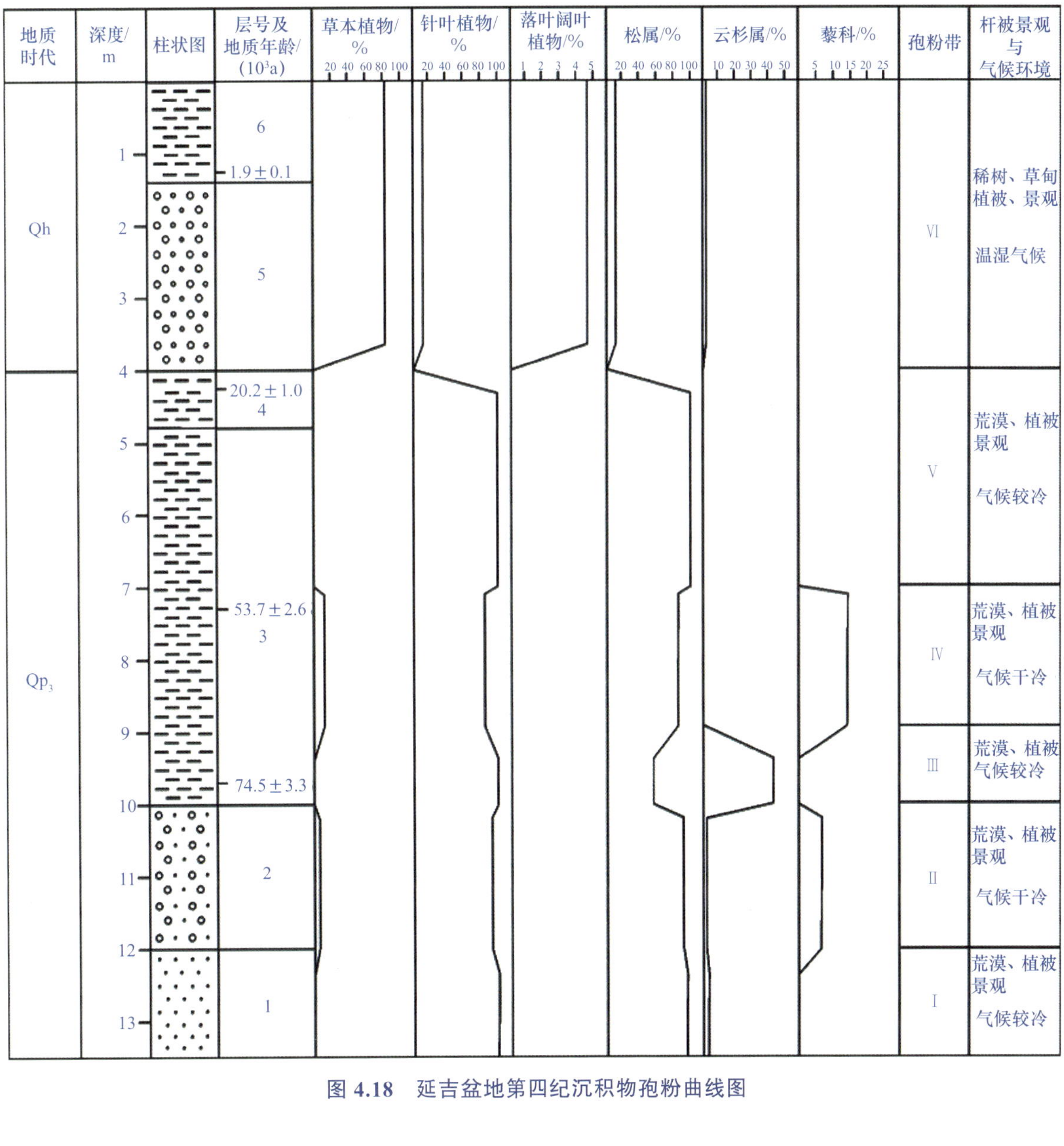

图 4.18　延吉盆地第四纪沉积物孢粉曲线图

（2）Ⅱ带。其采样深度为11.0m，统计鉴定孢粉化石103粒，其中针叶植物花粉96粒，草本植物花粉7粒。针叶植物花粉包括云杉属（*Picea*）2粒、松属（*Pinus*）94粒。草本植物花粉包括藜科（*Chenopodiaceae*）7粒。

该样品中的孢粉化石为第四纪沉积物中的常见类型。因此，推测该样品为第四纪沉积物。该样品沉积时期为荒漠植被景观，指示干冷的气候环境。

（3）Ⅲ带。其采样深度为9.7m，统计鉴定孢粉化石14粒，其中针叶植物花粉14粒。黑色有机质每片约1323粒。针叶植物花粉包括云杉属（*Picea*）6粒、松属（*Pinus*）8粒。

该样品中的孢粉化石为第四纪沉积物中的常见类型。因此，推测该样品为第四纪沉积物。该样品沉积时期为荒漠植被景观，指示较冷的气候环境。

（4）Ⅳ带。其采样深度为7.2m，统计鉴定孢粉化石7粒，其中针叶植物花粉6粒，草本植物花粉1粒。黑色有机质每片约2988粒。针叶植物花粉包括松属（*Pinus*）6粒；草本植物花粉包括藜科（*Chenopodiaceae*）1粒。

该样品中的孢粉化石为第四纪沉积物中的常见类型。因此，推测该样品为第四纪沉积物。该样品沉积时期为荒漠植被景观，指示干冷的气候环境。

（5）Ⅴ带。其采样深度为4.3m，统计鉴定孢粉化石15粒。其中针叶植物花粉15粒。黑色有机质每片约18000粒。针叶植物花粉包括松属（*Pinus*）15粒。

该样品中的孢粉化石为第四纪沉积物中的常见类型。因此，推测该样品为第四纪沉积。该样品沉积时期为荒漠植被景观，指示较冷的气候环境。

（6）Ⅵ带。其采样深度为0.6m，统计鉴定孢粉化石468粒。其中针叶植物花粉62粒，落叶阔叶植物花粉22粒，草本植物花粉384粒。

针叶植物花粉包括松属（*Pinus*）61粒、云杉属（*Picea*）1粒。落叶阔叶植物花粉包括桦木属（*Betula*）3粒、鹅耳枥属（*Carpinus*）2粒、栎属（*Quercus*）13粒、胡桃属（*Juglans*）3粒、榆属（*Ulmus*）1粒。草本植物花粉包括慈姑属（*Sagittaria*）7粒、菊科（*Compositae*）2粒、蒿属（*Artemisia*）1粒、莎草科（*Cyperaceae*）126粒、禾本科（*Gramineae*）243粒、车前草属（*Plantago*）1粒、蓼属（*Polygonum*）1粒、地榆属（*Sanguisorba*）1粒、堇菜属（*Viola*）1粒、败酱属（*Patrinia*）1粒。

该样品中的孢粉化石为第四纪沉积物中的常见类型。因此，推测该样品为第四纪沉积物。该样品沉积时期为稀树草甸植被景观，指示温湿的气候环境（图4.18）。

综上所述，晚更新世晚期［（74.5±3.3）kaB.P.］以来，该区的孢粉组合可以划分出6个孢粉带，其中Ⅰ～Ⅴ孢粉带代表末次冰期的荒漠植被景观，第Ⅵ孢粉带代表全新世温湿气候下的稀树草甸植被景观。晚更新世晚期［（74.5±3.3）kaB.P.］以来，该区气候经历了较冷→干冷→较冷→干冷→较冷→温湿的变化旋回。

综上所述，经过钻孔探测、编录和样品采集，并结合野外第四纪地质调查和室内测试分析，参照长白山阶地地貌标尺，建立了延吉盆地第四纪晚更新世—全新世标准地层划分、地质地貌标准剖面，讨论了延吉盆地第四纪以来隆升过程。晚更新世晚期以来，该区气候经历了较冷→干冷→较冷→干冷→较冷→温湿的变化旋回。

第 5 章　目标区浅层人工地震勘探

5.1　浅层地震工作概述

为了提高城市防御地震灾害的能力，保障社会稳定和人民生命财产的安全，延吉市政府启动了“延吉市活动断层探测项目”。该项目分为初查和详查两个阶段进行，2015 年完成初查阶段，2016 年完成详查阶段，其浅层地震勘查专题由吉林省煤田地质物探公司承担。

2015 年 2 月 11 日—2015 年 3 月 16 日吉林省煤田地质物探公司完成了“控制性浅层地震勘探初查工程”的野外测量工作与地震数据采集任务。2015 年 7 月完成了《延吉市城市活动断层探测与地震危险性评价—控制性浅层地震勘探初查工程专题报告》，并于 2015 年 12 月通过了专家组验收会议，按照要求提交了成果报告及附图。

2016 年 2 月，吉林省煤田地质物探公司专题技术负责人依据甲方及专家组对浅层地震勘探详查工程的建议，编制完成了《延吉市城市活动断层探测与地震危险性评价——浅层地震勘探详查工程实施方案》。获得甲方批准，2016 年 2 月 21 日—3 月 12 日吉林省煤田地质物探公司完成了“浅层地震勘探详查工程”的野外测量工作与地震数据采集任务。2016 年 3 月 16 日—6 月 29 日完成数据处理。于 2016 年 8 月编制完成《延吉市城市活动断层探测与地震危险性评价——浅层地震勘探详查工程专题报告》。

2017 年 5 月 11 日，通过了专家组验收会议。按照专家组验收意见以及 2017 年完成的第四系钻孔资料，同时对初查工程与详查工程成果进行了修改。通过高精度浅层地震探测（反射横波）对断层上断点的埋深和位置进行进一步确定，为跨断层钻孔探测提供基础资料。

初查工程完成地震测线 10 条，测线总长度 50.72km。完成地震物理点 3458 个（其中试验物理点 51 个，生产物理点 3407 个），一级品率 87.38%，二级品率 12.62%，全区无空炮、无废炮。获得水平叠加和叠加偏移时间剖面各 10 张，时间剖面总长度各 49.95km。解释组合断层 6 条，未组合断点 11 个。

详查工程历时 21 天，完成试验线 3 条，试验线总长度 7km，完成生产地震测线 7 条（包括横波测线 3 条，纵波测线 4 条），生产地震测线总长度 19.77km。完成地震物理点 3324 个（其中试验物理点 978 个，生产物理点 2346 个）。获得生产地震记录 2346 张，其中一级品 2037 张，一级品率 86.83%，二级品 309 张，二级品率 13.17%，全区无空炮、无废炮。获得水平叠加和叠加偏移时间剖面各 7 张，时间剖面总长度各 19.531km。

在 3 条反射横波测线上分别解释 2 组特征明显的反射波 TQ（第四系底界面）与 T_{K2L}^{2}，反射波连续，并未发现特征明显的断点。控制测线范围内，第四系均较薄，均小于 10m。

在 4 条反射纵波测线上共解释了 10 个反射波组、断点 5 个。

5.2 目标区工作条件

5.2.1 目标区地理位置及交通

如图 5.1 所示，目标区位于延吉市及周边村屯附近，行政归属于延边朝鲜族自治州管辖。其间有 G12 珲乌高速、G302 国道以及县乡级公路相通，交通较为方便。

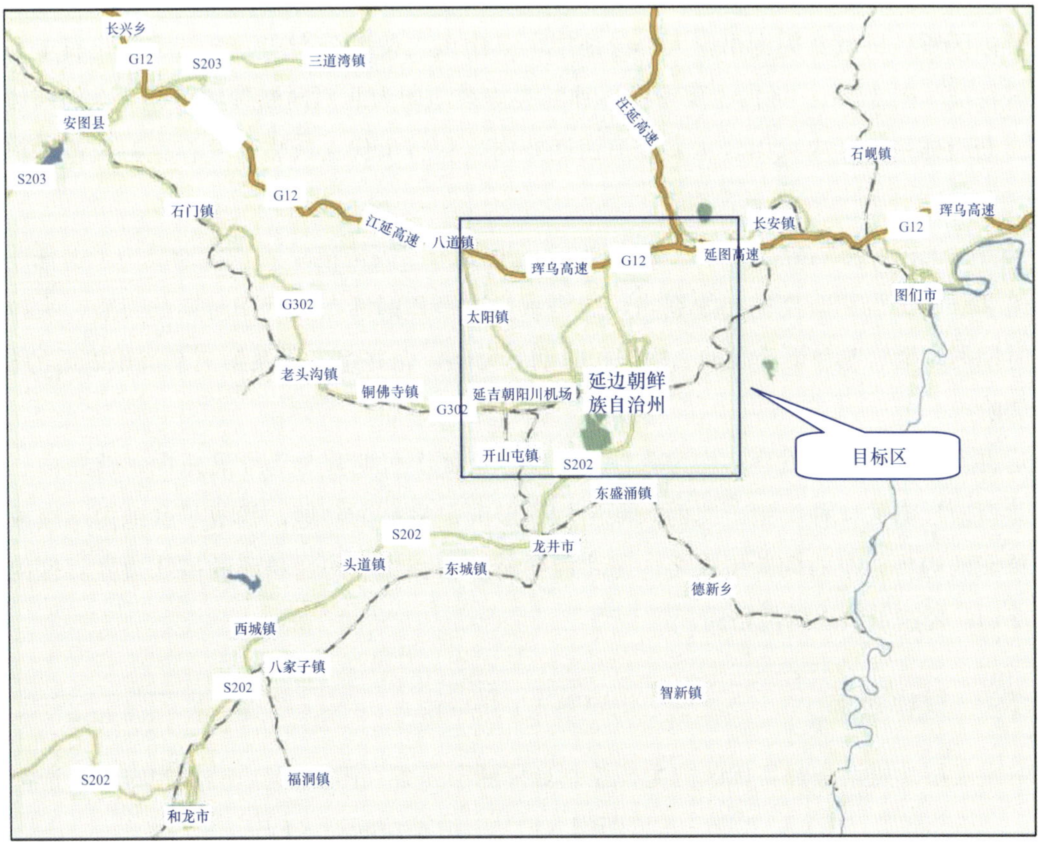

图 5.1　目标区交通位置示意图

根据延吉市现有城区、经济开发区、远景规划区范围，结合主要断层分布情况，目标区范围为42° 49.3′ ～43° 02′N；129° 19.8′ ～129° 38.1′E。

目标区约为20km×25km的长方形区域，延吉市的依兰镇、三道湾镇不包括在内，面积约500km^2。

5.2.2 以往地质工作

（1）煤田和地矿部门曾在延吉盆地进行了以找煤为主的勘探工作。在“七·五”之前已经完成1 ∶ 20万区域地质填图，1 ∶ 10万重、磁、电勘探和20多口浅井钻探。

（2）1986年开始对延吉盆地进行石油勘探，完成的工作有：

①1 ∶ 10万高精度航磁测量（1986年）；②地球化学勘探（1986年、1990年）；③石油地质调查（1986—1987年）；④大地电磁测深（1988年）；⑤地震普查（1988—1989年）；⑥地震详查（1991—2001年）。

（3）2001年通过大庆油田“延10井区三维地震采集”专项工程项目，完成三维地震线束12束，施工面积139.6km^2，覆盖了全部延吉市区和部分城市外围区。

5.2.3 区域地质概况

目标区所处区域及周围出露大部分地层，其中以二叠系分布广、厚度大、化石丰富，最具分区特征（图5.2）。区内主要存在3种断裂体系，即为北西向断裂体系、北东向断裂体系及纬向断裂体系。区内火山岩主要以海西期花岗岩和新生代玄武岩形式存在，大范围覆盖探测区。

延吉盆地内部可划分为4个一级构造单元和13个二级构造单元。盆地经历了上侏罗统屯田营组和长财组沉积时期的初始裂陷、白垩系头道组和铜佛寺组沉积时期的裂陷、大拉子组沉积时期的裂坳、龙井组一段和二段沉积时期的坳陷、龙井组三段及第三系沉积以后的萎缩5个发展阶段。

延吉盆地断裂极其发育，均为张性正断层，平面上可明显分为北北东向、北东向、东西向和北西向展布的4种类型。北西向断层规模最大，贯穿全盆地，构成了盆地内一级或二级构造单元的边界。东西向断层次之，与北西向断层相交构成构造单元的南北边界。区内断层相互交切，控制了盆地构造格局。

5.2.4 目标断层

本次浅层地震勘查在目标区内主要控制目标断层4条（图5.3），分别为布尔哈通河断裂（F_2）、小营断裂（F_3）、八道—东盛断裂（F_6）、清茶馆断裂（F_8）。

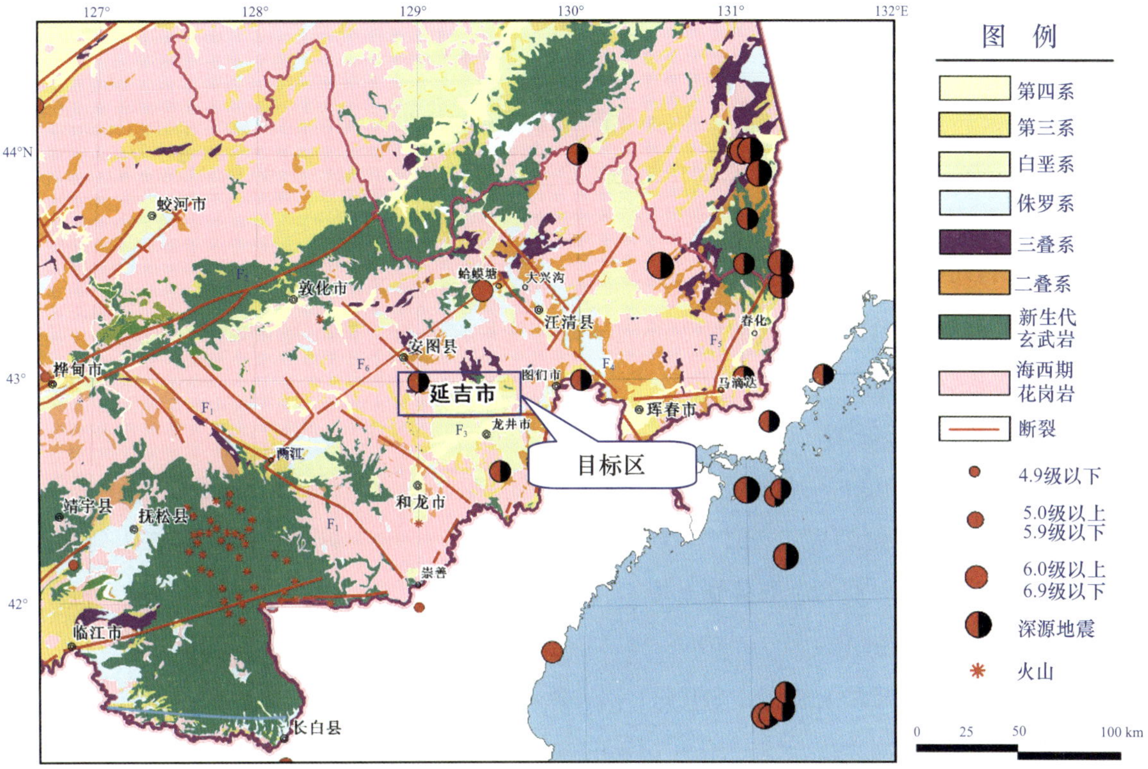

图 5.2　区域地质构造图（数据来源全国 1∶50 万数字地质示意图）

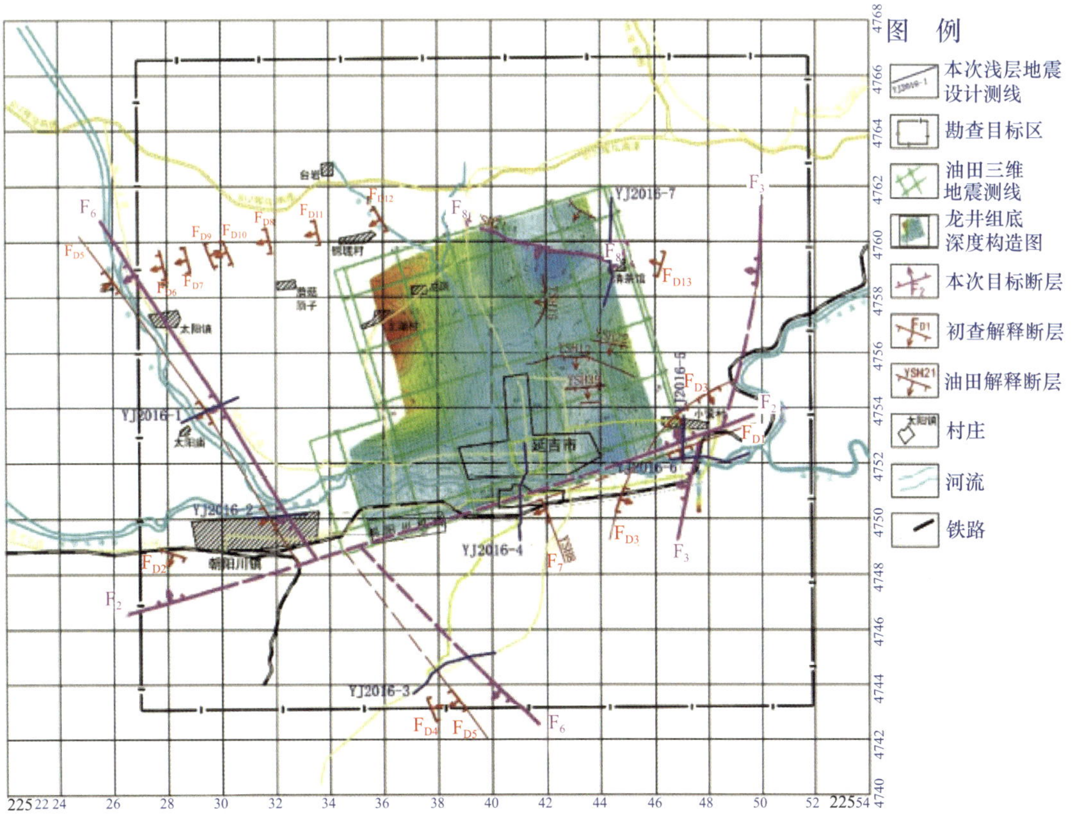

图 5.3　目标区目标断层分布图

各断层构造特征详述如下：

（1）布尔哈通河断裂（F_2）。

该断裂沿布尔哈通河两侧展布，控制着布尔哈通河两侧第四纪沉积，属于吉林省延吉—图们断裂的一部分，由多条断续出露的压性断层组成。断层倾向344°，倾角61°～81°，长约50km。

（2）小营断裂（F_3）。

该断裂发育在小营东部延吉盆地东部边界处，为控盆断裂。断层倾向277°～300°，倾角39°～53°，长约16km。

（3）八道—东盛断裂（F_6）。

该断裂沿朝阳河展布，从八道镇至太阳乡，到东盛乡，20万延吉幅地质图中为屯林河—朝阳河断裂。断层倾向219°～237°，倾角变化较大19°～80°。断裂沿线破碎挤压现象极为发育，次级断层发育，有含金石英脉充填，长约30km。

（4）清茶馆断裂（F_8）。

该断裂与油田三维解释断裂YSH21为同一断裂，近东西向展布，西至依兰镇以西，东至清茶馆以东。断层倾向195°，倾角28°，长度大于5km。

5.2.5 地球物理特征

（1）表层地震地质条件。

勘查区内测线附近地形均较为平坦，部分测线可布设在城乡公路上，有利于地震波能量传递。冬季施工表层冻结较好，有利于引导可控震源地震波能量下传。表层地震地质条件较好。

（2）浅层地震地质条件。

本次地震勘查，浅层为主要目的层，目标区内大部分为第四系覆盖，主要由砾石、砂及黏土组成，砾石层有明显的波阻抗差，但第四系覆盖层太薄，小于20m。浅层地震地质条件一般。

（3）中、深层地震地质条件。

目标区内白垩系、侏罗系及其内部均存在较好的波阻抗界面，有利于产生地震反射波，中、深层地震地质条件较好。

5.3 仪器设备与试验工作

5.3.1 测量设备

外业使用Trimble R4双频RTK 4台，其标称精度均为：静态：±（5+1ppm×D）mm，

RTK 动态：水平方向 ±（10+1ppm×*D*）mm，垂直方向 ±（20+1ppm×*D*）mm；内业处理使用 Acer 笔记本 1 台，Trimble 数据处理软件一套。

5.3.2　地震仪器及附属设备配置

本次浅层地震勘查采用法国 Sercel 公司生产的 428XL 数字地震仪进行采集数据录制，反射横波勘查方法采用我国生产的 WTC5152TZY 可控震源（横波方式），反射纵波勘查方法采用我国生产的 WTC5152TZY 可控震源（纵波方式）与法国 Sercel 公司生产的 NOMAD-65 可控震源。

5.3.3　生产前的试验工作

1．试验目的

生产前试验工作的目的是解探测区有效波、干扰波发育情况，选择最合理的激发、接收方式和条件，确定最佳观测系统的仪器工作因素。

2．试验工作流程与试验点位置选择

试验工作开始前，首先对仪器设备进行合理的检测工作，检测合格后先进行可控震源激发参数的试验，确定震源的最佳激发参数，之后在测线首桩号进行扩展排列试验，最终确定最佳工作因素（图 5.4）。

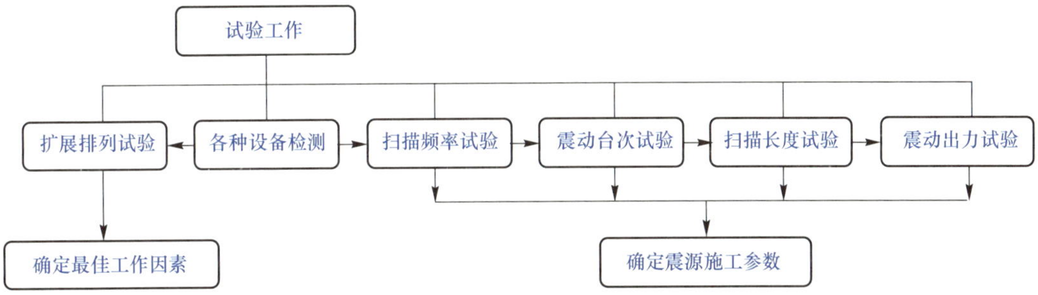

图 5.4　试验工作流程

为了深入了解有效波和干扰波的发育情况，最大限度地增强近地表地层的反射波信息，择优确定最佳的激发、接收方式和观测系统等工作参数，本次浅层地震勘查每条测线正式生产前，都进行了详尽的试验工作。试验遵循从已知到未知、从简单到复杂及单一因素变化的原则。

3．扩展排列试验

每条测线正式生产前都进行了扩展排列试验。扩展排列试验采用 2m 道间距，270 道排列接收，单边放炮的工作方式进行。采用试验确定的全区可控震源激发参数进行激发，振动次数为 1 次。为了分析地震记录上的干扰波分布情况，捕捉能在地震记录上出现的最浅地层反射，试验排列的偏移距设计为 0。根据记录上各种波的特性，选取最佳接收窗口。

4. 可控震源激发参数试验

采用可控震源工作时，地震波的激发能量主要由震源出力和垂直叠加次数来保障。但是在硬化的公路上，周边建（构）筑物较多，为了环境和震源安全，震源出力调整就要受到限制，通常只能通过多次垂直叠加的方式来提高反射波能量，压制随机背景干扰。每个测点垂直叠加次数的选择受探测环境和激震点下地质条件的影响。因此，每个激震点垂直叠加次数的多少，需要仪器操作人员随时监控地震记录，根据情况适时调整。

（1）反射横波方法可控震源激发参数试验。

为了达到最佳的地震探测效果，正式生产前在试验点 S（YJ2016-1 线 5316 桩号）进行了反射横波方法的可控震源激发参数试验，试验内容包括扫描频率范围、扫描长度、震动出力、振动次数。

试验采用观测系统（180-2-2-2-180）：道距为 2m，偏移距为 2m，中间激发、180 道双边对称接收。

另外，在每条反射横波测线正式生产前，均选择考核试验点进行合理的试验工作，考核试验点完成物理点共计 38 个。

（2）反射纵波方法可控震源激发参数试验。

本次反射纵波勘查，可控震源激发参数遵循初查工程确定的参数（扫描频率为 30 ～ 180Hz；扫描长度为 14s）。

但在每条反射纵波测线正式生产前，均选择考核试验点进行合理的试验工作，试验采用观测系统（300-2-2-2-300）：道距为 2m，偏移距为 2m，300 道接收，中点激发方式进行。考核试验点共完成物理点 53 个。

5. 试验线

（1）反射横波方法激发参数对比试验。

为了保证本次反射横波方法选用可控震源激发参数合理，效果突出，选择 YJ2016-2 线为试验线，进行激发参数（扫描频率为 30 ～ 120Hz、扫描长度为 12s 与扫描频率 10 ～ 80Hz、扫描长度 8s）的对比试验工作，试验线长度为 2km。完成试验物理点 336 个。试验结果表明，两种激发参数所得到的地震剖面都能得到连续性高、能量强的 T_Q 反射波，其下伏地层反射波均不明显。

（2）WTC5152TZY 可控震源（纵波方法）与 NOMAD-65 可控震源激发对比试验。

为了保证采用 WTC5152TZY 可控震源激发与 NOMAD-65 可控震源（初查工程使用震源）激发获得的地震资料可以综合对比、利用。选择 YJ2016-1 线与初查工程 YJ2015-7 线重合段（接收点桩号 4446-5958，激发点桩号 4450-5950，试验测线总长度 1.5km）作为试验测线，进行可控震源激发对比试验。完成试验物理点 150 个。试验结果表明，采用两种可控震源激发，所得到的地震时间剖面基本相同，认为使用两种可控震源所得到的地震资料可以综合对比、利用。

（3）生产中增做试验线（YJ2016–3 线）。

本次正式生产过程中，采用 WTC5152TZY 可控震源在 YJ2016–3 线获得的采集数据效果较差，经室内及时处理，剖面效果一般。之后，调派了初查工程使用的 NOMAD–65 大型可控震源，并改变观测系统（400–2–2–2–200）进行重新勘查，进行对比试验，完成试验线长度 3.5km，完成试验物理点 352 个。

6．试验结论

（1）试验结果表明试验炮质量全部合格。

（2）可控震源试验参数选择合理，因素全面，记录可信。

（3）整个试验工作以施工设计的要求为依据，施工质量规范，试验结果真实可信，试验效果突出，达到了试验目的。

5.4　野外数据采集

5.4.1　施工方法

（1）观测系统。

① 反射横波方法采用观测系统（WTC5152TZY 可控震源横波方式；图 5.5）。

接收道数：180 道接收（中间激发、180 道双边对称接收，180–2–2–2–180）；道距：2m；偏移距：2m；炮点距：6m；覆盖次数：30 次。

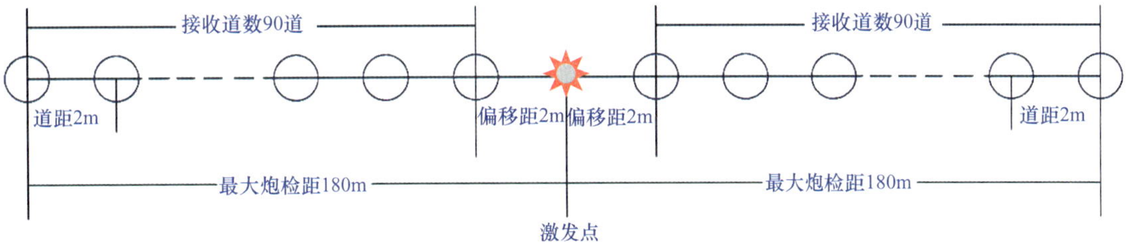

图 5.5　反射横波方法观测系统示意图

② 反射纵波方法采用观测系统（WTC5152TZY 可控震源纵波方式；图 5.6）。

接收道数：300 道接收（中间激发、300 道双边对称接收，300–2–2–2–300）；道距：2m；偏移距：2m；炮点距：10m；覆盖次数：30 次。

③ 反射纵波方法采用观测系统（NOMAD–65 可控震源；图 5.7）。

接收道数：300 道接收（中间激发、300 道双边不对称接收，200–2–2–2–400 与 400–2–2–2–200）；道距：2m；偏移距：2m；炮点距：10m；覆盖次数：30 次。

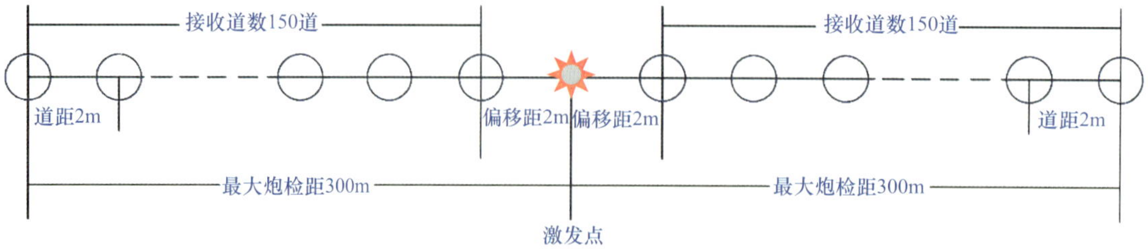

图 5.6 反射纵波方法观测系统示意图（WTC5152TZY）

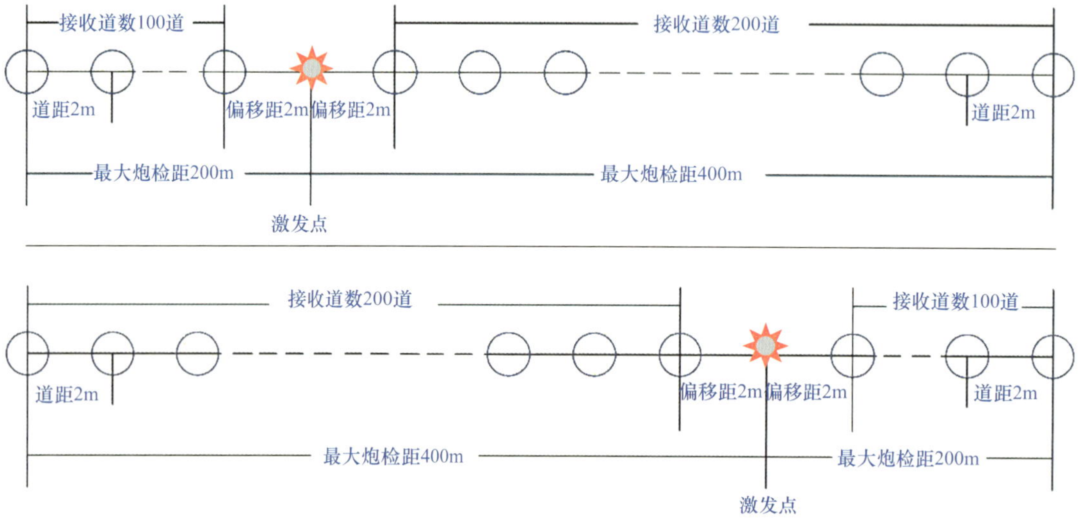

图 5.7 反射纵波方法观测系统示意图（NOMAD-65）

（3）仪器参数。

仪器型号：法国 428XL 数字地震仪；采样间隔：0.5ms；记录长度：2s；前放增益：12dB；记录格式：SEG-D。

（4）激发参数。

可控震源类型：

① 反射横波勘查时，使用我国生产的 WTC5152TZY 型可控震源（横波方式）激发。

② 反射纵波勘查时，YJ2016-4 线与 YJ2016-6 线使用我国生产的 WTC5152TZY 型可控震源（纵波方式）激发，YJ2016-3 线与 YJ2016-7 线使用法国 Sercel 公司生产的 NOMAD-65 大型可控震源激发。

可控震源施工参数：

① 反射横波方法。扫描频率范围：30 ～ 120Hz；扫描长度：12s；扫描频率范围：10 ～ 80Hz；扫描长度：8s。

② 反射纵波方法。扫描频率范围：30 ～ 180Hz；扫描长度：14s。

（5）接收参数。

反射横波方法采用检波器类型：CDJ-28（自然频率 28Hz 水平检波器），每道 1 个检波器接收，检波器轴向垂直测线方向。

反射纵波方法采用检波器类型：GSG-60（自然频率 60Hz 检波器），采用单串 3 个检波器顺线点组合接收。

5.4.2　野外实际工作量完成情况及质量评价

1．测线布置原则

（1）地震测线应尽可能垂直断层延伸方向布设。

（2）布设测线以能够控制目标断层为原则。

（3）同一测线上的激发点和接收点的 SPS 编号原则相同，遵循西小东大、南小北大的原则。炮点布置在测线同一侧，垂直检波线 3m 范围内。

2．地震采集完成工作量

本次浅层地震勘查工作进行了详细的试验工作，每条测线均进行了扩展排列试验以及可控震源激发参数试验，初查工程完成地震物理点 3458 个（其中试验物理点 51 个，生产物理点 3407 个），详查工程完成试验物理点 140 个。完成试验线 3 条，完成试验线总长度 7km，物理点 838 个。

初查工程完成地震纵波测线 10 条，测线总长度 50.72km。详查工程完成生产地震测线 7 条（包括横波测线 3 条，纵波测线 4 条），完成测线总长度 19.77km，物理点 2346 个。

3．原始记录质量评价

野外施工共计采集生产记录 2346 张，其中一级品 2037 张，一级品率 86.83%，二级品 309 张，二级品率 13.17%，无空炮。全区记录能量较强，初至明显，主要层位反射明显、能量适中。部分地段因过村屯、高压线、地下管道等造成较大干扰。

5.5　室内数据处理

5.5.1　基本数据处理流程

数据处理是整个浅层地震勘查工作中非常重要的一个环节，其结果决定了探测的成败。数据处理没有唯一的或现成的处理流程、参数可被采用，一个好的处理流程依赖于处理人员对探测目的、测区地质条件和所获得的原始资料的分析和认识，以及数据处理人员的知识和经验。浅层高分辨地震勘查，由于探测目的特殊性，从而确定了其原始资料不同于石油地震勘查、煤田地震勘查资料的特点，因此数据处理流程和参数也有其特别之处。其数据处理的重点是尽可能保护和恢复地震记录中的有效高频成分，提高剖面的分辨率，以便精确确定断点位置。另外，有效压制各种干扰波、提高资料的信噪比，使各种构造现象能够在剖面上清晰地显现，也是浅层高分辨地震数据处理的关键。

根据探测目的及所获得的反射地震原始资料特征，通过对处理模块和处理参数进行反复试验、对比，建立了图 5.8 所示的基本数据处理流程。

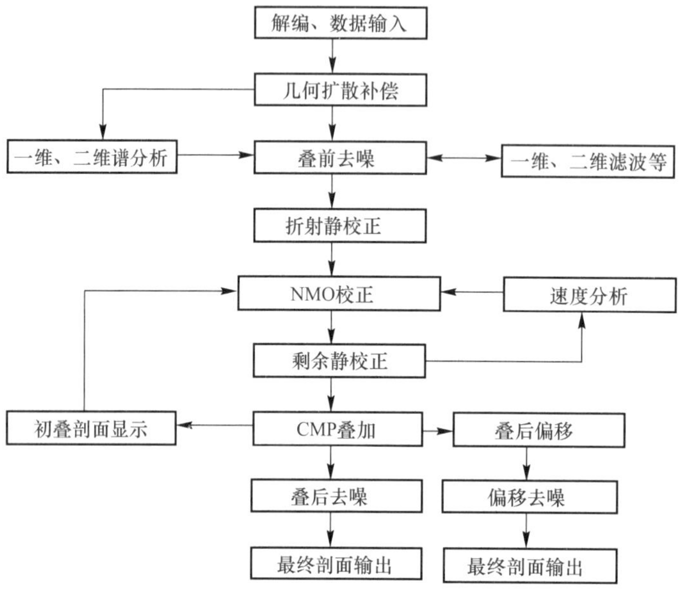

图 5.8　基本数据处理流程图

5.5.2　原始资料分析

反射地震数据处理首先要对原始资料进行分析，以便采取相应的处理手段。原始资料的静校正、干扰波等地震信息，是原始资料分析的两个重点。通过对原始资料的静校正、干扰波的地震信息的分析，了解数据处理的重点和难点，以便在资料处理中对处理重点和难点采取有针对性的技术措施，以达到更好的处理效果。

1. 静校正分析

工区跨度较大，不同测线之间、同一条测线不同位置高程有较大变化。不同测线之间高差最大达 380m（4 线和 7 线），同一测线不同点之间最大高差达 150m（7 线）。另外，风化层速度、厚度的变化也可带来一定的静态时差。在实际工作中，通过检查高程曲线、原始单炮记录初至、共炮检距初至曲线及初叠剖面等质量控制手段来分析原始资料静态时差是否存在及严重程度。

2. 干扰波分析

复杂的激发和接收条件会引起了各种各样的干扰波，通过对原始记录的分析可看出，纵波测线和横波测线原始记录上存在的干扰波各不相同。纵波测线发育的主要干扰波为面波和声波，另外，在一些测线上存在较为严重的线性干扰，一定程度上压制了有效反射。面波干扰能量强，频率低，分布在一定区域内。声波干扰能量极强，频带宽，有一定的视速度（330 ~ 340m/s）。横波记录上存在的干扰波和纵波记录差别较大，其主要干扰波为直达波以及来自震源的高频线性干扰。

5.5.3　地震数据处理主要方法

通过上述一系列的分析，我们认为噪音压制、静校正、速度分析等环节是本次处理的工作重点。在数据处理中，把叠前噪音压制、速度分析、剩余静校正三个关键环节引入循环迭代思路，通过迭代处理，逐步提高剖面的信噪比。通过不同方法、参数的对比试验，确定以下几项针对性技术措施。

1．叠前噪音压制

原始资料中存在的主要干扰有不正常工作道和异常振幅值、初至干扰、面波、低频、高频干扰和线性干扰等，针对不同的干扰波采用相应的技术进行压制，可以达到提高有效反射能量的目的。

（1）废道剔除和初至切除。

利用软件的交互处理和质量监控技术，人工精细剔除原始单炮记录中的废道、异常强振幅值。根据测线情况的不同，选取不同的切除函数将初至干扰切除。

（2）纵波记录面波、声波、50Hz 干扰的压制与消除。

根据面波视速度低、频率低、频散快、在原始记录上规则分布的特点，采用速度滤波的方法，通过控制滤波频率范围，将低速、低频的面波消除，达到既消除面波干扰，又不减弱有效反射的目的，同时可消除其他低速干扰波。对于声波，根据其具有一定的速度、频带较宽的特点，采用二维滤波方法来压制声波干扰能量。

（3）横波记录中叠前干扰的压制与消除。

相比于本次施工得到的纵波记录，横波记录中干扰波类别较少，主要干扰波为浅部的直达波及某些转换波干扰、和激发震源有关的高频线性干扰。对于浅部发育的直达波及某些转换波干扰可采用初至切除方法直接消除，对于高频线性干扰，可采用低通滤波方法来消除。

2．综合的静校正方法

静校正量的存在使反射波的时距曲线发生畸变，CMP 道集中反射同相轴不能同相叠加成像，对剖面的分辨率和信噪比都造成很大的影响。为了消除地形起伏和近地表地层介质横向不均匀对地震记录的影响，需要对地震资料进行静校正处理。静校正技术在复杂地区地震数据处理中起着举足轻重的作用。静校正处理一般包含野外静校正和剩余静校正两个处理步骤。本次处理中，在数据处理的不同阶段，对纵波测线采用层析反演静校正（野外静校正）和剩余静校正技术相结合的方法对数据进行处理，取得了较好的效果。对于横波测线，由于无法形成可连续追踪的初至波，主要采用高程静校正和剩余静校正技术相结合的方法对数据进行静校正处理。

（1）折射静校正—层析反演。

层析反演静校正方法，利用地震记录的初至（直达波、回折波、折射波等）时间，采用非线性的层析反演技术，反演出准确的近地表速度模型，计算基准面静校正量。从原理上看，它将复杂的地表地质模型微元化，假设微元内介质是稳定不变的，用网络法进行射线正演，获得表层速度模型。该方法不受地表起伏变化及近地表结构横向变化的约束，适用于地表起伏剧烈，表层低速带速度横向变化较大的复杂地表区，不仅可以解决大的静校正问题，也可以解决量值较小的静校正问题。其主要步骤为：

① 建立初始速度模型及模型网格划分（横向一般为道距一半，纵向为道距四分之一）。

② 初至波交互拾取与修改。

③ 根据初至波走时反演速度模型。

④ 求取炮点和检波点静校正量。

层析静校正方法计算得到的是地表到基准面的静校正量。基准面为一具有一定高程值的水平面，一般选取一条测线高程值最高点作为基准面。部分测线地表高差较大，造成测线部分段和基准面相差较大。速度分析要求在地表或接近地表的浮动基准面进行，因此直接施加层析静校正方法得到的基准面静校正量会给速度分析带来不利的影响。在实际应用中，首先对基准面静校正量进行平滑，分离为长波长静校正量和短波长静校正量。其次对数据进行短波长静校正，最终叠加时再施加长波长静校正量。

（2）地表一致性剩余静校正。

折射静校正方法解决了较大的校正量问题，但层析静校正量求取的方法依赖于初至波的形态，对于初至波质量较好的地段，采用层析静校正可以很好地解决静校正问题；对于初至波相对较差的地区，其校正量无法精确求取。同时由于在风化层中折射波传播路径和反射波部完全一致，层析静校正方法不能完全解决反射波中存在的静校正问题。为此，可通过地表一致性反射波静校正（剩余静校正）的方法来解决，消除静校正的残余量。剩余静校正量可利用多次覆盖的地震反射资料采用统计法自动拾取。本次处理经过两次静校正迭代处理，基本消除了残余校正量。叠加效果有明显的改善。

3. 反褶积

反褶积是处理过程中不可或缺的环节，目的是通过压缩基本地震子波来提高地震资料的时间分辨率。其原理为：

地震记录 $X(t)$ 可表示为地层反射系统 $e(t)$ 和基本地震子波 $a(t)$ 的褶积。

$$X(t) = a(t) * e(t)$$

变换到频率域，有

$$X(\omega) = A(\omega) \cdot E(\omega)$$

令
$$B(\omega) = 1/A(\omega)$$
则有
$$E(\omega) = X(\omega)\ B(\omega)$$
变换回时间域，有
$$e(t) = b(t) * x(t)$$
由以上公式可看出，反褶积的目的就是求出一个地震子波的反算子 $b(t)$，用 $b(t)$ 与地震记录进行褶积，从而求得地层的反射系数。

在本次处理中，采用了地表一致性反褶积方法。该方法是对同一个炮点记录求取一个反算子，针对同一个接收点记录求取一个反算子，分别与地震记录褶积，来实现地表一致性。同时在 CMP 域和共炮检距域进行反褶积处理。由于在不同域内求取反算子，还具有波形一致性校正作用。

4. 速度分析和动校正

速度是反射地震资料处理中一个十分重要的参数，准确求取反射波的叠加速度以达到同相叠加是提高剖面信噪比的关键。为了获得精度较高的动校正（NMO）速度参数，本次数据处理的速度分析工作分三步进行。

（1）采用速度扫描技术，对整个剖面进行变速扫描，初步了解测段整体的速度结构及分布范围。

（2）每 50 个 CMP 道集做一个速度谱，参考速度扫描，求取一个初始的叠加速度。然后，根据初选的 NMO 速度对 CMP 道集进行动校正和剩余静校正处理，并将其结果应用于原始 CMP 道集。

（3）在剩余静校正后的 CMP 道集上进行第二次速度分析，以获得更为精确的叠加速度。

动校正会对远道产生拉伸畸变，影响叠加效果。不同的动校正速度产生不同的拉伸畸变，需要进行不同的拉伸切除。本次处理充分利用了软件速度分析交互性能好的优势，选取了精细的动校正切除函数。

5. 偏移

对于复杂的地质结构，偏移处理可以使绕射波收敛、倾斜反射归位，断点更清晰，断层更明显。本次处理中选用克希霍夫偏移方法对叠加剖面进行偏移处理。

6. 叠后噪音压制

虽然叠前采用了各种压制干扰的方法，但经过叠加后剖面上仍然存在一些干扰波，主要为线性干扰和随机干扰。

（1）线性干扰的消除。

由于线性干扰视速度范围较大，如果在叠前一次性去除干净，必然会影响和干扰波视速度近似的有效波。叠后线性干扰的消除采用和叠前 $f\text{-}k$ 滤波技术近似的倾角滤波技术，针对线性干扰的分布区域，选取它的视速度范围，进行消除。

（2）随机干扰的消除。

虽然叠加是消除随机干扰的最好方法，但在叠后剖面上随机干扰仍会有少量残存。消除叠后随机干扰一般采用 $f\text{–}x$ 域随机噪声衰减技术。其主要原理为：对于叠后地震剖面，有效反射同相轴是可以预测的，而随机干扰是不可预测的。利用向前一步预测的方法，在 $f\text{–}x$ 域可以预测出相干的同相轴，将相干信号和随机噪音分离开来，达到增强有效信号的效果。

在 $f\text{–}x$ 域随机噪声衰减后，还可利用同相轴的相干性进行相干加强，进一步提高叠加剖面的信噪比。

5.6 地震资料解释方法

原始地震记录经室内资料处理后，得到可反映地下地质结构特征的地震反射时间剖面。时间剖面上的地层反射波组反映了地下界面形态和地下地层介质的物性差异，本次浅层地震勘查的资料解释工作主要包括反射时间剖面的分析与对比、地质剖面图及平面图的绘制以及断层的判定等。

5.6.1 反射波地质层位的确定依据与对应关系

（1）地质层位确定。

主要利用搜集到的测线附近的钻孔以及 2017 年的第四系钻孔资料，结合油田三维地震成果，进行本次浅层地震地质层位的确定。

（2）地质层位对应关系。

根据地震剖面揭示的波组特征以及时深转换结果，推断各地震反射波组与对应的地质分层关系如下：

T_Q 反射波相当于第四系底界面的反射；

T_{Eh}^2 反射波相当于第三系珲春组内部上部的反射；

T_{Eh}^1 反射波相当于第三系珲春组内部中部的反射；

T_{Eh} 反射波相当于第三系珲春组底界面的反射；

T_{K2L}^2 反射波相当于白垩系上统龙井组内部上部的反射；

T_{K2L}^1 反射波相当于白垩系上统龙井组内部中部的反射；

T_{K2L} 反射波相当于白垩系上统龙井组底界面的反射（大庆油公司三维地震解释 T_2 反射波）；

T_{K1d}^2 反射波相当于白垩系下统大拉子组内部上部的反射；

T_{K1d}^{1}反射波相当于白垩系下统大拉子组内部中部的反射（大庆油公司三维地震解释 T_{2-1} 反射波）；

T_{K1d}反射波相当于白垩系下统大拉子组底界面的反射（大庆油公司三维地震解释 T_{2-2} 反射波）；

T_{K1tt}反射波相当于白垩系下统屯田营组底界面（中生界基底）的反射（大庆油公司三维地震解释 T_5 反射波）。

5.6.2　主要反射波特征及反射波对比原则

1. 主要反射波特征

（1）T_Q 反射波。

T_Q 反射波相当于第四系底界面反射波。由于延吉市及周边地区第四系埋藏较浅，T_Q 反射仅在本次浅层地震勘查反射横波地震剖面上有显示，反射波振幅较强，连续性较好。在反射纵波地震剖面上没有显示。

（2）T_{Eh}^{2}反射波。

T_{Eh}^{2} 反射波相当于第三系珲春组内部上部地层底界反射波，仅发育于勘查区东北部清茶馆附近，地震时间剖面为中强振幅反射波。

（3）T_{Eh}^{1}反射波。

T_{Eh}^{1} 反射波相当于第三系珲春组内部中部地层底界反射波，仅发育于勘查区东北部清茶馆附近，地震时间剖面为中强振幅反射波。

（4）T_{Eh} 反射波。

T_{Eh}^{1} 反射波相当于第三系珲春组底界反射波，仅发育于勘查区东北部清茶馆附近，地震时间剖面为中强振幅反射波。

（5）T_{K2L}^{2}反射波。

T_{K2L}^{2}反射波相当于白垩系上统龙井组内部上部地层底界反射波，基本全区发育，地震时间剖面为较强振幅反射波，部分测线振幅较弱。T_{K2L}^{2}反射层整体向东倾伏，西部受抬升剥蚀导致反射波大面积缺失。

（6）T_{K2L}^{1}反射波。

T_{K2L}^{1}反射波相当于白垩系上统龙井组内部中部地层底界反射波，基本全区发育，地震时间剖面显示为中强振幅反射波。同 T_{K2L}^{2}反射层一样，西部受抬升剥蚀导致部分反射波缺失。

（7）T_{K2L} 反射波。

T_{K2L} 反射波相当于白垩系上统龙井组底界反射波，全区发育，地震剖面显示振幅强。中部凹陷区反射品质好；西部地层受抬升作用，埋藏浅，反射品质变差；东部隆起区反射波质量不好。

（8）T_{K1d}^{2}反射波。

T_{K1d}^{2}反射波相当于白垩系下统大拉子组内部上部地层底界反射波，基本全区发育，为中等振幅反射波。由于西北部地层抬升作用，反射层缺失。

（9）T_{K1d}^{1}反射波。

T_{K1d}^{1}反射波相当于白垩系下统大拉子组内部中部地层底界反射波，基本全区发育，为中等振幅反射波。由于西北部地层抬升作用，反射层缺失。

（10）T_{K1d}反射波。

T_{K1d}反射波相当于白垩系下统大拉子组底界反射波波，全区发育，为较强振幅反射波。

（11）T_{K1tt}反射波。

T_{K1tt}反射波相当于白垩系下统屯田营组底界反射波，全区发育，地震显示中强振幅，南部强于北部。其上覆于二叠系变质岩之上。

2. 反射波对比原则

本次解释工作遵照由已知到未知的原则，先利用搜集到的测线附近的钻孔以及2017年的第四系钻孔资料，结合油田三维地震成果确定层位，对于偏离钻孔及油田三维较远的测线，再根据各剖面间的波组特征及层间厚度关系推断确定层位。

（1）同相性。

来自地下同一反射界面的反射波到达相邻接收点的传播路径是相近的。因此，在相邻接收点得到的同一相位的到达时间也应十分相近。通常每个有效反射波都有几个相位，其所有相位的同相轴彼此平行，每个同相轴应有一定长度，并且是平滑的。

（2）波形特征。

在激发条件一定时，对来自同一界面的反射波来说，由于传播路径和介质性质差别不大，其波形特征相对稳定，包括视周期、相位数、各极值间的振幅比等均具有相似性。

（3）标准层的确定和追踪。

资料解释中主要依据剖面反射波组的展布特征、测区附近的地质或钻孔资料、本区以往物探资料以及本地区的地层特点和接触关系进行标准层的确定。在叠加时间剖面上，所选择的反射标准层一般都具有较强的反射能量和较好的横向连续性。当地震反射剖面上某一段的资料信噪比较低时，对剖面上该段反射波组的对比追踪遵循了“等厚”原则，即认为在某段有限的时间范围内，在纵向上地层的沉积是连续的，在横向上同一地层的厚度变化不大。

5.6.3 断层特征和断层解释

1. 断点的判别依据

在对反射波叠加偏移时间剖面进行波组分析对比、追踪的基础上，根据地震反射剖面上的反射波场特征和测区的地质构造特点便可进行断层的推断解释。资料解释中判别断层的主要依据是：

（1）反射波同相轴或波组的错断。

（2）反射波同相轴数目的明显增加或减少。

（3）反射波同相轴产状突变，反射零乱或出现空白区。

（4）反射波同相轴的强相位反转。

（5）异常波的出现（如绕射波、断面反射波等）。

2．断层的解释原则

（1）断点平面组合原则。

① 同一断层在相同方向的剖面上所反映的断层性质相同。

② 同一时期构造运动形成的断层所断开的地质层位基本一致或有规律的变化。

③ 同一断层各断点断距大小相近或顺着断层走向的一个方向逐渐变化。

④ 同一断层的断面产状基本一致或有规律变化。

⑤ 区域性大断层一般平行于区域构造走向，断层两侧沉积将有明显差异，而在不同剖面上表现特点应相似。

⑥ 叠加时间剖面上各目的层反射波闭合，断层面必须闭合。

（2）断点平面组合注意事项。

根据断点的平面组合原则，在进行断点平面组合时应注意：

① 断层在平面连接时不允许穿过无断点显示的测线。

② 经组合剩余的孤立断点应是断距较小，延伸较短、数量最少的。

③ 当两条断层相交时，还要考虑它们的切割关系。

④ 在地层倾角大于 20° 以上时应进行空间校正后再进行断点组合。

5.7　地震剖面解释

5.7.1　YJ2015-1 线剖面解释

YJ2015-1 线位于朝阳川镇附近，近南北方向沿乡间公路及土路铺设，南至马鞍屯附近，北至布尔哈通河。地震剖面长度为 4.175km。

测线位置见图 5.9。地震资料解释及成果见图 5.10。

地震时间剖面 1200ms 以浅解释 6 组反射波（图 5.10），分别为 T_{K2L}^{2}、T_{K2L}^{1}、T_{K2L}、T_{K1dl}^{1}、T_{K1dl} 与 T_{K1tt}。解释 2 个断点，即 F_2（目标断层）F_{D1}。断点在该测线上特征详述如下：

（1）F_2 为本次浅层地震勘查的目标断层。时间剖面上倾向北，较陡，正断层。

上盘层状反射波特征明显，推断解释为正常沉积岩系列沉积地层。下盘为杂乱反射波特征，推断解释为二叠系变质岩系。

该断点错断最浅层位为 T_{K2L}^{2}，断距大于 851m，其可分辨的上断点在地面上的投影位于桩号 3164 附近，埋深约 168m。

（2）F_{D1} 在剖面上显示为倾向南，较陡，正断层。

该断点错断最浅层位为 T_{K2L}^{1} ，垂直断距约 81m，其可分辨的上断点在地面上的投影位于桩号 4942 附近，埋深约 126m。

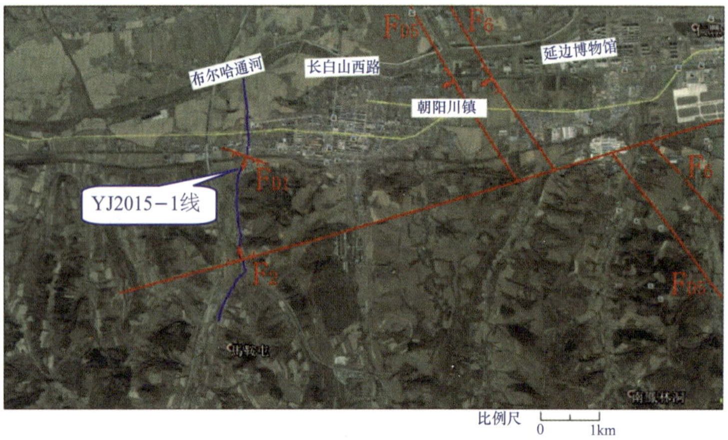

图 5.9　YJ2015-1 线位置示意图（蓝色线）

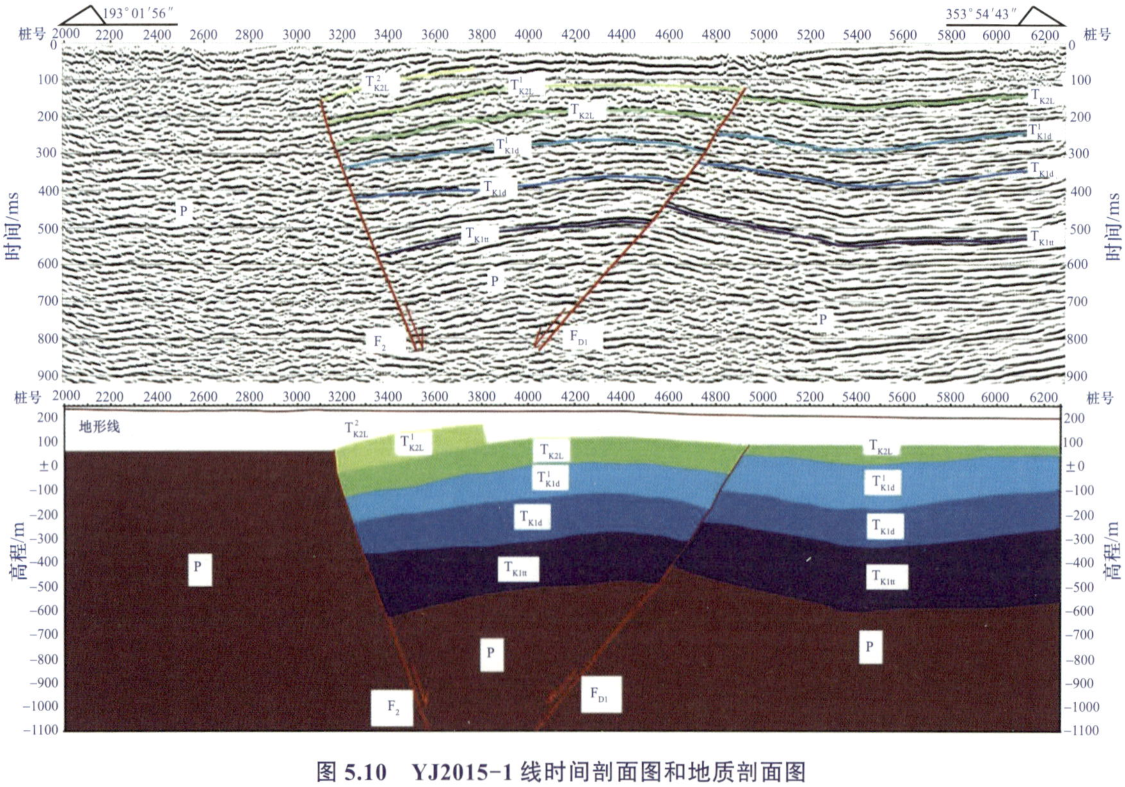

图 5.10　YJ2015-1 线时间剖面图和地质剖面图

5.7.2　YJ2015-2 线、YJ2015-3 线剖面解释

YJ2015-2 线位于延吉市东郊，营南村附近。近南北方向沿延铝街铺设，南至长东村附近，经过营南村，北至小营村附近。地震剖面长度约 2.54km。

YJ2015-3 线位于 YJ2015-2 线的东北侧，近北东方向沿土路及山路铺设，南至营南村，经过小营村东部往北东方向铺设。地震剖面长度约 2.589km。

YJ2015-2 线、YJ2015-3 线位置见图 5.11；YJ2015-2 线地震资料解释及成果见图 5.12；YJ2015-3 线地震资料解释及成果见图 5.13。

地震时间剖面 1200ms 以浅解释 4 组反射波（图 5.12），分别为 T_{K2L}^{2}、T_{K2L}^{1}、T_{K2L} 与 T_{K1dl}^{1}。解释 3 个断点，即 F_2（目标断层）F_{D2} 和 F_{D3}。断点在该测线上的特征详述如下：

（1）F_2 为本次地震勘查的目标断层，与 YJ2015-1 线特征相同，倾向北，较陡，正断层。上盘地震反射波为层状特征，推断解释为正常沉积岩系列地层。下盘为杂乱反射波，推断解释为二叠系变质岩系。

该断点错断最浅层位为 T_{K2L}^{1}，断距大于 759m，其可分辨的上断点在地面上的投影位于桩号 3864 附近，埋深约 108m。

（2）F_{D2} 位于 F_2 的南部，与 F_2 共同形成地垒构造。在剖面上显示为倾向南，较陡，正断层。

该断点错断最浅层位为 T_{K2L}^{2}，断距大于 454m，其可分辨的上断点在地面上的投影位于桩号 3601 附近，埋深约 152m。

（3）F_{D3} 在剖面上显示为倾向南，上陡下缓交于 F_2，正断层。

受测线长度影响，该断点上断点在 YJ2015-2 测线外，本线没有控制。

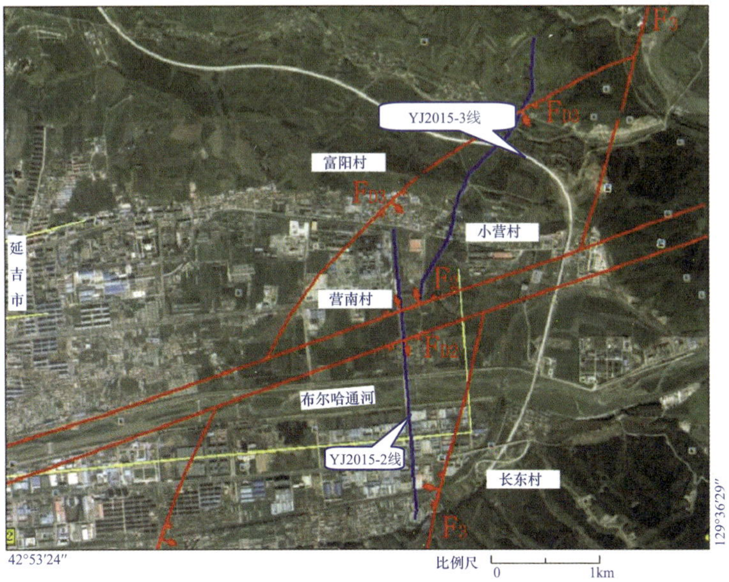

图 5.11　YJ2015-2 线、3 线位置示意图（蓝色线）

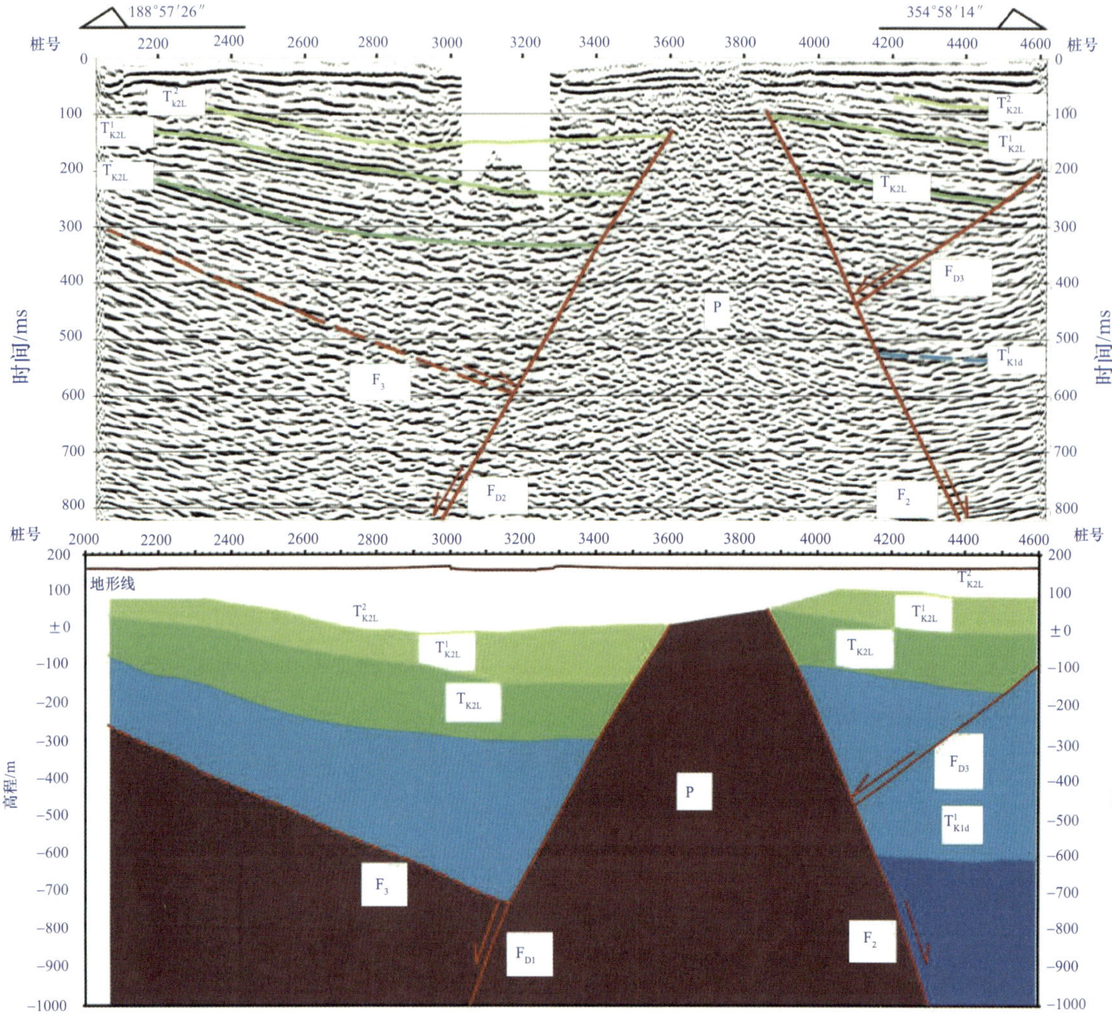

图 5.12　YJ2015-2 线时间剖面图和地质剖面图

地震时间剖面 1200ms 以浅解释 4 组反射波（图 5.13），分别为 T_{K2L}^{2}、T_{K2L}^{1} 、T_{K2L} 与 T_{K1dl}^{1}。解释 2 个断点，即 F_2（目标断层）和 F_{D3}。断点在该测线上的特征详述如下：

（1）F_2 为本次地震勘查的目标断层。其与 YJ2015-2 线特征相同，倾向北东，较陡，正断层。

上盘层状反射波特征明显，为正常沉积岩系列沉积地层。下盘呈杂乱反射波特征，推断为二叠系变质岩系。断距大于 950m。受测线长度限制，在 YJ2015-3 线上没有控制到 F_2 断点的上断点。

（2）F_{D3} 在剖面上与 YJ2015-2 线特征相同，显示为倾向南西，交于 F_2，正断层。

该断点错断最浅层位为 T_{K2L}^{2}，垂直断距约 34m，其可分辨的上断点在地面上的投影位于桩号 3992 附近，埋深约 157m。

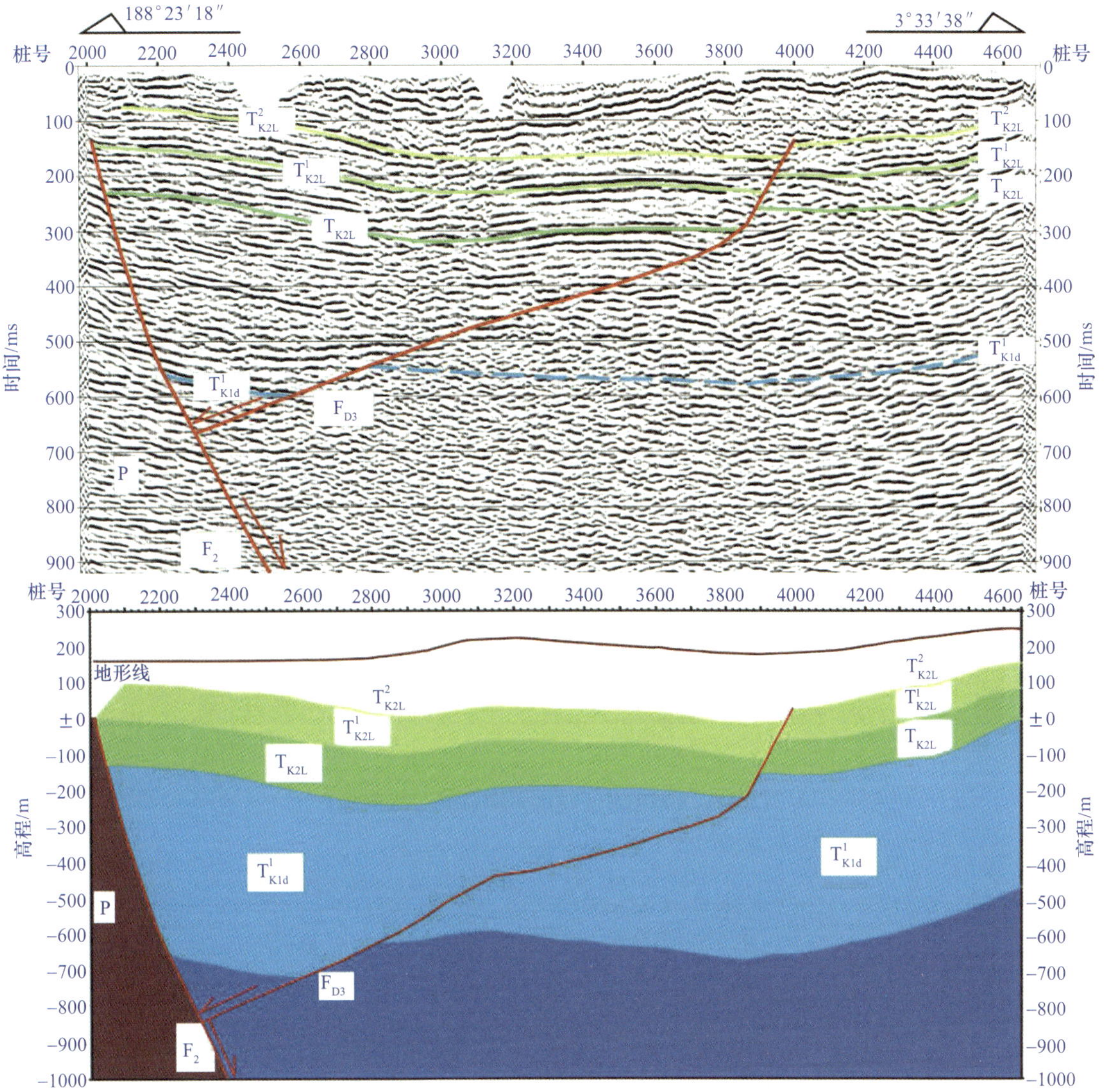

图 5.13　YJ2015-3 线时间剖面图和地质剖面图

5.7.3　YJ2015-4 线剖面解释

YJ2015-4 线位于“延龙公路”南部，测线方向大致 72°，沿土路铺设，西南至维新村附近，经过帽山屯南部往北东方向铺设。地震剖面长度约 4.98km。

测线位置示意图见图 5.14。地震资料解释及成果见图 5.15。地震时间剖面 1200ms 以浅解释 6 组特征明显的反射波（图 5.15），分别为 T_{K2L}^2、T_{K2L}^1、T_{K2L}、T_{K1dl}^1、T_{K1dl}、T_{K1tt}。解释 3 个断点，即 F_6（目标断层）、F_{D4}、F_{D5}。断点在该测线上特征详述如下：

（1）F_6 为本次浅层地震勘查的目标断层。剖面上倾向南西西，较缓，正断层。

该断点错断最浅层位为 T_{K2L}^2，垂直断距约 179m，其可分辨的上断点在地面上的投影位于桩号 6231 附近，埋深约 118m。

（2）F_{D4} 剖面上为倾向北东东，上陡下缓交于 F_6，正断层。

该断点错断最浅层位为 T_{K2L}^1，垂直断距约 52m，其可分辨的上断点在地面上的投影位于桩号 3551 附近，埋深约 105m。

（3）F_{D5} 在剖面上为倾向南西西，极陡，正断层。

该断点错断最浅层位为 T_{K2L}^2，垂直断距约 90m，其可分辨的上断点在地面上的投影位于桩号 4635 附近，埋深约 125m。

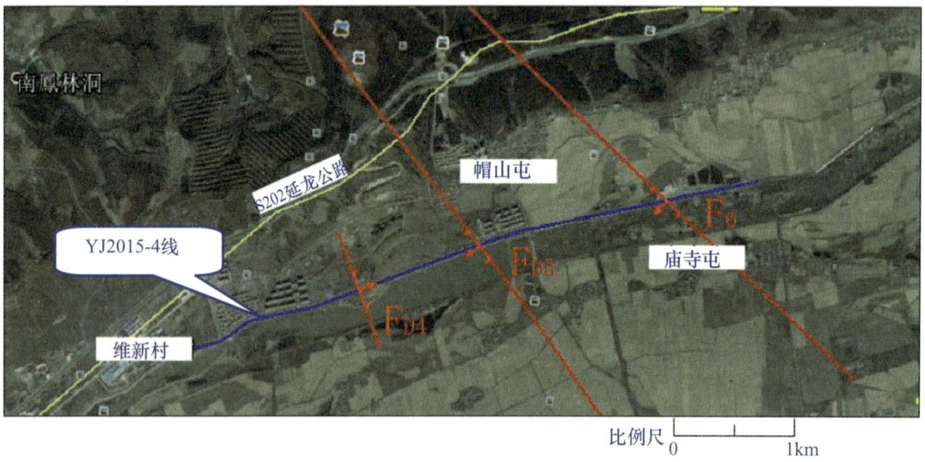

图 5.14　YJ2015-4 线位置示意图（蓝色线）

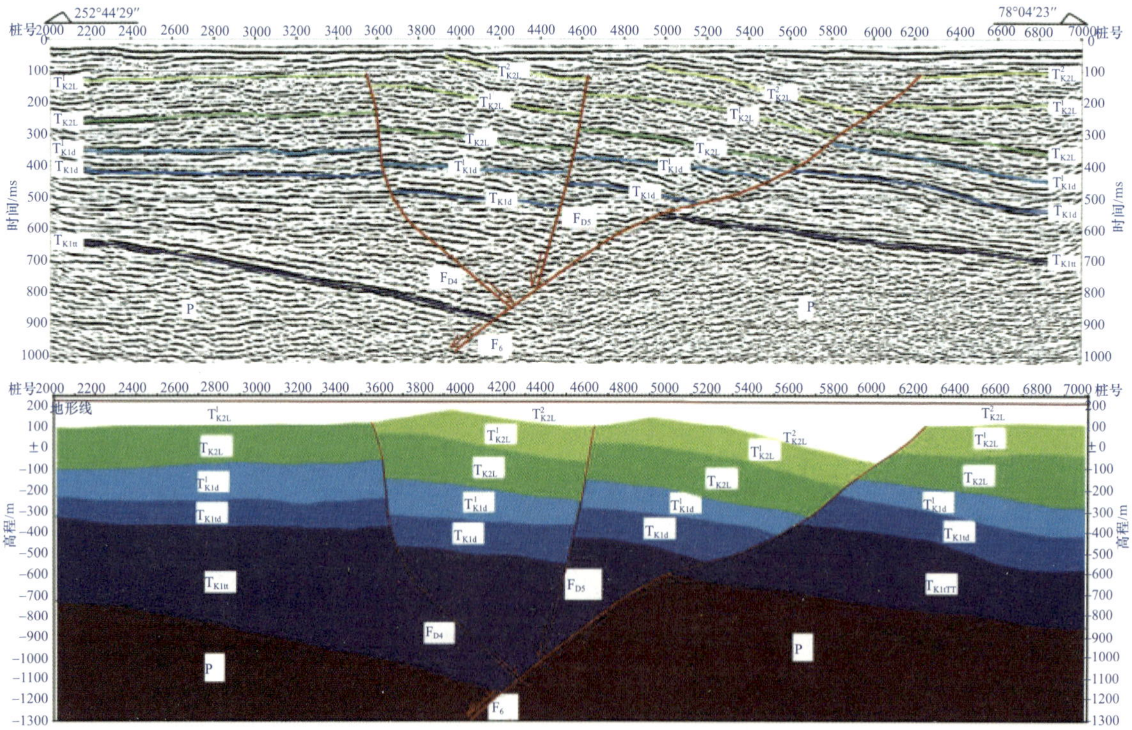

图 5.15　YJ2015-4 线时间剖面图和地质剖面图

5.7.4　YJ2015-5 线剖面解释

YJ2015-5 线东西方向沿“长白山西路”铺设，西至“长白山西路与人民街交会”处，东至延边博物馆。地震剖面长度约 4.356km。

测线位置示意图见图 5.16。地震资料解释及成果见图 5.17。

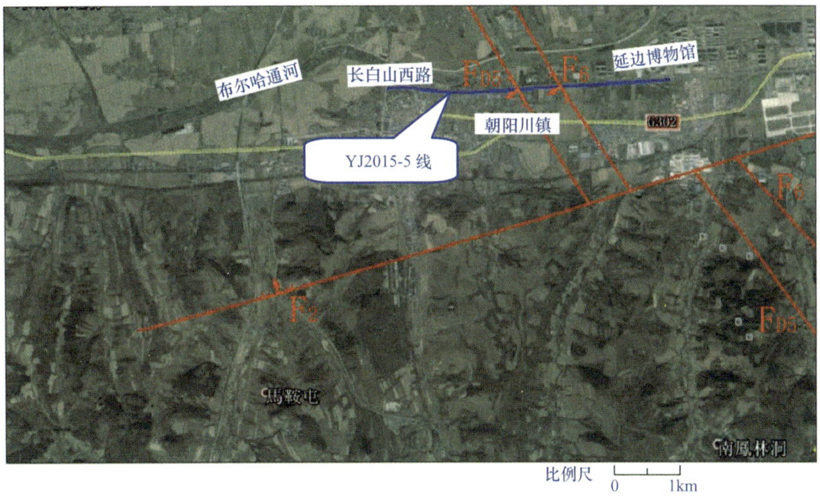

图 5.16　YJ2015-5 线位置示意图（蓝色线）

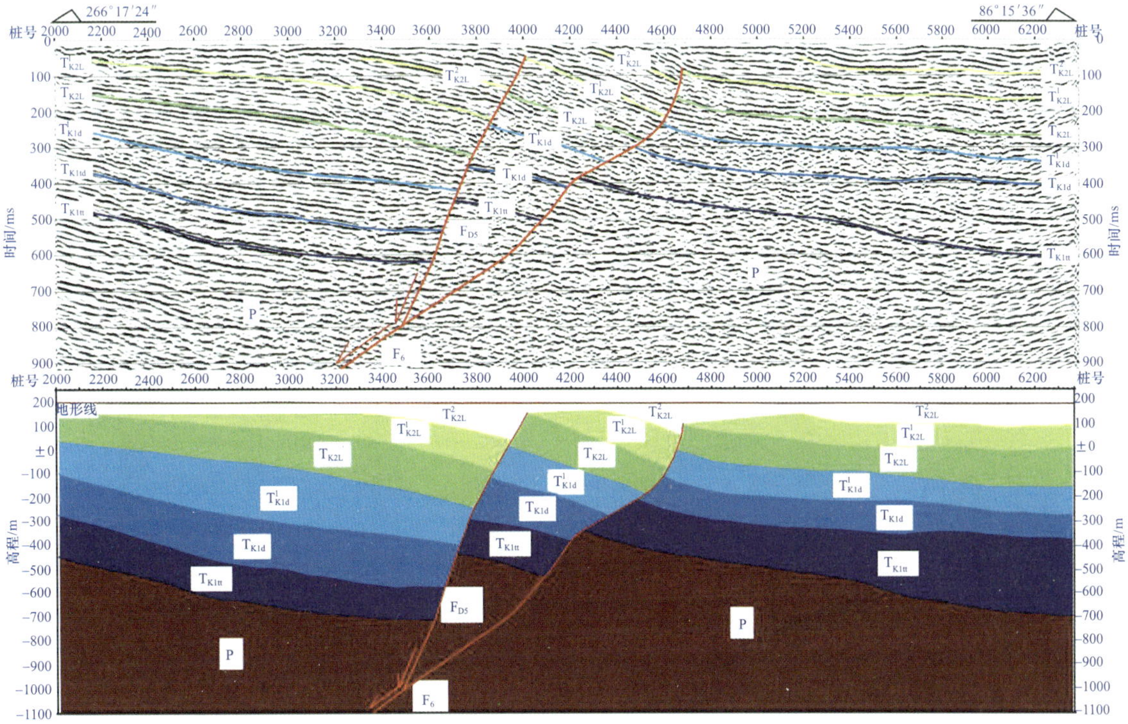

图 5.17　YJ2015-5 线时间剖面图和地质剖面图

地震时间剖面 1200ms 以浅解释 6 组反射波（图 5.17），分别为 T_{K2L}^{2}、T_{K2L}^{1}、T_{K2L}、T_{K1dl}^{1}、T_{K1dl} 与 T_{K1tt}。解释 2 个断点，F_6（目标断层）和 F_{D5}。断点在该测线上特征详述如下：

（1）F_6 为本次浅层地震勘查的目标断层。在剖面上为倾向西，正断层。

该断点错断最浅层位为 T_{K2L}^{2}，垂直断距约 181m。其可分辨的上断点在地面上的投影位于桩号 4679 附近，埋深约 87m。

（2）F_{D5} 在剖面上倾向西，较陡，正断层。

该断点错断最浅层位为 T_{K2L}^{2}，垂直断距约 234m，深部交于 F_6。其可分辨的上断点在地面上的投影位于桩号 4013 附近，埋深约 42m。

5.7.5 YJ2015-6 线剖面解释

YJ2015-6 线近东西方向沿“铁南路”铺设，西至天园小区，东至长东村。地震剖面长度约 7.96km。

测线位置示意图见图 5.18。地震资料解释及成果见图 5.19。

地震时间剖面 1200ms 以浅解释 5 组反射波（图 5.19），分别为 T_{K2L}^{2}、T_{K2L}^{1}、T_{K2L}、T_{K1dl}^{1} 和 T_{K1dl}。解释出 3 个断点，F_3（目标断层）F_{D3}、F_7（目标断层）。断点在该测线上的特征详述如下：

（1）F_3 为本次浅层地震勘查的目标断层，在剖面上倾向西，较陡，正断层。

上盘地震反射波层状特征明显，为正常沉积岩系列沉积地层。下盘为杂乱反射地震波，推断解释为二叠系变质岩系。与富兴屯附近 F_3 断层剖面素描图（图 5.20）相同。

该断点错断最浅层位为 T_{K2L}^{1}，断距大于 1501m。其可分辨的上断点在地面上的投影位于桩号 9503 附近，埋深约 138m。

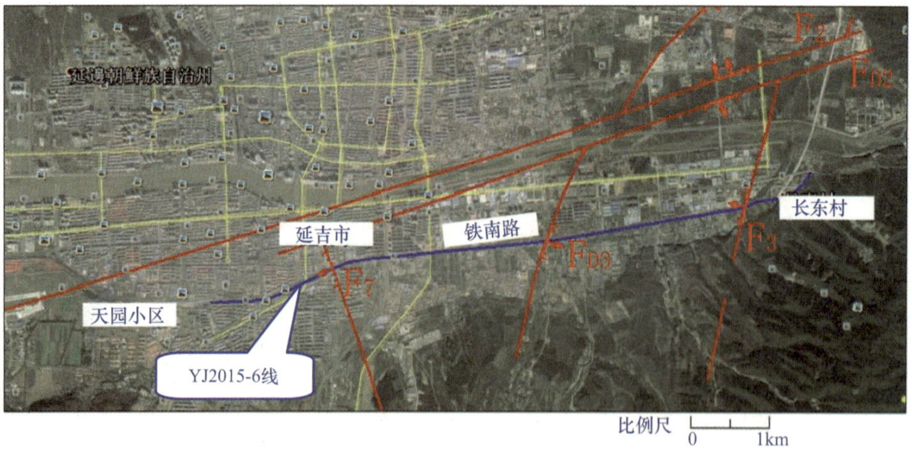

图 5.18 YJ2015-6 线位置示意图（蓝色线）

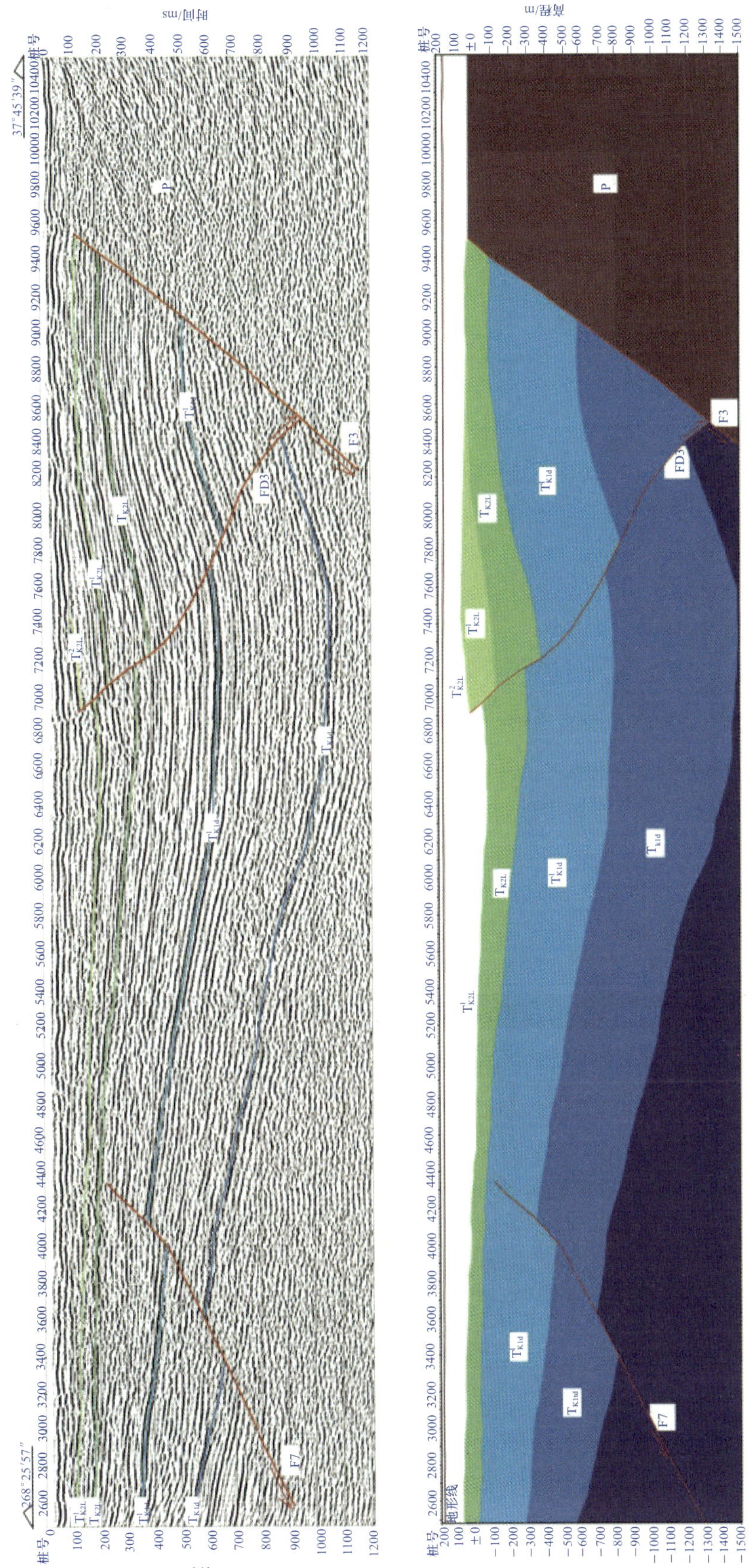

图 5.19　YJ2015-6 线时间剖面图和地质剖面图

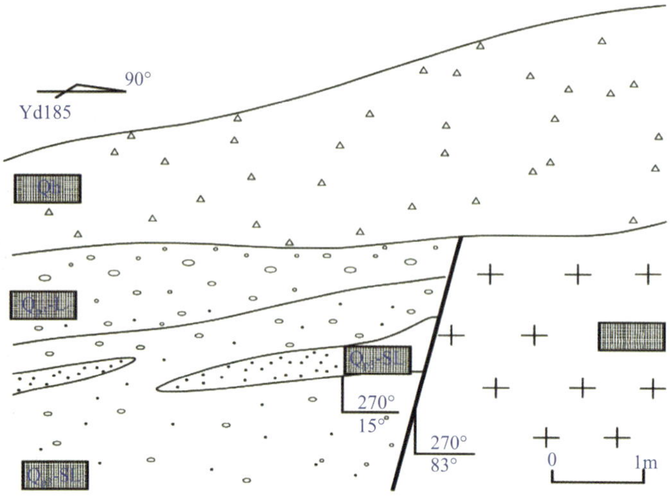

图 5.20　富兴屯附近 F_3 断层剖面素描图

（引自甲方《延吉市城市活断层探测项目初步设计（修改版）》）

（2）F_{D3} 在剖面上倾向东，较缓，正断层。

该断点错断最浅层位为 T_{K2L}^{2}，垂直断距约 76m，深部交于 F_3，其可分辨的上断点在地面上的投影位于桩号 6915 附近，埋深约 149m。

（3）F_7 为本次浅层地震勘查的目标断层。在剖面上倾向西，较缓，正断层。

断点在地震反射时间剖面上的特征与大庆油田该区时间剖面相同（图 5.21），故推断本线 F_7 断层与大庆油公司三维地震解释断层 YSH8 为同一断层。

该断点错断最浅层位为 T_{K1dl}^{1}，垂直断距约 115m。其可分辨的上断点在地面上的投影位于桩号 4140 附近，埋深约 510m。

F_7 上覆 T_{K2L} 反射波，连续发育，没有断点显示。

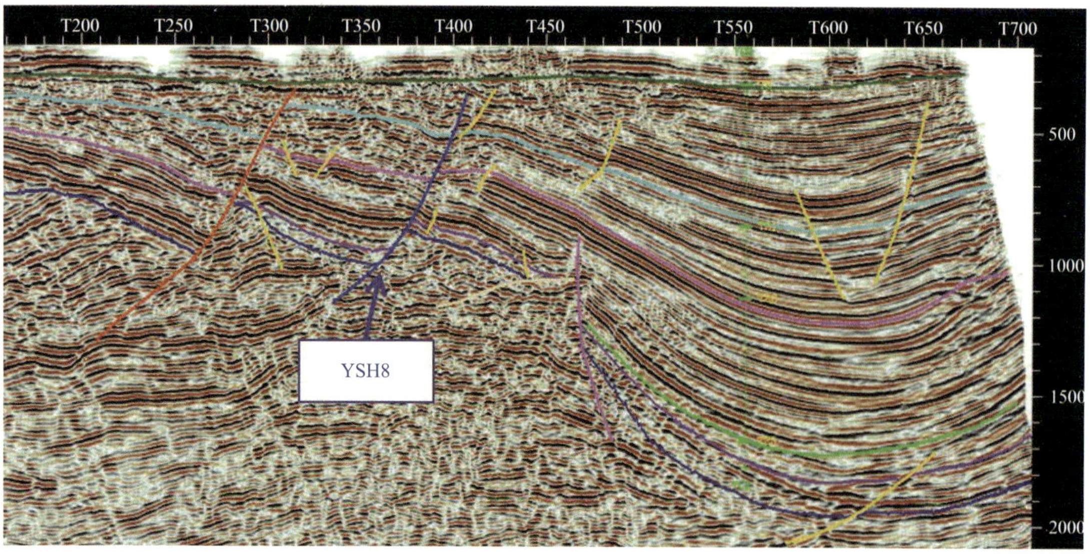

图 5.21　油田三维 Inline92 线解释剖面

（引自大庆油田三维地震 Inline92 线解释剖面）

5.7.6 YJ2015-7 线剖面解释

YJ2015-7 线近北东东向铺设，测线中部经过太兴村附近，东北至仲兴村附近。地震剖面长度约 4.014km。

测线位置示意图见图 5.22。地震资料解释及成果见图 5.23。

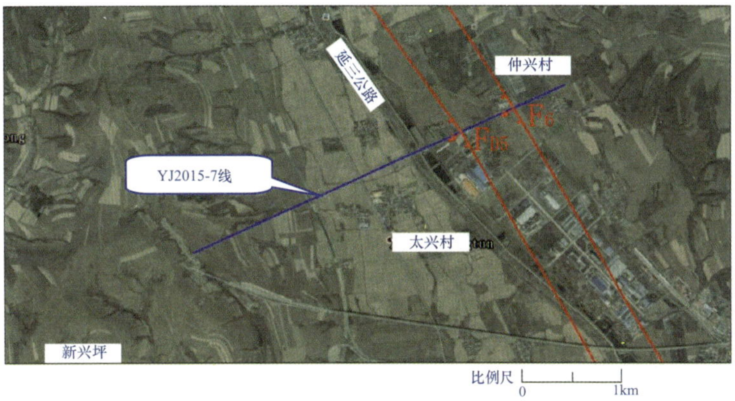

图 5.22 YJ2015-7 线位置示意图（蓝色线）

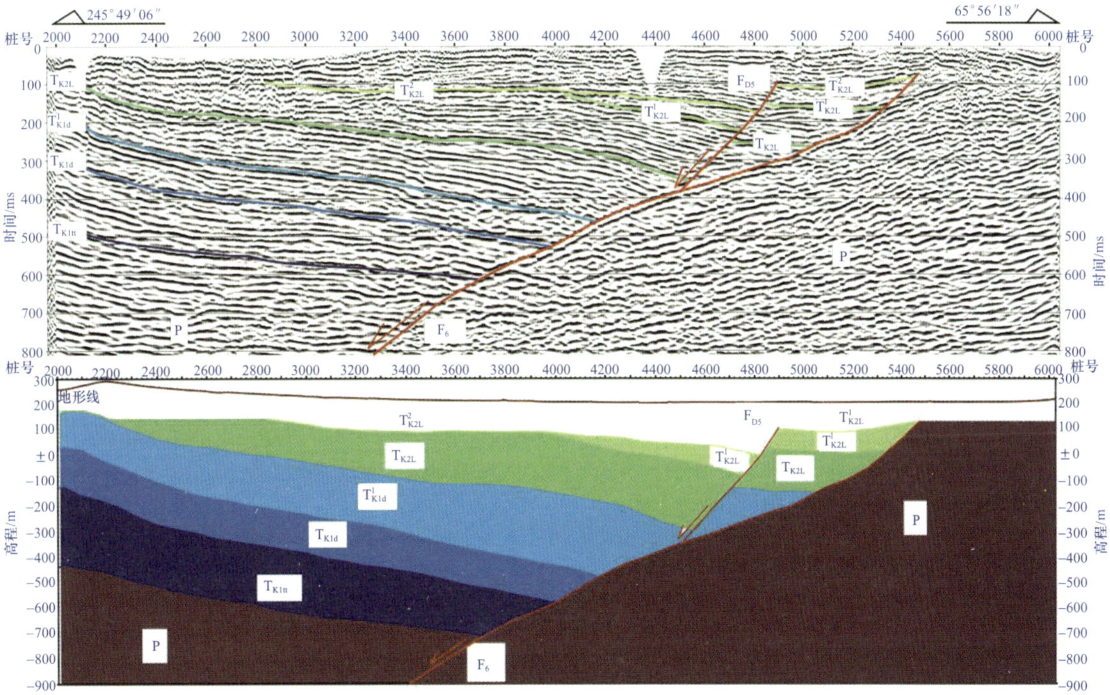

图 5.23 YJ2015-7 线时间剖面图和地质剖面图

地震时间剖面 1200ms 以浅解释 6 组反射波（图 5.23），分别为 T_{K2L}^2、T_{K2L}^1、T_{K2L}、T_{K1dl}^1、T_{K1dl} 和 T_{K1tt}。解释 2 个断点：F_6（目标断层）和 F_{D5}。断点在该测线上特征详述如下：

（1）F_6 为本次浅层地震勘查的目标断层。在剖面上倾向南西西，较缓，正断层。

上盘反射波沉积岩特征明显，下盘为杂乱反射，推断解释为二叠系变质岩系。该断点错

断最浅层位为 T_{K2L}^{2}，断距大于 925m。其可分辨的上断点在地面上的投影位于桩号 5475 附近，埋深约 76m。

（2）F_{D5} 在剖面上倾向南西西，正断层。

该断点错断最浅层位为 T_{K2L}^{2}，垂直断距 102m，深部交于 F_6。其可分辨的上断点在地面上的投影位于桩号 4896 附近，埋深约 104m。

5.7.7 YJ2015-8 线、YJ2015-8.1 线剖面解释

YJ2015-8 线和 YJ2015-8.1 线近北东东方向铺设，西至小太平沟附近，穿过延三公路经过合作村，东北至锦城村附近。由于在合作村西部遇到断崖，将测线打断。YJ2015-8 线地震剖面长约 5.712km，YJ2015-8.1 线地震剖面长约 8.472km。

测线位置示意图见图 5.24。YJ2015-8 线地震资料解释及成果见图 5.25。YJ2015-8.1 线地震资料解释及成果见图 5.26。

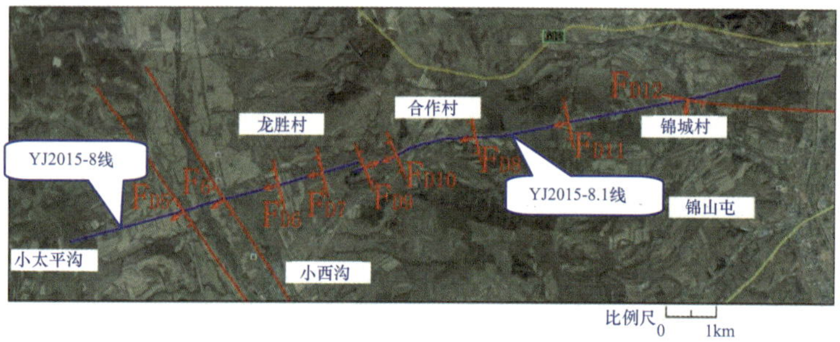

图 5.24　YJ2015-8 线、8.1 线位置示意图（蓝色线）

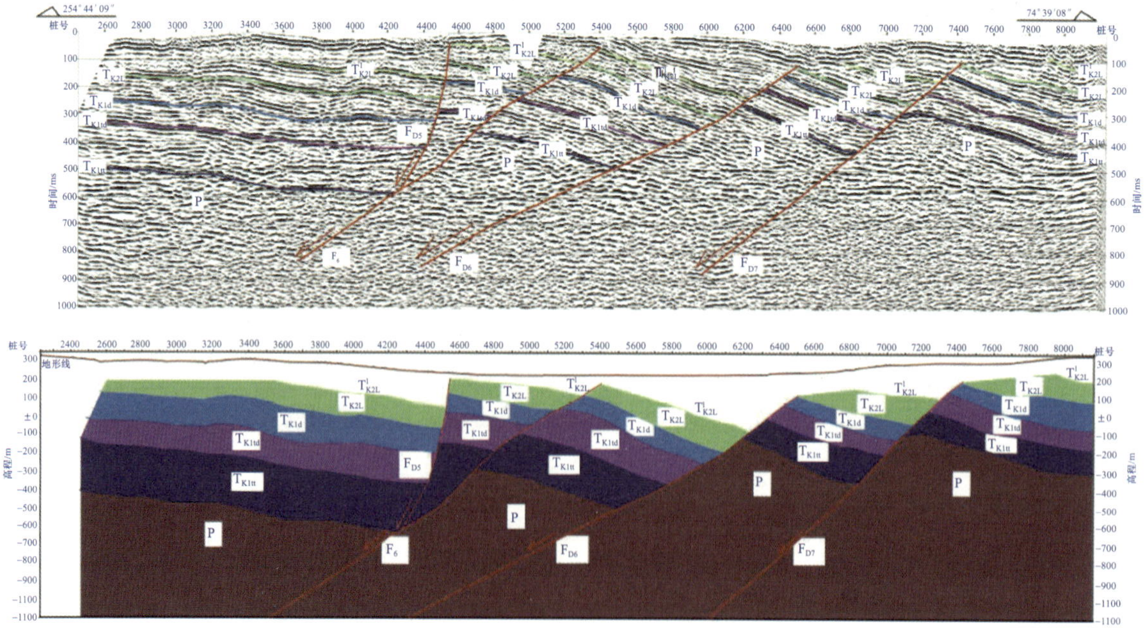

图 5.25　YJ2015-8 线时间剖面图和地质剖面图

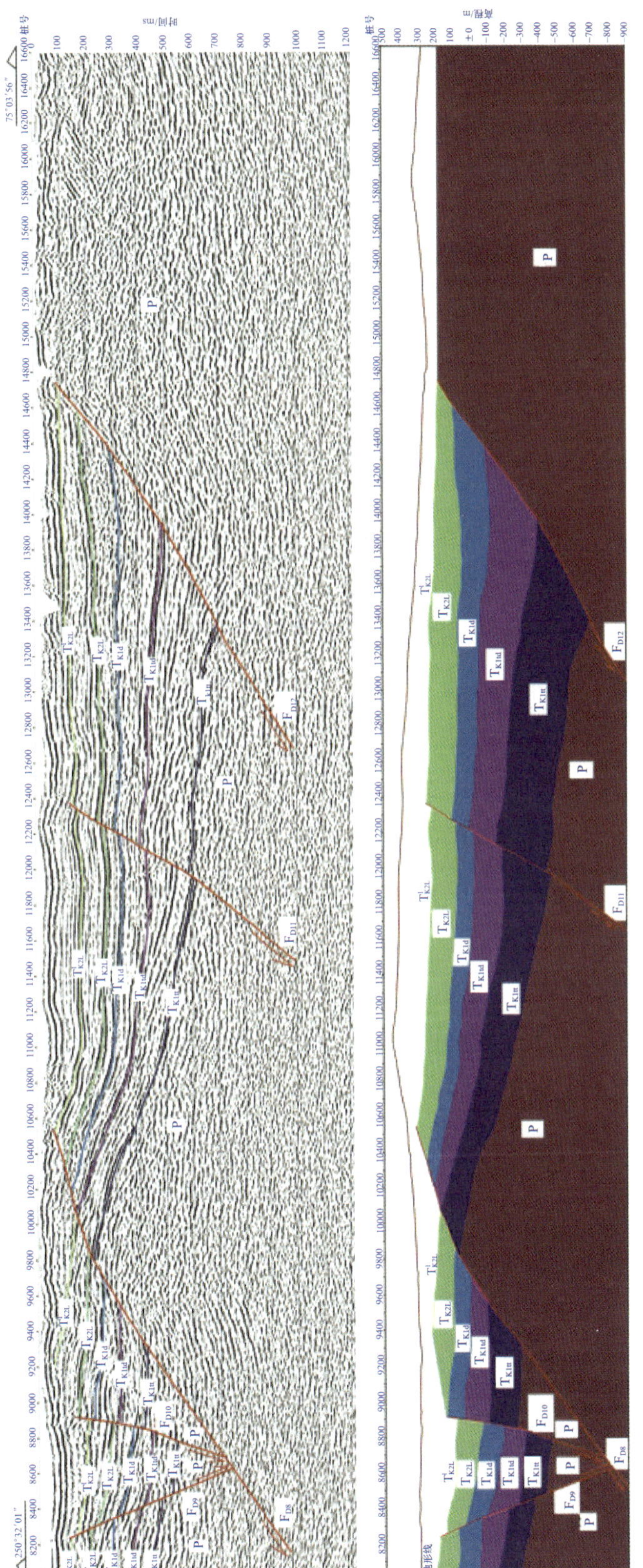

图 5.26　YJ2015-8.1 线时间剖面图和地质剖面图

地震时间剖面 1200ms 以浅解释 5 组反射波（图 5.25），分别为 T_{K2L}^{1}、T_{K2L}、T_{K1dl}、T_{K1td}、T_{K1tt}。解释 4 个断点，即 F_6（目标断层）、F_{D5}、F_{D6}、F_{D7}。断点在该测线上特征详述如下：

（1）F_6 为本次浅层地震勘查的目标断层。在剖面上倾向西，较缓，正断层。

该断点错断最浅层位为 T_{K2L}^{1}，垂直断距为 64m。其可分辨的上断点在地面上的投影位于桩号 5403 附近，埋深约 49m。

（2）F_{D5} 在剖面上倾向西，较陡，正断层。

该断点错断最浅层位为 T_{K2L}^{1}，垂直断距为 153m，深部交于 F_6。其可分辨的上断点在地面上的投影位于桩号 4548 附近，埋深约 32m。

（3）F_{D6} 在剖面上倾向西，较缓，正断层。

该断点错断最浅层位为 T_{K2L}^{1}，垂直断距 304m。其可分辨的上断点在地面上的投影位于桩号 6503 附近，埋深约 124m。

（4）F_{D7} 在剖面上倾向西，较缓，正断层。

该断点错断最浅层位为 T_{K2L}^{1}，垂直断距为 227m。其可分辨的上断点在地面上的投影位于桩号 7427 附近，埋深约 103m。

地震时间剖面 1200ms 以浅解释 5 组反射波（图 5.26），分别为 T_{K2L}^{1}、T_{K2L}、T_{K1dl}、T_{K1td} 与 T_{K1tt}。解释 5 个断点，F_{D8}、F_{D9}、F_{D10}、F_{D11}、F_{D12}。断点在该测线上特征详述如下：

（1）F_{D8} 在剖面上倾向西，较缓，正断层。

该断点错断最浅层位为 T_{K2L}^{1}，垂直断距为 136m。其可分辨的上断点在地面上的投影位于桩号 10534 附近，埋深约 51m。

（2）F_{D9} 在剖面上倾向东，较陡，正断层。

该断点错断最浅层位为 T_{K2L}^{1}，垂直断距为 35m。深部交于 F_{D10}。其可分辨的上断点在地面上的投影位于桩号 8239 附近，埋深约 110m。

（3）F_{D10} 在剖面上倾向西，极陡，正断层。

该断点错断最浅层位为 T_{K2L}^{1}，垂直断距为 210m。其可分辨的上断点在地面上的投影位于桩号 8913 附近，埋深约 145m。

（4）F_{D11} 在剖面上倾向西，较陡，正断层。

该断点错断最浅层位为 T_{K2L}^{1}，垂直断距为 29m。其可分辨的上断点在地面上的投影位于桩号 12363 附近，埋深约 133m。

（5）F_{D12} 在剖面上倾向西，较陡，正断层。

上盘地震反射波层状特征明显，推断解释为正常沉积岩系列沉积。下盘杂乱反射波特征，推断解释为二叠系变质岩系列沉积。F_{D12} 与油田三维解释断层 YSH21 为同一断层。该断点错断最浅层位为 T_{K2L}^{1}，断距大于 1034m。其可分辨的上断点在地面上的投影位于桩号 14745 附近，埋深约 72m。

5.7.8　YJ2015-9 线剖面解释

YJ2015-9 线近东西方向铺设，东至清茶馆附近，沿山间土路，东至富岩一队北部。地震剖面长约 5.151km。

测线位置示意图见图 5.27。地震资料解释及成果见图 5.28。

地震时间剖面 1200ms 以浅解释 2 组反射波（图 5.28），分别为 T_{K2L}^1 和 T_{K2L}。解释 2 个断点，分别为 F_{D13}、F_3（目标断层）。断点在该测线上特征详述如下：

（1）F_{D13} 在剖面上倾向西，较陡，正断层。

该断点错断最浅层位为 T_{K2L}^1，垂直断距 40m。其可分辨的上断点在地面上的投影位于桩号 3273 附近，埋深约 134m。

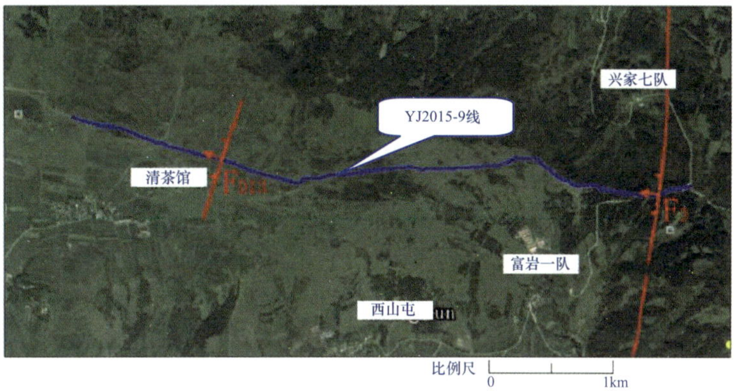

图 5.27　YJ2015-9 线位置示意图（蓝色线）

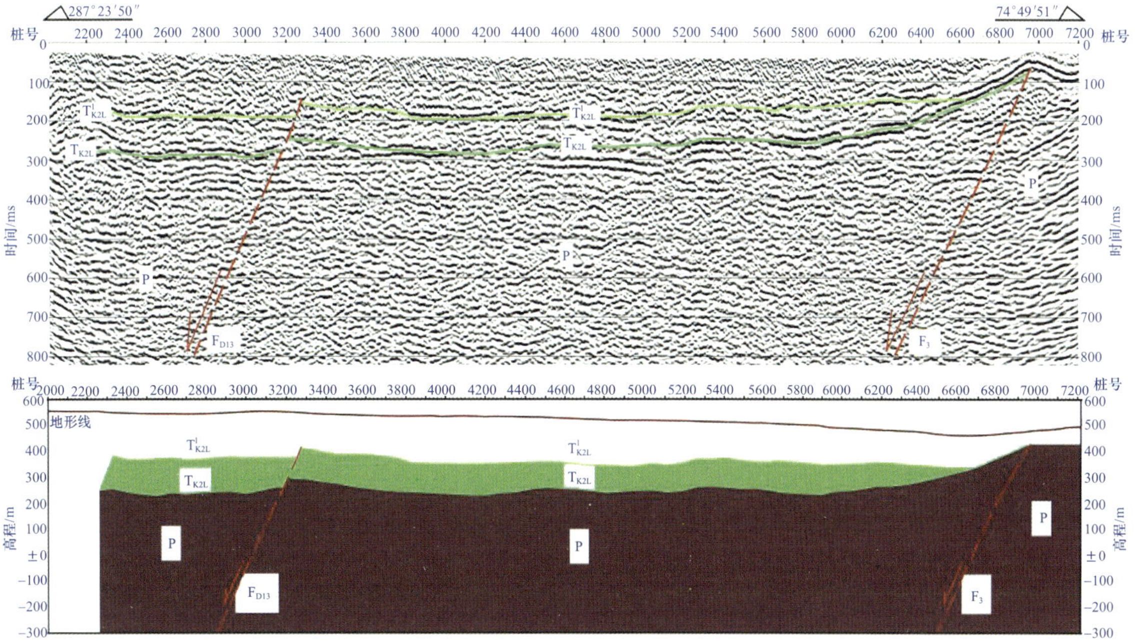

图 5.28　YJ2015-9 线时间剖面图和地质剖面图

（2）F_3 为本次浅层地震勘查的目标断层。在剖面上倾向西，较陡，正断层。

断层 F_3 的上盘和下盘均无规则层状反射波，推断解释为二叠系内部断层，断层使下盘二叠系整体抬升。

该断点错断最浅层位为 T_{K2L}，断距大于 51m。其可分辨的上断点在地面上的投影位于桩号 6961 附近，埋深约 51m。

5.7.9　YJ2016-1 线剖面解释（反射横波）

YJ2016-1 线为反射横波测线，布设于 YJ2015-7 线（2015 年初查工程浅层地震勘查测线）上，目的是控制 F_6 断层在第四系内的产状特征。测线铺设方向大致为北偏东 66°，测线中部经过太兴村附近，东北至仲兴村附近。地震测线长约 2.306km。

测线位置见图 5.29。地震资料解释及成果见图 5.30。

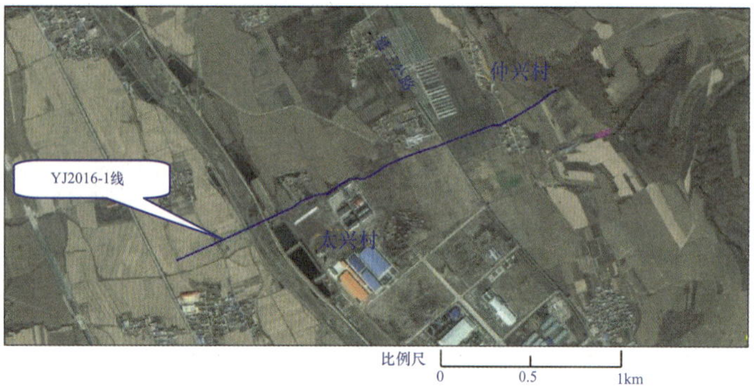

图 5.29　YJ2016-1 线位置示意图（蓝色线）

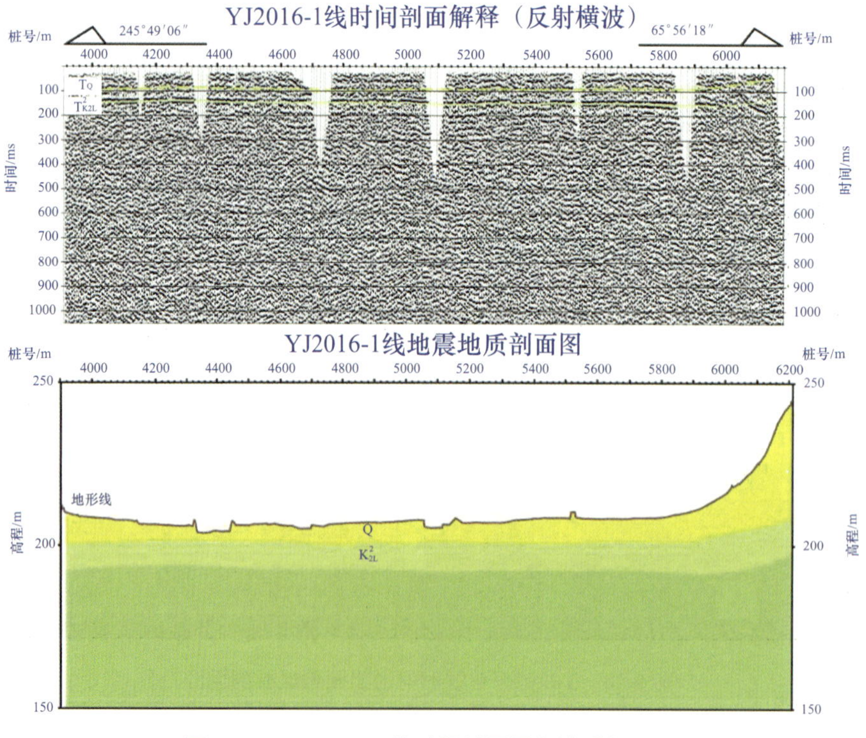

图 5.30　YJ2016-1 线时间剖面图和地质剖面图

地震时间剖面（图 5.30）1000ms 以浅解释 2 组特征明显的反射波 T_Q 与 T_{K2L}^2。从剖面上看，T_Q 与 T_{K2L}^2 反射波连续，无断点特征，说明 F_6 断层在 YJ2016-1 线上并未延伸至第四系。

在 YJ2016-1 线上，除东部地表抬升外（山坡），第四系底界面深度 5 ～ 9m。

图 5.31 为 YJ2016-1 线附近钻孔成果，钻孔剖面位置见图 5.29（粉色线位置）。图 5.31 中所示断层为初查工程反射纵波勘查方法解释断层的向上延伸位置。钻探结果表明，F_6 断层并没有延伸至第四系内，第四系深度分别为 6m、4.9m、4.5m、6.1m。与本次反射横波勘查方法解释成果较吻合。

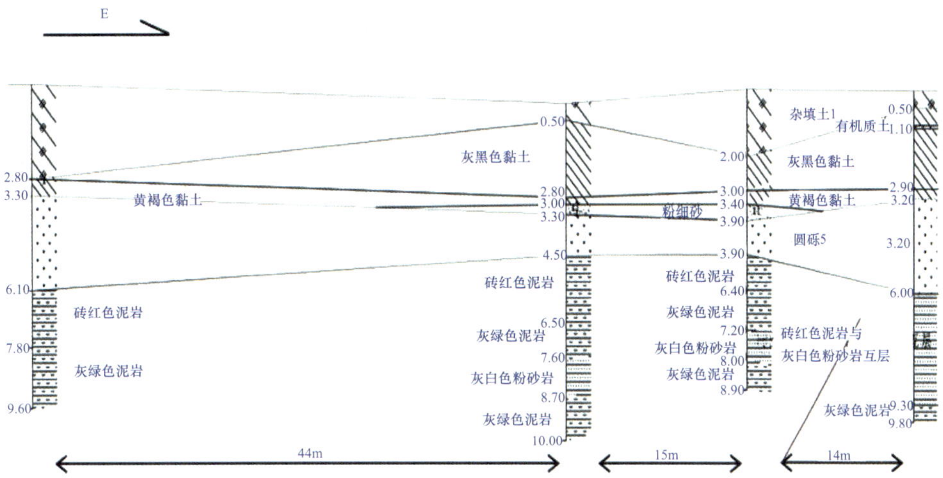

图 5.31　YJ2016-1 线附近钻孔成果

5.7.10　YJ2016-2 线剖面解释（反射横波）

YJ2016-2 线为反射横波测线，布设于 YJ2015-5 线（2015 年初查工程浅层地震勘查测线）上，目的是控制 F_6 断层在第四系内的产状特征。测线近东西方向铺设于“长白山西路”上，位于“延边博物馆”西侧。地震测线长度约 2.012km。

测线位置见图 5.32。地震资料解释及成果见图 5.33。

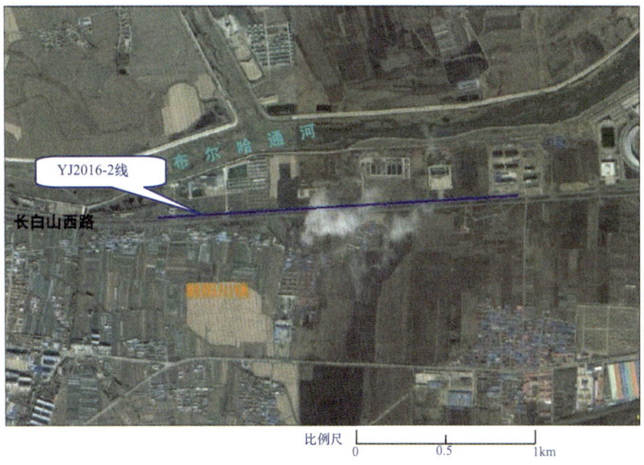

图 5.32　YJ2016-2 线位置示意图（蓝色线）

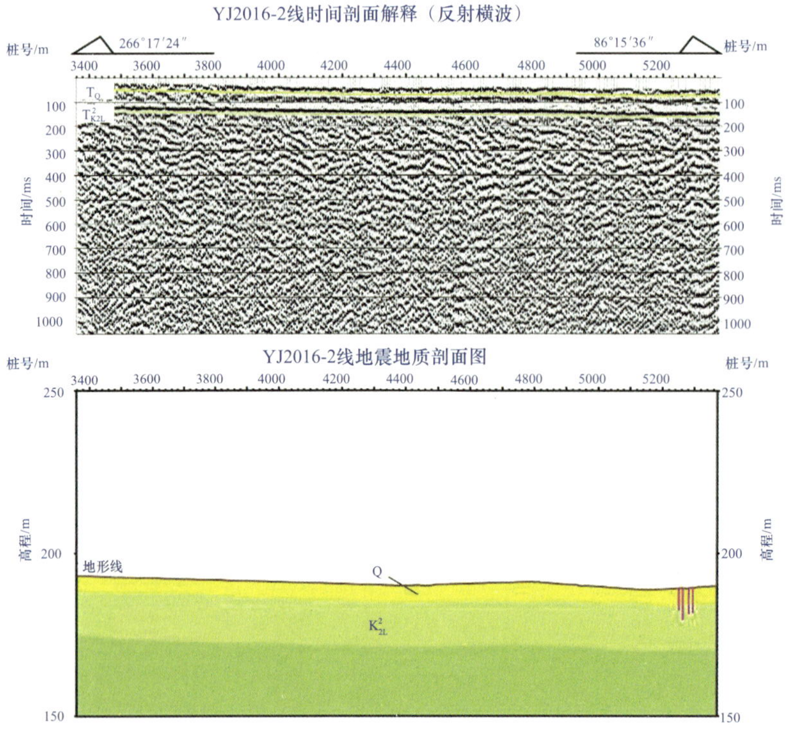

图 5.33　YJ2016-2 线时间剖面图和地质剖面图

地震时间剖面（图 5.34）1000ms 以浅解释 2 组特征明显的反射波 T_Q 与 T^2_{K2L}。从剖面上看，T_Q 与 T^2_{K2L}反射波连续，无断点特征，说明 F_6 断层在 YJ2016-1 线上并未延伸至第四系。

在 YJ2016-2 线上，第四系底界面深度 4.8m 左右。

图 5.34 所示为 YJ2016-2 线附近钻孔成果，钻孔剖面偏移测线 320m，图中断层为初查工程反射纵波勘查方法解释断层向上延伸位置。钻探结果表明，F_6 断层并没有延伸至第四系内，第四系深度分别为 3.3m、3.4m、4.1m、4.1m。与本次反射横波勘查方法解释成果较吻合。

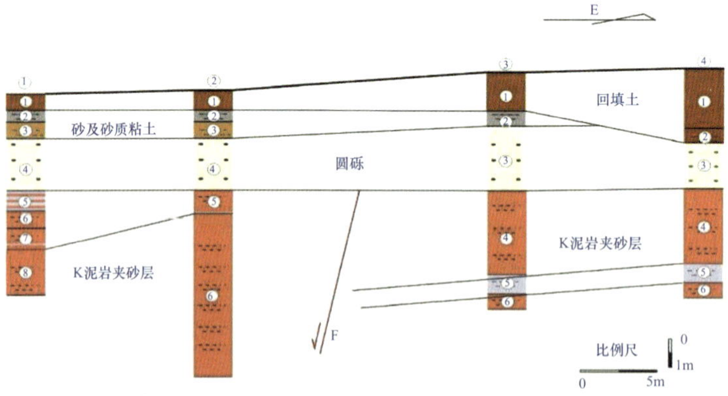

图 5.34　YJ2016-2 线附近钻孔成果

5.7.11　YJ2016-5 线剖面解释（反射横波）

YJ2016-5 线为反射横波测线，布设于 YJ2015-2 线（2015 年初查工程浅层地震勘查测线）

东侧，目的是控制 F_2 断层在第四系内的产状特征。测线近南北方向铺设于人民路东侧，南部始于布尔哈通河，北部止于爱丹路。地震测线长约 1.31km。

测线位置见图 5.35。地震资料解释及成果见图 5.36。

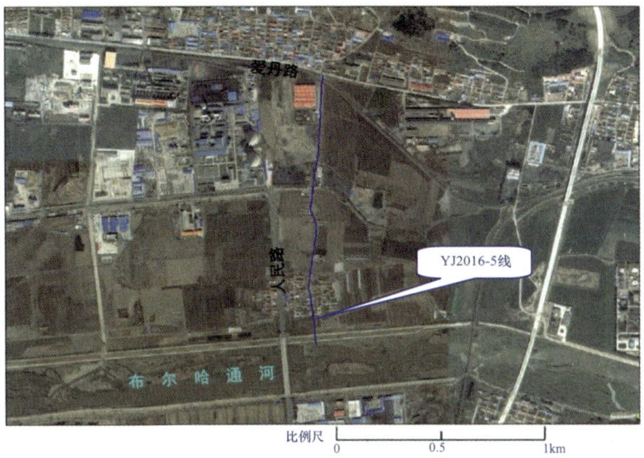

图 5.35　YJ2016-5 线位置示意图（蓝色线）

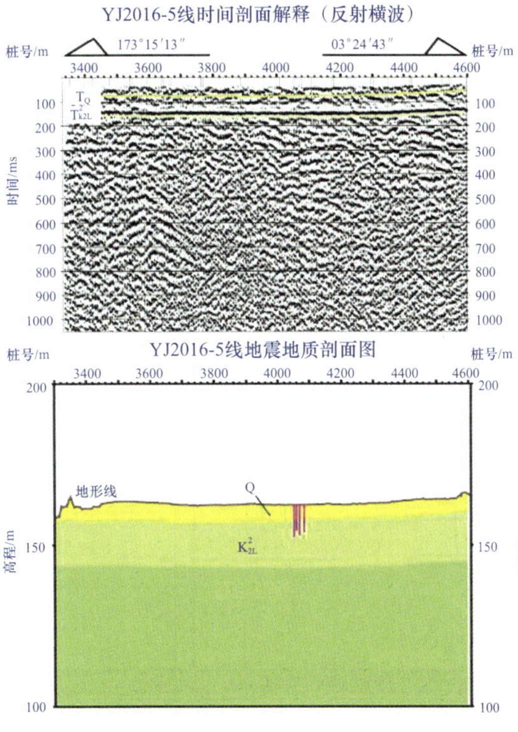

图 5.36　YJ2016-5 线时间剖面图和地质剖面图

地震时间剖面（图 5.36）1000ms 以浅解释 2 组特征明显的反射波 T_Q 与 T_{K2L}^2。剖面上看，T_Q 与 T_{K2L}^2 反射波连续，无断点特征，说明 F_2 断层在 YJ2016-5 线上并未延伸至第四系。在 YJ2016-5 线上，第四系底界面深 5m 左右。

图 5.37 为 YJ2016-5 线附近钻孔成果，钻孔剖面偏移测线 470m，图中断层为初查工程反射纵波勘查方法解释断层向上延伸位置。钻探结果表明，F_2 断层并没有延伸至第四系内，第四系深度分别为 4.9m、5m、5.4m、5m。与本次反射横波勘查方法解释成果较吻合。

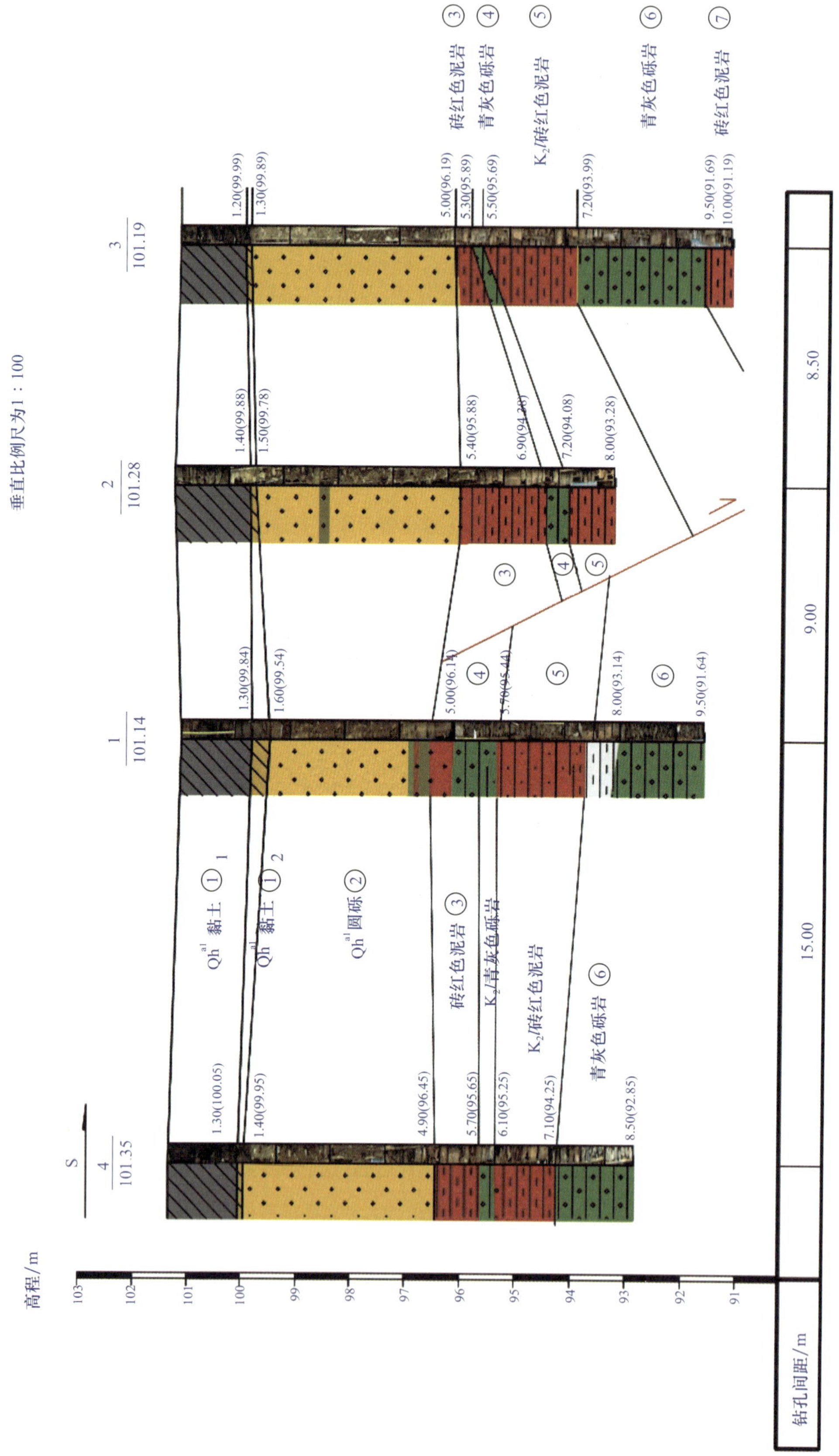

图 5.37　YJ2016-5 线附近钻孔成果

5.7.12　YJ2016-3 线剖面解释（反射纵波）

YJ2016-3 线为反射纵波测线，目的是控制 F_6 断层的平面展布特征。测线铺设于“S202 延龙公路上”，西起维新村附近，经过帽山屯北部。地震测线长度 3.516km。

测线位置见图 5.38。地震资料解释及成果见图 5.39。

图 5.38　YJ2016-3 线位置示意图（蓝色线）

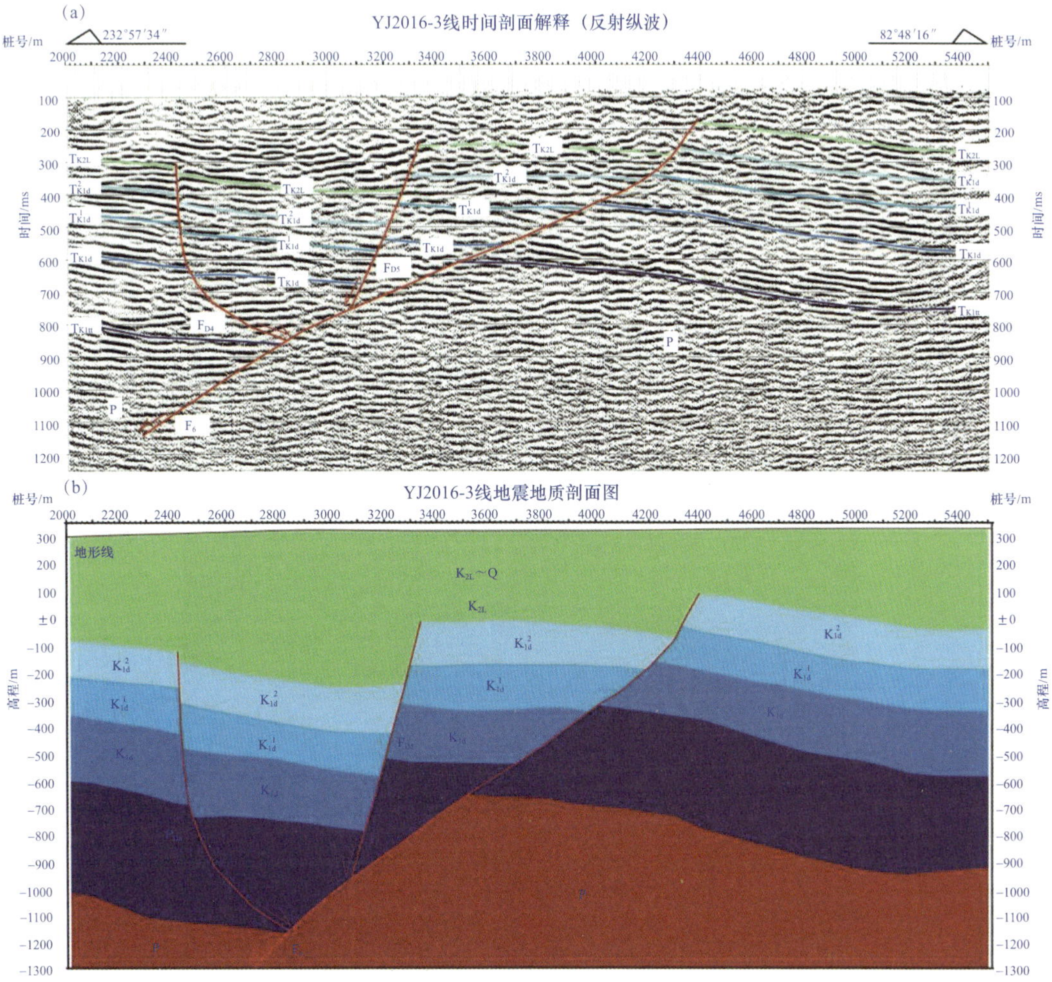

图 5.39　YJ2016-3 线时间剖面图和地质剖面图

地震时间剖面（图 5.39）1200ms 以浅解释 5 组特征明显的反射波，分别为 T_{K2L}、T_{K1d}^2、T_{K1d}^1、T_{K1d}、T_{K1tt}。由于测线铺设在公路上，受公路垫路岩石影响，浅部地层反射信息缺失（T_{K2L}^2、T_{K2L}^1）。

解释 3 个断点，即 F_6（目标断层）、F_{D4}、F_{D5}。断点在该测线上特征详述如下：

（1）F_6 为本次浅层地震勘查的目标断层，视倾向为 219°，视倾角为 36°～63°，上陡下缓，正断层。

该断点错断最浅层位 T_{K2L}，垂直断距 163m，其可分辨的上断点在地面上的投影位于桩号 4395 附近，埋深约 235m。

（2）F_{D4} 视倾向为 68°，视倾角为 32°～87°，上陡下缓交于 F_6，正断层。

该断点错断最浅层位为 T_{K2L}，垂直断距 32m，其可分辨的上断点在地面上的投影位于桩号 2417 附近，埋深约 436m。

（3）F_{D5} 视倾向为 236°，视倾角为 85°，正断层。

该断点错断最浅层位为 T_{K2L}，垂直断距为 229m，其可分辨的上断点在地面上的投影位于桩号 3339 附近，埋深约 333m。

5.7.13 YJ2016-4 线剖面解释（反射纵波）

YJ2016-4 线为反射纵波测线，目的控制 F_2 断层的平面展布特征。测线南北方向铺设于延吉市内，经由长安街、河南街、光明街。地震测线长度约 3.6km。

测线位置见图 5.40。地震资料解释及成果见图 5.41。

地震时间剖面（图 5.41）1200ms 以浅解释 4 组特征明显的反射波，分别为 T_{K2L}^1、T_{K2L}、T_{K1dl}^1、T_{K1dl}。解释 1 个断点 F_7，由于 F_7 与测线走向相近，交角较小，F_7 在剖面上显示非常缓。

YJ2016-4 线目的为控制 F_2 断层的平面展布特征，但剖面上无明显 F_2 特征，说明 F_2 在平面上并未穿过 YJ2016-4 线。

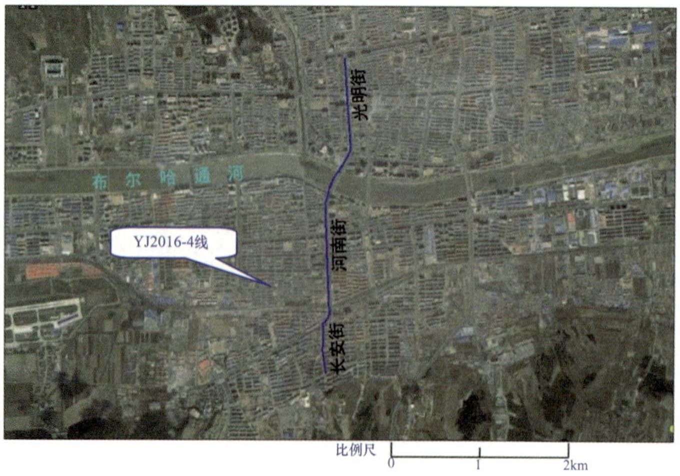

图 5.40 YJ2016-4 线位置示意图（蓝色线）

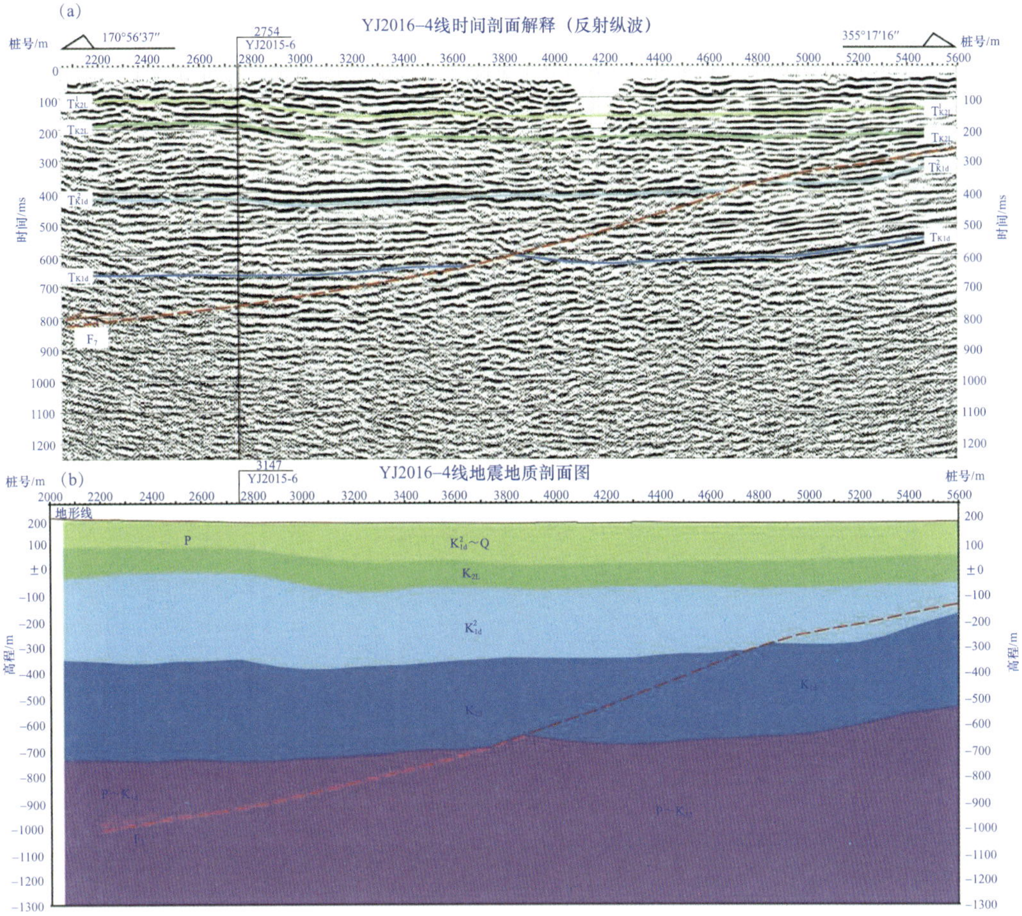

图 5.41　YJ2016–4 线时间剖面图和地质剖面图

5.7.14　YJ2016–6 线剖面解释（反射纵波）

YJ2016–6 线为反射纵波测线，目的控制 F_3 断层的平面展布特征。测线近东西方向铺设于延吉市东郊，西部始于“人民路”附近，沿布尔哈通河北岸向东铺设。地震测线长度约 3.016km。测线位置见图 5.42。地震资料解释及成果见图 5.43。

图 5.42　YJ2016–6 线位置示意图（蓝色线）

地震时间剖面（图 5.43）1200ms 以浅解释 3 组特征明显的反射波，分别为 T_{K2L}^{1}、T_{K2L}、T_{K1d}^{2}。解释 1 个断点 F_3（目标断层）。

F_3 为本次浅层地震勘查的目标断层，视倾向 300°、视倾角 71°，正断层。

该断点错断最浅层位为 T_{K2L}^{1}，垂直断距大于 900m，其可分辨的上断点在地面上的投影位于桩号 3439 附近，埋深约 250m。

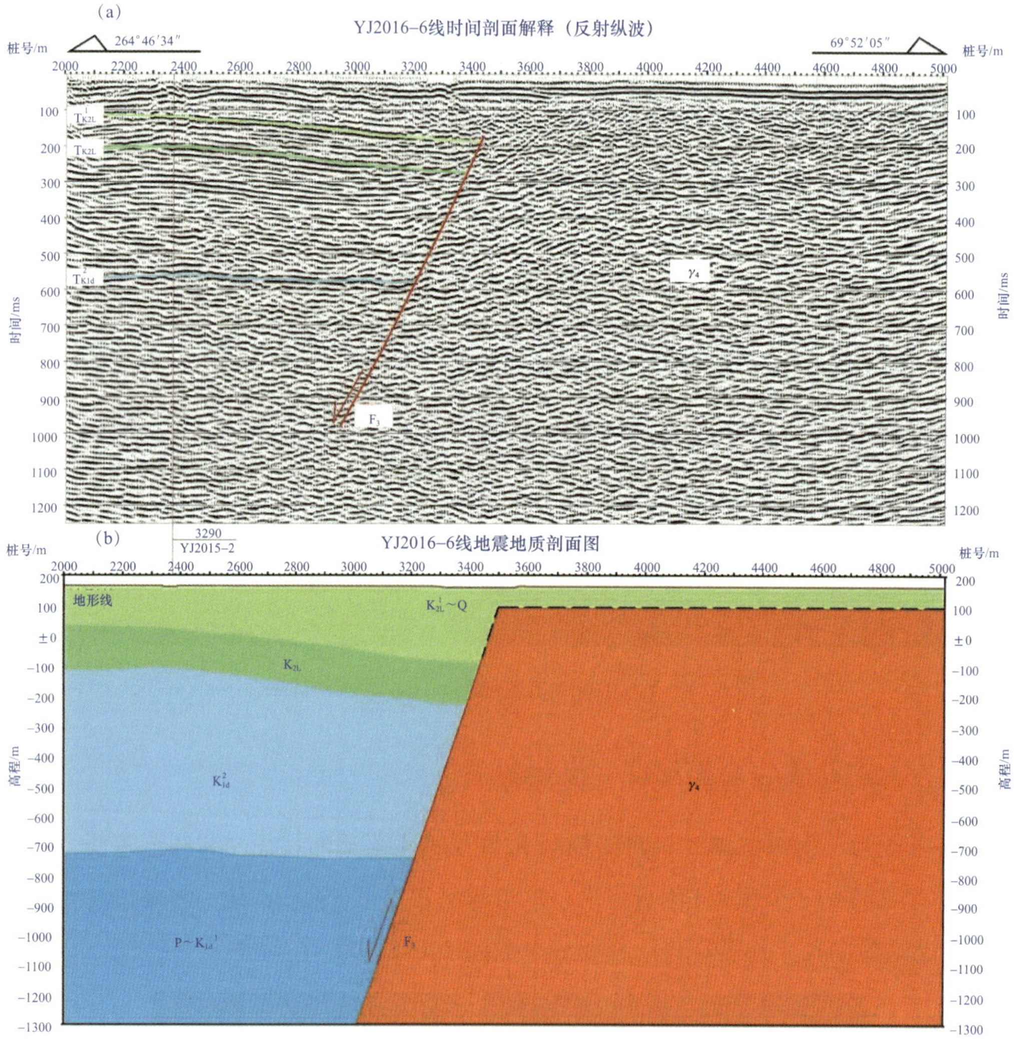

图 5.43　YJ2016-6 线时间剖面图和地质剖面图

5.7.15　YJ2016-7 线剖面解释（反射纵波）

YJ2016-7 线为反射纵波测线，目的控制 F_8 断层的平面展布特征。测线近南北方向铺设于清茶馆西侧，南部始于东上村附近。地震测线长度 4.016km。

测线位置见图 5.44。地震资料解释及成果见图 5.45。

地震时间剖面（图 5.45）1200ms 以浅解释 6 组特征明显的反射波，分别为 T_{Eh}^{2}、T_{Eh}^{1}、

T_{Eh}、T_{K2L}^{2}、T_{K2L}^{1}、T_{K2L}。解释 1 个断点 F_8（目标断层）。

F_8 为本次浅层地震勘查的目标断层，与油田三维解释断层 YSH21 为同一断层，视倾向 195°、视倾角 28°，正断层。

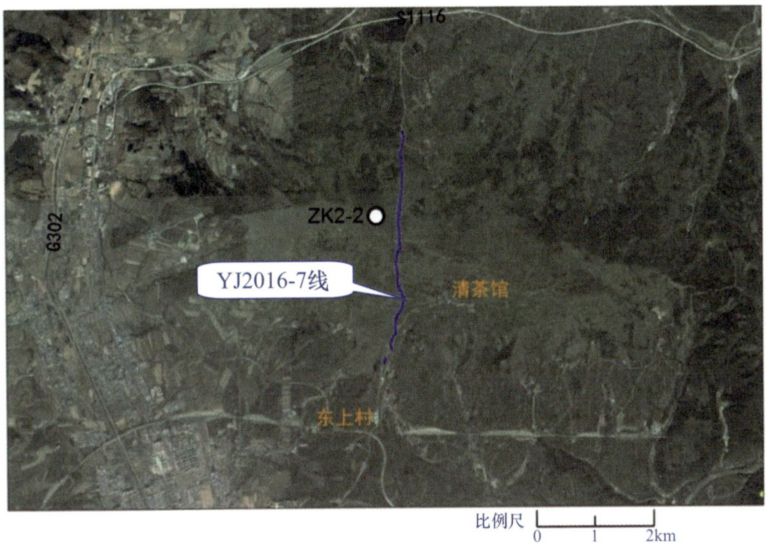

ZK2-2

地质年代	深度/m
Q	20.8
$E_{1-3}h$	284.5
K_2L	
终孔	309.2

图 5.44　YJ2016-7 线位置示意图（蓝色线）

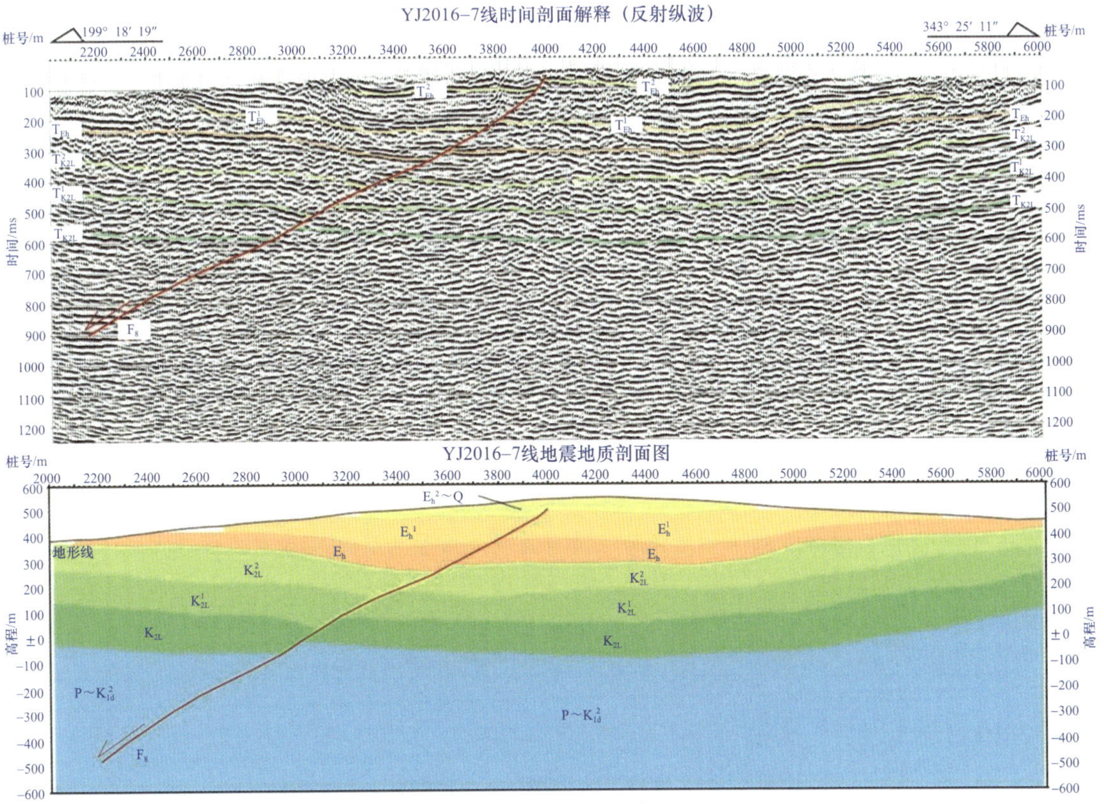

图 5.45　YJ2016-7 线时间剖面图和地质剖面图

该断点错断最浅层位为 T_{Eh}^{2}，垂直断距为 17m，其可分辨的上断点在地面上的投影位于桩号 4000 附近，埋深约 40m。

需要说明的是，YJ2015-8.1 线（2015 年初查工程浅层地震勘查测线）解释的断点 F_{D12}，初查解释认为与本次勘查目标断层 F_8（YSH21）为同一断层，但 F_{D12} 与 YJ2016-7 线显示的 F_8 特征不同，应该不是同一断层。

5.8 地质成果

从本次探测所获得的反射波时间剖面来看，大部分断层在剖面上的特征是非常清楚的。在 17 条地震测线上共解释组合断层 7 条（F_2、F_3、F_6、F_7、F_8、F_{D3}、F_{D5}），未组合断点 11 个（F_{D1}、F_{D2}、…、F_{D12}、F_{D13}），现将勘查区内各断层（断点）在地震时间剖面上的发育特征综合描述如下。

5.8.1 断层

根据地震剖面反射波组特征和断层判别依据：

在 3 条反射横波测线上分别解释 2 组特征明显的反射波，T_Q（第四系底界面）与 T^2_{K2L}，反射波连续，并未发现特征明显的断点。

在 14 条反射纵波测线上共解释了 10 个反射波组，分别为 T^2_{Eh}、T^1_{Eh}、T_{Eh}、T^2_{K2L}、T^1_{K2L}、T_{K2L}、T^2_{K1d}、T^1_{K1d}、T_{K1d} 和 T_{K1tt}。共解释断点 5 个，分别为 F_3、F_6、F_8、F_{D4} 与 F_{D5}（详见第 7 章）。断点参数见表 5.1。

表 5.1　各条测线解释断点参数表

测线编号	断点编号	错断界面	垂直断距 /m	上断点深度 /m	上断点桩号	断层性质	（视）倾向 /（°）	（视）倾角 /（°）	可靠程度
YJ2015-1	F_2	T^2_{K2L}	>851	168	3164	正断层	344	69 ～ 81	可靠
		T^1_{K2L}							
		T_{K2L}							
		T^1_{K1dl}							
		T_{K1dl}							
		T_{K1tt}							
	F_{D1}	T^1_{K2L}	—	126	4942	正断层	198	50 ～ 57	较可靠
		T_{K2L}	81						
		T^1_{K1dl}	81						
		T_{K1dl}	81						
		T_{K1tt}	81						

续表

测线编号	断点编号	错断界面	垂直断距 /m	上断点深度 /m	上断点桩号	断层性质	（视）倾向 /（°）	（视）倾角 /（°）	可靠程度
YJ2015-2	F_2	T_{K2L}^{1}	>759	108	3864	正断层	344	61 ～ 67	较可靠
		T_{K2L}							
		T_{K1dl}^{1}							
	F_{D2}	T_{K2L}^{2}	>454	152	3601	正断层	161	57 ～ 69	较差
		T_{K2L}^{1}							
		T_{K2L}							
	F_{D3}	T_{K2L}^{1}	—	\	\	正断层	107 ～ 152	37	较差
		T_{K2L}	—						
YJ2015-3	F_2	T_{K2L}^{1}	>950	\	\	正断层	344	64 ～ 75	较差
		T_{K2L}							
		T_{K1dl}^{1}							
	F_{D3}	T_{K2L}^{2}	34	157	3992	正断层	107 ～ 152	28 ～ 65	较可靠
		T_{K2L}^{1}	50						
		T_{K2L}	66						
		T_{K1dl}^{1}	99						
YJ2015-4	F_6	T_{K2L}^{2}	179	118	6231	正断层	237	26 ～ 45	可靠
		T_{K2L}^{1}	163						
		T_{K2L}	184						
		T_{K1dl}^{1}	196						
		T_{K1dl}	184						
		T_{K1tt}	564						
	F_{D4}	T_{K2L}^{1}	52	105	3551	正断层	68	42 ～ 83	可靠
		T_{K2L}	87						
		T_{K1dl}^{1}	78						
		T_{K1dl}	96						
	F_{D5}	T_{K2L}^{1}	90	125	4635	正断层	237	77 ～ 80	较可靠
		T_{K2L}	102						
		T_{K1dl}^{1}	79						
		T_{K1dl}	122						
YJ2015-5	F_6	T_{K2L}^{2}	—	87	4679	正断层	237	30 ～ 80	可靠
		T_{K2L}^{1}	181						
		T_{K2L}	183						
		T_{K1dl}^{1}	167						
		T_{K1dl}	173						
		T_{K1tt}	187						

续表

测线编号	断点编号	错断界面	垂直断距 /m	上断点深度 /m	上断点桩号	断层性质	（视）倾向 /（°）	（视）倾角 /（°）	可靠程度
YJ2015-5	F_{D5}	T_{K2L}^{2}	—	42	4013	正断层	237	60 ～ 71	可靠
		T_{K2L}^{1}	234						
		T_{K2L}	262						
		T_{K1dl}^{1}	285						
		T_{K1dl}	281						
		T_{K1tt}	263						
YJ2015-6	F_3	T_{K2L}^{1}	>1501	138	9503	正断层	277 ～ 283	52	可靠
		T_{K2L}							
		T_{K1dl}^{1}							
	F_7	T_{K1dl}^{1}	115	510	4140	正断层	252	38 ～ 48	可靠
		T_{K1dl}	124						
	F_{D3}	T_{K2L}^{2}	—	149	6915	正断层	107 ～ 152	29 ～ 61	可靠
		T_{K2L}^{1}	76						
		T_{K2L}	90						
		T_{K1dl}^{1}	82						
		T_{K1dl}	—						
YJ2015-7	F_6	T_{K2L}^{2}	>925	76	5475	正断层	237	19 ～ 41	可靠
		T_{K2L}^{1}							
		T_{K2L}							
		T_{K1dl}^{1}							
		T_{K1dl}							
	F_{D5}	T_{K2L}^{2}	102	104	4896	正断层	237	47 ～ 60	可靠
		T_{K2L}^{1}	116						
		T_{K2L}	171						
YJ2015-8	F_6	T_{K2L}^{1}	64	49	5403	正断层	237	30 ～ 45	可靠
		T_{K2L}	80						
		T_{K1dl}	94						
		T_{K1td}	95						
		T_{K1tt}	352						
	F_{D5}	T_{K2L}^{1}	153	32	4548	正断层	237	62 ～ 83	可靠
		T_{K2L}	185						
		T_{K1dl}	218						
		T_{K1td}	215						

续表

测线编号	断点编号	错断界面	垂直断距 /m	上断点深度 /m	上断点桩号	断层性质	（视）倾向 /（°）	（视）倾角 /（°）	可靠程度
YJ2015-8	F_{D6}	T_{K2L}^1	—	124	6503	正断层	256	27 ~ 38	可靠
		T_{K2L}	304						
		T_{K1dl}	324						
		T_{K1td}	352						
		T_{K1tt}	395						
	F_{D7}	T_{K2L}^1	—	103	7427	正断层	256	32 ~ 41	可靠
		T_{K2L}	227						
		T_{K1dl}	258						
		T_{K1td}	233						
		T_{K1tt}	262						
YJ2015-8.1	F_{D8}	T_{K2L}^1	136	51	10534	正断层	254	17 ~ 42	可靠
		T_{K2L}	160						
		T_{K1dl}	209						
		T_{K1td}	268						
		T_{K1tt}	349						
	F_{D9}	T_{K2L}^1	35	110	8239	正断层	67	65 ~ 70	较可靠
		T_{K2L}	42						
		T_{K1dl}	35						
		T_{K1td}	58						
		T_{K1tt}	72						
	F_{D10}	T_{K2L}^1	—	145	8913	正断层	247	72 ~ 81	较可靠
		T_{K2L}	210						
		T_{K1dl}	230						
		T_{K1td}	229						
		T_{K1tt}	213						
	F_{D11}	T_{K2L}^1	29	133	12363	正断层	254	43 ~ 63	可靠
		T_{K2L}	28						
		T_{K1dl}	27						
		T_{K1td}	40						
		T_{K1tt}	33						
	F_{D12}	T_{K2L}^1	>1034	72	14745	正断层	185	24 ~ 28	可靠
		T_{K2L}							
		T_{K1dl}							
		T_{K1td}							
		T_{K1tt}							
YJ2015-9	F_3	T_{K2L}	>51	51	6961	正断层	277 ~ 283	54	较差
	F_{D13}	T_{K2L}^1	40	134	3273	正断层	288	60	较差
		T_{K2L}	40						

续表

测线编号	断点编号	错断界面	垂直断距 /m	上断点深度 /m	上断点桩号	断层性质	（视）倾向 /（°）	（视）倾角 /（°）	可靠程度
YJ2016-3	F_6	T_{K2L}	163	235	4395	正断层	219	36 ～ 63	可靠
		T^2_{K1d}	163						
		T^1_{K1d}	188						
		T_{K1d}	216						
		T_{K1tt}	498						
	F_{D4}	T_{K2L}	32	436	2417	正断层	68	32 ～ 87	较可靠
		T^2_{K1d}	56						
		T^1_{K1d}	52						
		T_{K1d}	45						
	F_{D5}	T_{K2L}	229	333	3339	正断层	236	85	较可靠
		T^2_{K1d}	250						
		T^1_{K1d}	270						
		T_{K1d}	270						
YJ2016-6	F_3	T^1_{K2L}	≥900	250	3439	正断层	300	71	可靠
		T_{K2L}							
		T^2_{K1d}							
YJ2016-7	F_8	T^2_{Eh}	17	40	4000	正断层	195	28	可靠
		T^1_{Eh}	24						
		T_{Eh}	28						
		T^2_{K2L}	35						
		T^1_{K2L}	48						
		T_{K2L}	51						

目标断层特征综述：

通过本次浅层地震反射纵波与反射横波勘查，结合油田三维地震勘探解释成果，目标区内断层上断点平面展布图见图 5.46，其目标断层特征详述如下：

（1）F_2 断层。

为控制 F_2 断层的平面展布特征，初查工程及详查工程共布设四条反射纵波测线（YJ2015-1 线、YJ2015-2 线、YJ2015-3 线及 YJ2016-4 线），见图 5.47。

通过对初查工程地震成果的重新解释，将 YJ2015-1 线与 YJ2015-2 线解释的 F_2 断层重新解释为 F_{D14} 与 F_{D15}。图 5.47 所示，F_{D14} 所在位置出露有中性喷出岩 α_5，推断为北西向构造特征，F_{D2} 与 F_{D15} 附近出露有花岗岩 γ_4，推断为地层超覆于 γ_4 之上；均不是 F_2 断层特征。图 5.48 所示，YJ2015-1、YJ2015-2 及 YJ2016-4 线地震剖面均无 F_2 断层特征。

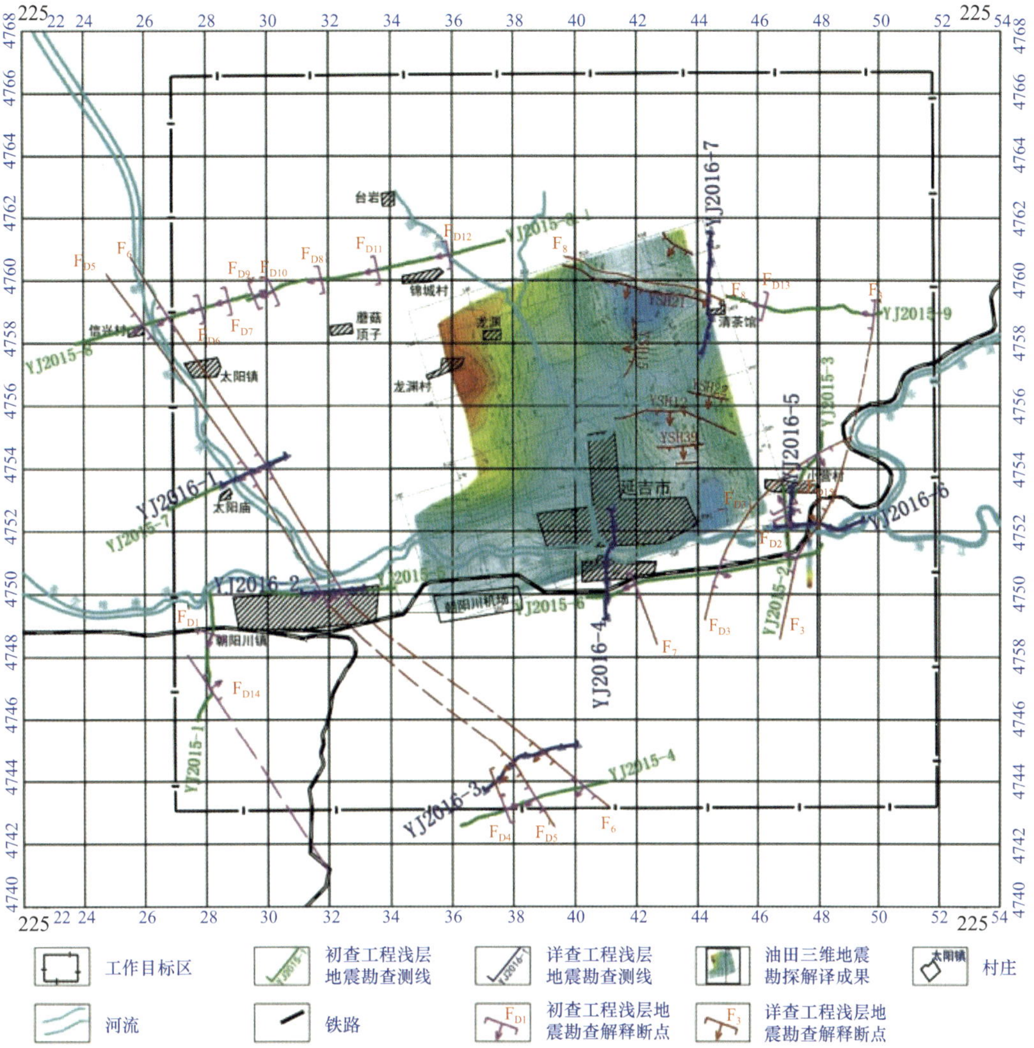

图 5.46 断层上断点平面展布图

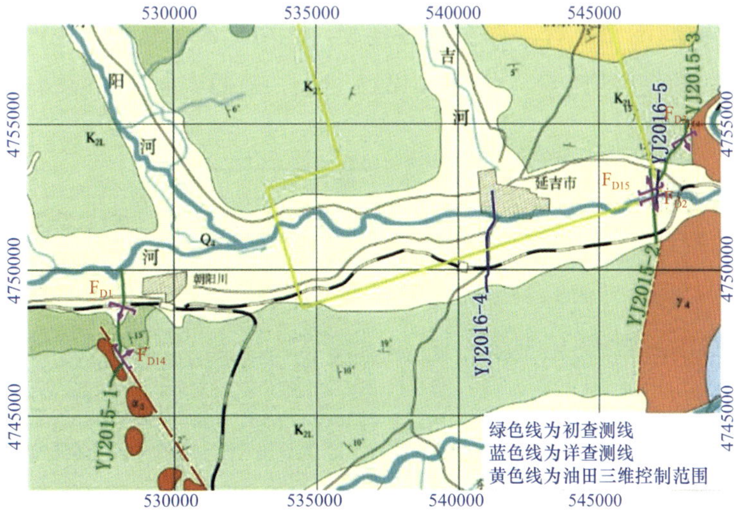

图 5.47 F_2 断层控制测线位置示意图

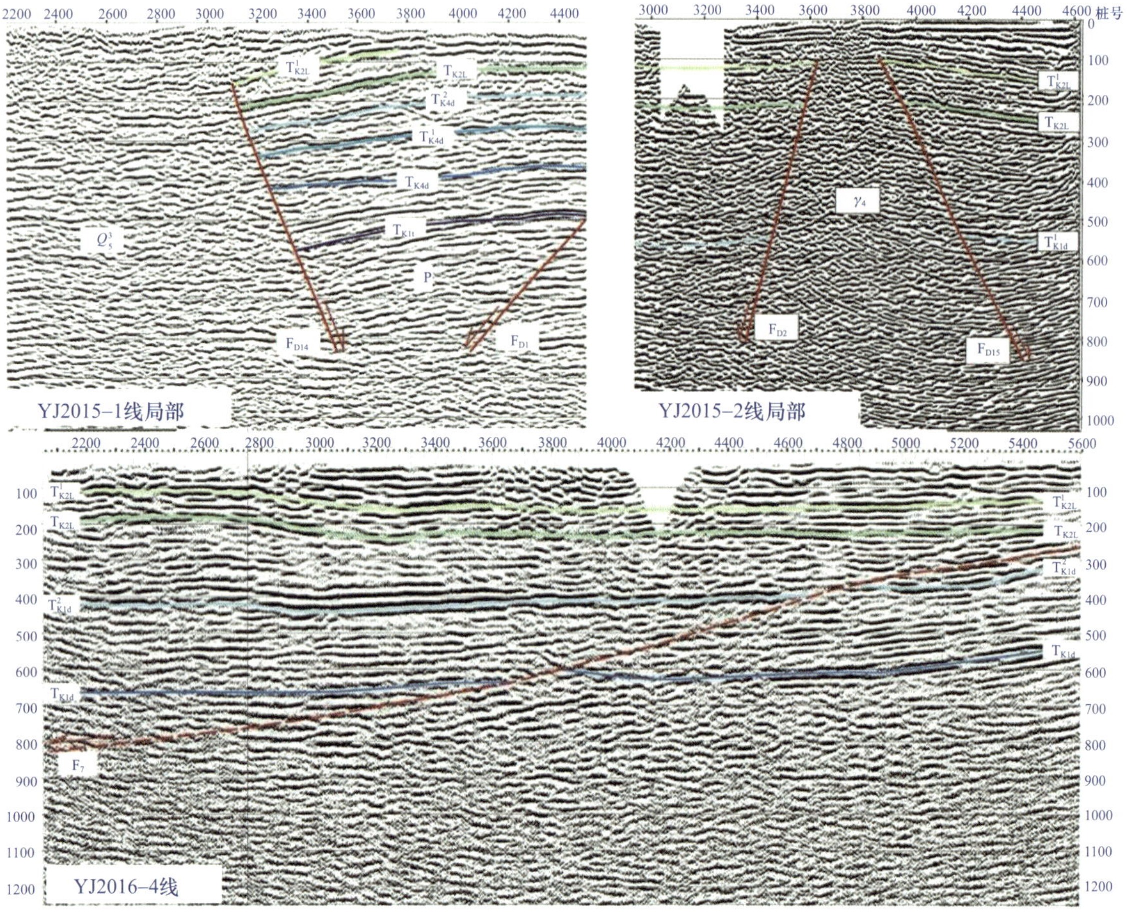

图 5.48　YJ2015-1 线、2 线及 YJ2016-4 线地震剖面示意图

在油田三维及浅层地震勘查测线控制范围内并没有明显的 F_2 断层特征，说明在测线控制范围内并不存在 F_2 断层。

本次详查工程布设一条反射横波测线 YJ2016-5 线，目的控制 F_{D2} 与 F_{D15} 断层在第四系内的产状特征。但从时间剖面上看，T_Q 反射波连续，无明显断点特征，说明 F_{D2} 与 F_{D15} 断层在 YJ2016-5 线上并未延伸至第四系。在 YJ2016-5 线上，第四系底界面深 5m 左右 , 见图 5.49。

（2）F_6 断层。

为控制 F_6 断层的平面展布特征，初查工程及详查工程共布设四条反射纵波测线（YJ2015-4 线、YJ2015-5 线、YJ2015-7 线及 YJ2016-3 线），见图 5.50。

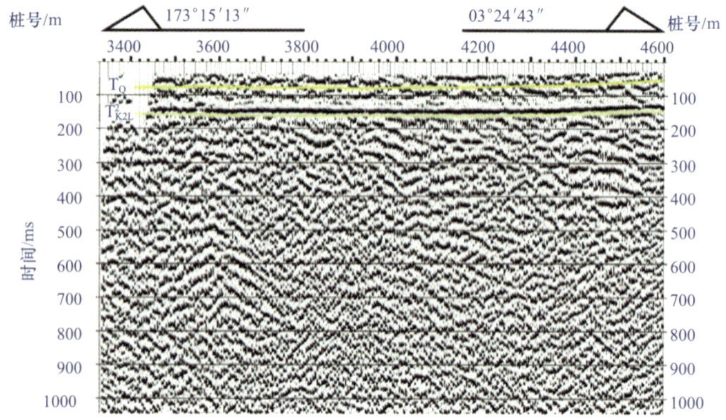

图 5.49　YJ2016-5 线地震剖面示意图（反射横波）

四条测线上 F_6 断层位置均有明显的断层特征显示。该断层倾向 219°～237°，倾角变化较大

（19°～80°），正断层。在 YJ2015-7 线剖面可分辨的上断点埋深约 76m，垂直断距大于 925m，其他测线显示垂直断距一般 160m 左右。地震剖面显示 F_6 断层错断最浅层位为 T^1_{K2L}，说明 F_6 断层至少活动至 T^1_{K2L}反射层沉积时期，见图 5.51。

图 5.50　F_6 断层控制测线位置示意图

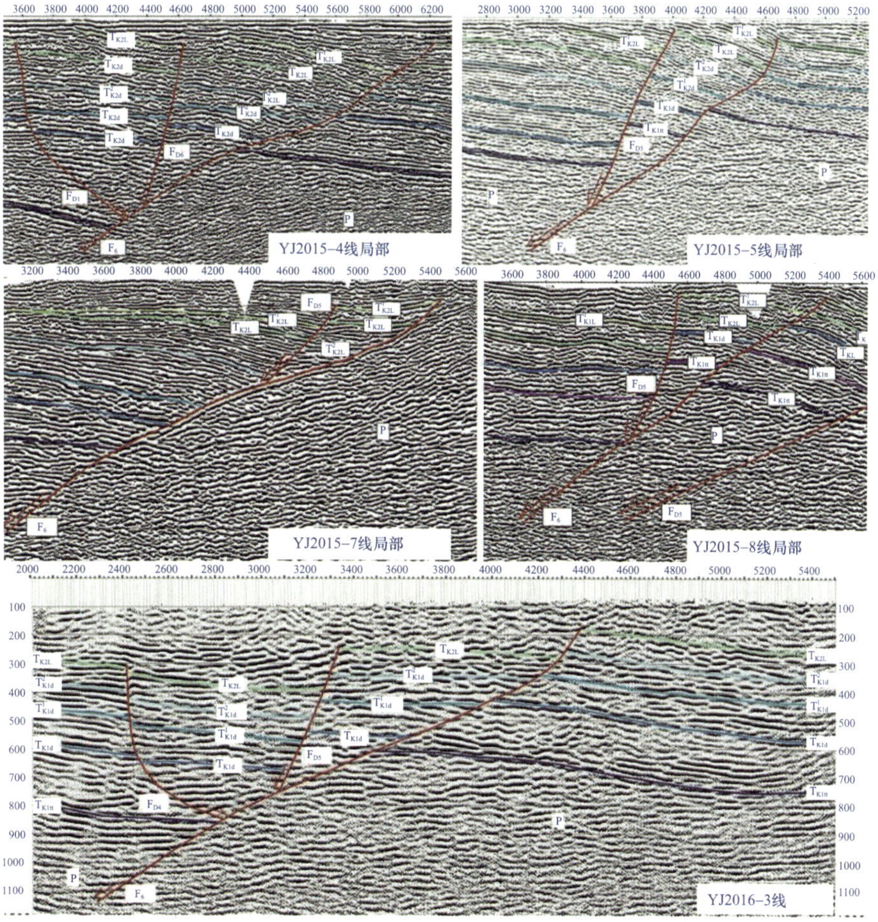

图 5.51　控制 F_6 断层各条测线地震剖面示意图

本次详查工程布设两条反射横波测线 YJ2016-1 线及 YJ2016-2 线，目的是控制 F_6 断层在第四系内的产状特征。但从时间剖面上看，两条测线 T_Q 反射波均连续，无明显断点特征，说明 F_6 断层在 YJ2016-1 线及 YJ2016-2 线上并未延伸至第四系。在 YJ2016-1 线上，除东部地表抬升外（山坡），第四系底界面深度 5-9m 左右。在 YJ2016-2 线上，第四系底界面深度 4.8m 左右，见图 5.52。

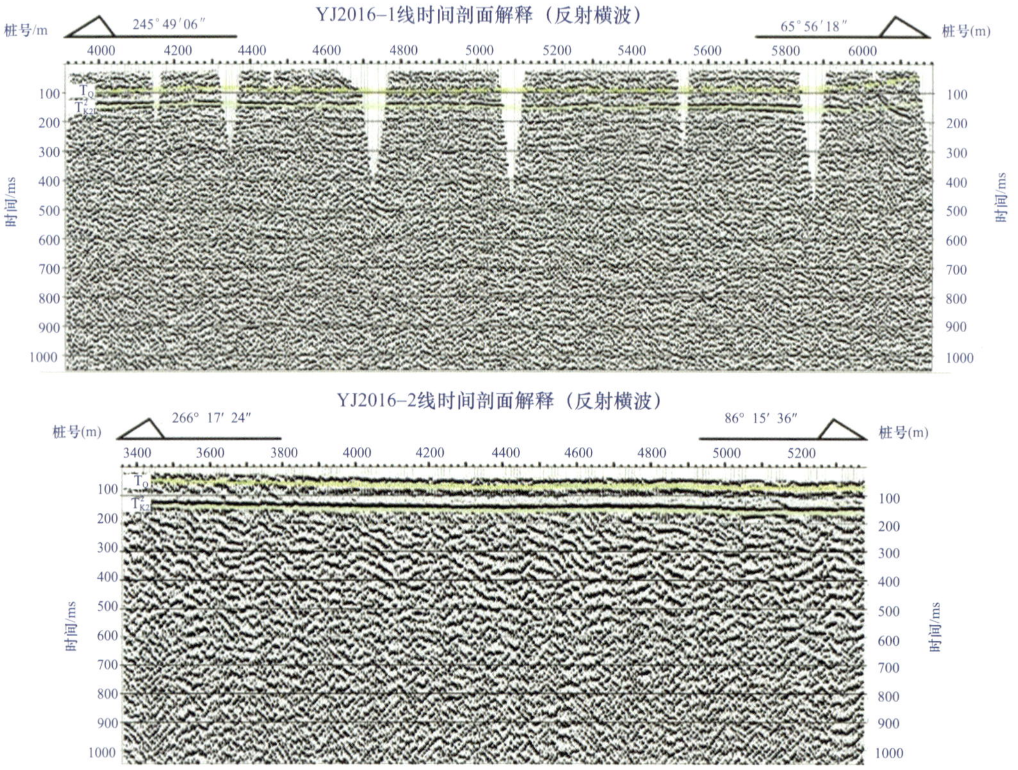

图 5.52　YJ2016-1 线及 2 线地震剖面示意图

（3）F_3 断层。

为控制 F_3 断层的平面展布特征，初查工程及详查工程共布设三条反射纵波测线（YJ2015-6 线、YJ2015-9 线及 YJ2016-6 线），见图 5.53。

三条测线上 F_3 断层位置均有明显的断层特征显示。该断层倾向 277°～300°，倾角 39°～53°，正断层。在 YJ2015-6 线剖面可分辨的上断点埋深约 138m，垂直断距大于

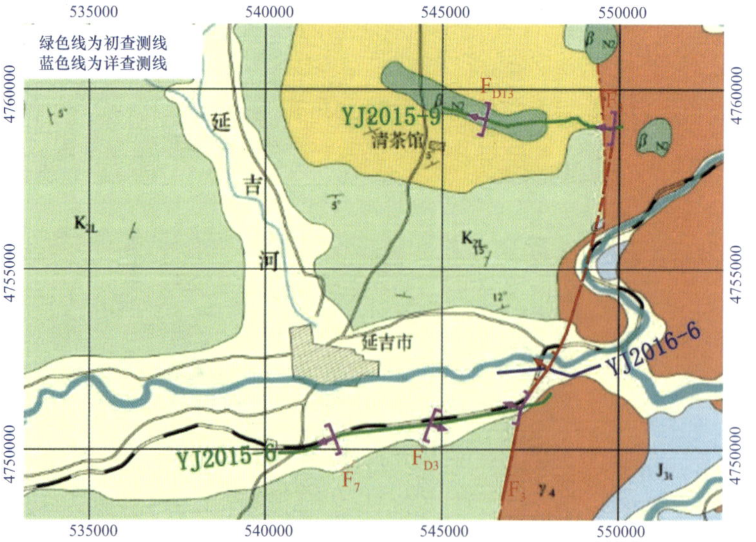

图 5.53　F_3 断层控制测线位置示意图

1500m，在 YJ2016-6 线剖面可分辨的上断点埋深约 250m，垂直断距大于 900m。地震剖面显示 F_6 断层错断最浅层位为 T_{Eh}，说明 F_2 断层至少活动至 T_{Eh} 反射层沉积时期，见图 5.54。

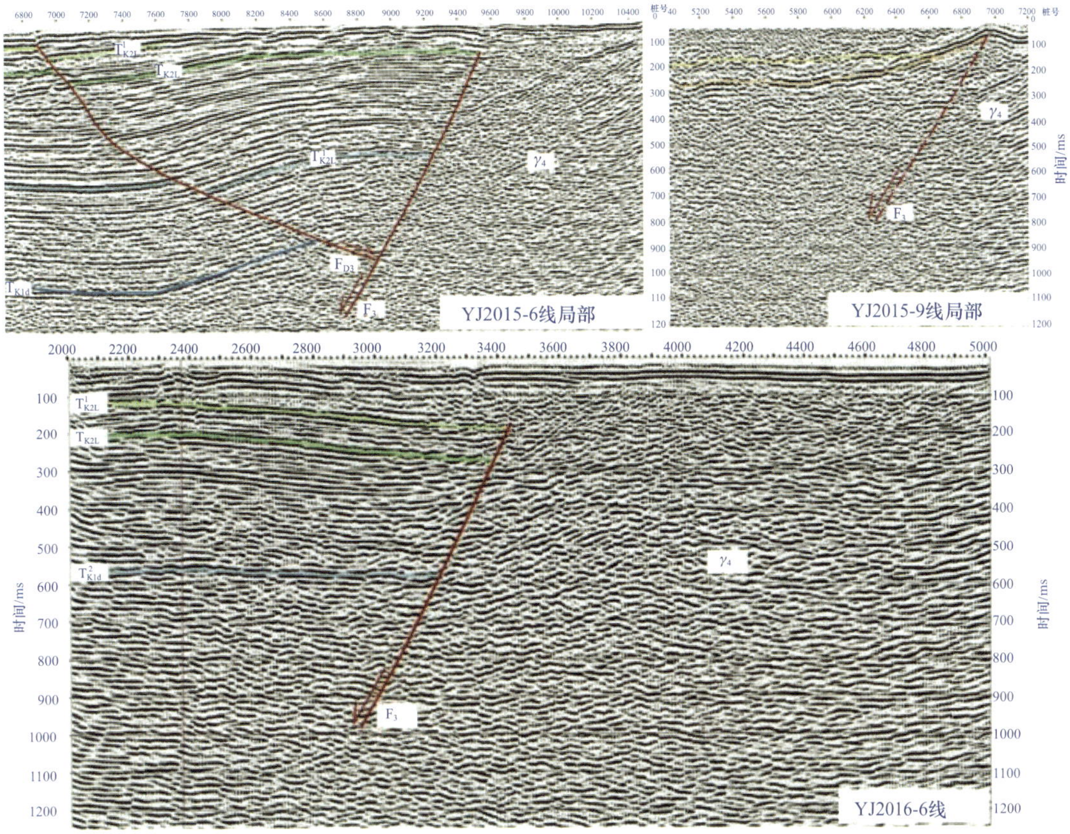

图 5.54　控制 F_3 断层各条测线地震剖面示意图

（4）F_8 断层。

YJ2016-7 线地震剖面显示的 F_8 断层特征与油田三维解释的 YSH21 断层特征相同，应为同一断层，见图 5.55。

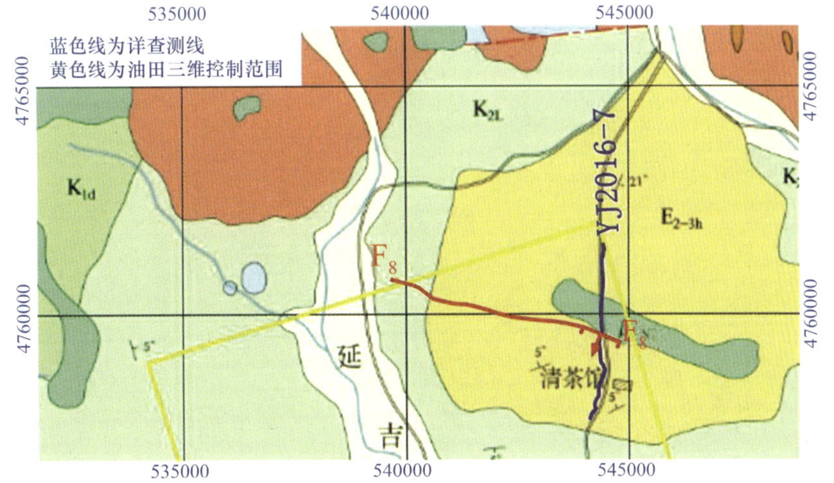

图 5.55　F_8 断层控制测线位置示意图

该断层倾向 195°、倾角 28°，正断层。在 YJ2016-7 线剖面可分辨的上断点埋深约 40m，垂直断距为 17m 左右。地震剖面显示 F_8 断层错断最浅层位为 T_{Eh}^2，说明 F_2 断层至少活动至 T_{Eh}^2 反射层沉积时期，见图 5.56。

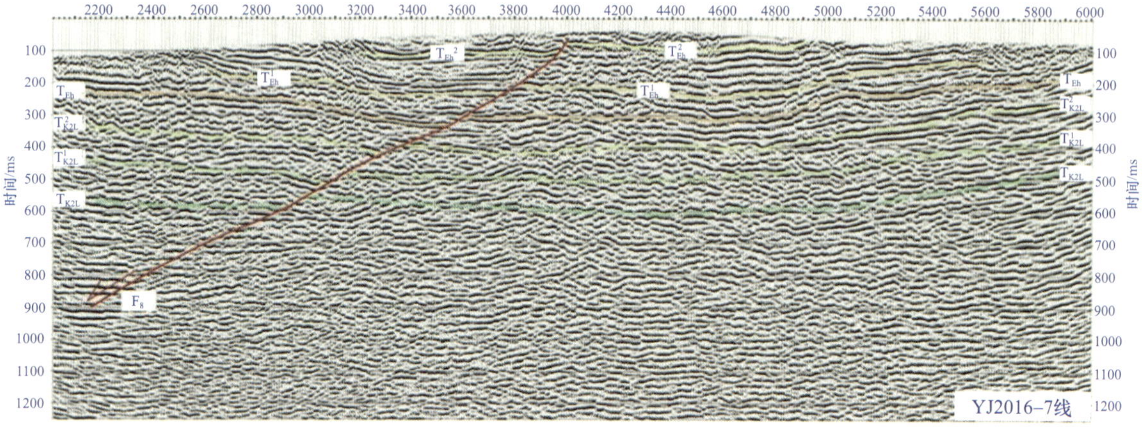

图 5.56 YJ2016-7 线地震剖面

5.8.2 构造分析

目标区构造分区图见图 5.57，通过对目标区地质构造综合分析，认为大致可分为 5 个构造单元，分别为朝阳川凹陷、太平山凸起、清茶馆凹陷、东部隆起以及北部隆起。

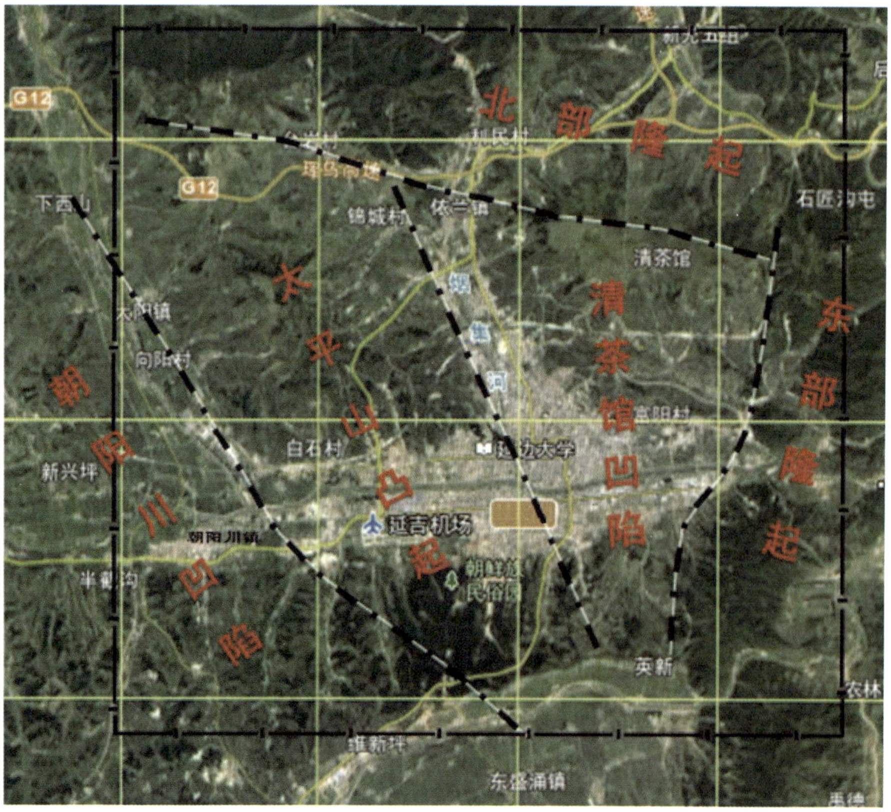

图 5.57 目标区内构造分区示意图

目标区内主要存在 3 种断裂体系，即北西向断裂体系、北北东向断裂体系及纬向断裂体系。其中以西倾的北西向和北北东向断裂体系发育为主，对勘查目标内的构造格局划分影响较大。

目标断层 F_6、F_7 为北西向断裂发育特征，目标断层 F_3 为北北东向断裂发育特征，目标断层 F_2、F_8 为纬向断裂发育特征。

综上所述，得出：

（1）在 3 条反射横波测线上解释了 2 个反射波组 T_Q 与 T_{K2L}^2。在四条反射纵波测线上共解释了 10 个反射波组，分别为 T_{Eh}^2、T_{Eh}^1、T_{Eh}、T_{K2L}^2、T_{K2L}^1、T_{K2L}、T_{K1d}^2、T_{K1d}^1、T_{K1d} 和 T_{K1tt}。各反射波组连续性较好，能量适中，信噪比较高。其中，T_{K2L}^2 反射波相当于白垩系上统龙井组上部反射波；T_{K2L}^1 反射波相当于白垩系上统龙井组中部反射波；T_{K2L} 反射波相当于白垩系上统龙井组底界面反射波（大庆油公司三维地震 T_2 反射波）；T_{K1dl}^1 反射波相当于白垩系下统大拉子组上部反射波（大庆油公司三维地震 T_{2-1} 反射波）；T_{K1dl} 反射波相当于白垩系下统大拉子组底界面反射波（大庆油公司三维地震 T_{2-2} 反射波）；T_{K1td} 反射波相当于白垩系下统头道组底界面反射波（大庆油公司三维地震 T_4 反射波）；T_{K1tt} 反射波相当于白垩系下统屯田营组底界面（中生界基底）反射波（大庆油公司三维地震 T_5 反射波）。

（2）在 3 条反射横波测线上，T_Q 反射波连续，并未发现特征明显的断点。控制测线范围内，第四系均较薄，均小于 10m。

（3）在 14 条反射纵波测线上共解释断点 16 个，分别为 F_2、F_3、F_6、F_7、F_8、F_{D4} 与 F_{D5}。所有断层均为正断层。确定了测线控制范围内的断裂位置、性质、及其上断点的埋深情况。

（4）油田三维与本次详查工程 YJ2016-4 线的地震剖面上也无明显的 F_2 断层特征，说明在 YJ2016-4 线控制范围内并不存在 F_2 断层。

（5）目标区内至少存在 3 种断裂体系，即北西向断裂体系、北北东向断裂体系和纬向断裂体系。其中以西倾的北西向和北北东向断裂体系发育为主，对勘查目标内的构造格局划分影响较大。

第 6 章 目标区主要断层定位与活动性

在目标区内主要控制目标断层 3 条，分别为布尔哈通河断裂（F_2）、小营断裂（F_3）、八道一东盛断裂（F_6）。对于地表出露的断层，选择前人曾研究的断层进行实地验证。对于隐伏断层，首先收集前人工作成果，结合浅层人工地震勘探，并对地形地貌特点进行考察，最终对断层做出活动性评价。

6.1 布尔哈通河断裂（F_2）

该断裂沿布尔哈通河两侧展布，控制着布尔哈通河两侧第四纪沉积，属于吉林省延吉—图们断裂的一部分。其由多条断续出露的压性断层组成；断层倾向北，倾角 40° ～ 70°，为壳断裂。它切割古生代、中生代地层和华力西期、燕山期侵入岩，以强烈的东西走向挤压断裂带为主要特征向东延伸至延吉盆地北部。航磁和电法资料表明延吉盆地基底有东西向断裂存在。断层控制了第三系沉积，后期有活动，并切割了第三系地层。沿断裂有第三纪玄武岩喷溢活动。航磁和电法资料表明断裂深入白垩纪盆地基底，长约 50km。在小营乡后山、朝阳川南、延边防汛抗旱调度指挥中心办公大楼地基、溪东站、蓝天砖厂等多处发现该断裂出露及第四纪活动现象，走向 85°、倾向南、倾角 65°。错断白垩纪地层，有的出露点断层延伸到更新统地层，表明该断层在第四纪有过活动。控制性物探工作揭示，该断裂带由两条断裂构成。断裂两侧河流阶地比较发育，高出江面约 270m，这有力地说明本区第四纪运动以上升运动占绝对优势，而多级阶地的出现表明地壳运动频繁且具间歇性。

布尔哈通河断裂大部分展布在布尔哈通河两岸的阶地上，布尔哈通河两岸的第四纪沉积沿断裂呈条带状展布。第四系冲洪积砂砾石、卵石层中分布着富水性强的第四系冲、洪积砂砾石孔隙潜水。布尔哈通河 Ⅰ 级阶地含水层厚 2.6 ～ 4.2m，渗透系数为 35 ～ 309m/d，单井涌水量为 136 ～ 682m^3/d，富水性强。Ⅰ 级阶地含水层主要接受大气降水、河流及地下径流补给。河漫滩含水层厚为 1.3 ～ 3.0m，渗透系数为 23 ～ 46m/d，单井涌水量为 45 ～

164m³/d，富水性较弱。Ⅱ级阶地地下水位埋藏较深，含水层厚度变薄，其间砂砾石、卵石多为泥质充填，富水性弱。布尔哈通河水与第四系孔隙潜水联系密切，二者互为补给。沿布尔哈通河有多处泉眼出露。布尔哈通河西段穿过碳酸盐岩类裂隙岩溶水，单井涌水量 <0.02m³/d。目标区及周边水文地质示意图见图 6.1。

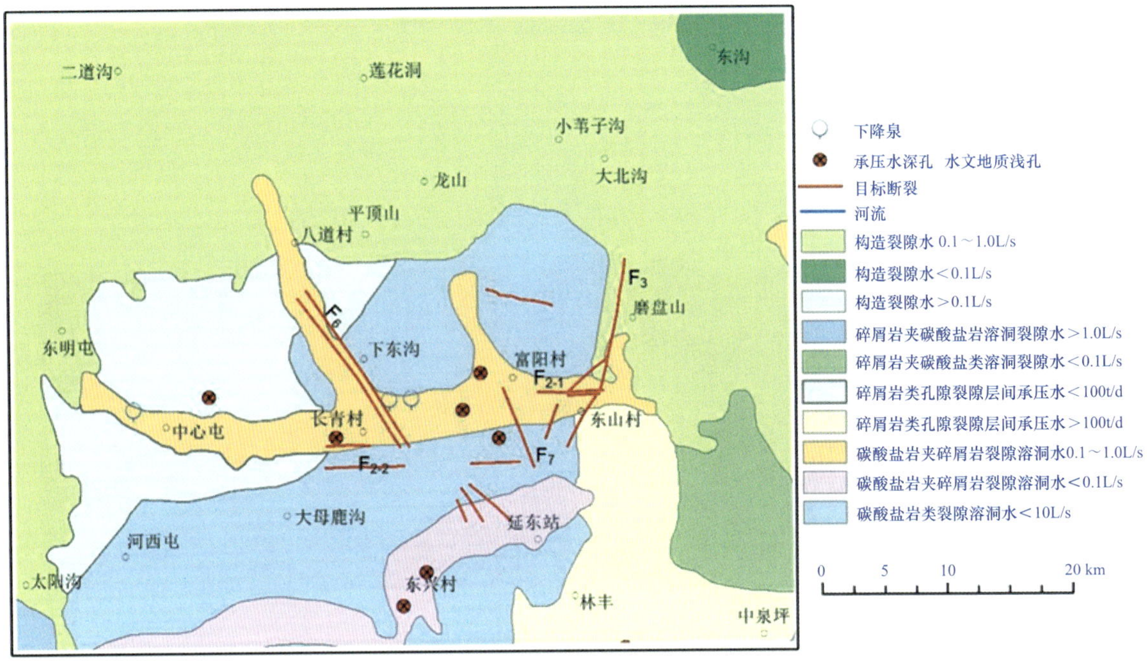

图 6.1　目标区及周边水文地质示意图

在 DEM 与遥感影像融合处理的图像上，布尔哈通河断裂西部基本沿河谷与山前交界分布，可见近东西向分布的线性影像特征，东部穿过河谷，线性特征不明显，地貌上形成较宽的河谷。两岸阶地比较发育，可见明显阶地陡坎，北侧地形呈波状起伏，南侧为丘陵或低山，正在接受侵蚀（图 6.2）。在 SAR 图像中断层、半地堑地貌及山前陡坎构造较为清晰。此外，已有资料及遥感影像上还可以看出，布尔哈通河断裂截切了目标断层小营断裂和八道—东盛断裂，说明其形成 / 活动时代较晚。

基于 DEM 进行了布尔哈通河及其支流烟集河、朝阳河两岸地形的廊道剖面分析。结果表明，布尔哈通河中部烟集河和朝阳河之间的河段，河谷南侧高于北侧，但西段和东段变化不明显。烟集河河谷东侧高于西侧，朝阳河西侧高于东侧。在重力 1 阶小波细节图中（图 6.3），布尔哈通河断裂沿重力低异常圈闭体的过渡带东西向线性展布；在重力 2 阶小波细节图中（图 6.4），重力异常圈闭进一步扩大，断裂沿高、低重力异常圈闭体的过渡带分布，随着小波阶次的增加，地壳深度的加深，重力梯度条带向北迁移，断裂深部北倾。新合—马滴达断裂东段，在重力 1 ～ 2 阶小波细节图中，沿长轴状重力高、低异常圈闭近北东向展布，断裂位置在重力 2 阶小波细节图中向南迁移，说明该段断裂在地壳深部向南倾，西侧的重力低异常圈闭体对应珲春凹陷，该断裂控制着珲春凹陷的沉积边界。

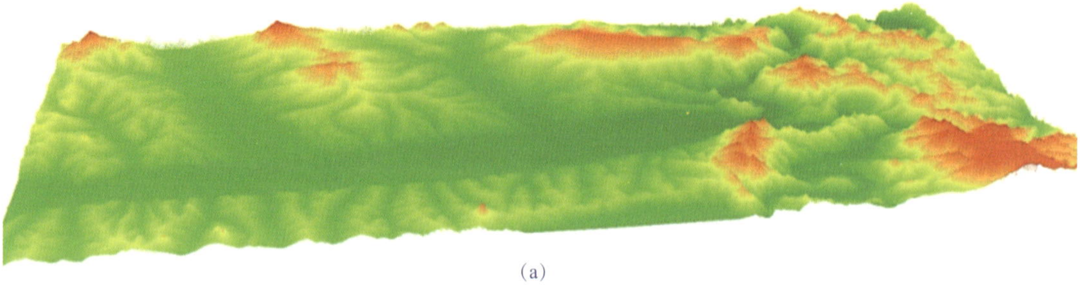

(a)

(b)

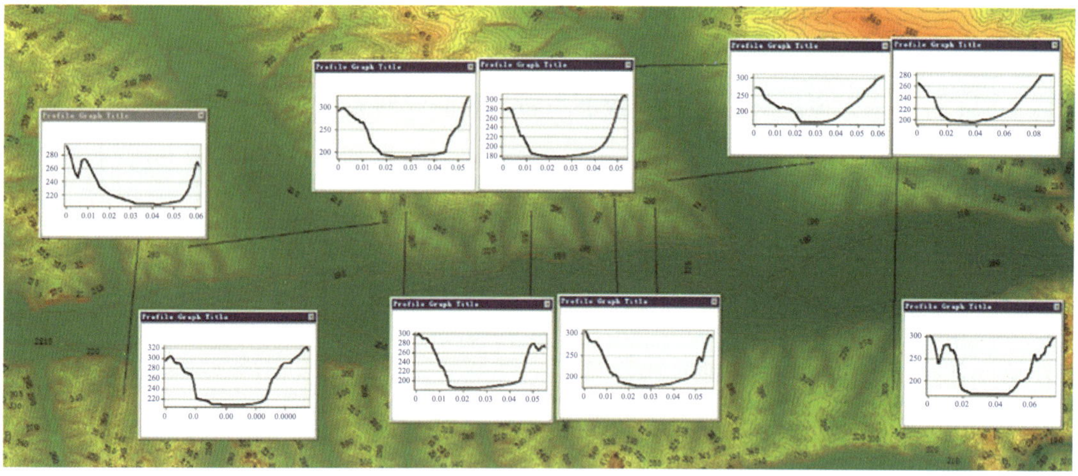

(c)

图 6.2　目标区 DEM 图和三维透视图

(a) DEM 图；(b) 三维透视图；(c) DEM 廊道剖面图

在航磁对角线方向小波断裂分析图上（图 6.5），延吉—图们断裂表现为对北东向展布的构造线的切断现象。这种现象一直持续到航磁 4 阶对角线方向小波断裂分析图上。而在航磁水平方向小波断裂分析图上，延吉—图们断裂沿负异常带分布，在 4 阶水平方向小波断裂分析图上（图 6.6），该位置的局部负异常带退化消失，延吉—图们断裂沿正、负异常分界分布。

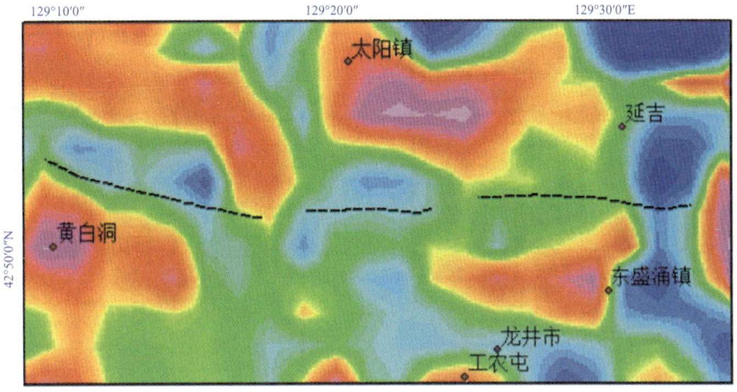

(a)

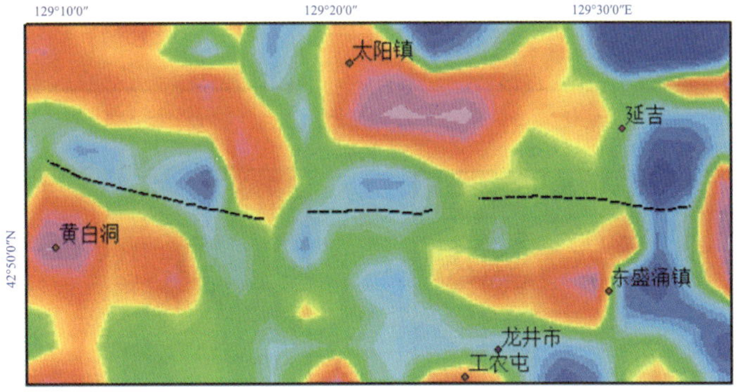

(b)

图 6.3　布尔哈通河断裂西段 1 ～ 2 阶重力小波细节图

(a) 1 阶重力小波细节图；(b) 2 阶重力小波细节图

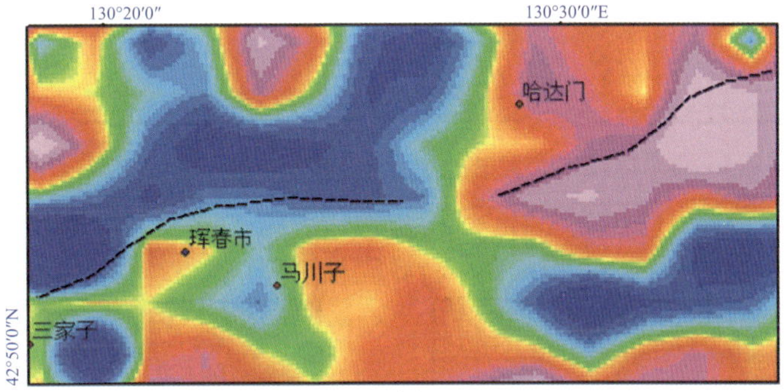

(a)

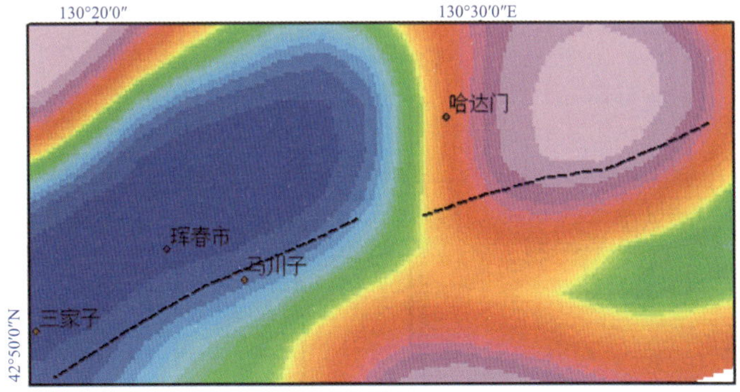

(b)

图 6.4　布尔哈通河断裂东段 1 ～ 2 阶重力小波细节图

(a) 1 阶重力小波细节图；(b) 2 阶重力小波细节图

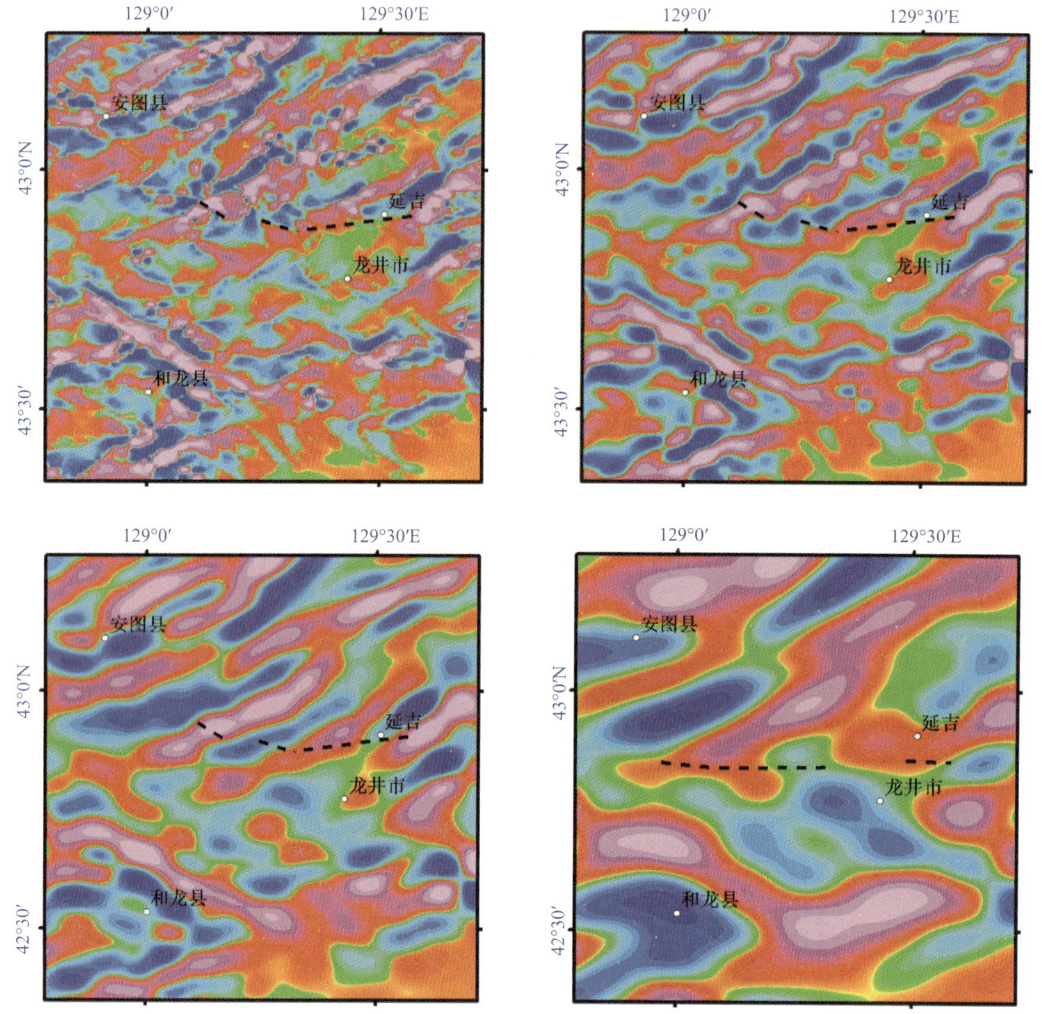

图 6.5　布尔哈通河断裂航磁 1 ～ 4 阶对角线方向小波断裂分析图

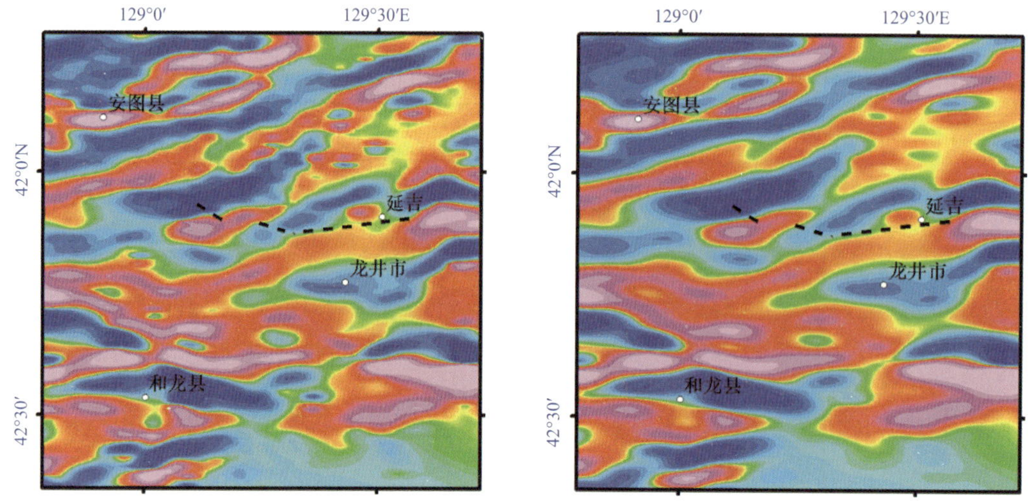

图 6.6　布尔哈通河断裂航磁 1 ～ 4 阶水平方向小波断裂分析图

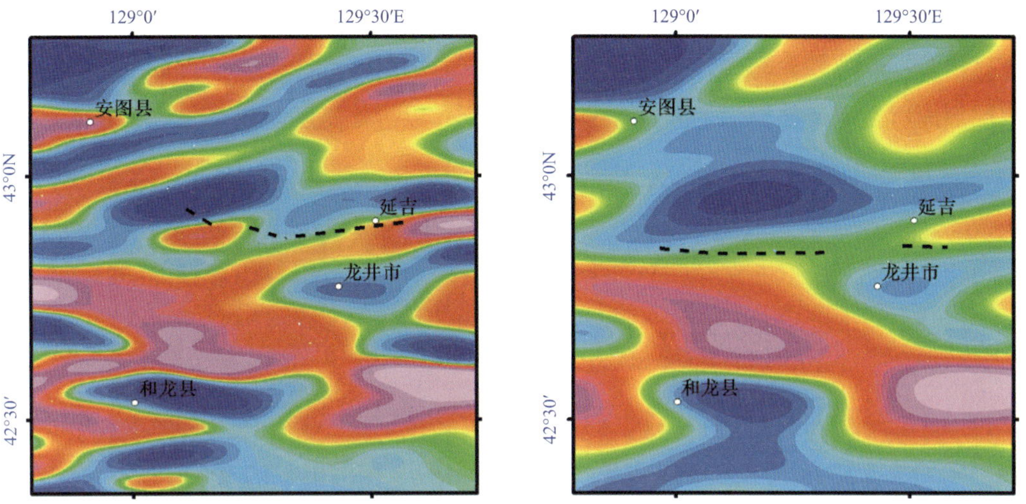

图 6.6　布尔哈通河断裂航磁 1 ～ 4 阶水平方向小波断裂分析图（续）

6.1.1　野外调查结果

布尔哈通河横穿延吉市，沿布尔哈通河展布的布尔哈通河断裂（F_2）在目标区内截切了目标断层小营断裂（F_3）、八道—东盛断裂（F_6），在形成时间上布尔哈通河断裂应相对晚于其他几条目标断层。

野外调查时，一方面对前人研究中与 F_2 断裂特征相同的断裂进行了验证，另一方面沿布尔哈通河两岸进行了路线追踪。

在朝阳川南Ⅲ级阶地后缘发现夹紫红色泥岩夹层的灰白色厚层含砾粗砂岩中发育的阶梯状断层，此断层发育在龙井组（K_2l）中，由 2 条互为平行的小断层组成，上覆中更新世老黄土，断层面平直。两个平行正断层倾向均为 17°、倾角 84°，断距分别为 20cm 和 15cm，该断层错断白垩纪龙井组，但上覆中更新世地层并未错断（图 6.7），表明该断层为基岩断层。

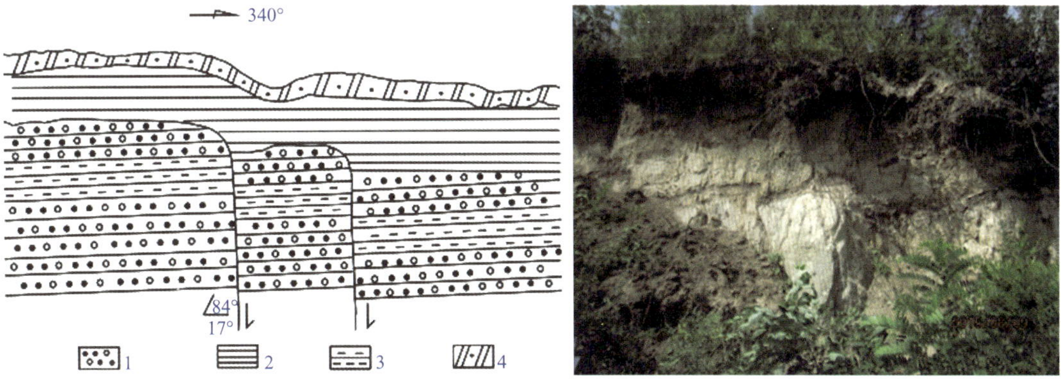

图 6.7　朝阳川南 NE 向断层剖面素描图及照片

1—含砾粗砂岩；2—老黄土；3—泥岩；4—现代土壤

在布尔哈通河Ⅱ级阶地的河龙村与延东村均发现了第四纪厚层砂砾层，对两个剖面进行了比较。河龙村剖面位于小河龙村村头小桥东侧（图 6.8），延东村剖面位于布尔哈通河河南延东村村口公路拐弯处，结果发现同处于Ⅱ级阶地，延东村剖面所处位置高程为 182.3m，河龙村地层剖面所在地高程为 171.5m，表明河流两侧Ⅱ级阶地高度存在差异。

图 6.8　河龙村Ⅱ级阶地剖面素描图及照片

1—花岗岩；2—砂砾石层；3—砂砾细砂；4—粉砂；5—现代土壤

在龙河洞西北（恐龙化石点附近）的龙井组地层中发现东西向断裂，主断层总体倾向北，向上倾向发生向南偏转，倾角 60°～70°，向上部倾角变大，可见宽 1～2cm 的青灰色断层泥带，断距 4.5m（图 6.9），此处次级断层较发育，构成地堑和地垒。

在朝阳川镇南发现白垩纪地层中东西走向断裂，断裂倾向北，断裂线北侧为龙井组地层，断裂线南侧为大砬子地层（图 6.10）。

延边防汛抗旱调度指挥中心办公大楼地基调查结果表明，早白垩世大砬子组地层中发现东西向断裂（图 6.11）。此断裂是目标断裂布尔哈通河北岸东西向断裂带之一。该断裂由 4 条近互为平行的张扭性断层组成，使大砬子组砂砾岩切割成阶梯状，其最大错距为 80cm 左右，最小错距为 25cm 左右。各断层面较平直，发育斜向滑落的擦痕。断层均由灰白色断层泥带组成，宽 2～5cm，断层泥有固结现象，表明此断层活动时间较早。另外，从上覆盖层晚更新世砂砾石层界面平直而水平情况来看，该断裂晚更新世以来没有活动过。

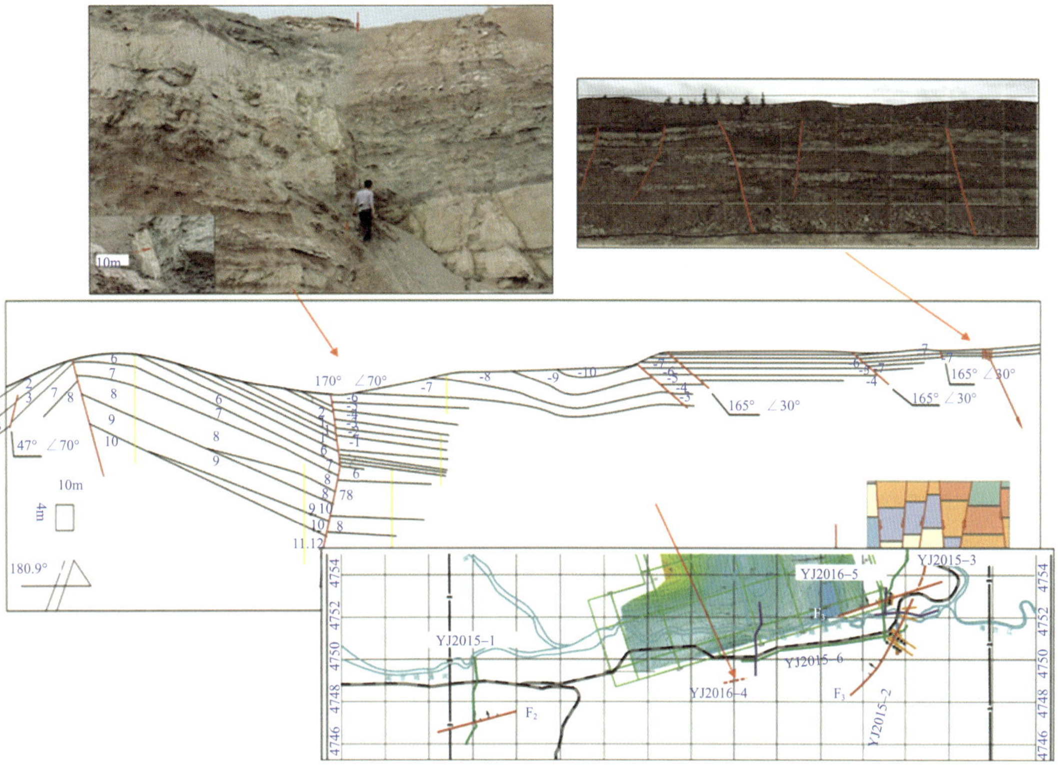

图 6.9　龙河洞西北白垩纪地层中的东西向断裂

图 6.10　朝阳川南采矿场白垩纪地层中的东西向断裂

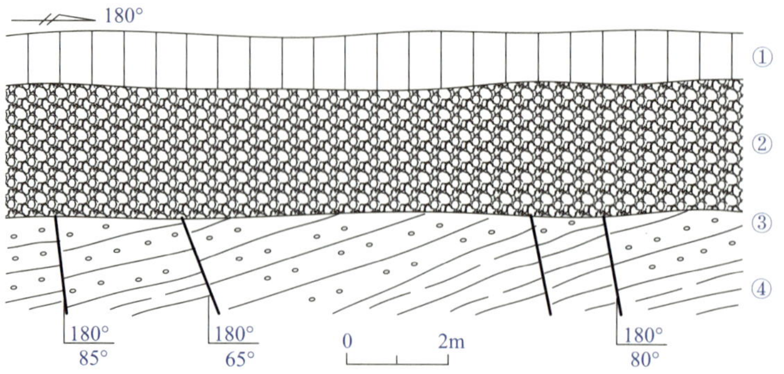

图 6.11　延边防汛抗旱调度指挥中心办公大楼地基东西向断裂剖面素描图

①全新世黏土层；②晚更新世砂砾石层；③早白垩世大砬子组砂砾岩；④早白垩世大砬子组紫色页岩

6.1.2　控制性浅层地震勘探结果

横跨布尔哈通河断裂初查时布设了 3 条控制测线，分别是 YJ2015-1 线、YJ2015-2 线以及 YJ2015-3 线。YJ2015-1 线位于朝阳川镇附近，近南北方向沿乡间公路及土路布设，南至大母鹿沟附近，经过东兴屯，北至布尔哈通河，布设接收线长度为 4269m。YJ2015-2 线位于延吉市东郊，营南村附近。近南北方向沿延吉市道路布设，南至长东村附近，经过营南村，北至小营村附近，布设接收线长度 2595m。YJ2015-3 线位于 YJ2015-2 线的东北侧，近北东方向沿土路及山路布设，南至营南村，经过小营村东部往北东方向布设，布设接收线长度 2649m。详查时布设两条测线，分别为 YJ2016-4 线和 YJ2016-5 线。其中 YJ2016-4 线为反射纵波测线，测线南北方向布设于延吉市内，经由“长安街”“河南街”“光明街”。地震测线长度 3.6km。YJ2016-5 线为反射横波测线，布设于 YJ2015-2 线东侧，测线近南北方向布设于“人民路”东侧，南部始于布尔哈通河，北部止于爱丹路。地震测线长度 1.31km。

初查时所探测的 3 条剖面均揭示了断层的存在，且所测得的断层性质相同，该断层倾向北，较陡，正断层性质。不同测线断层倾角相近，可以组合。组合的断层与前人资料 F_2 断层基本相符，只是平面位置有不同程度的偏移。断面上盘反射波特征明显，为正常沉积地层，下盘无明显的反射波特征，其中 YJ2015-1 向上延伸错断 T_{K2L}^{2} 反射层，YJ2015-2 线和 YJ2015-3 线错断 TK2L 反射层（图 6.12 和表 6.1）。YJ2016-4 线结果表明剖面上无明显 F_2 特征，说明 F_2 在平面上并未穿过 YJ2016-4 线。YJ2016-5 线地震时间剖面 1000ms 以浅解释 1 组反射波 TQ，TQ 反射波连续，无断点特征，说明 F_2 断层在 YJ2016-5 线上并未延伸至第四纪地层（图 6.13）。

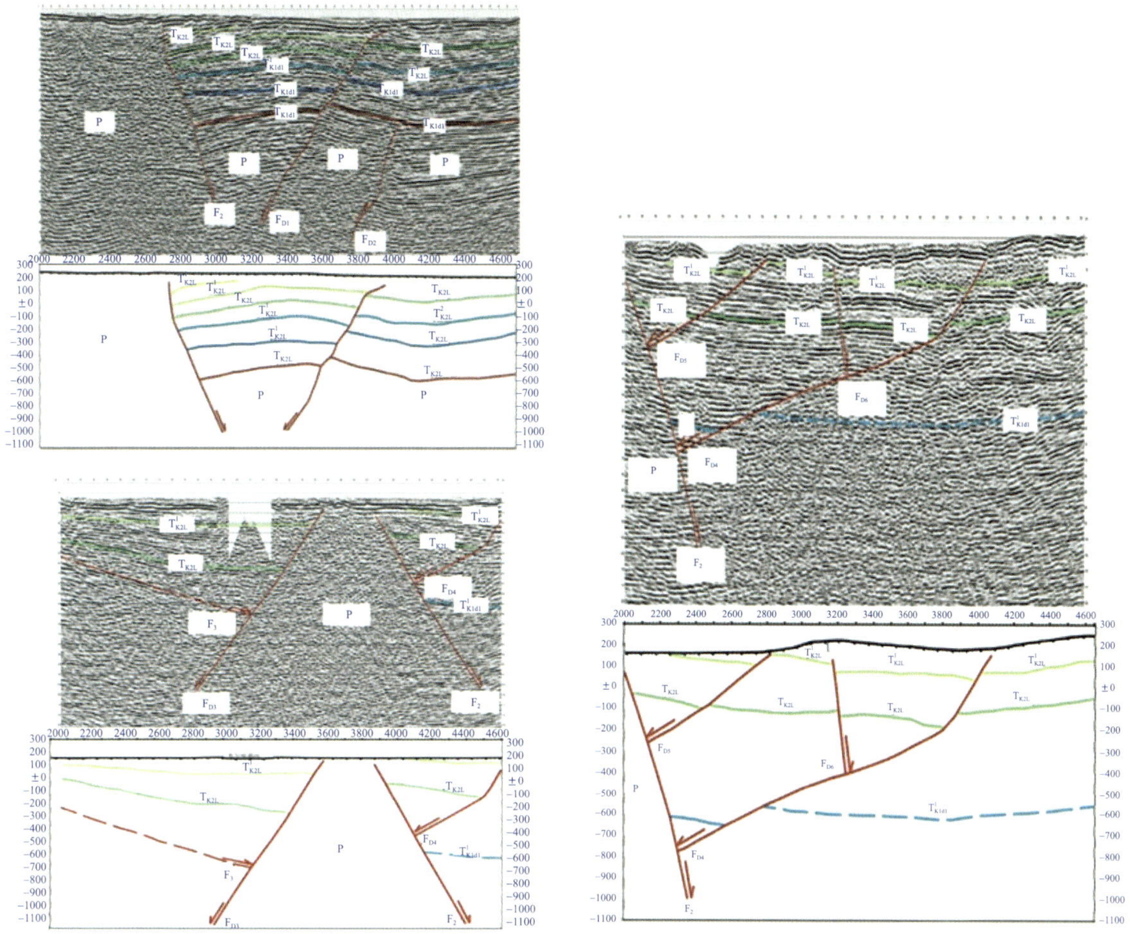

图 6.12　初查时通过 F_2 断层横波测线时间剖面与地质剖面解释

表 6.1　F_2 断层横波解释断点坐标及埋深数据表

断层	测线编号	长度	断层	错断界面	垂直断距	断层性质	视倾向	视倾角
F_2	YJ2015-1	4.269	F_{2-2}	T_{K2L}^2		正断层	344°	83° ～ 62°
				T_{K2L}^1				
				T_{K2L}				
				T_{K1dl}^1				
				T_{K1dl}				
				T_{K1tt}				
	YJ2015-2	2.595	F_{2-1}	T_{K2L}		正断层	344°	63°
				T_{K1dl}^1				
	YJ2015-3	2.649		T_{K2L}		正断层	344°	71°
				T_{K1dl}^1				
	YJ2015-2	2.595	F_{2-2}	T_{K2L}^1		正断层	161°	66°
				T_{K2L}				
	YJ2016-4	3.600				断层未通过		
	YJ2016-5	1.310				TQ 反射波无断点特征		

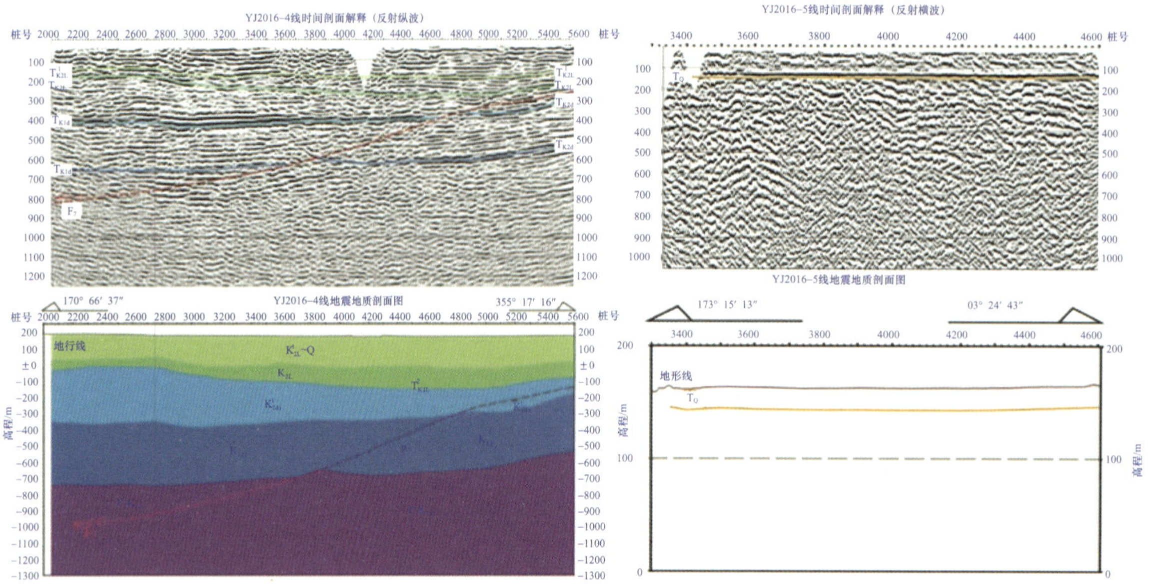

图 6.13 详查时通过 F_2 断层横波测线时间剖面与地质剖面解释图

6.1.3 探地雷达勘察结果

YJ2015-2 测线沿公路布设，不便于地质雷达的探测，根据 F_2 断层近东西走向，将上断点位置沿断层走向平移至场地，上断点尽可能位于测线中部，在 YJ2015-2 测线两侧分别布设了四条测线，以控制上断点位置（图 6.14），分述如下。

图 6.14 测线位置示意图（图中红点为推测上断点地表位置）

1. Pro-3、Pro-4 剖面

剖面位于延吉市区东，发电厂南侧农田内，沿大棚之间的田间道布置，走向近南北，长约 290m，剖面在布尔哈通河左岸 I 级阶地上，地形平坦。在该测线的测量过程中，由于机器电池问题更换过一次，因此生成两个原始测量文件 Pro-3、Pro-4。雷达信号上部近水平，厚

3 ～ 4m，代表了阶地上部的河流相粉细砂沉积，没有发现断层引起的变形。下部没有发现较强的近水平反射面，弱反射可能对应于破碎的基岩。在 100m 处，数据受到民用电线的干扰，形成异常，150 ～ 300m，数据受到钢筋骨架蔬菜大棚的干扰，反射信号不易识别（图 6.15）。

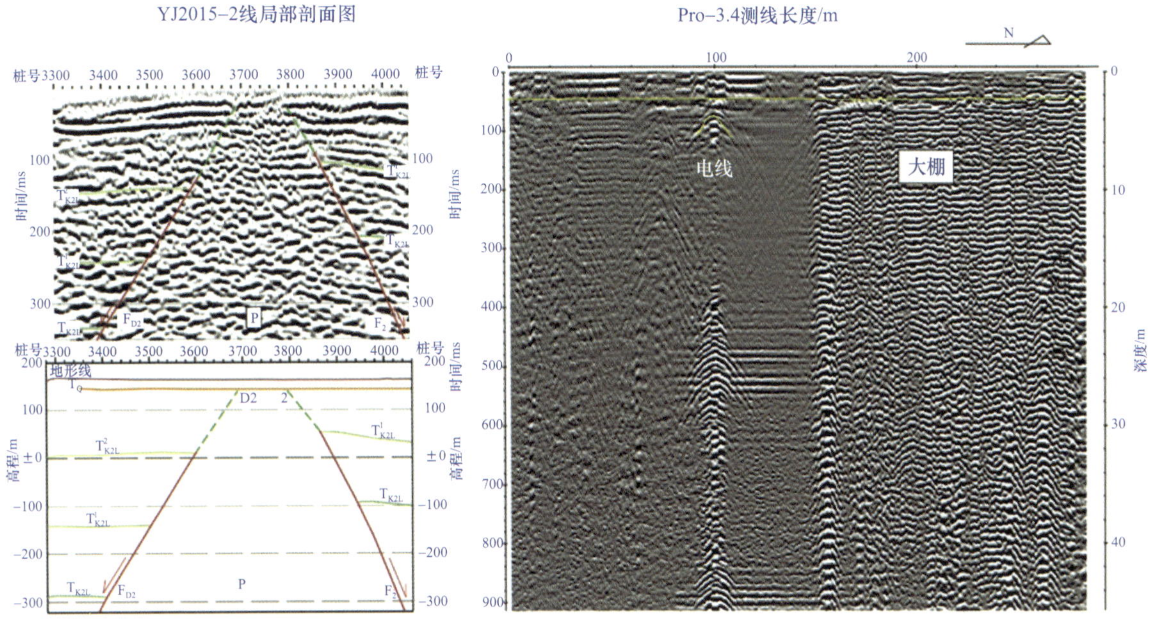

图 6.15　测线解译结果示意（右侧为探测目标断层 F_2）及 Pro-3.4 线剖面及解译图

2．Pro-8 和 Pro-9 剖面

为了弥补 Pro-3 测线的不足，布设了 Pro-8 和 Pro-9 剖面，测线走向为北北东 - 南南西。Pro-8 剖面位于延吉市市区东侧，延吉市发电厂东南的营南村南北向乡间道上，测线长约 260m，Pro-9 剖面位于 Pro-8 剖面西侧约 100m 空地，长约 135m。测线位置为布尔哈通河左岸Ⅰ级阶地，地形平坦（图 6.16）。

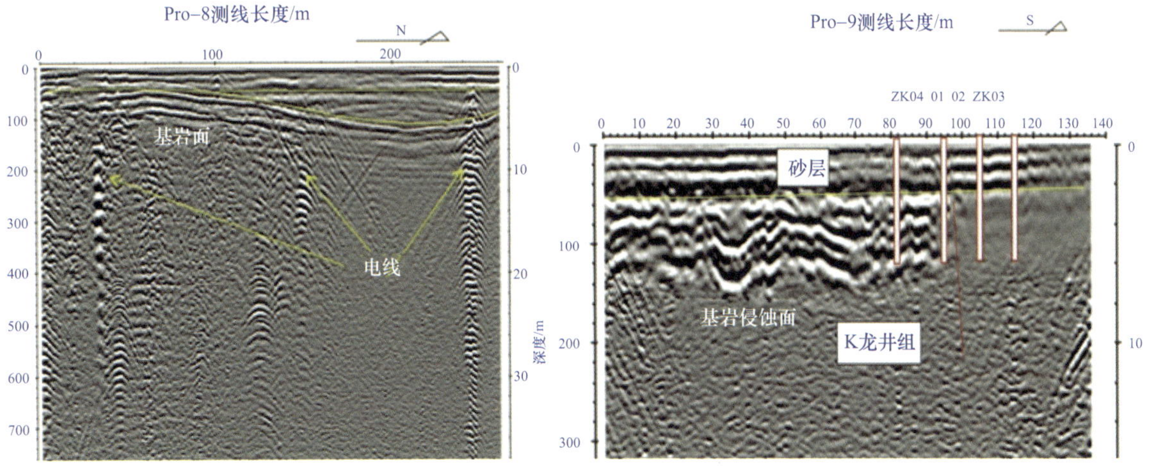

图 6.16　Pro-8 和 Pro-9 线剖面及解译图

Pro-8 线剖面雷达信号在测量开始（30m）和结束（10m）位置有建筑物的干扰，沿测线有电线近平行分布。剖面上部近水平，厚 2 ～ 6m，代表了阶地上部的河流相粉细砂沉积，

没有发现断层引起的变形。下部没有发现较强的近水平反射面，弱反射可能对应于破碎的基岩，强反射层可能对应于基岩顶面。

Pro-9 线剖面雷达信号在测量开始和结束位置有钢筋骨架大棚的干扰。上部近水平，厚 4 ～ 6m，代表了阶地上部的河流相粉细砂沉积，没有发现断层引起的变形。下部没有发现较强的近水平反射面，弱反射可能对应于破碎的基岩，强反射层可能对应于基岩顶面的不均匀侵蚀面。在 100m 附近有较强的反射界面不连续，可能是基岩中的裂隙和断层。

3．Pro-15 剖面

考虑断层在断层中部缺少控制点，同时 YJ2016-6 纵波测线并没有覆盖延吉市南部的剥夷面，因此在延吉市区西南的海兰湖小区东侧布设了 Pro-15 剖面，剖面长度约 580m，走向近南北（图 6.17）。地貌属于剥夷面，地势较为平坦。180 ～ 490m 两侧均有低矮树木，490 ～ 580m 仅东侧有一排。

图 6.17　Pro-15 位置示意图（据 Google Earth）

Pro-15 线剖面在剥夷面上测量，基本无建筑物影响，两侧有树木影响，局部地点有消融的冰水，对探测影响较大。根据地质揭露情况，剖面直接探测白垩纪龙井组，上部仅有不足 50cm 的坡积物，因此探测的结果可直接反映龙井组内构造的情况。整个剖面起伏不大，反映了龙井组地层产状较平缓。在 160m、280m、400m、460m、520m 附近可见到弱的不连续界线，与地质揭露的断层位置基本吻合（图 6.18）。其中 f_3 可能为布尔哈通河断裂的重要次级断裂。

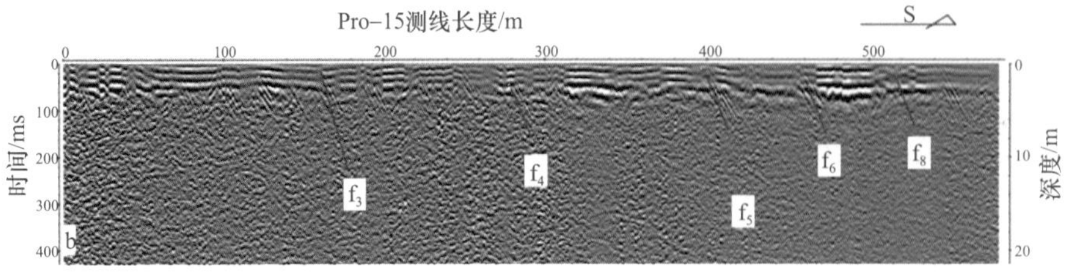

图 6.18　Pro-15 线剖面及解译图

综上所述，通过地质雷达探测基本确定了布尔哈通河断裂的近地表形态和位置，没有断错第四纪河流相沉积。

6.1.4　DGPS 地貌勘察

1．Line-1 和 Line-2 测线

Line-1 位于延吉市东侧山城里一带（图 6.19），主体呈北北东方向，由南北两条次级测线组成，累计数据点 1973 个（表 6.2），累计长度约 2km。Line-2 测线位于位于延吉市东侧长东村一带，主体呈北北西方向，由南北两条次级测线组成，累计数据点 2837 个，累计长度约 3.5km。

图 6.19　Line-1 和 Line-2 位置示意图

表 6.2　DGPS 测线数据表

编号	测线野外编号	数据点 / 个	位置	备注
		Line-1		
1	160101	709	南段	N
2	160102	1264	北段	N
		Line-2		
1	160301	1900	南段	NW
2	16303	937	北段	NW
		Line-3		
1	1701	2740	北段	NE
2	1702	2370	中北段	NE
3	1704	611	中北段	NE
4	1703	489	中南段	N

续表

编号	测线野外编号	数据点 / 个	位置	备注
5	1801	878	中南段	N
6	1802	4691	南段	N ~ E
Line-4				
1	1803	4315		N
Line-5				
1	1901	3047	南部	N
2	1902	1502	北部	N
Line-6				
1	2001	1826	北部	N
2	2002	1306	中部	N
3	2003	2010	中部	N
4	2004	1749	南部	N

Line-1 和 Line-2 测线组成跨布尔哈通河断裂（F_2）的地貌剖面（图 6.20）。为了进行对比，将 Line-2 的河床高程（上游）与 Line-1 的河床高程进行了修正，统一到一个高度（170m）。

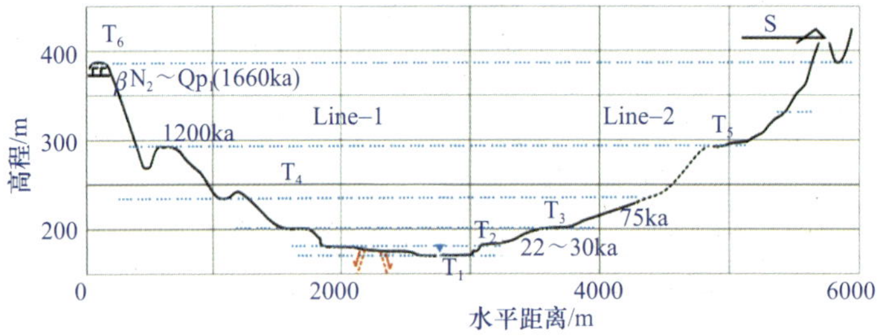

图 6.20　Line-1 和 Line-2 剖面图

剖面由多级地貌面组成。

T_1 河拔 2 ～ 5m，分布范围较广，沿河床两侧均有发育，宽近千米。多由砾石组成，上覆薄层砂。

T_2 为基座阶地，河拔约 10m，河床两侧均有分布，宽度相近，约 200m。多呈粉砂、粉细砂与粗砂相间，韵律明显，呈稳定的河流相沉积。

T_3 为基座阶地，河拔约 30m，河床两侧均有分布，宽度相近，约 200m。多呈含砾粗砂，粉细砂与粗砂相间，韵律明显，偶见斜层理，以坡积和冲积为主，间有河流相沉积，混杂堆积。

T_4 在河床北侧分布，为山丘冲沟侵蚀底界，宽度较窄，在出山口处底，向上游底界高程逐渐增大，河拔 55 ～ 90m，冲沟内局部有冲洪积堆积。

T_5 在河床北侧呈侵蚀切割的局部山丘顶面，较发育，分布范围明显，河拔约 120m。在河床南侧呈侵蚀阶地，分布较小，宽度较窄，局部有冲洪积堆积。

T_6 阶地在河床北侧呈侵蚀切割较强，分布范围明显，河拔约 210m。测线北侧同等高程处出露有第三纪～第四纪玄武岩（根据与长白山剖面对比，推测年龄为 1600ka），指示了阶地面的形成年龄。在河床南侧呈冲沟侵蚀底界，将山体分割成零星的山丘。

物探剖面指示布尔哈通河断层（F_2）隐伏于河床北侧高漫滩下，北侧 T_6 阶地较南侧发育，南侧 T_6 阶地形迹模糊，不易对比，尽管如此，侵蚀冲沟底部河拔基本相同，推测 T_6 阶地以来，断层不活动或者弱活动，T_5 阶地河拔基本相同，即 1200ka 以来不活动。

2. Line-3 和 Line-4 测线

Line-3 位于延吉市东北部广兴村至工农村附近，主体呈北东转北向，毗邻 YJ2015-2 测线，由 6 部分组成，累计数据点 11779 个，累计长度约 3.2km（图 6.21）。Line-4 位于位于延吉市东南部分新农村附近，总体呈北北东向，累计数据点 4315 个，累计长度约 2.5km（图 6.22）。

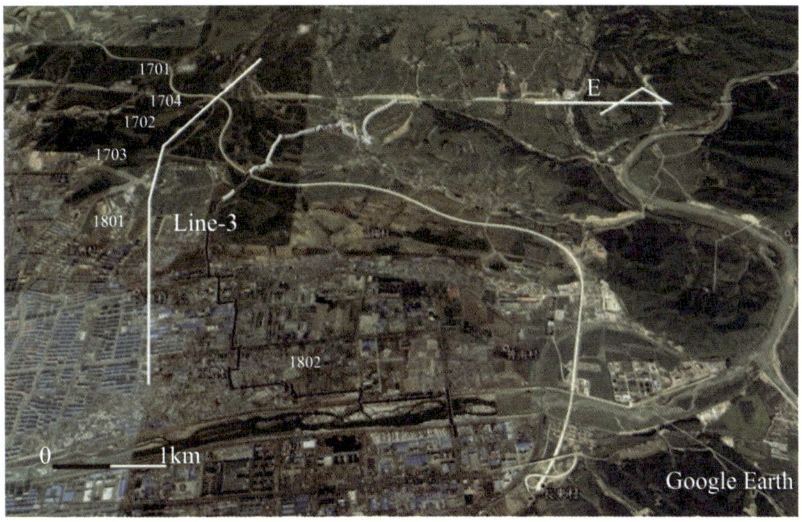

图 6.21　Line-3 位置示意图

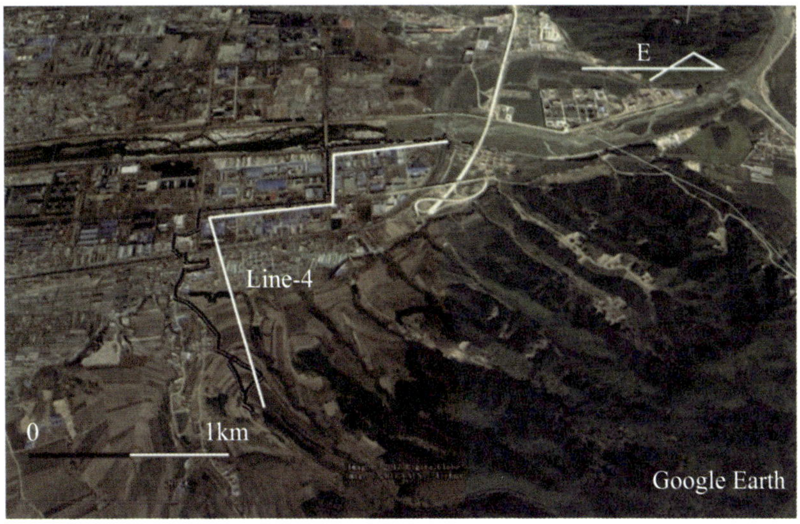

图 6.22　Line-4 位置示意图

Line-3 和 Line-4 也组成了一条跨布尔哈通河断裂（F_2）的地貌剖面（图 6.23）。剖面由多级地貌面组成，虽然 Line-3 和 Line-4 河两侧的高级阶地面不明显，但是根据划分出的侵蚀面与图（6.20）中阶地地貌面拔河高度基本相同，且沉积相同，表明 1.0 ～ 1.2Ma 以来断层不活动。

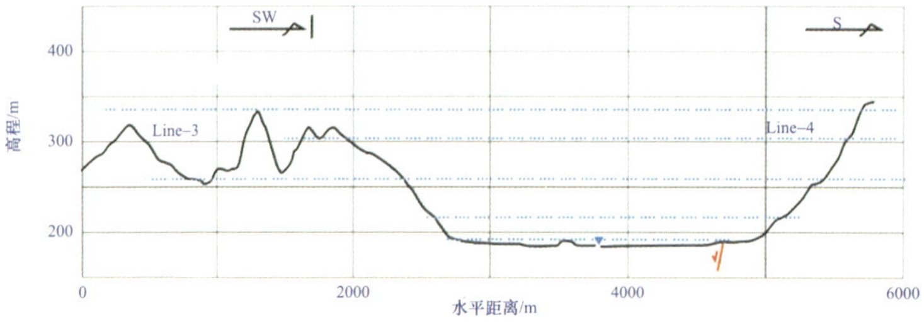

图 6.23　Line-3 和 Line-4 剖面图

3．Line-5 测线

Line-5 位于延吉市西侧新兴坪至龙浦村附近，位于目标区西界以外百米，主体呈南北向，累计数据点 4549 个，累计长度约 2km（图 6.24）。

Line-5 横跨布尔哈通河，河两岸阶地以河为基准对称分布（图 6.25）。阶地沉积与测线 6 基本相同，断层 F_2 仍然隐伏于南侧 T_1 阶地，但 T_3 河拔高度基本相同，表明 75ka 以来断层不活动。

综上所述，布尔哈通河断层（F_2）T_5 阶地河拔基本相同，即 1200ka 以来不活动。

图 6.24　Line-5 位置示意图

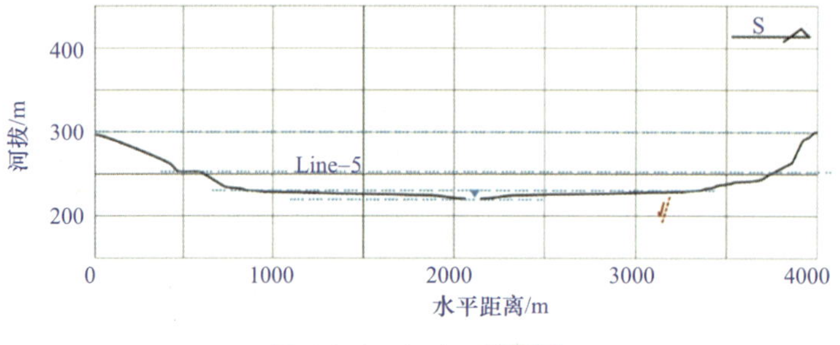

图 6.25　Line-5 剖面图

4．Line-6 测线

Line-6 位于延吉市朝阳川镇延吉高铁西站至勇进村附近，主体大体呈南北向，由 4 部分组成，累计数据点 6891 个，累计长度约 2km（图 6.26）。

Line-6 两侧阶地分布 T_1-T_4（图 6.27）

T_1 河拔 0 ～ 2m，分布范围较广，沿河床两侧均有发育，砾石为主，上覆薄砂。

T_2 为基座阶地，河拔 10m 左右，河床两侧均有分布，宽度相近，大于 1000 m。多呈粉砂与粉细砂相间，具有韵律性。

T_3 为基座阶地，河拔 30m，河床两侧均有分布，宽度相近，200m 左右。多呈含砾粗砂，粉细砂与粗砂相间，韵律明显，偶见斜层理，以坡积和冲积为主，间有河流相沉积，混杂堆积。

T_4 为基座阶地，河拔 80 m，河床两侧均有分布，宽度较窄，粒度较粗，局部有冲洪积堆积。

各级阶地在河床两侧都有分布，河拔不受断层影响，表明 100 ～ 320ka 以来断层不活动。

图 6.26　Line-6 位置示意图

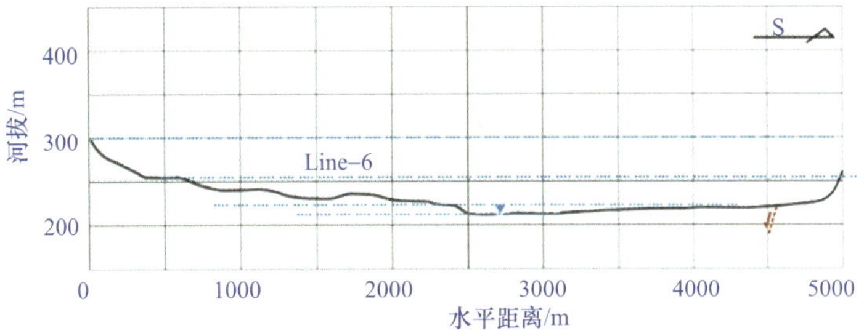

图 6.27　Line-6 剖面图

6.1.5 联合钻孔剖面勘察

位于延吉市热电厂东侧布尔哈通河 I 级阶地，共施工钻孔 4 个，由北到南方向依次为 ZK4-4、ZK4-1、ZK4-2、ZK4-2，钻孔间距依次为 15m、9m、8.5m，剖面总长度为 32.5m。总进尺 34.5m（图 6.28 和图 6.29）。

1. ZK4-1 号孔

其可以分出 3 套地层：下部为砖红色泥岩与青灰色砾岩层；中部为圆砾层；上部为黑—黄褐色的黏土层。剖面自上而下分层描述如下：

黏土层①：可细分为两层，顶部黑色黏土层，可塑偏硬，切面光滑，层厚 1.3m；底部黄褐色黏土，稍湿，可塑，中压缩性，切面光滑，无摇震反应，层厚 0.3m。

圆砾层②：可细分为五层，顶部黄褐色，中粗砂充填，最大粒径 10cm，层厚 2.5m；上部灰绿色，层厚 0.1m；中部棕褐色，层厚 0.1m；下部灰褐色，中粗砂充填，层厚 0.2m；底部红褐色，砖红色黏土充填，层厚 0.5m。

砾岩④：青灰色，泥质胶结，块状构造，强风化，干钻可钻进，层厚 0.8m。

砂岩⑤：灰白色，泥质结构，强风化，干钻易钻进，层厚 1.6m。

泥岩⑤：砖红色，泥质结构，强风化，干钻可钻进，层厚 0.7m。

砾岩⑥：青灰色，块状构造，强风化，干钻可钻进，层厚 1.5m。

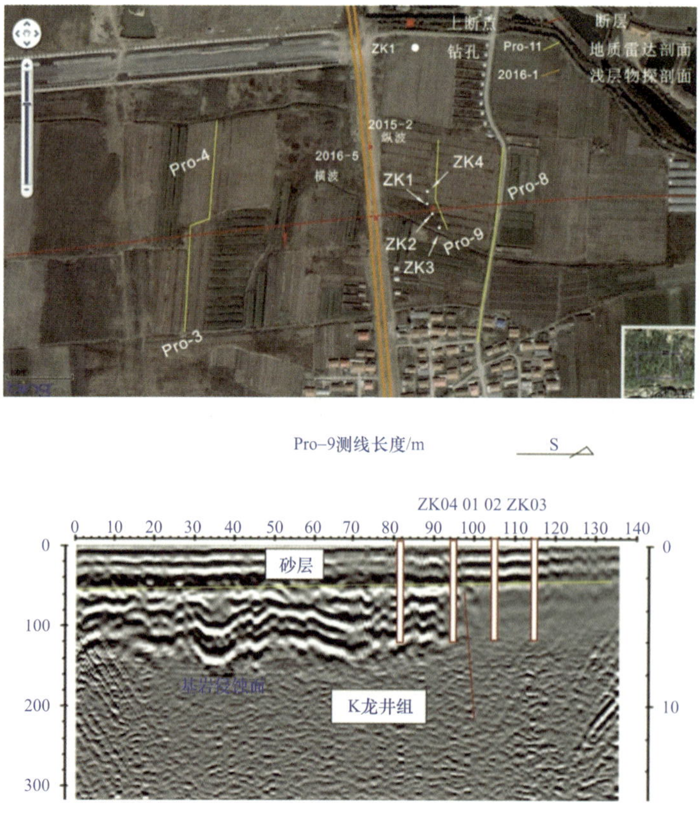

图 6.28 延吉热电厂剖面钻孔布设示意图

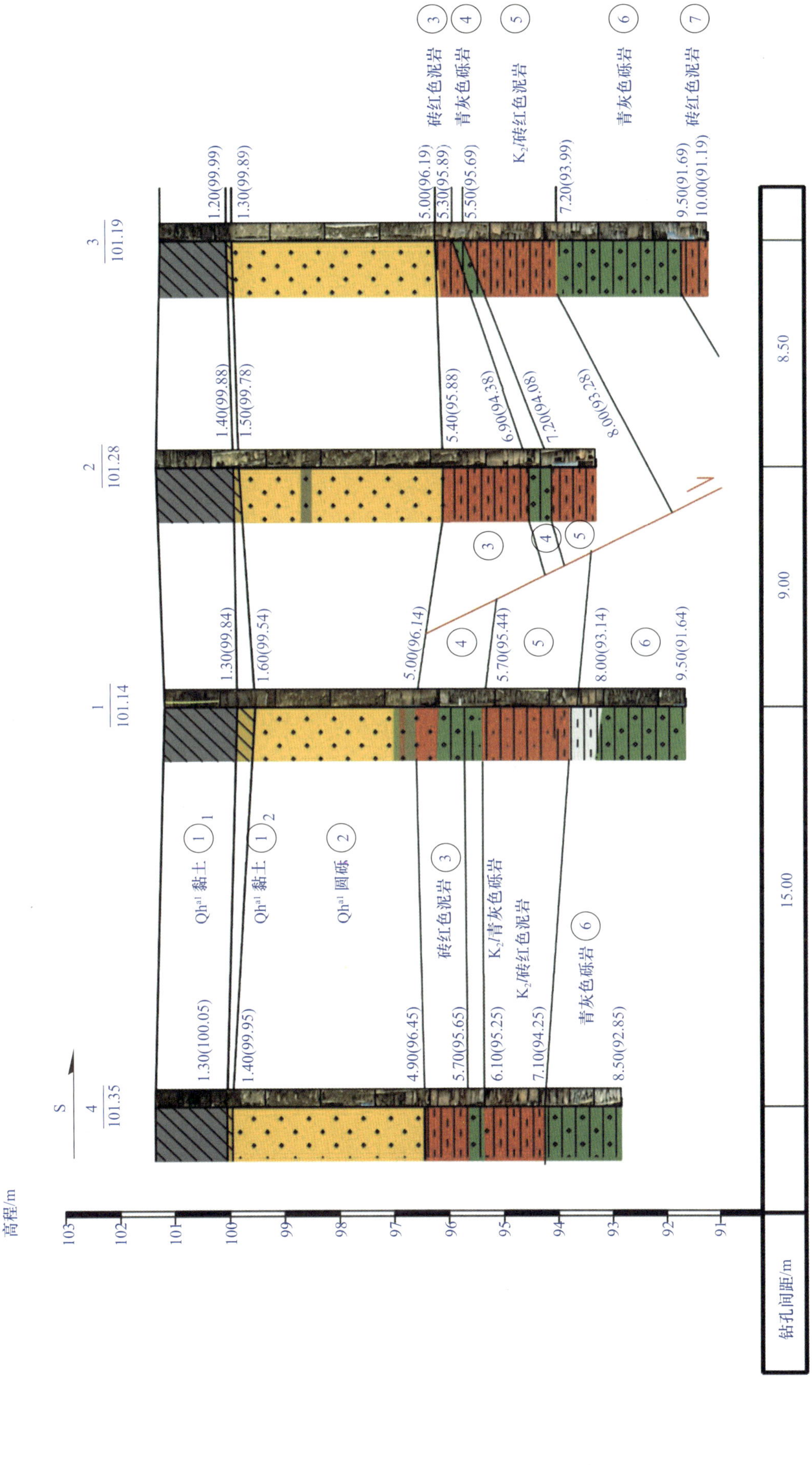

图 6.29　延吉热电厂联合钻孔地质剖面图

2．ZK4-2 号孔

其可以分出三套地层。下部为砖红色泥岩与青灰色砾岩层，中部为圆砾层，上部为黑—黄褐色的黏土层。剖面自上而下分层描述如下：

黏土层①：可细分为两层，顶部灰黑色黏土，可塑偏硬，切面光滑，层厚 1.4m；底部黄褐色黏土，层厚 0.1m。

圆砾层②：可细分为四层，顶部黄褐色，级配不良，中粗砂充填，最大粒径 6 ～ 8cm，层厚 1.1m；上部灰褐色，黏土充填，级配不良，最大粒径 6 ～ 8cm，层厚 0.2m；下部换褐色，中粗砂充填，级配不良，层厚 2.4m；底部红褐色，砖红色黏土充填，级配不良，层厚 0.2m。

泥岩③：砖红色，泥质结构，强风化，干钻易钻进，层厚 1.5m。

砾岩④：青灰色，泥质胶结，块状构造，强风化，干钻可钻进，层厚 0.3m。

泥岩⑤：砖红色，泥质结构，强风化，干钻易钻进，层厚 0.8m。

3．ZK4-3 号孔

其可以分出三套地层。下部为砖红色泥岩与青灰色砾岩层，中部为圆砾层，上部为黑—黄褐色的黏土层。剖面自上而下分层描述如下：

黏土层①：可细分为两层，顶部灰黑色黏土，可塑偏硬，无摇震反应，层厚 1.2m；底部黄褐色黏土，稍湿，可塑，中压缩性，无摇震反应，层厚 0.1m。

圆砾层②：黄褐色，饱和，级配不良，一般粒径 1 ～ 2cm，中粗砂充填，层厚 3.7m。

泥岩③：砖红色，泥质结构，强风化，干钻易钻进，层厚 0.3m。

砾岩④：青灰色，泥质胶结，块状构造，强风化，干钻可钻进，层厚 0.2m。

泥岩⑤：砖红色，泥质结构，强风化，干钻易钻进，层厚 1.7m。

砾岩⑥：青灰色，泥质胶结，块状构造，强风化，干钻可钻进，层厚 2.3m。

泥岩⑦：砖红色，泥质结构，强风化，干钻易钻进，层厚 0.5m。

4．ZK4-4 号孔

其可以分出三套地层。下部为砖红色泥岩与青灰色砾岩层，中部为圆砾层，上部为黑—黄褐色的黏土层。剖面自上而下分层描述如下：

黏土层①：可细分为两层，顶部灰黑色黏土，可塑偏硬，层厚 1.3m；底部黄褐色黏土，稍湿，可塑，中压缩性，切面有光泽，无摇震反应，层厚 0.1m。

圆砾层②：黄褐色，饱和，级配不良，一般粒径 1 ～ 2cm，最大粒径 8cm 左右，中粗砂充填，层厚 3.5m。

泥岩③：砖红色，泥质结构，强风化，干钻易钻进，层厚 0.8m。

砾岩④：青灰色，泥质胶结，块状构造，强风化，干钻可钻进，层厚 0.4m。

泥岩⑤：砖红色，泥质结构，强风化，干钻易钻进，层厚 1m。

砾岩⑥：青灰色，泥质胶结，块状构造，强风化，干钻可钻进，层厚 1.4m。

根据现场的波速测试试验结果，第四纪沉积物波速值较低，风化较弱的基岩通常会有较高的波速值，而对于全风化以及残积土，波速值与第四系沉积物相差不大，波速显示钻孔沉积层序与勘察结果基本一致。

勘察结果显示，白垩系地层中存在断层，上覆第四纪覆盖层厚度为 4.9 ～ 5.4m，断层错断青灰色砾岩层层，断层错距约 2m，而没有错断第四系（T_1）地层，说明该断层第四纪（T_1）以来并没有活动过。

勘察结果和波速测试结果显示，布尔哈通河断裂（F_2）第四纪（T_1）以来并没有活动过，活动时间第四纪（T_1）之前，基本确定了断层上断点的出露位置和深度。

6.1.6　断层活动性分析

浅层地震探测表明，布尔哈通河断裂两支分别错断至 T^1_{K2L}和 T^2_{K2L}反射层。断面上盘为正常沉积地层，下盘直接与二叠系接触，断距极大。该断层没有通过 YJ2016-4 测线位置，且没有延伸到至第四系。

高密度电法勘察结果，在 1 号剖面（南北向剖面）中发现了异常，而 2 号剖面（东西向剖面）中没有发现电阻率异常。

联合钻探勘察结果确定了断层上断点的出露位置和深度，但未错断第四纪地层。

综上所述，布尔哈通河断裂为确定断层，晚更新世以来无活动现象，为前第四纪（白垩纪）断层，断层性质为正断层，走向东西，倾向北－北北东。

6.2　小营断裂（F_3）

该断裂为延吉盆地的东边界断裂（图 1.2、图 1.3），在延吉富兴屯Ⅱ阶地上，可见该断裂出露，下盘为华力西期中细粒二长花岗岩，上盘为 Qp_3 冲积物，含有大量的第三纪玄武岩砾石，下部是砂砾石层，发育有近水平状的褐色砾砂石层透镜体。小营断裂（F_3）在小营村与布尔哈通河断裂相交，以此为界分南、北两段。F_3 北段断裂从溪洞站北部开始向北经过磨盘村、五岩洞、西南沟屯、兴家村延伸至目标区外伊兰河沿岸，目标区内断层长约 11.2km。该断层在溪洞站北分别与东西向断裂（F_{2-1}）北东向断裂（F_{D3}）交会，其间有基性岩侵入，第四纪残积物极薄，向北向南残积物厚度逐渐增厚，但也仅有 30 ～ 50cm，广济村中晚更新世沉积物厚度约 2m，伊兰河沿岸晚更新世沉积物厚度约 6m。F_3 断裂南段起于营南村，经长东村延伸到梨树洞南部，总长 4.9km，全部在目标区内。F_{D3} 断裂在小营村南被布尔哈通河断裂截切，北东东向，长约 4km，夹在 F_{2-1} 断裂与 F_3 北段间；南段长 2.7km，经东光村、光新村至东农村一队。断裂总体走向北东－北北东、倾角 50°～70°，属于图们江断裂带的一部分。

小营断裂（F_3）穿过丘陵与山地位于丘陵和山地的交界处，地貌景观的差异表明其所属的构造部位差异和所受新构造的性质、特点、强弱有区别，而以侵蚀山地为主的地貌景观表明该区总的来说处于上升运动为主的环境。

在延吉市，低山丘陵区白垩系上统龙井组碎屑沉积岩中分布着富水性中等的白垩系碎屑岩风化孔隙、裂隙水。由于受构造运动等因素影响，龙井组地层岩石裂隙十分发育。F_3 断裂北段位于裂隙溶洞水和构造裂隙水交界处，F_3 断裂南段位于裂隙溶洞水和碎屑岩类孔隙裂隙层间承压水的交界处，F_3 断裂北段经过三类裂隙溶洞水交汇处，断裂两侧日单井涌水量差异较大。

在 DEM 数据与遥感影像融合处理的图像上（图 6.30），可见 F_3 断裂北段处于丘陵和山地的分界处，线性影像平直且两侧颜色迥异。断裂东侧地形高于西侧，线性构造控制着负地形及沟谷的分布，呈现出西北侧缓而东南侧陡的地貌景观。断裂西侧与东侧色调具有明显差异，断裂东侧植被比较发育。F_3 断裂南段展布在河谷中，影像特征不明显。影像上北部伊兰河河谷呈“之”字形，小营断裂沿拐点处切割河谷，使河谷阶地与山前陡坡截然分明。

图 6.30　F_3 断裂影像特征

在 1 阶重力细节图中［图 6.31（a）］，小营断裂左侧为串珠状的重力低异常圈闭体，断裂右侧为串珠状的重力高异常圈闭体，断裂沿圈闭体的梯度带北北东向展布。在 2 阶重力细节图中［图 6.31（b）］，高低重力异常圈闭体的范围扩大，异常分区明显，断裂西侧为重力低异常，对应延吉盆地构造单元，而断裂东侧为重力高异常，对应地表隆起，说明该断裂对延吉地区的构造格局具有一定的控制作用。小营断裂和龙渊—理化洞断裂分别位于延吉盆地的东西边界，在重力异常图中分别对应重力低异常区域的东西两侧，这两条断裂控制着延吉盆地的沉积构造特征。在 3 ～ 4 阶重力细节图中，该断裂重力异常现象不明显，说明该断裂仅切穿上地壳。

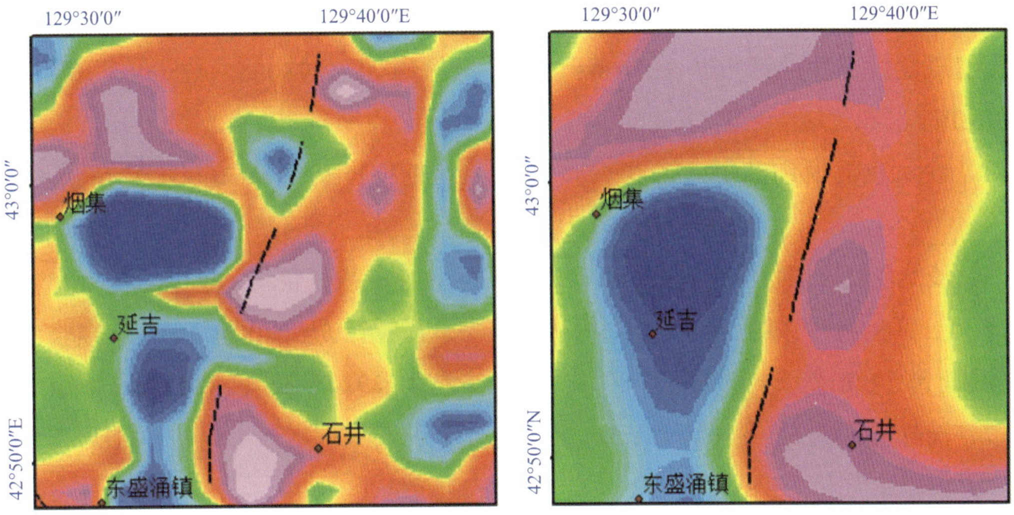

图 6.31 小营断裂 1 ～ 2 阶重力小波细节图

（a）1 阶重力小波细节图；（b）2 阶重力小波细节图

6.2.1 野外调查结果

野外调查时，一方面对前人研究中与 F_3 断裂特征相同的断裂进行了验证；另一方面对布尔哈通河两岸进行了路线追踪。在广济村（富兴屯北），看到大片的第四纪Ⅱ级阶地和Ⅲ级阶地分布，但未发现有第四纪断层活动的证据。在Ⅱ阶地上，可见该断裂出露于华力西期中细粒二长花岗岩中（图 6.32）。局部断面光滑发育擦痕，擦痕的侧伏角为 125°∠55°，擦痕的方向指示断层为正断层；次级断层也发育明显擦痕，侧伏角 40°∠70°，伴生节理也非常发育。

图 6.32 断层剖面图（镜向北）

在延东村Ⅱ阶地上，可见次级断裂出露于白垩系龙井组杂色砂砾岩中（图 6.33）。断面走向为北东东，倾向北北西，倾角较陡，有宽约 10cm 的断层破碎带，各层岩性如下：

（1）灰黑色腐殖层，植物根系发达，厚 15 ～ 20cm。

（2）淡黄色细砂层，含少量砾石，砾石粒径 5 ～ 20cm，次棱角状，层厚 40 ～ 70cm。

（3）黄色细砂砾层，粒径 2 ～ 5cm，次棱角状，上部局部有薄层黄色细砂层，底部有薄层细砾层，累积层厚 60 ～ 80cm；中下部 ^{14}C 样品（478095，478096）测得年龄为 890±30BP。

（4）淡黄色泥质细砂层，内含少量砾石，砾石粒径 5 ～ 15cm，次棱角状，层厚约 20cm。

（5）浅黄色泥质细砂层，偶见砾石，粒径 5cm 左右，次棱角状，层厚约 70cm。

（6）土黄色粗砂细砾层，内含少量砾石，砾石粒径 5 ～ 10cm，次棱角状，层厚约 25cm；中下部 ^{14}C 样品（478097，478098）测得年龄为 23930±90BP，30330 ±170BP。

（7）浅黄色细砂层，层厚约 25cm。

（8）白垩系砾岩，未见底。

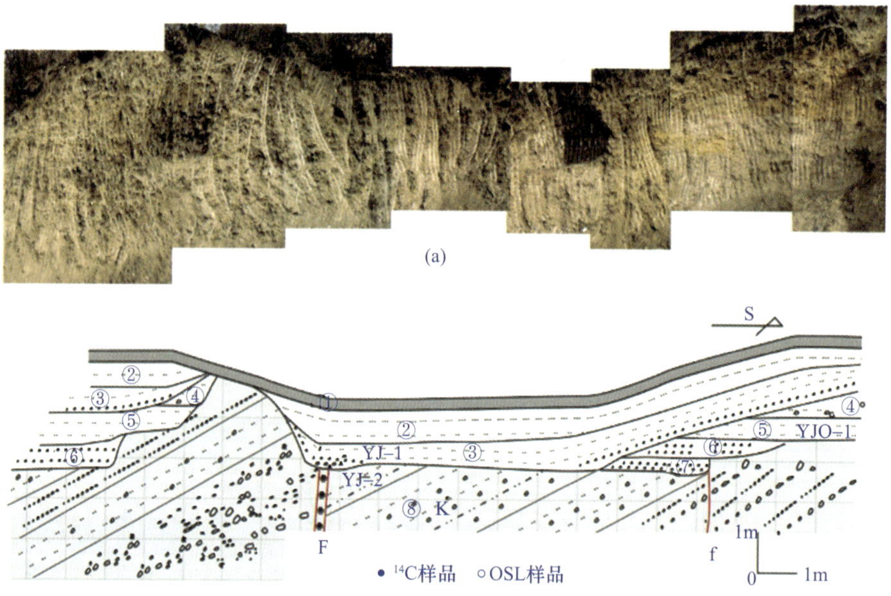

(a)

(b)

图 6.33 断层剖面图● ^{14}C 样品 ○ OSL 样品

（a）探槽剖面，镜向东；（b）剖面解释

6.2.2 控制性浅层地震勘探结果

穿过小营断裂初查时布设了四条控制测线，分别是 YJ2015-2 线、YJ2015-3 线、YJ2015-6 线和 YJ2015-9 线。YJ2015-2 线和 YJ2015-3 线布设在 FD3 断裂的北段，YJ2015-2 线近南北方向沿延吉市道路布设，南至长东村附近，经过营南村，北至小营村附近，布设接收线长度 2595m。YJ2015-3 线南至营南村，经过小营村东部往北东方向布设，布设接收线长度 2649m。YJ2015-6 线布设在 F_3 断裂和 F_{D3} 断裂的南段，自西向东经河龙村横穿断裂延伸到延东村，全长约 8025m。YJ2015-9 线布设在 F_3 断裂的北支，自清茶馆北部向东延伸至磨盘山的西北部，总长 5217m。详查时布设一条测线 YJ2016-6 线，该线为反射纵波测线，测线近东西方向布设于延吉市东郊，西部始于“人民路”附近，沿布尔哈通河北岸向东布设。地震测线长度 3.016km。

初查时有两条剖面揭示了 F_3 断层的存在。F_3 断层在 YJ2015-6 线和 YJ2015-9 线剖面上断层性质相同，倾向 277°～283°，倾角 55°左右，正断层性质，断距极大，断面上盘为正常沉积地层，下盘直接与二叠系接触。YJ2015-6 线剖面上断层向上延伸错断 T_{K2L}^1 反射层，YJ2015-9 线剖面上断层向上延伸错断 T_{K2L} 反射层（图 6.34，表 6.3）。详查时 YJ2016-6 线地震时间剖面 1200ms 以浅解释 4 组特征明显的反射波，分别为 T_{K2L}^2、T_{K2L}^1、T_{K2L}、T_{K1dl}^1，解释断层为目标断层，视倾向 305°、视倾角 39°，为正断层（图 6.35）。

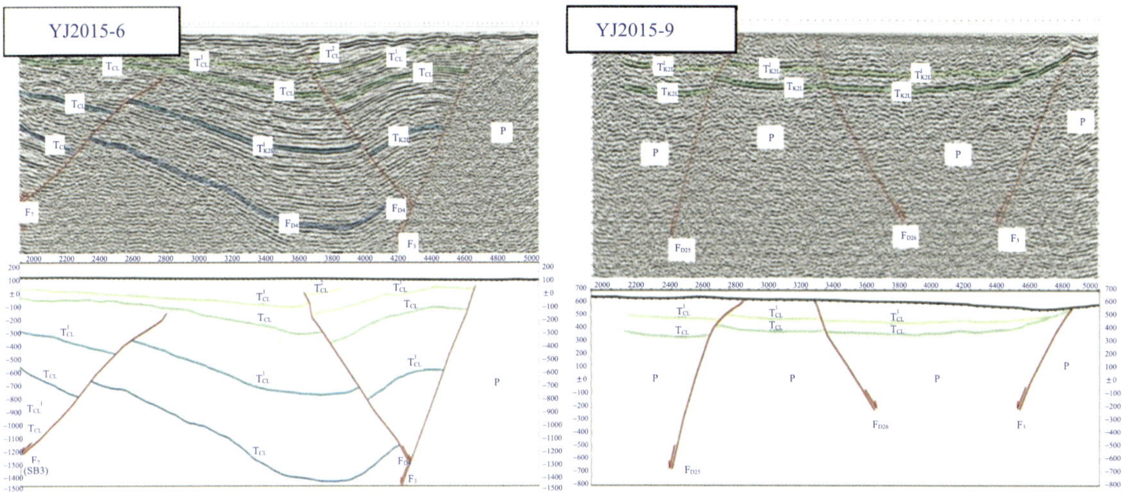

图 6.34　初查时通过 F_3 断层横波测线时间剖面与地质剖面解释图

表 6.3　F_3 断层横波解释断点坐标及埋深数据表

断层	测线编号	长度	错断界面	垂直断距	断层性质	视倾向	视倾角
F_3	YJ2015-6	8.025	T_{K2L}^1		正断层	283°	55°
			T_{K2L}				
			T_{K1dl}^1				
	YJ2015-9	5.217	T_{K2L}		正断层	277°	54°
	YJ2016-6	3.016	T_{K2L}^2	≥751	正断层	305°	39°
			T_{K2L}^1				
			T_{K2L}				
			T_{K1dl}^1				

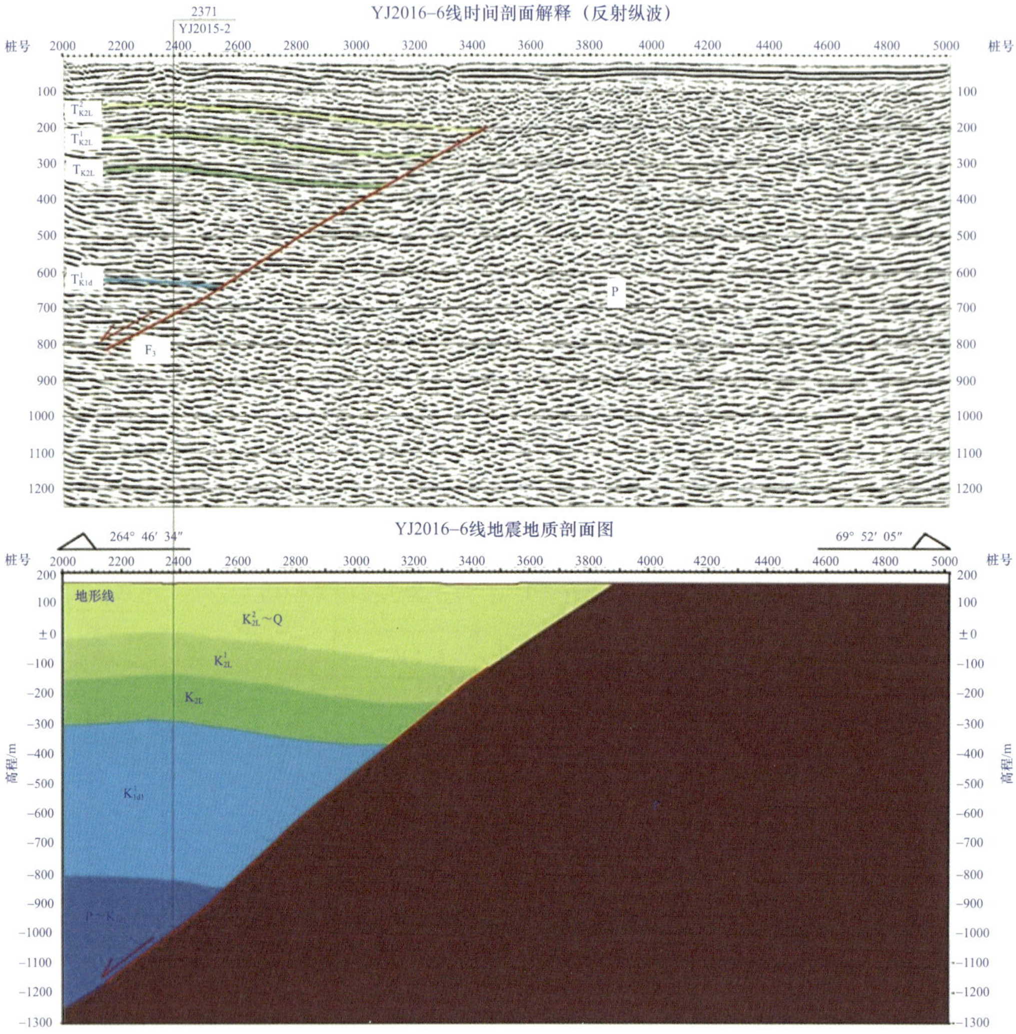

图 6.35　详查时通过 F_3 断层横波测线时间剖面与地质剖面解释图

6.2.3　探地雷达勘察结果

小营断裂位于延吉市东侧，长约 19km，北北东，倾向西，倾角 50°～ 70°，线性特征明显，断裂两侧色调差异明显，地势东高西低，断裂沿山麓陡崖处展布，局部可见断层三角面特征。前期 YJ2016-6 测线沿公路布设，同理，将上断点沿断层走向平移至场地内（图 6.36），近平行 YJ2016-6 测线布设 Pro-5 和 Pro-7 两条地质雷达测线（图 6.37）。

测线位于延吉市市区东侧的延吉市肉联厂附近，Pro-5 剖面位于南侧布尔哈通河河道内，在冰面上对布置测量测线，测线长约 280m，Pro-7 剖面位于北侧农田内布置测线，长约 203m，为布尔哈通河左岸Ⅰ级阶地，地形平坦，测线走向为北西西 - 南东东，横跨地震勘探得到的小营断裂的断点位置。

Pro-5 线剖面在河道内，建筑物影响较少，在测线西侧有桥梁。剖面上部近水平，厚 10 ～ 12m，代表了阶地上部的河流相粉细砂和砂砾石沉积，没有发现断层引起的变形。下部没有发现较强的近水平反射面，弱反射可能对应于破碎的基岩，在 210m（H13m）附近可见到弱的不连续界线，可能为断层的位置。

Pro-7 线剖面上部近水平，厚约 2m，代表了阶地上部的河流相沉积，没有发现断层引起的变形。下部没有发现较强的近水平反射面，弱反射可能对应于破碎的基岩，强反射层可能对应于基岩顶面的不均匀侵蚀面。在 40m（H3m）180m（H3m）附近有较强的反射界面不连续，可能是基岩中的裂隙和断层，在下部还有几处反射清楚的斜界面，可能对应于基岩中的裂隙。

1．Pro-12 剖面和 Pro-13 剖面

Pro-12 剖面和 Pro-13 剖面位于延吉市市区东的长东村附近。Pro-12 剖面在村南侧斜坡上布置，长约 660m，Pro-13 剖面在村东侧的布尔哈通河 I 级阶地上，长约 46m，走向北北西－南南东，是 Pro-12 测线的延伸，位于斜坡前缘陡坎下部，高差约 12m，为了控制 F_3 断层的位置（图 6.38）。

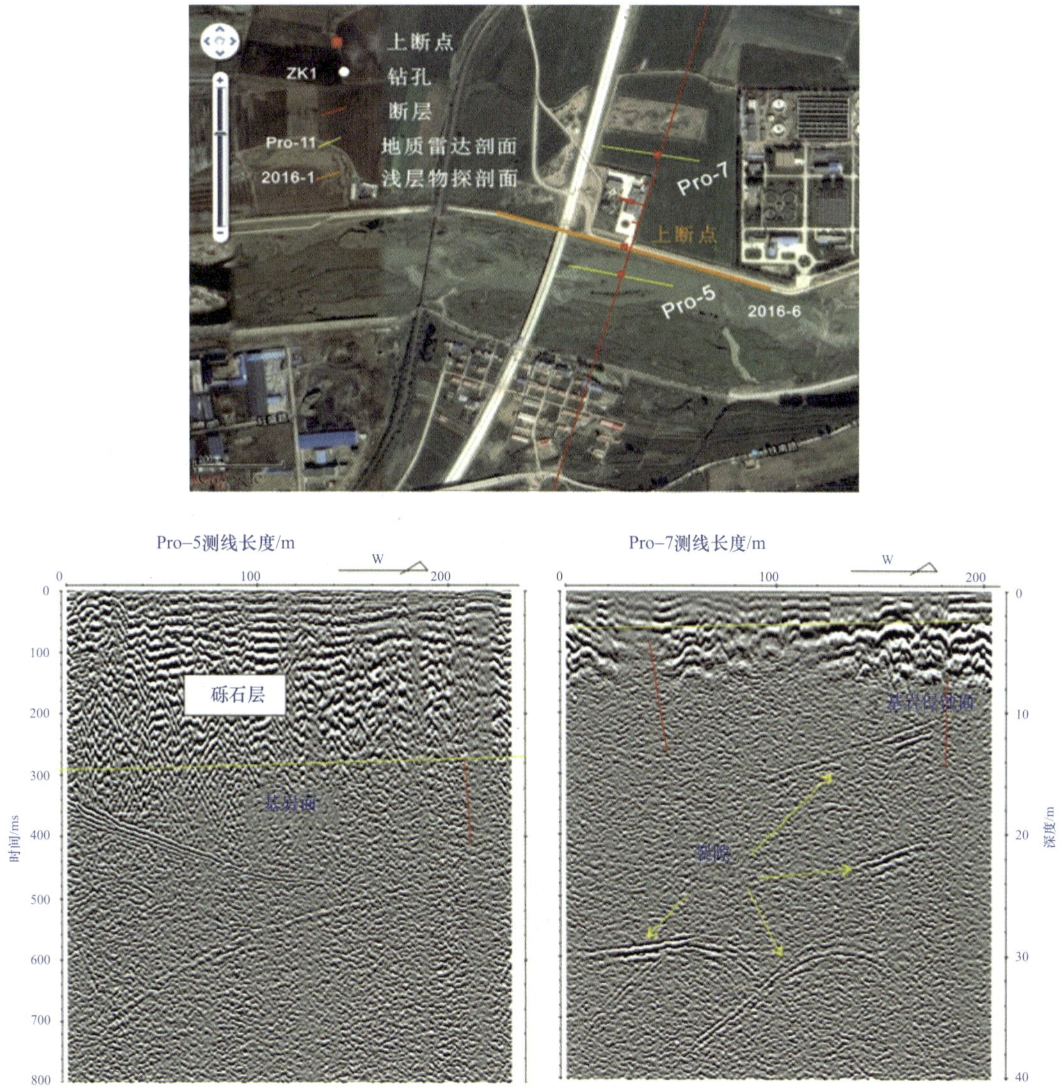

图 6.36　前期测线解译结果示意图及 Pro-5 和 Pro-7 线位置

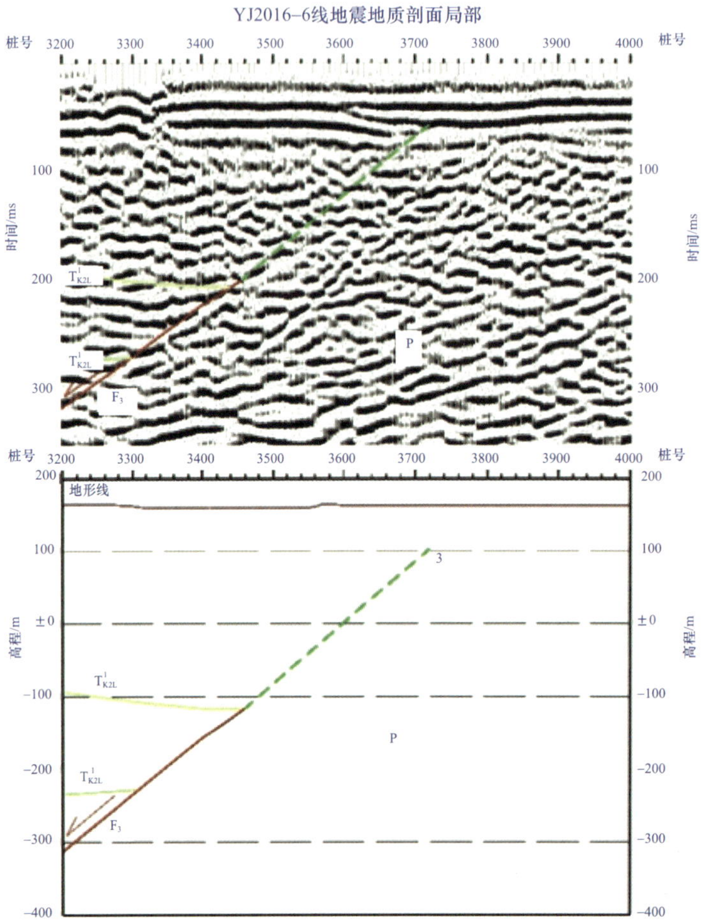

图 6.37 Pro-5 和 Pro-7 线剖面及解译图

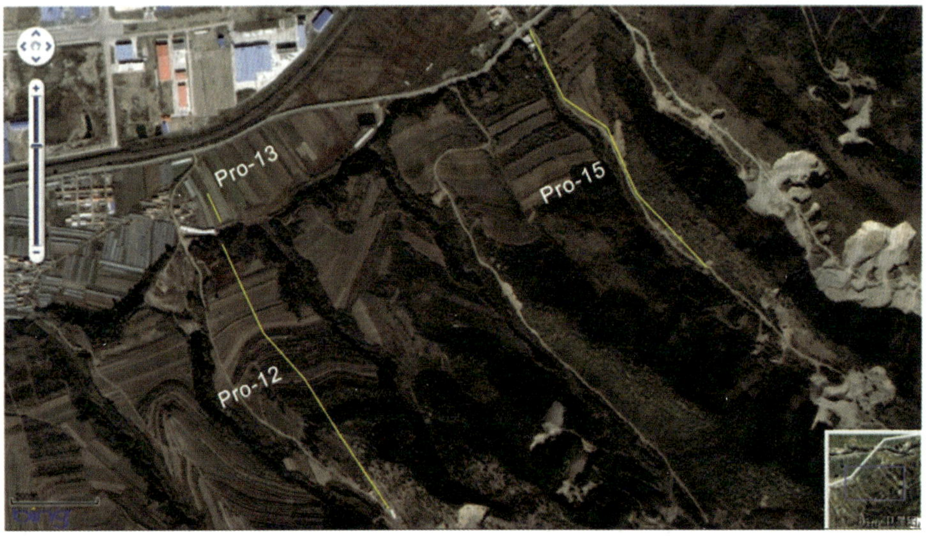

图 6.38 Pro-12 和 Pro-13 线剖面位置

Pro-12 剖面的影响因素主要为 30 ～ 70m 的单体建筑物；145 ～ 180m 有铁丝网；180 ～ 200m 和 400 ～ 480m 有松树林和桃树林；600m 处有民用电线；Pro-13 剖面受到居民

建筑物的干扰。

Pro-12 线剖面雷达信号上部近水平，厚 2 ～ 4m，代表了斜坡上部的坡积物，没有发现断层引起的变形。下部没有发现较强的近水平反射面，弱反射可能对应于破碎的基岩，在 600m（H3m）附近可见到弱的不连续界线，可能为断层的位置。Pro-13 线剖面雷达信号上部近水平，厚约 2m，代表了阶地上部的河流相粉细砂沉积，没有发现断层引起的变形。下部较强的斜反射面可能是基岩面的产状（图 6.39）。

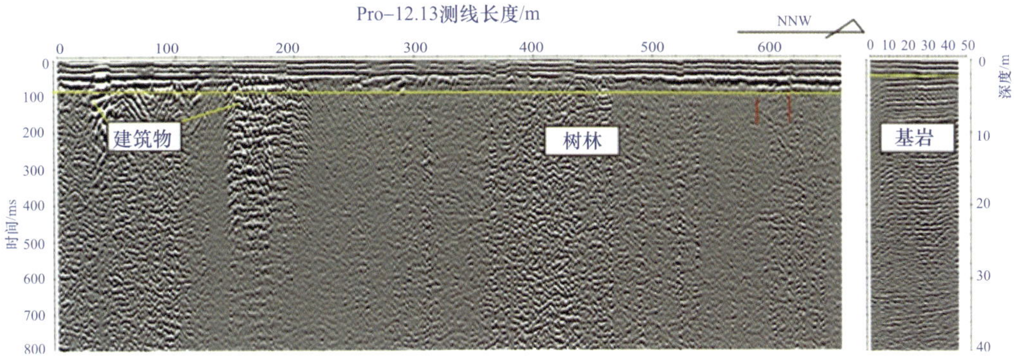

图 6.39 Pro-12 和 Pro-13 线剖面及解译图

2. Pro-15 剖面

位于延吉市市区长东村东侧，Pro-12 剖面东约 700m，测线长约 522m，走向北北西 - 南南东，跨 F_3 小营断裂布置测线。

Pro-15 线剖面上部近水平，厚 2 ～ 4m，代表了斜坡上部的坡积物，没有发现断层引起的变形。下部没有发现较强的近水平反射面，弱反射可能对应于破碎的基岩，在 240 m（H3m）440m（H3m）附近可见到弱的不连续界线，可能为断层的位置（图 6.40）。

通过地质雷达探测基本确定了小营断裂的近地表形态和位置，没有断错第四纪河流相沉积。

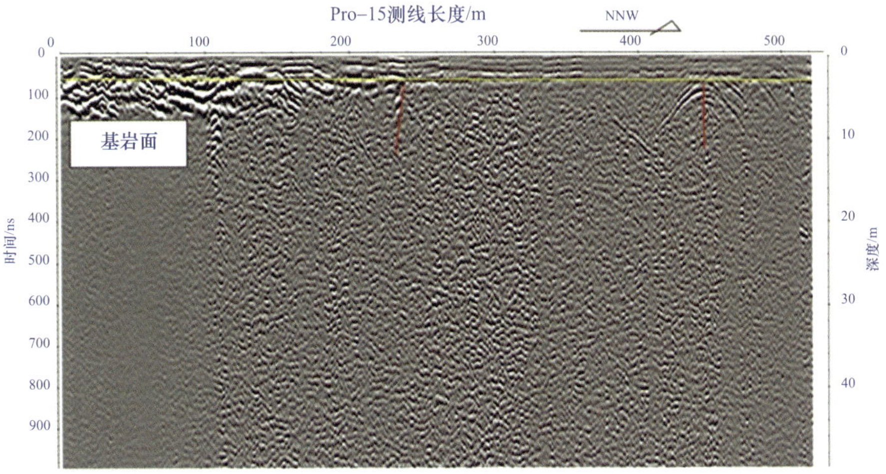

图 6.40 Pro-15 线剖面及解译图

6.2.4 DGPS 地貌勘察

为了确定断层的活动性，利用沿断层两侧分布了四条测线，Line-1 和 Line-2 位于断层东侧（图 6.41 中黄线），Line-3 和 Line-4 位于断层西侧（图 6.41 中黑线）。为了对比，将河流底界置于同一高程。断层西侧缺少 T_6，东侧 T_5' 的略高于西侧，在布尔哈通河南侧，断层两侧 T_5（约 1.2Ma）河拔基本相同，布尔哈通河北侧，断层西侧较东侧高约 10m，阶地面两侧的高差可能是差异风化原因形成。断层两侧 T_4–T_1 河拔基本相同，说明 T_4 以来小营断层不活动。综合分析认为小营断裂 T_5 阶地河拔基本相同，即 1200ka 以来不活动。

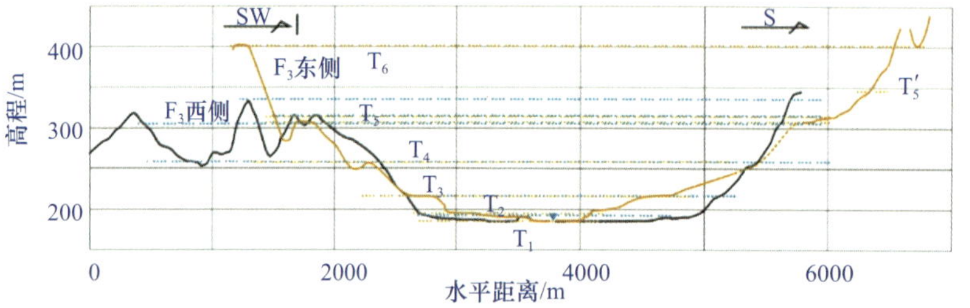

图 6.41　跨小营断层测线剖面图

6.2.5 联合钻孔剖面勘察

分别于小河龙西南的山前堆积至盆地的Ⅱ级阶地上布置联合钻探剖面两个，分别为延吉小和龙立交和延吉小和龙 2，每个剖面各有钻孔 5 个。

1. 小和龙立交联合钻孔

该剖面位于延吉市小和龙西南的山前堆积至盆地的Ⅱ级阶地上，共施工钻孔 5 个，由东南到西北方向依次为 ZK3-1、ZK3-4、ZK3-2、ZK3-5、ZK3-3，钻孔间距依次为 15m、14m、11m、10m，剖面总长度 50m，总进尺 44.5m（图 6.42、图 6.43）。

1）ZK3-1 号孔

其可以分出三套地层。下部为花岗岩，中部为青灰色砂砾石层，上部为灰—棕色的砂砾层和黑色土层互层。剖面自上而下分层描述如下：

（1）粗砂层①：可细分为两层，顶部含花岗岩风化砂的黑色黏土，厚度 0.6m；底部灰褐色黏土含花岗岩风化砂砾，厚度 0.9m。

（2）黏土层①：可细分为两层，顶部灰褐色黏土，厚度 0.3m；底部灰白色黏土，厚度 0.2m。

（3）粗砂层①：可细分为两层，顶部黄褐色粗砂，花岗岩风化产物，层厚 0.5m；底部灰褐色黏土，厚度 0.5m。

（4）黏土层②：灰绿色黏土，含粗砂细砾，层厚 0.1m。

（5）黏土层②：可细分为两层，顶部黄褐色黏土，含粗砂细砾，层厚 0.4m；底部灰黑色黏土，含粗砂细砾，层厚 1.5m。

（6）黏土层②：灰绿色黏土，层厚 0.2m。

（7）圆砾层③：可细分为三层，顶部灰褐色，含黏土，一般粒径 1 ～ 2cm，层厚 0.6m；中部灰绿色，含中粗砂，层厚 0.1m；底部黄褐色，层厚 0.4m。

（8）粉土层③：可细分为五层，顶部灰黑色黏土，层厚 0.1m；上部灰色粉土，层厚 0.1m；中部淡黄褐色粉土，层厚 0.1m；下部黄褐色粉砂，层厚 0.1m，底部灰黑色粉土，层厚 0.1m。

（9）粉细砂层③：黄褐色，局部夹灰黑色黏土，层厚 2.2m。

（10）黏土层⑤：棕红色黏土，含砾，风化层，层厚 0.5m。

（11）砾岩层⑥：青褐色，砂质胶结，粒径 3 ～ 5cm，层厚 2m。

（12）花岗岩⑦：青黑色，厚 2m，未见底。

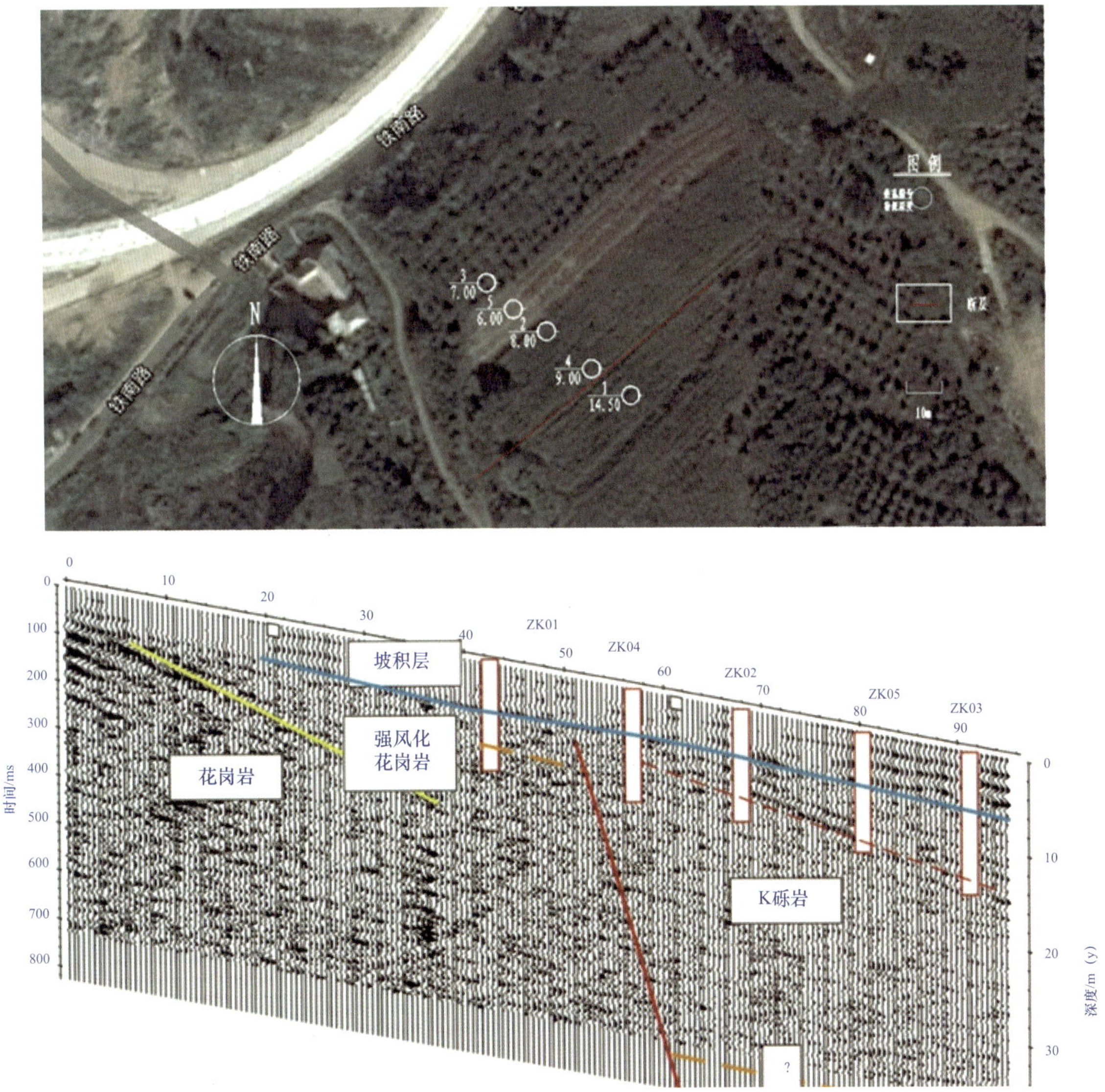

图 6.42　小和龙立交剖面钻孔布设示意图

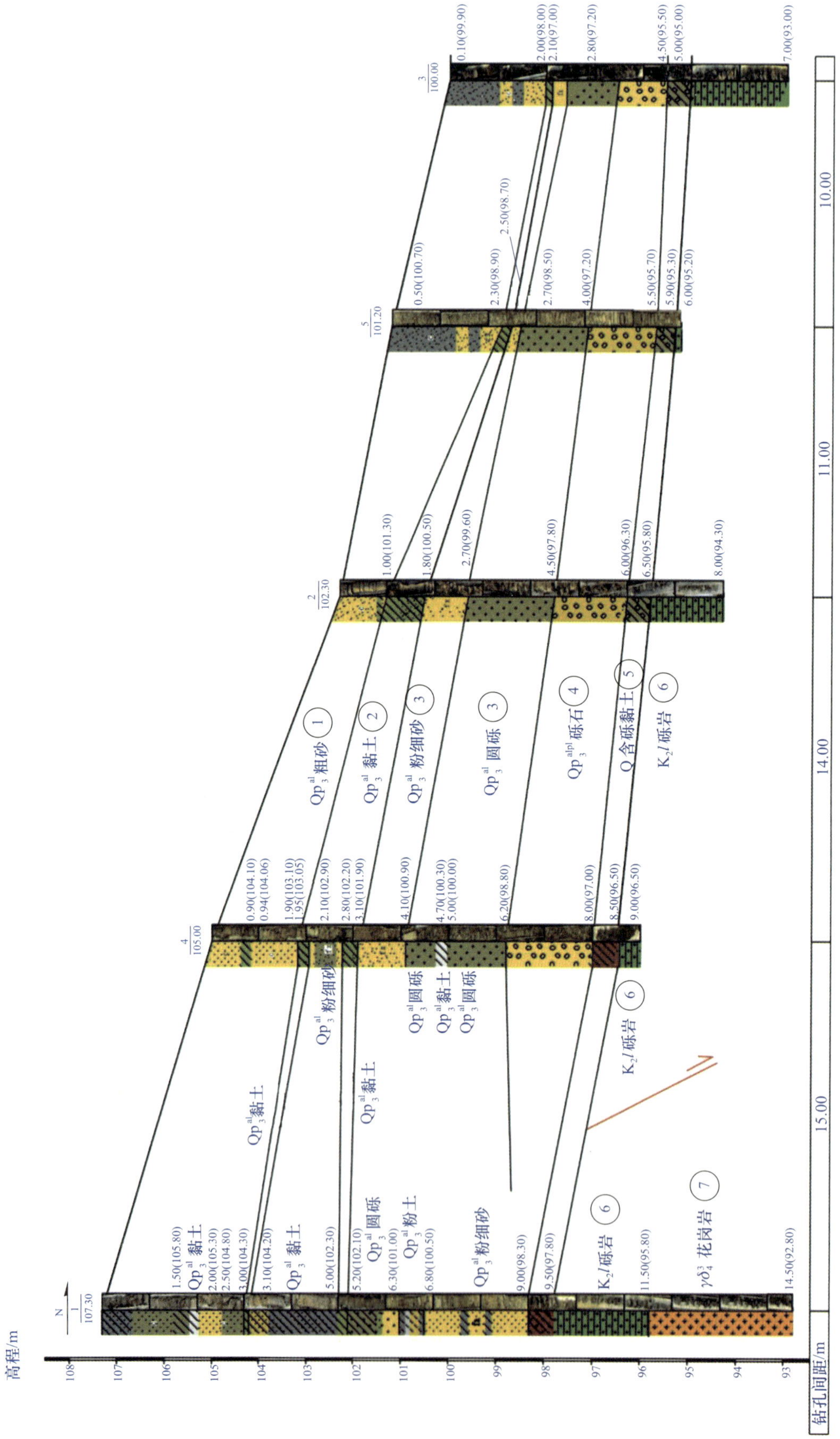

图 6.43 延吉小和龙立交联合钻孔地质剖面稳图

2）ZK3-2 号孔

其可以分出 3 套地层。下部为砂砾石层，中部为细砂层，上部为灰—棕色的砂砾层和土层互层。剖面自上而下分层描述如下：

（1）粗砂层①，可细分为三层，顶部黄褐色，粗砂细砾，厚度 0.8m；中部灰绿色黏土，含砂砾，层厚 0.1m；底部黄褐色粗砂细砾，层厚 0.1m。

（2）黏土层②，可细分为两层，顶部灰绿色黏土，厚度 0.2m；底部灰绿色黏土含砂砾，层厚 0.6m。

（3）细砂层③，黄褐色，层厚 0.9m。

（4）圆砾层③，灰褐色，粒径 2 ～ 4cm，厚度 1.8m。

（5）砾石层④，灰褐色，粒径 2 ～ 4cm，厚度 1.5m。

（6）黏土层⑤，灰褐色黏土含砾，风化层，层厚 0.5m。

（7）砾岩层⑥，青灰色，最大粒径 5cm，层厚 1.5m。

3）ZK3-3 号孔

其可以分出三套地层，即下部为砾岩，中部为砂砾石层，上部为粗砂层。剖面自上而下分层描述如下：

（1）粗砂层①，可细分为四层。其中，顶部灰黑色，层厚 1m；上部浅黄褐色，层厚 0.3m；中部灰黑色，层厚 0.2m；底部浅黄褐色，层厚 0.5m。

（2）黏土层②，灰绿色，层厚 0.1m。

（3）粉细砂层③，棕褐色，层厚 0.2m。

（4）圆砾层③，棕黄色，含黏土，层厚 1.1m。

（5）砾石层④，灰褐色，次棱角，层厚 1.1m。

（6）黏土层⑤，灰褐色黏土含砾，风化层，层厚 0.5m。

（7）砾岩层⑥，青灰色，层厚 2m，未见底。

4）ZK3-4 号孔

其可以分出三套地层，即下部为砾岩，中部为砂砾石层，上部为粗砂层夹粉细砂层和黏土。剖面自上而下分层描述如下：

（1）粗砂层①，黄褐色，夹灰绿色黏土薄层 2 ～ 3cm，层厚 1.9m。

（2）黏土层②，可细分为二层，顶部灰绿色黏土，层厚 0.1m；底部灰绿色黏土含砂，层厚 0.1m。

（3）粉细砂层②，可细分为三层。其中，顶部黄褐色偏红褐色粉细砂，层厚 0.1m；中部灰褐色粉细砂，层厚 0.5m，底部黄褐色偏红褐色粉细砂，层厚 0.1m。

（4）黏土层②，可细分为两层，顶部灰绿色黏土，层厚 0.2m；底部灰绿色黏土与黄褐色细砂互层，层厚 0.1m。

（5）细砂层③，黄褐色，矿物成分以石英、长石为主，层厚 1m。

（6）圆砾层③，灰褐色，级配不良，一般粒径 1 ～ 2cm，最大粒径 6cm，中粗砂和黏土充填，层厚 0.6m。

（7）黏土层③，灰白色，可塑，切面光滑，无摇震反应，层厚 0.3m。

（8）圆砾层③，灰褐色，级配不良，一般粒径 1 ～ 2cm，最大粒径 6cm，中粗砂和黏土充填，层厚 1.2m。

（9）砾石层④，黄褐色，一般粒径 2 ～ 3cm，亚圆状或次棱角状，层厚 1.8m。

（10）黏土层⑤，红棕色，含砾，风化层，层厚 0.5m。

（11）砾岩层⑥，青灰色，块状构造，强风化，干钻不易钻进，泥质胶结，未见底，层厚 0.5m。

5）ZK3-5 号孔

其可以分出三套地层，即下部为砾岩，中部为深棕色砂砾石层，上部为黑色土层。剖面自上而下分层描述如下：

（1）粗砂层①，可细分为四层。其中，顶部灰黑色，层厚 1.3m；上部浅黄褐色，层厚 0.3m；中部灰黑色，层厚 0.2m；底部浅黄褐色，层厚 0.5m。

（2）黏土层②，灰绿色，层厚 0.2m。

（3）粉细砂层③，棕褐色，层厚 0.2m。

（4）圆砾层③，棕黄色，含黏土，层厚 1.3m。

（5）砾石层④，黄褐色，次棱角，层厚 1.5m。

（6）黏土层⑤，灰褐色黏土含砾，风化层，层厚 0.4m。

（7）砾岩层⑥，青灰色，层厚 0.1m，未见底。

根据现场的波速测试试验结果，第四纪沉积物波速值较低，风化较弱的基岩通常会有较高的波速值，而对于全风化以及残积土，波速值与第四系沉积物相差不大，波速显示钻孔沉积层序与勘察结果基本一致。

勘察结果显示，白垩系地层中存在断层，上覆第四纪覆盖层厚度为 8.5 ～ 9.5m，断层错断青灰色砾岩，断层错距约 2m，而没有错断第四系（T_2 阶地）地层，说明该断层第四纪（T_2 阶地）以来并没有活动过。

2．延吉小和龙 2 联合钻孔

该剖面位于延吉小和龙西南的山前堆积至盆地的Ⅱ级阶地上进行钻探，施工钻孔 5 个，由东到西方向依次为 ZK7-5、ZK7-1、ZK7-2、ZK7-3、ZK7-4，钻孔间距依次为 20m、10m、5m、6m，剖面总长度 41m，总进尺 34m（图 6.44、图 6.45）。

1）ZK7-1 号孔

其可以分出三套地层，即下部为花岗岩，中部为青灰色砂砾石层，上部为灰 – 棕色的粉砂层和黑色土层互层。剖面自上而下分层描述如下：

（1）粗砂层①，含花岗岩风化砂的深棕色粗砂细砾层，较疏松，厚度为 0.7 ～ 0.8m。

（2）黏土层②，灰黑色，厚度为 0.2 ～ 0.4m。

（3）黏土层②，青灰色，夹紫红色薄层砂，厚度为 0.1 ～ 0.3m。

（4）粗砂层③，紫红色含细砾粗砂层，较疏松，厚度为 0.5 ～ 0.7m。下部见中砾，砾径 2 ～ 5cm，次棱角状。

（5）中砂层③，灰色 – 深棕色，较疏松，厚度为 0.4 ～ 0.6m。

（6）细砂层③，深棕色，较疏松，向下逐渐变粗，底部见细砾，厚度 0.8 ～ 1.0m。

（7）粉砂质黏土层④，深棕色 – 棕红色（偏暗红），厚度为 1.6 ～ 1.8m。

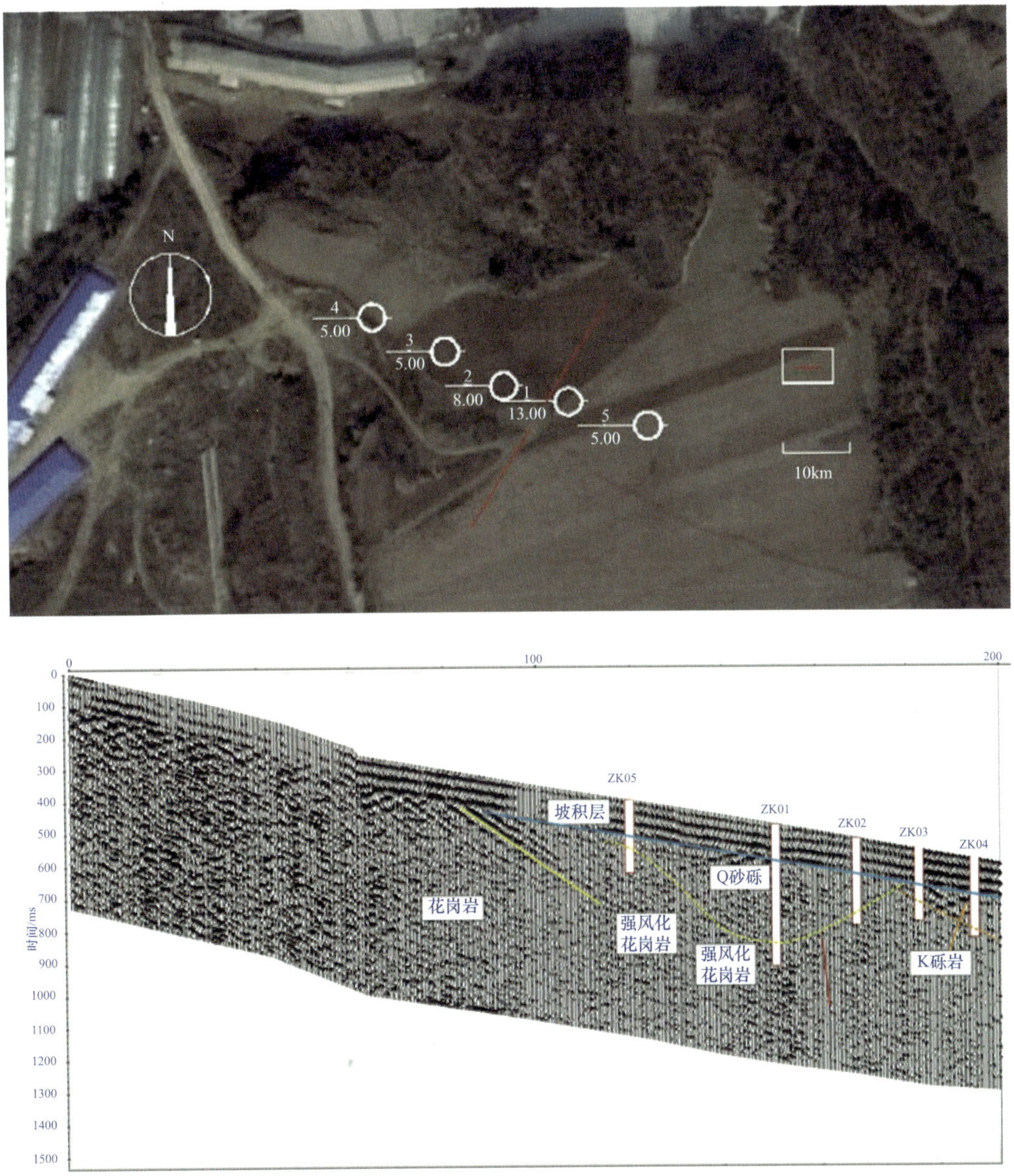

图 6.44　延吉小和龙 2 剖面平面位置和钻孔布设示意图

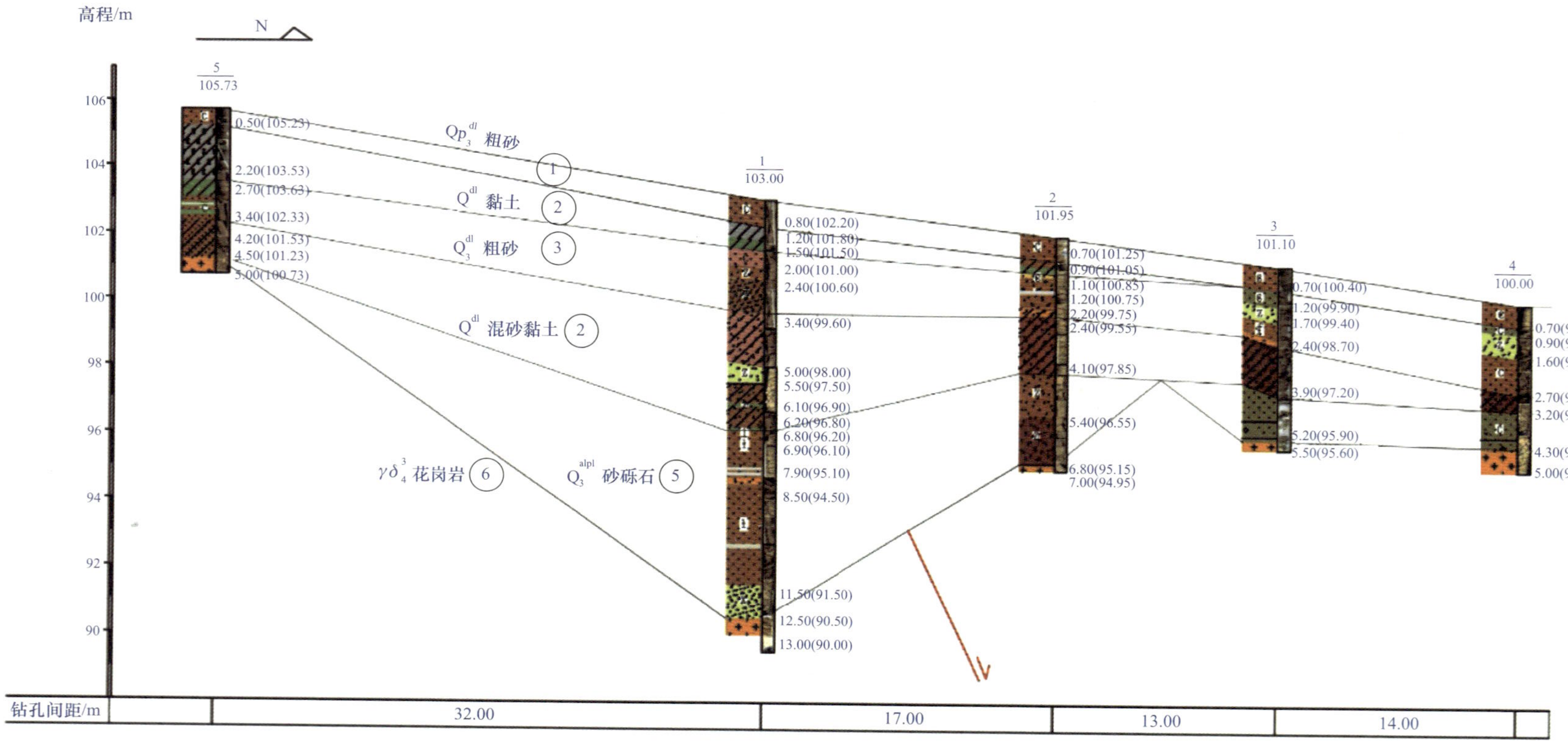

图 6.45　延吉小和龙 2 联合钻孔地质剖面图

（8）中细砂层④，灰黄色，较疏松，底部含薄层砾石，砾径为 2 ～ 3cm，次圆状，厚度为 0.4 ～ 0.6m。

（9）砂质黏土层④，灰色 – 深棕色，含细砾，厚度为 0.6 ～ 0.8m。

（10）中细砂层④，深棕色，厚度为 0.1 ～ 0.3m。

（11）砂质黏土层④，灰色 – 深棕色，含细砾，厚度为 0.6 ～ 0.8m。

（12）砂砾石层⑤，青灰色，厚度为 0.1 ～ 0.3m。

（13）砂砾石层⑤，灰色 – 深棕色，含砾粗砂，厚度为 1.0 ～ 1.2m。

（14）中细砂层⑤，深棕色夹青灰色（杂色），含细砾，砾径为 0.2 ～ 0.5cm，强风化，底部见 0.2m 的棕黄色（黄色明显）砂，厚度为 0.6 ～ 0.8m。

（15）砂砾石层⑤，灰色 – 深棕色含砾粗砂，砾径为 5 ～ 7cm，大者可达 10cm，砾石的磨圆度好，为次圆状，分选性好，在中下部夹 0.1m 厚的黄绿色薄层细砂，厚度约为 3m。

（16）细砂层⑤，灰黄绿色，厚为约为 1m。

（17）花岗岩风化层⑥：黄色，厚 0.5m，未见底。

2）ZK7–2 号孔

其可以分出三套地层，即下部为花岗岩，中部为青灰色砂砾石层，上部为灰 – 棕色的粉砂层和黑色土层互层。剖面自上而下分层描述如下：

（1）粗砂层①，含花岗岩风化粒的深棕色粗砂细砾层，较疏松，厚度为 0.7 ～ 0.8m。

（2）黏土层②，灰黑 – 褐黄色，含砾黏土，厚度为 0.2 ～ 0.4m。

（3）黏土层②，浅青灰色，夹一薄层紫红色砂，厚度为 0.2 ～ 0.4m。

（4）粗砂层③，黄褐色含细砾粗砂层，较疏松，厚度为 0.05 ～ 0.15m。砾径为 2 ～ 5cm，次棱角状。

（5）中砂层③，灰色 – 深棕色，较疏松，上部有薄层含黏土砂，中部有薄层铁绣色粗砂质条带，厚度为 1.0 ～ 1.2m。

（6）粉砂质黏土层④，深棕色 – 棕红色（偏浅黄），厚度为 0.2 ～ 0.4m。

（7）粉砂质黏土层④，黄绿色（基岩顶面？），厚度为 1.5 ～ 1.7m。

（8）中细砂层⑤，深棕色（偏浅黄、青白），较疏松，含砾石，砾径为 0.2 ～ 0.5cm，次圆状，厚度为 1.2 ～ 1.4m。

（9）中细砂层⑤，棕红色（偏红），较疏松，含砾石，砾径为 0.2 ～ 0.5cm，次圆状，厚度为 1.2 ～ 1.4m。

（10）花岗岩风化层⑥，黄色，厚 0.2m，未见底。

3）ZK7–3 号孔

其可以分出三套地层，即下部为花岗岩，中部为砂砾石层，上部为粗砂层。剖面自上而下分层描述如下（在 1m 时打丢了 30cm，捞芯显示为泥砂）：

（1）粗砂层①，含花岗岩风化粒的深棕色粗砂细砾层，较疏松，厚度为 0.7 ～ 0.9m。

（2）粗砂层③，灰褐色（偏白、青灰），较疏松，厚度为 0.4 ～ 0.6m。

（3）中砂层③，灰黄色 - 深棕色，较疏松，含粗砂细砾，厚度为 0.5 ～ 0.7m。

（4）粉细砂层③，深棕色 - 棕红色，厚度为 0.5 ～ 0.7m。

（5）粉砂质黏土层④，棕红色（偏红），较疏松，含砾石，砾径为 0.2 ～ 0.5cm，次圆状，厚度为 1.3 ～ 1.5m。

（6）中粗砂层⑤，深棕色（偏浅黄、青），较疏松，含砾石，砾径为 0.2 ～ 0.5cm，次圆状，厚度为 1.2 ～ 1.4m。

（7）花岗岩风化层⑥，黄色，厚 0.3m，未见底。

4）ZK7-4 号孔

其可以分出三套地层，即下部为花岗岩，中部为砂砾石层，上部为粗砂层。剖面自上而下分层描述如下：

（1）粗砂层①，灰褐色，含花岗岩风化粒的深棕色粗砂细砾层，较疏松，厚度为 0.7 ～ 1.1m。

（2）粗砂层③，深棕色 - 棕红色，厚约 0.2m。

（3）中细砂层③，深棕色 - 棕红色，较疏松，含砾石，砾径为 0.2 ～ 0.5cm，次圆状，厚度为 0.7 ～ 0.9m。

（4）粗砂层③，深棕色 - 棕红色，较疏松，含砾石，底部有薄层砾石，厚度为 1.1 ～ 1.3m。

（5）粉砂质黏土层④，棕红色（偏红），较疏松，含砾石，砾径为 0.2 ～ 0.5cm，次圆状，厚度 0.3 ～ 0.7m。

（6）中粗砂层⑤，灰褐色（偏浅黄），较疏松，含砾石，砾径为 0.2 ～ 0.5cm，次圆状，中部夹一层灰黑色青灰色黏土质砂，底部有薄层砾石，砾径为 2 ～ 5cm，次圆状，厚度为 1.1 ～ 1.3m。

（7）花岗岩风化层⑥，黄色，厚约 1.0m，未见底。

5）ZK7-5 号孔

其可以分出三套地层，即下部为花岗岩，中部为深棕色砂砾石层，上部为黑色土层。剖面自上而下分层描述如下：

（1）粗砂层①，含花岗岩风化砂的深棕色粗砂细砾层，较疏松，厚度为 0.3 ～ 0.5m。

（2）有机质黏土层②，含有有机质和泥炭的深棕色土壤层，较疏松，厚度为 1.5 ～ 1.7m。仅在 5 号孔中见到。

（3）黏土层②，青灰色，顶部有紫红色含砾薄层砂，厚度为 0.3 ～ 0.5m。

（4）粗砂与黏土互层③，灰色 - 深棕色粗砂或细砾与黏土互层，厚度为 0.5 ～ 0.7m。

（5）砂质黏土层④，灰色－深棕色（偏暗红），含细砾，砾径为 0.2 ～ 0.5cm，次圆状，厚度为 0.6 ～ 0.8m。

（6）砂质黏土层④，灰色－深棕色（偏砖红），含细砾，砾径为 0.2 ～ 0.5cm，次圆状，厚度为 0.1 ～ 0.3m。

（7）花岗岩风化层⑥，黄色，厚约 0.3m，未见底。

勘察结果显示，白垩系地层中存在断层，上覆第四纪（T_2）覆盖层厚度为 5 ～ 12m，断层错断花岗岩，断层错距为 5 ～ 6m，而没有错断第四系（T_2）地层，说明该断层第四纪（T_2）以来并没有活动过。根据现场的波速测试试验结果，波速显示钻孔沉积层序与勘察结果基本一致。

勘察结果和波速测试结果显示，小营断裂（F_3）第四纪（T_2）以来并没有活动过，活动时间为第四纪（T_2）之前，基本确定了断层上断点的出露位置和深度。

6.2.6　断层活动性分析

浅层地震探测表明，小营子断裂（F_3）上断点错断 T_{K2L}^{2}反射层。

野外调查时，在南北向断裂带、北北东向断裂带与其他断裂交会处发现一老的断裂带，断层错断花岗岩，上盘破碎严重，下盘较完整，该断裂无第四纪活动的证据。虽然广济村村头分布成片第四纪沉积物，但未发现第四纪以来活动断层的证据。

联合钻探勘察结果表明该断层确定，活动时间晚第四纪之前。

综上所述，小营断裂晚更新世以来无活动现象，早更新世可能存在微弱活动，断层性质为正断层。

6.3　八道—东盛断裂（F_6）

该断裂为延吉盆地东西两个凹陷的分界断裂（图 1.2、图 1.3），沿朝阳河展布，从八道镇至太阳乡，到东盛乡，长约 30km，在 1∶20 万延吉幅地质图中为屯林河—朝阳河断裂。断裂沿线破碎挤压现象极为发育，断层面多南西倾，也有北东倾，次级断层发育，有含金石英脉充填。控制性物探工作揭示，该断裂带具有“Y”字形结构。

八道—东盛断裂（F_6）倾向南西，次级断层发育，由近平行的 F_6 及次断层 F_{D5} 组成，两者相距约 620m，在东风村南部被布尔哈通河西段截切。目标区内，断裂北段从朝阳镇起经太阳镇至永坪屯，沿布尔哈通河支流朝阳河展布，为隐伏断裂，该区间内 F_6 断裂与 F_{D5} 断裂分别位于朝阳河两岸，控制着朝阳河两岸第四纪沉积。F_6 断裂北段全长 18km，目标区内长

14km；F_{D5} 断裂北段全长 17km，目标区内长 13.5km。北段断裂自永坪屯向西北延伸至目标区外，F_6 断裂位于两级阶地交界处。断裂南段规模较小，经平安村沿东南方向延伸至目标区外，F_6 南段目标区内长 4.1km；F_{D5} 南段目标区内长约 2.9km。

八道—东盛断裂（F_6）北段控制着朝阳河的展布，为富水性强的第四系冲、洪积砂砾石孔隙潜水，南段分布在低山丘陵区，为富水性中等的白垩系碎屑岩风化孔隙裂隙水。其富水性受岩性的胶结程度及风化裂隙发育程度的控制，随深度的增加而逐渐减弱。除接受上覆第四系孔隙潜水含水层的垂直补给外，低山、丘陵区地层出露部位接受大气降水补给及地下径流侧向补给。

八道—东盛断裂北段沿朝阳河方向展布并控制了朝阳河干流的分布，在 DEM 数据与遥感影像融合处理的图像上局部有略呈弧形的影像特征；其南段在影像上特征不明显。

在重力 1 阶细节图中［图 6.46（a）］，八道—东盛断裂沿串珠状重力异常圈闭体的梯度带 NW 向展布。在 2 阶重力细节图中［图 6.46（b）］，重力异常圈闭体扩大，断裂沿高、低重力异常圈闭体的梯度带线性展布，断裂两侧的高低重力异常圈闭体相间分布，断裂右侧延吉附近的低重力异常圈闭对应延吉凹陷，说明该断裂切穿上地壳。

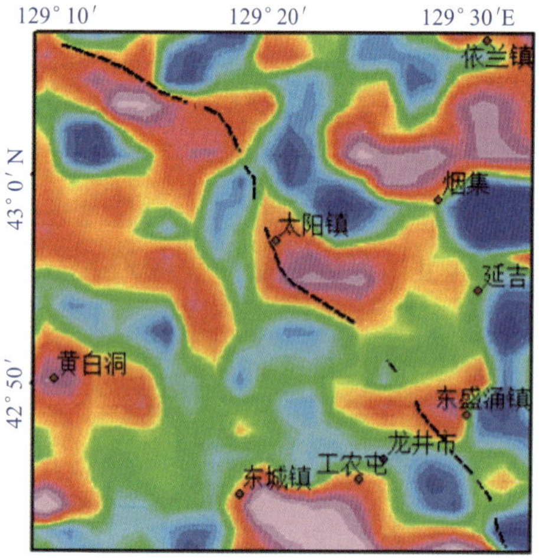

(a)

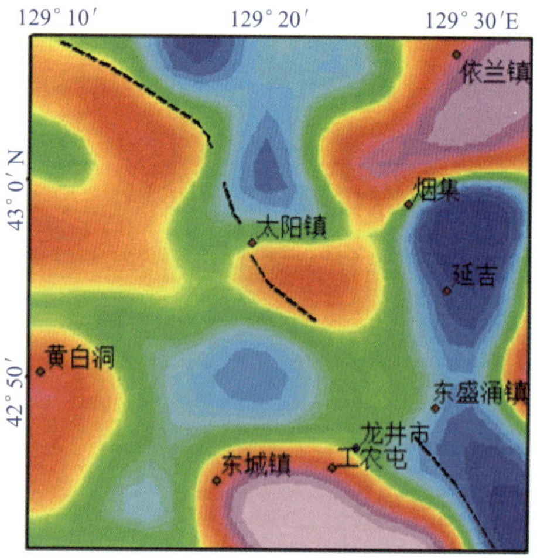

(b)

图 6.46　八道—东盛断裂 1 ～ 2 阶重力小波细节图

（a）1 阶重力小波细节图；（b）2 阶重力小波细节图

在航磁异常图上，八道—东盛断裂表现出的异常现象不连续，且仅在 3 阶以内能观察到。在航磁小波逼近图上（图 6.47），八道—断裂西侧为航磁高异常，其东侧为航磁低异常；在 1 阶航磁小波细节图上（图 6.48），断裂北端表现为串珠状的航磁异常，其南端则对航磁异常等值线造成了同形扭曲现象，2 ～ 3 阶小波细节图上，部分现象消失，断裂位于两侧异常团块的边界位置；在航磁对角线方向（图 6.49）、水平方向（图 6.50）、垂直方向（图 6.51）小波断裂分析图上，断裂沿异常边界分布，局部切断异常条带。

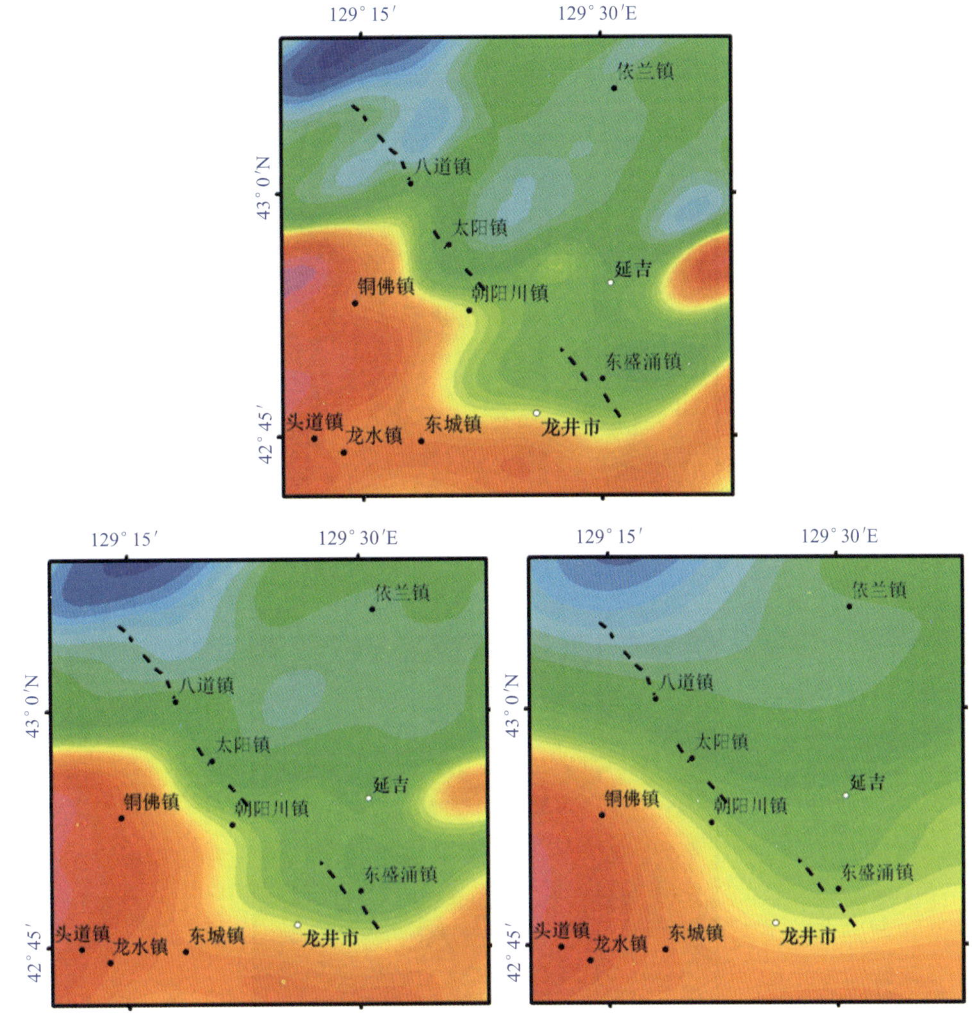

图 6.47　八道—东盛断裂航磁 1 ～ 3 阶小波逼近图

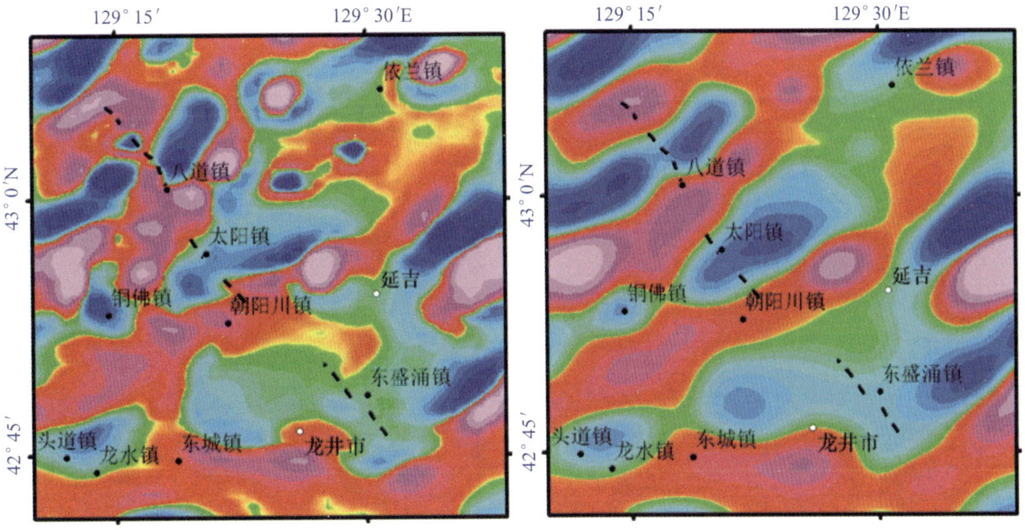

图 6.48　八道—东盛断裂航磁 1 ～ 3 阶小波细节图

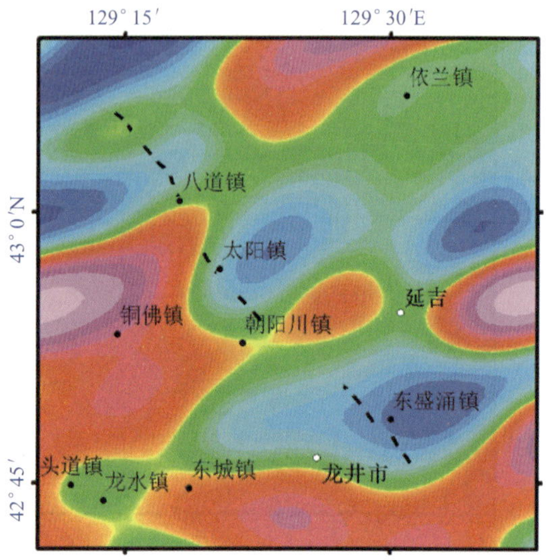

图 6.48　八道—东盛断裂航磁 1 ～ 3 阶小波细节图（续）

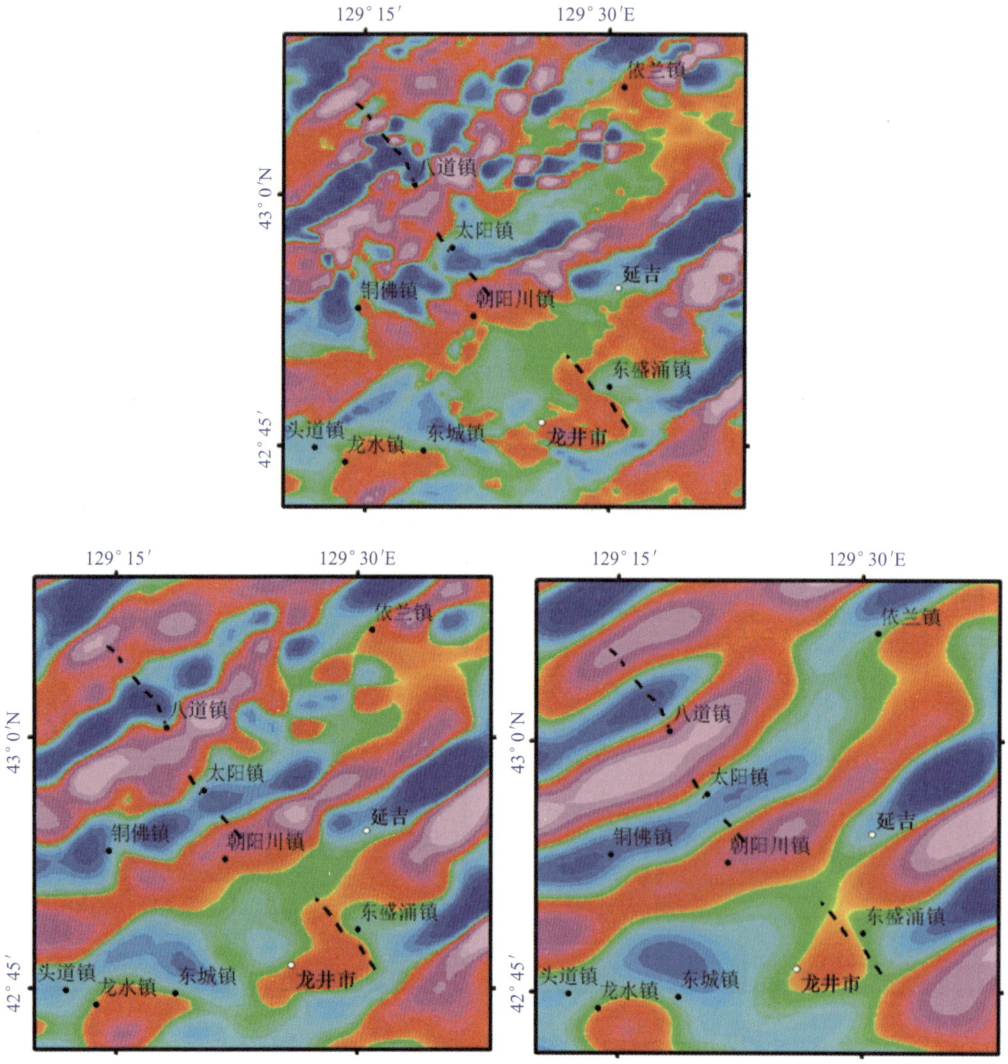

图 6.49　八道—东盛断裂航磁 1 ～ 3 阶对角线方向小波断裂分析

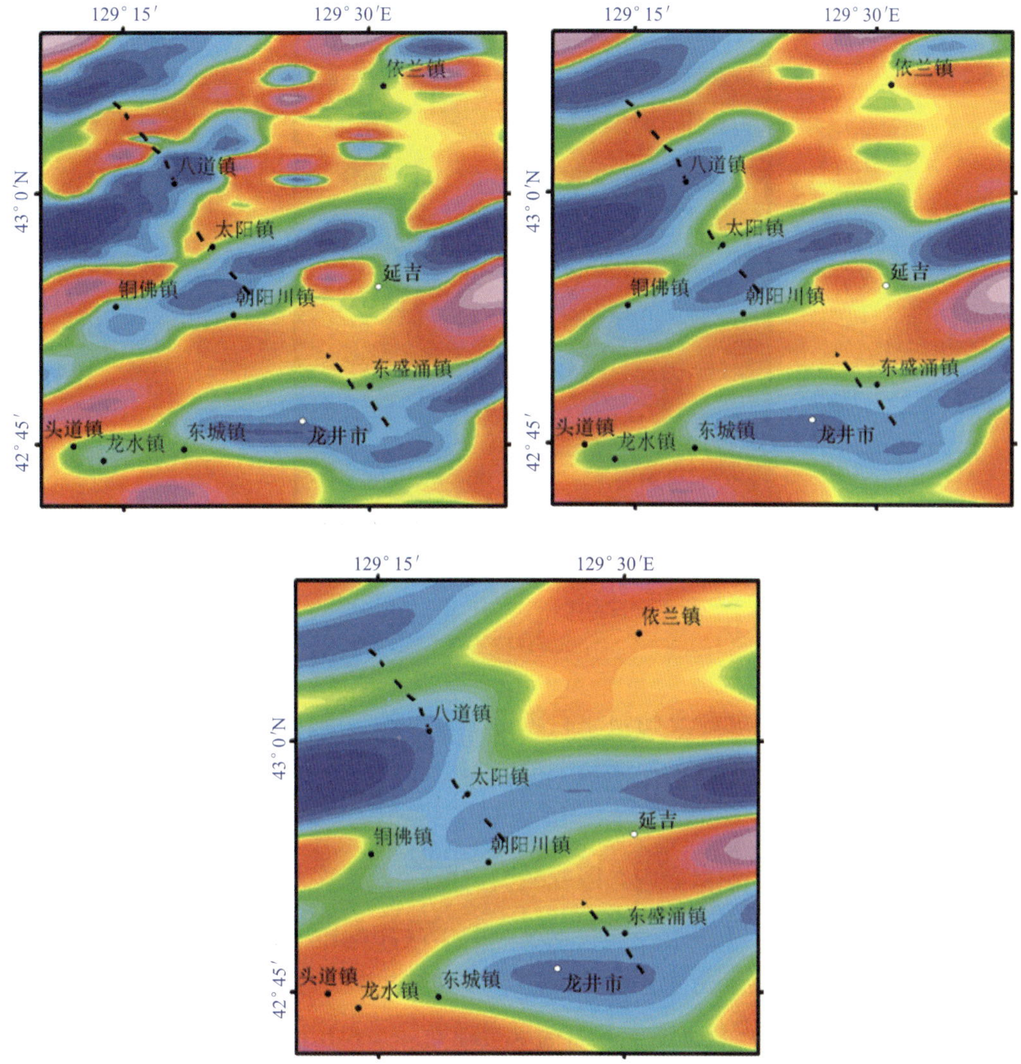

图 6.50　八道—东盛断裂航磁 1 ～ 3 阶水平方向小波断裂分析

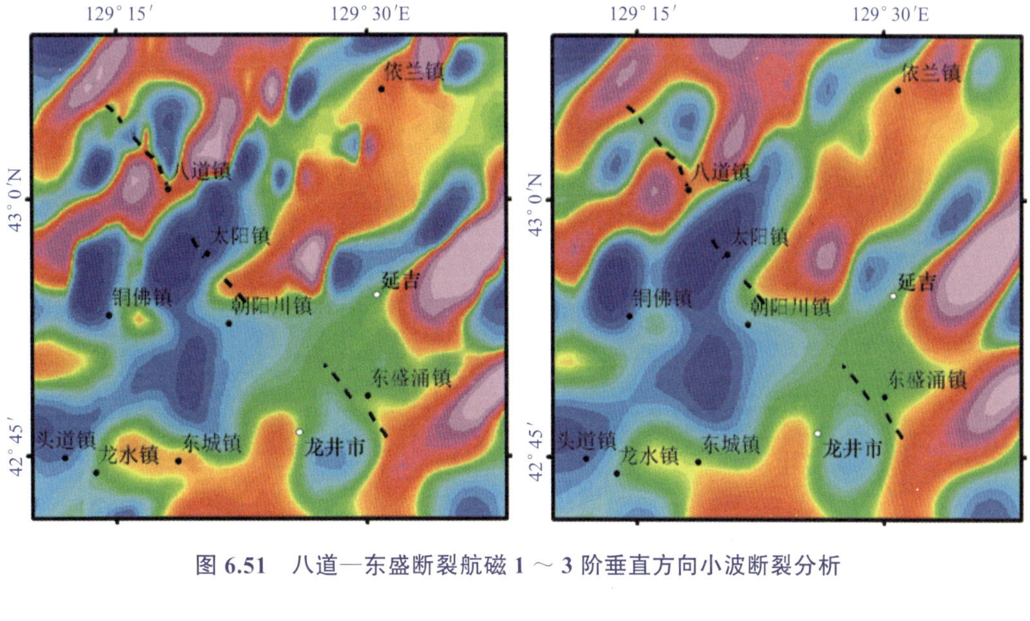

图 6.51　八道—东盛断裂航磁 1 ～ 3 阶垂直方向小波断裂分析

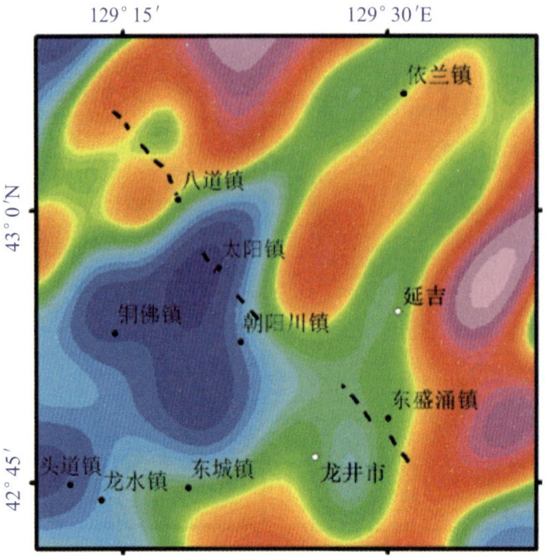

图 6.51 八道—东盛断裂航磁 1 ～ 3 阶垂直方向小波断裂分析（续）

6.3.1 野外调查结果

八道—东盛断裂（F_6）北段受朝阳河的影响，为隐伏断层，老黄土普遍分布，但厚度较小，一般为 20 ～ 40cm，朝阳河两岸阶地上沿断裂分布的中晚更新世沉积物厚度较薄，一般为 1 ～ 3m，且西侧厚于东侧。

五道水库东南角出露在花岗岩内（图 6.52），断距不清楚，断层带宽约 40m，两侧可见宽 1 ～ 2m 的断层泥带，中间为断层破碎带，主断层总体倾向北东、倾角 70° ～ 80°，断层面的擦痕指示断层以倾滑活动为主。在南侧还可见两组次级断层，一组倾向较缓，一般小于 40°，一组倾向较陡。断层地貌上属于剥夷面（台地面），台地面平整，没有错动，目前该断层不活动。

(a)

图 6.52 五道水库东南断层剖面图

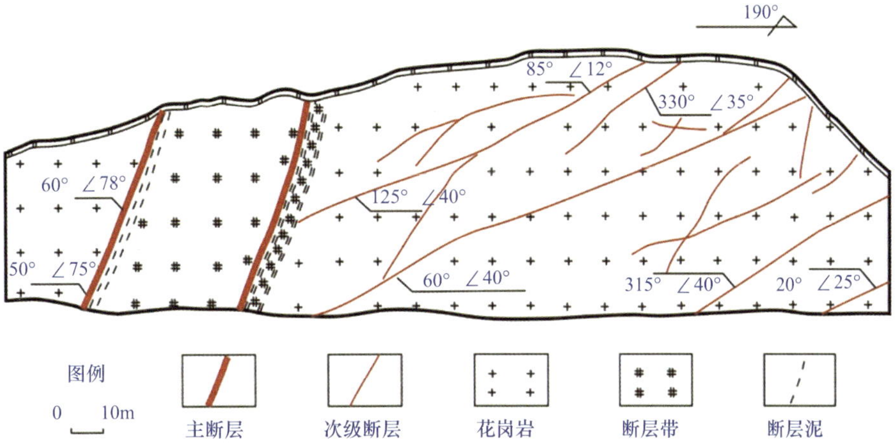

(b)

图 6.52　五道水库东南断层剖面图（续）

6.3.2　控制性浅层地震勘探结果

八道—东盛断裂（F_6）被布尔哈通河断裂切割为南北两段，初查时自北向南共布设控制测线四条，YJ2015-8 线、YJ2015-7 线、YJ2015-5 线和 YJ2015-4 线。其中布设在八道—东盛断裂（F_6）北段上的控制性测线有 3 条：YJ2015-8 线长约 5937m，在永坪屯与断裂相交；YJ2015-7 线与 YJ2015-8 线基本平行排列，穿过仲兴屯与断裂直交，接收线长度分别为 4029m 和 5937m；YJ2015-5 线近水平布设，位于朝阳川镇北，总长 4368m。YJ2015-4 测线位于断裂的南段，在龙山村南部沿直线河流岸线布设，布设接收线长度 5013m。

详查时自北向南布设测线 3 条，分别为 YJ2016-1 线、YJ2016-2 线、YJ2016-3 线。其中 YJ2016-1 线和 YJ2016-2 线为反射横波测线，分别布设于 YJ2015-7 线和 YJ2015-5 上，目的是控制 F6 断层在第四系内的产状特征。YJ2016-1 线测线布设方向大致为北偏东 66°，测线中部经过太兴村附近，东北至仲兴村附近。地震测线长度为 2.306km。YJ2016-2 测线近东西方向布设于“长白山西路”上，位于“延边博物馆”西侧。地震测线长度为 2.012km。YJ2016-3 线为反射纵波测线，布设于“S202 延龙公路上”，西起维新村附近，经过帽山屯北部。地震测线长度为 3.516km。

初查时探测的四条剖面均揭示了断层的存在，且所测得的断层性质相同，该断层倾向 237°，倾角变化较大，26°～62°，正断层性质，断距较大。该断层组合特征与前人研究结果一致，只是平面位置有不同程度的偏移。F_6 在剖面上反映为明显的断面波状特征，断面上盘反射波清晰，下盘受断面及测线控制长度影响，反射波杂乱，解释为二叠系（图 6.53）。根据地震剖面特征和频率特征，确认 F_6 断层为可靠断层。详查时 YJ2016-1 线和 YJ2016-2 线地震时间剖面上均表明 T_Q 反射波连续，无断点特征，表明 F_6 断层在两条线上并未延伸至第四纪地层。YJ2016-3 线剖面解释三条断层，其中目标断层 F_6 断点错断最浅层位为

T_{K2L}，垂直断距 139m，视倾向 219°，视倾角 36°～63°，断层倾角上陡下缓，属于正断层（图 6.54、表 6.4）。

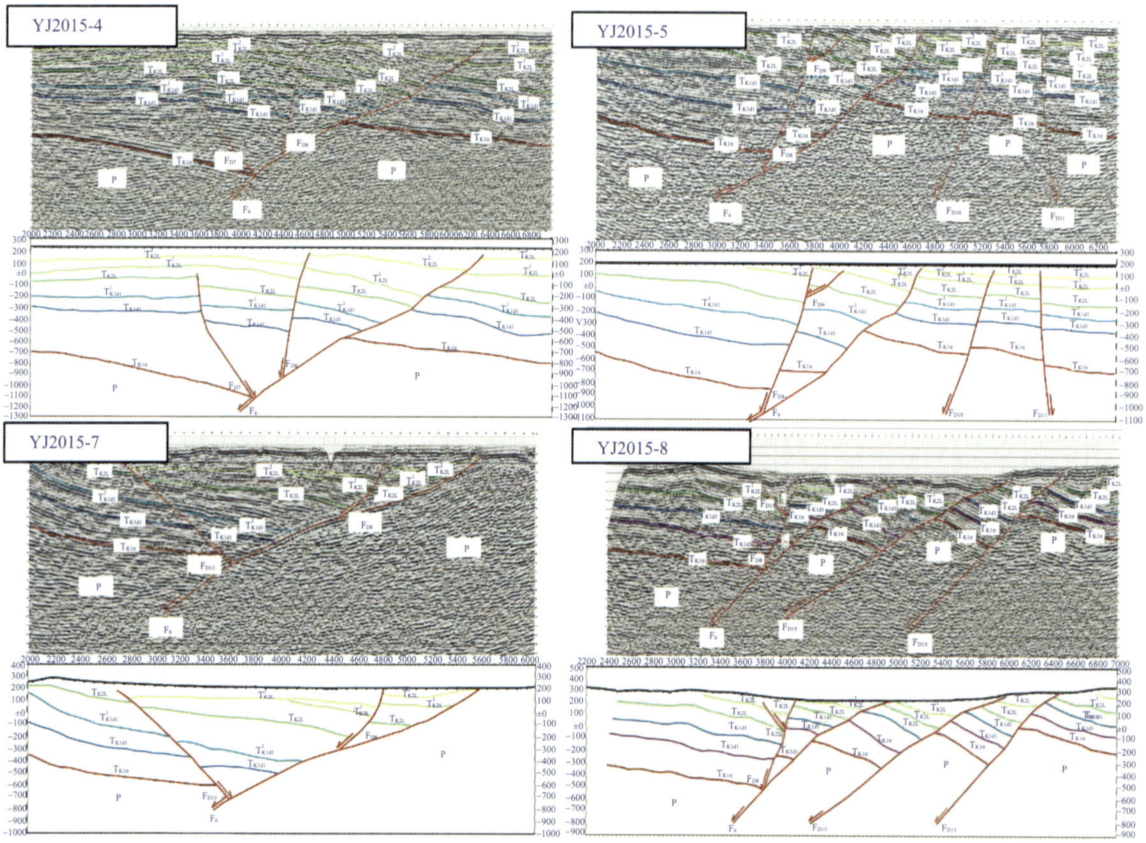

图 6.53　通过 F_6 断层横波测线时间剖面与地质剖面解释图

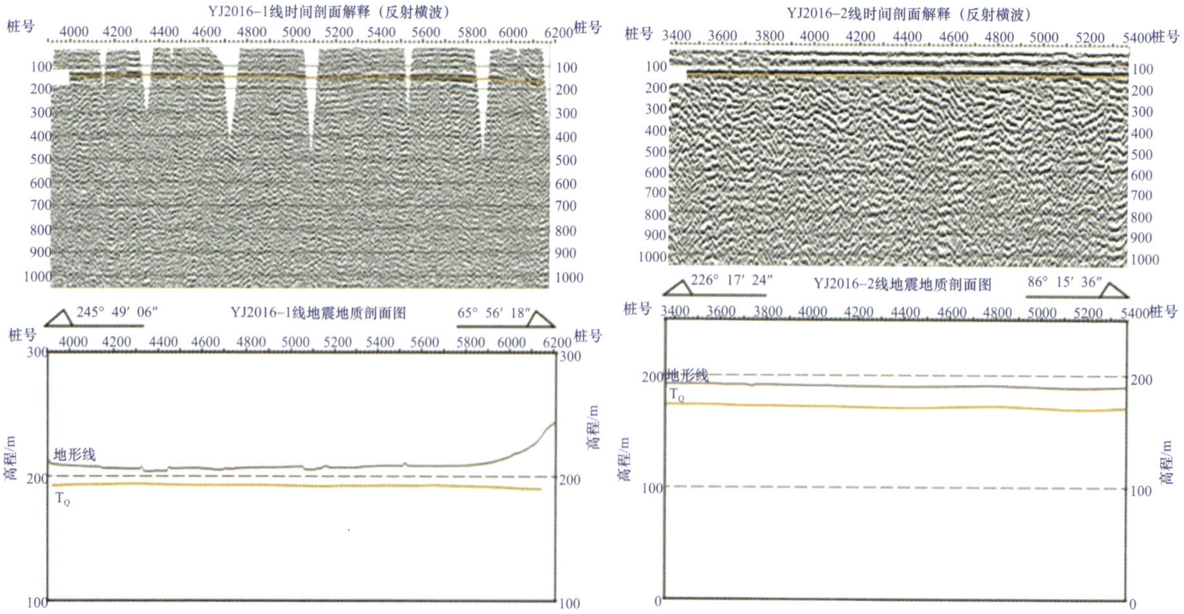

图 6.54　详查时通过 F_6 断层测线时间剖面与地质剖面解释图（续）

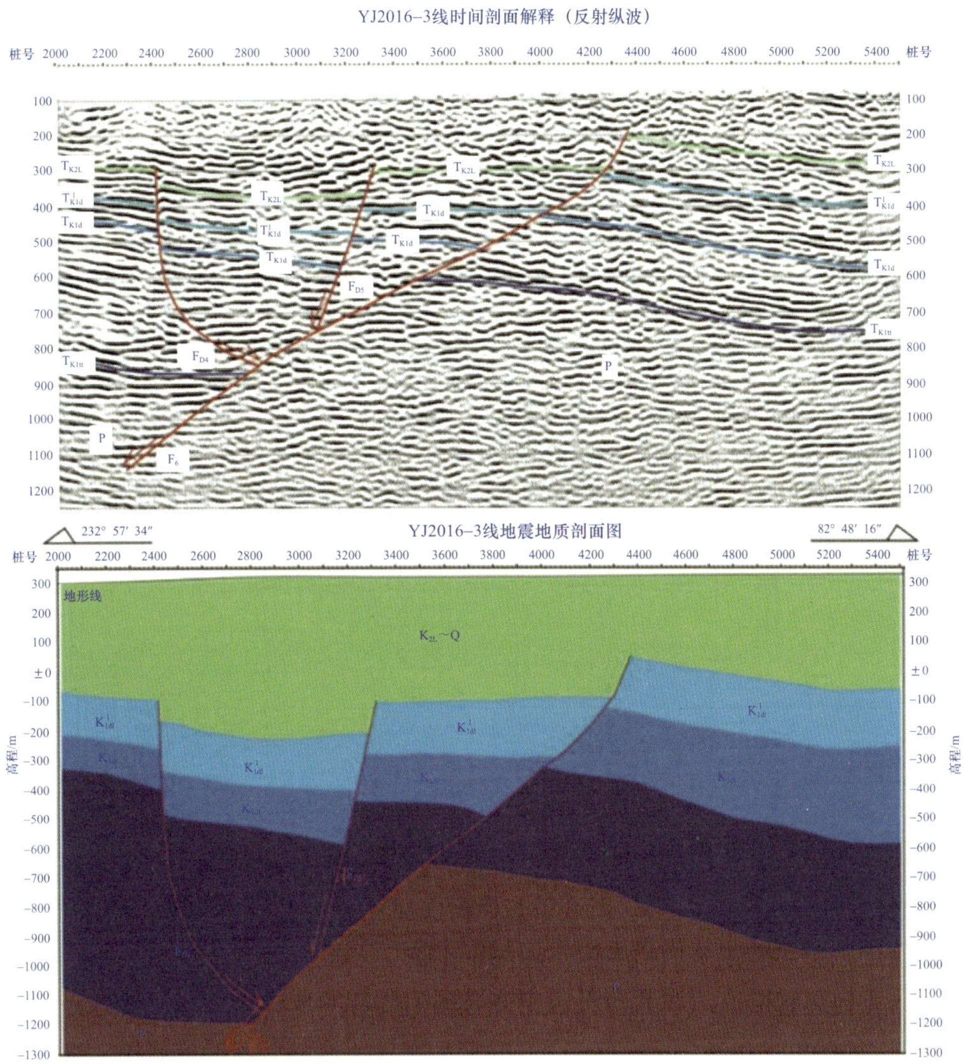

图 6.54　详查时通过 F_6 断层测线时间剖面与地质剖面解释图（续）

表 6.4　F_6 断层横波解释断点坐标及埋深数据表

测线编号	长度	错断界面		垂直断距	断层性质	视倾向	视倾角
YJ2015–4	5013	F_6	T_{K2L}^2	101	正断层	237°	32°
			T_{K2L}^1	218			
			T_{K2L}	186			
			T_{K1dl}^1	240			
			T_{K1dl}	195			
			T_{K1tt}	509			
		F_{D5}	T_{K2L}^2	80	正断层	237°	78°
			T_{K2L}^1	100			
			T_{K2L}	93			
			T_{K1dl}^1	73			
			T_{K1dl}	122			

续表

测线编号	长度	错断界面		垂直断距	断层性质	视倾向	视倾角
YJ2015-5	4.368	F_6	T_{K2L}^{2}	103	正断层	237°	33° ～ 58°
			T_{K2L}^{1}	137			
			T_{K2L}	161			
			T_{K1dl}^{1}	172			
			T_{K1dl}	300			
			T_{K1tt}	343			
		F_{D5}	T_{K2L}^{1}	71	正断层	237°	72°
			T_{K2L}	144			
			T_{K1dl}^{1}	130			
			T_{K1dl}	112			
			T_{K1tt}	160			
YJ2015-7	4.029	F_6	T_{K2L}^{2}		正断层	237°	26°
			T_{K2L}^{1}				
			T_{K2L}				
			T_{K1dl}^{1}				
			T_{K1dl}				
		F_{D5}	T_{K2L}^{2}	118	正断层	237°	44° ～ 75°
			T_{K2L}^{1}	118			
			T_{K2L}	136			
YJ2015-8	5.937	F_6	T_{K2L}^{1}	89	正断层	237°	28° ～ 40°
			T_{K2L}	138			
			T_{K1dl}	142			
			T_{K1td}	121			
			T_{K1tt}	157			
		F_{D5}	T_{K2L}^{1}	120	正断层	237°	65°
			T_{K2L}	208			
			T_{K1dl}	224			
			T_{K1td}	259			
			T_{K1tt}	285			
YJ2016-3	3.516		T_{K2L}	139	正断层	219°	36° ～ 63°

6.3.3 探地雷达勘察结果

本次探测共布置了 4 条测线，其中，3 条位于布尔哈通河断裂北侧、1 条位于南侧，基本与前期浅层探测 YJ2015-7（图 6.55）和 YJ2015-5（图 6.56）测线平行或相邻（图 6.57、图 6.58），现分述如下：

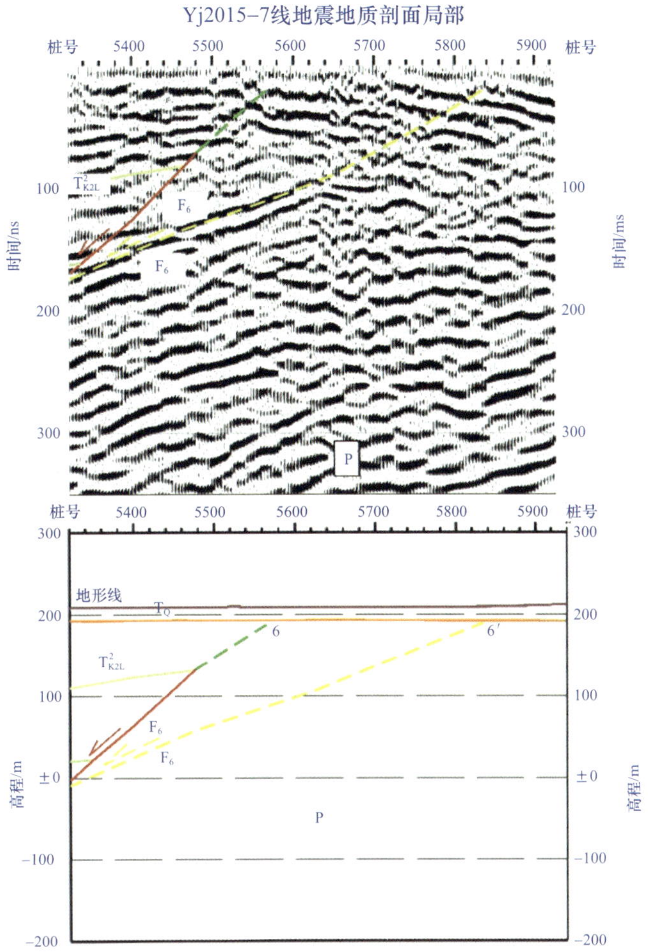

图 6.55　前期测线解译结果示意图（红线为探测目标断层 F_6、黄线为分支断层）

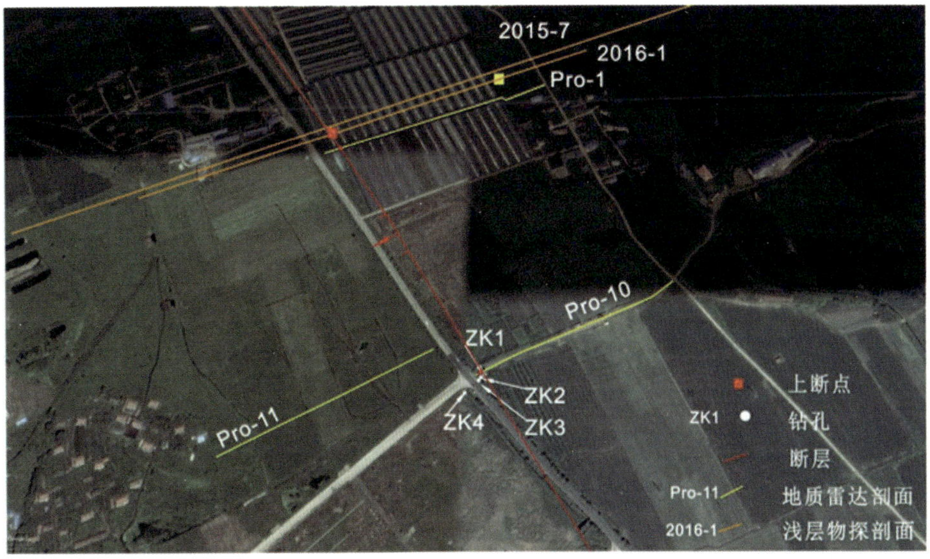

图 6.56　测线位置示意图（红点为主断层推测上断点地表位置，黄点为次断层推测上断点地表位置）

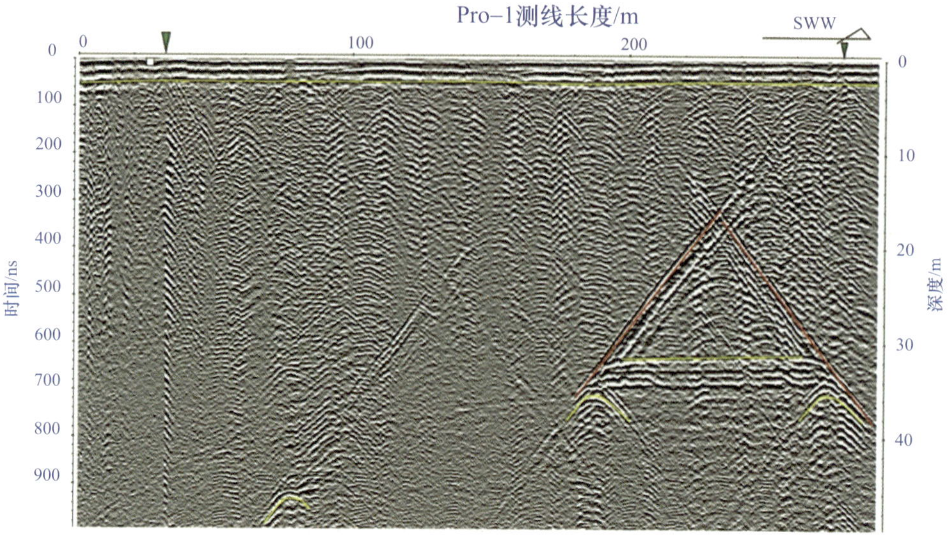

图 6.57　Pro–1 测线剖面及解译图

1. Pro–1 剖面

该剖面位于延吉市市区西，果园屯村西侧，朝阳川河左岸Ⅰ级阶地，长 280m，走向为北东东－南西西，近垂直于断裂走向，与前期地震结果 YJ2015–7 线的东部基本重合，由于 YJ2015–7 测线施工后，当地改为大棚，影响了后期测线的布设，地质雷达剖面与横波测线均向南偏移了几米。阶地面宽阔，地形平坦，农田及建筑多分布在此阶地面上。根据前期 YJ2015–7 线深部断点的位置，沿断层倾向及倾角向上延伸至地表得到了本次勘探的目标位置，地质雷达剖面包含目标位置（图 6.56）。

Pro–1 雷达信号上部近水平，厚 2 ～ 3m，代表了阶地上部的河流相粉细砂沉积，没有发现断层引起的变形。下部的弱反射对应于破碎的基岩，在 80m（H46m）190m（H34m）270m（H34m）附近有较强的反射，这些异常点可能是断层的位置，在 190 ～ 270m（H31m）间的近水平反射可能是下部基岩的产状，而斜向反射可能对应于裂隙。10m 以内的对称性反射可能是受到测线两侧钢筋骨架的蔬菜大棚以及地下排水管道的干扰（图 6.57）。

2. Pro–10 剖面

为了减少 Pro–1 测线两侧人工建筑的影响，在 Pro–1 测线南部约 400m，选择较空旷的地点布设长约 340m 测线，走向为北东东—南西西向，与测量剖面 Pro–1 平行。测线位于朝阳河左岸Ⅰ级阶地上，地形平坦。

Pro–10 雷达信号上部近水平，厚 2 ～ 4m，向河谷逐渐增厚，代表了阶地上部的河流相粉细砂沉积，没有发现断层引起的变形。下部的弱反射可能对应于破碎的基岩，在 80m（H42m）270m（H32m）附近有较强的反射，这些异常点可能是断层的位置，在 270 ～ 300m（H30m）间斜向反射可能对应于裂隙。10m 以内的对称性反射可能是受到测线两侧钢筋骨架的蔬菜大棚以及地下排水管道的干扰。320m 处可能是广告牌及其深部的地基（图 6.58）。

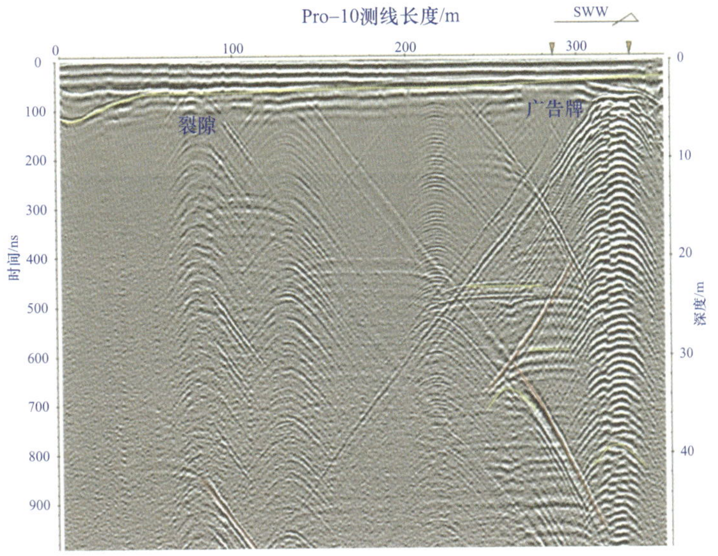

图 6.58 Pro−10 测线剖面及解译图

3．Pro−11 剖面

Pro−11 测线是 Pro−10 测线向西延伸段，覆盖该处 YJ2015−7 测线上断点位置，目标是约束上断点延伸在该段近地表的位置。测量地点位于南屯村朝阳河左岸 I 级阶地上，地形平坦，村东侧建筑较少，干扰较小。测线长约 440m，走向为北东东 − 南西西向（图 6.59）。

Pro−11 雷达信号上部近水平，厚 4 ～ 6m，向河谷逐渐增厚，代表了阶地上部的河流相粉细砂和细砾层沉积，没有发现断层引起的变形。下部的弱反射可能对应于破碎的基岩，没有发现较强的近水平反射面，在 320m（H6m）350m（H7m）370m（H6m）430m（H6m）附近有较强的反射突起，这些异常点可能是基岩侵蚀面，在 380 ～ 410m（H6 ～ 12m）之间的斜向反射可能对应于裂隙，距纵波探测上断点位置较远，不属于目标断层的上断点。

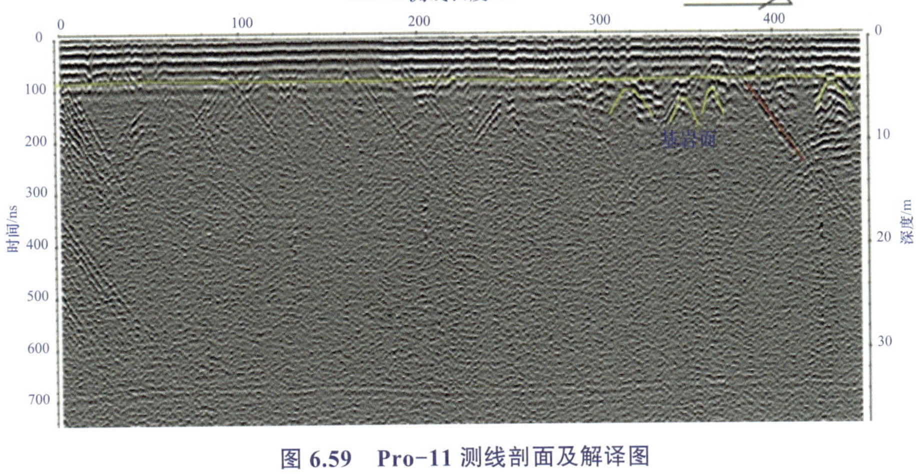

图 6.59 Pro−11 测线剖面及解译图

4．Pro−2 剖面

YJ2015−5 测线沿公路布设，公路场地不符合本次地质雷达探测目标的要求，因此将剖面向北偏移至延吉市西污水净化厂南侧空地。剖面长度为220m，走向近东西向，近平行YJ2015-5测线，覆盖该处前期上断点，目标是确定 F_6 朝阳川断裂在布尔哈通河断裂南部上断点位置。场地位于布尔哈通河右岸Ⅰ级阶地，地形平坦（图6.60）。

图6.60　测线位置示意图（图中红点为推测上断点地表位置）

Pro-2雷达信号上部近水平，厚2～3m，代表了阶地上部的河流相粉细砂沉积，没有发现断层引起的变形。下部没有发现较强的近水平反射面，弱反射可能对应于破碎的基岩，强反射层可能对应于基岩顶面的不均匀侵蚀面和基岩面。在40m（H2m）160m（H2m）附近有较强的反射界面不连续，可能是基岩中的裂隙和断层，在两者之间的强反射可能对应于基岩顶面的不均匀侵蚀面，H10～20m间的反射可能对应于基岩顶面（图6.61）。

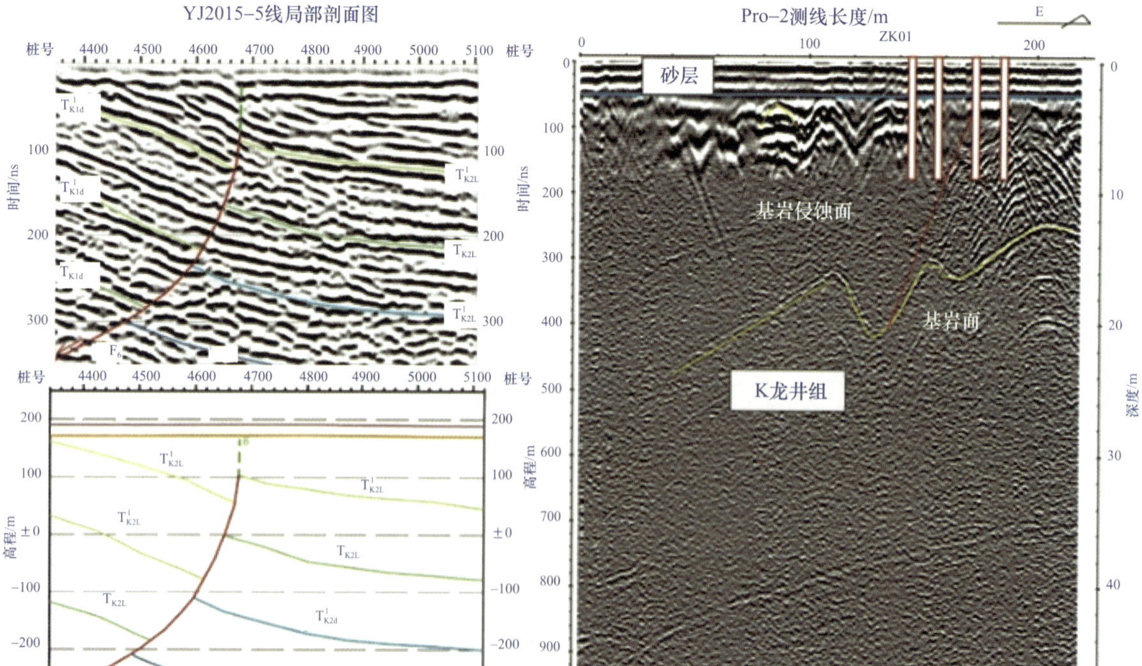

图6.61　前期测线解译结果示意图（红线为探测目标断层 F_6）及Pro-2线剖面及解译图

通过地质雷达探测基本确定了朝阳川断裂 F_6 的近地表形态和位置，没有断错第四纪河流相沉积。

6.3.4　DGPS 地貌勘察

1. Line-7 测线

Line-7 位于延吉市西北侧兴隆屯附近（图 6.62），与 YJ2015-7 和 YJ2016-1 物探测线相邻，主体大体呈 NEE 方向，累计数据点 11155 个（表 6.5），累计长度约 3km（图 6.63）。

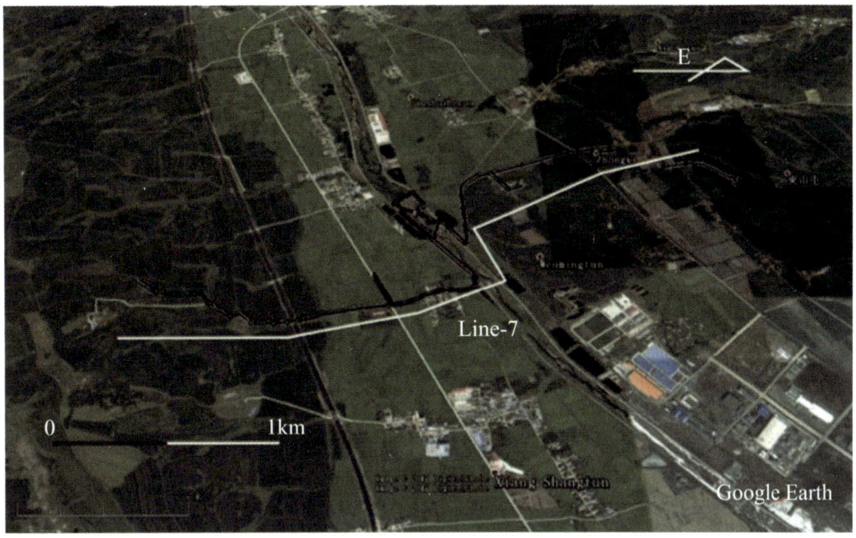

图 6.62　Line-7 位置示意图

表 6.5　测线数据表

编号	测线野外编号	数据点（个）	位置	备注
Line-7 测线				
1	2101	8118	东部	E
2	2102	3037	西部	E
Line-8 测线				
1	2301	5115	西部	E
2	2302	2405	东部	E

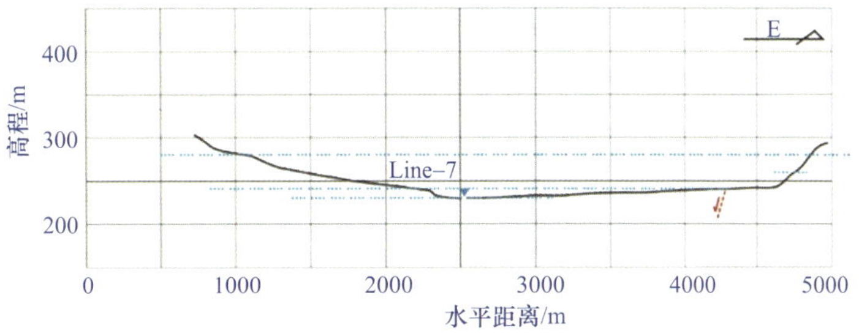

图 6.63　Line-7 剖面图

Line-7 两侧阶地分布从 T_1 ～ T_4，T_1 高程约 220m，河拔 0 ～ 2m，分布范围较广，沿河床两侧均有发育，砾石为主，上覆薄砂。

T_2 为基座阶地，河拔 10m 左右，河床两侧均有分布，宽度相近，大于 1000m，多呈粉砂与粉细砂相间，具有韵律性。

T_3 为基座阶地，河拔 30m 左右，河床东侧零星分布，宽度较窄，常与后缘坡积叠加。多呈含砾粗砂，粉细砂与粗砂相间，韵律明显，偶见斜层理，以坡积和冲积为主，间有河流相沉积，混杂堆积。

T_4 为基座阶地，河拔 50 ～ 60m，河床两侧均有分布，宽度较窄，粒度较粗，局部有冲洪积堆积。

断层 F_6 隐伏于东侧 T_1 阶地，但 T_4 河拔高度基本相同，表明晚更新世以来断层不活动。

2．Line-8 测线

Line-8 测线位于延吉市西北侧龙盛村附近（图 6.64），与 YJ2015-8 物探测线相邻，主体大体呈 NEE 方向，累计数据点 7520 个，累计长度约 4km（图 6.65）。

Line-8 测线剖面图为东西向，阶地沉积东侧形态与测线 7 基本相同，河西侧阶地只有 T_1 和 T_2，且阶地宽度小于东侧阶地宽度，断层 F_6 隐伏于东侧河床，未发现 T_2 阶地变形。

由跨断层 F_6 两侧阶地形迹得到晚更新世以来断层不活动。

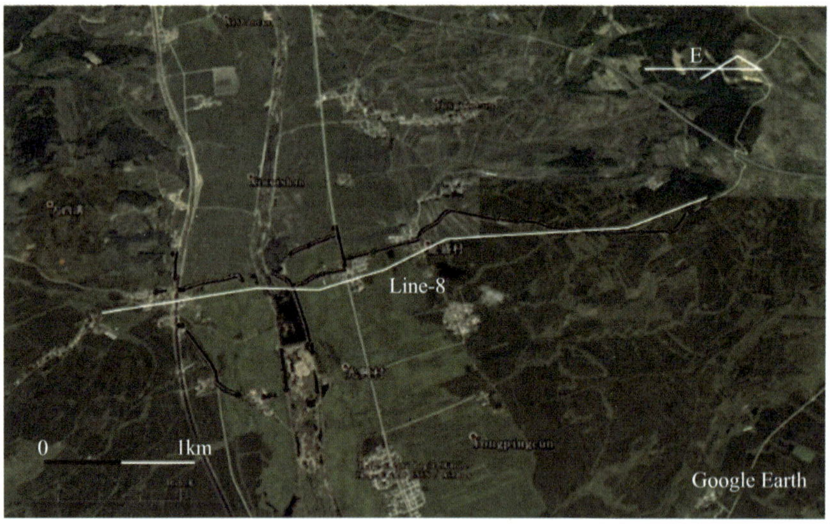

图 6.64　Line-8 位置示意图

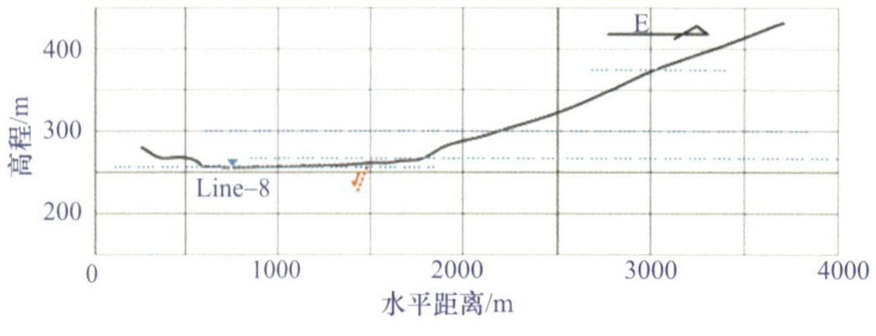

图 6.65　Line-8 测线剖面图

6.3.5　联合钻孔剖面勘察

1. 延吉市太阳村联合钻孔

场地位于延吉市太阳村东侧布尔哈通河 I 级阶地上，根据前期物探结果布设钻孔，施工钻孔 4 个，由东到西依次为 ZK6-1、ZK6-2、ZK6-3、ZK6-4，钻孔间距依次为 14m、15m、44m，剖面总长度 73m，总进尺 38.3m（图 6.66 和图 6.67）。

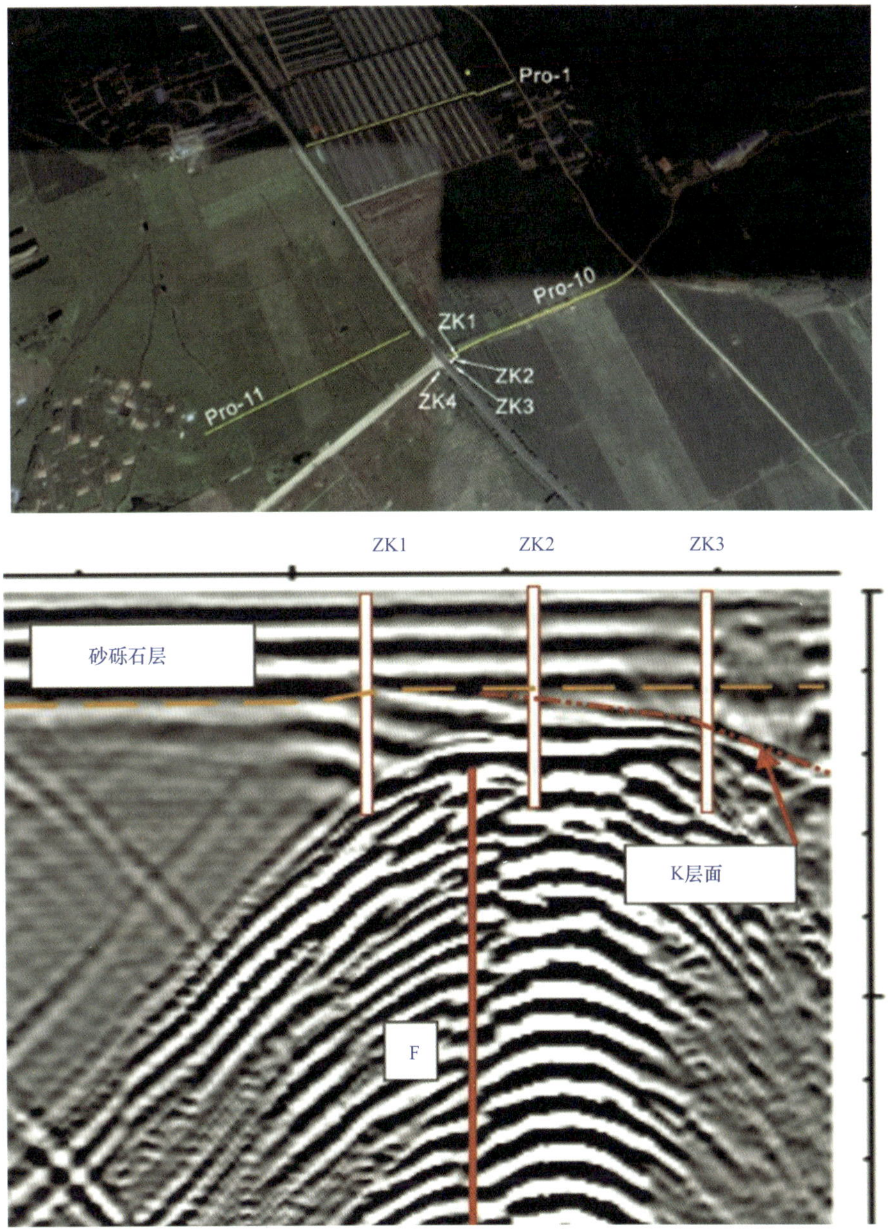

图 6.66　延吉太阳村剖面钻孔布设示意图

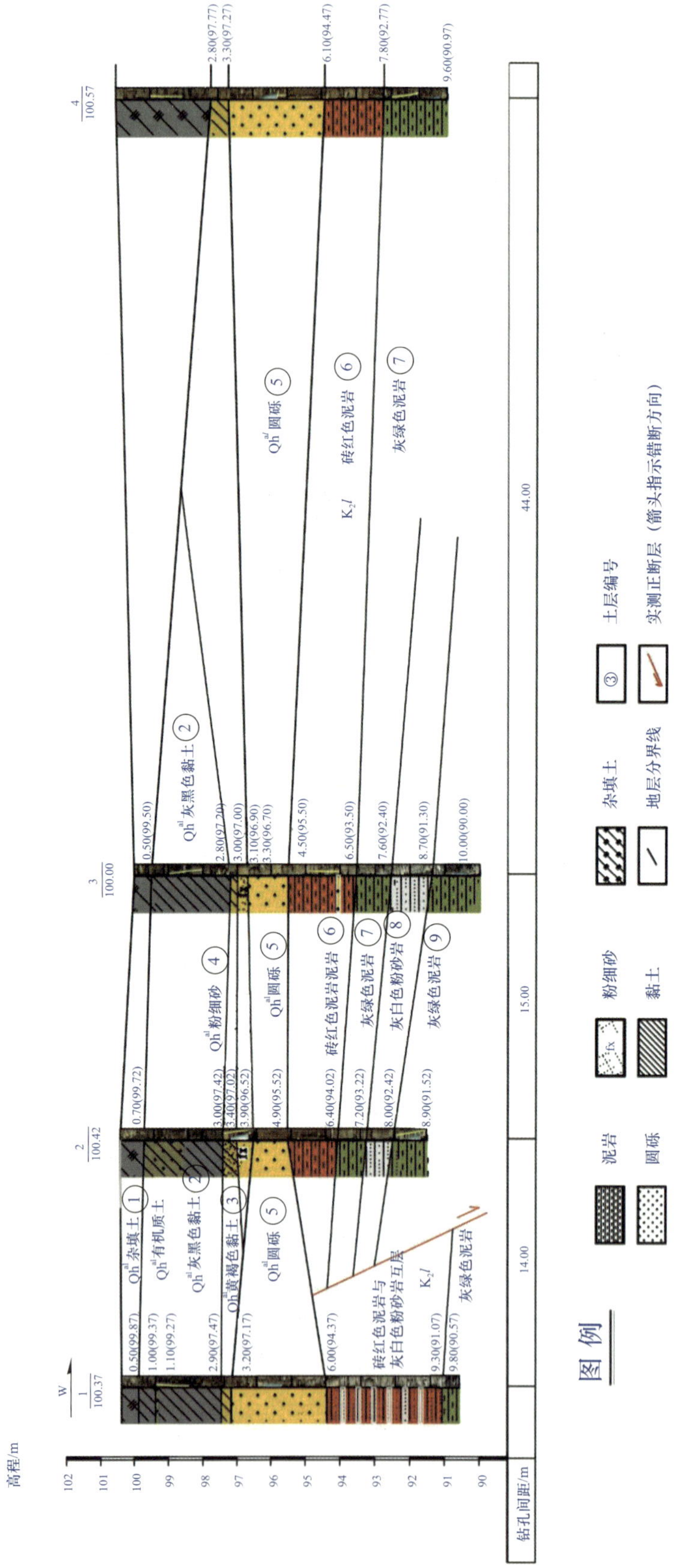

图 6.67 延吉太阳村联合钻孔地质剖面图

1）ZK6-1 号孔

其可以分出三套地层，即下部为泥岩夹粉砂岩，中部为圆砾层，上部为黑—黄褐色的黏土层局部夹粉砂层。剖面自上而下分层描述如下：

（1）杂填土层①，灰黑色，人工填土，含有植物根系，层厚 0.5m。

（2）黏土层②，可细分为三层，上部灰黑色黏土，可塑，无摇震反应，层厚 0.5m；中部灰绿色黏土，可塑，层厚 0.1m；下部灰黑色黏土，层厚 1.8m；

（3）黏土层③，黄褐色，可塑，稍湿，中压缩性，有光泽，无摇震反应，层厚 0.3m。

（4）圆砾层⑤，黄褐色，饱和，一般粒径为 1 ～ 2cm，级配不良，最大粒径为 14cm，中粗砂充填，层厚 2.8m。

（5）泥岩⑥，砖红色泥岩与灰白色粉砂岩互层，泥岩厚约 1cm，粉砂岩厚 2 ～ 3cm，层厚 3.3m。

（6）泥岩⑦，灰绿色，泥质结构，强风化，干钻可钻进，层厚 0.5m。

2）ZK6-2 号孔

其可以分出三套地层，即下部为泥岩夹粉砂岩，中部为圆砾层，上部为黑—黄褐色的黏土层局部夹粉砂层。剖面自上而下分层描述如下：

（1）杂填土层①，灰黑色，人工填土，含有植物根系，层厚 0.7m。

（2）黏土层②，可细分为三层，上部灰褐色黏土，层厚 0.3m；中部灰褐色黏土含砾石，层厚 1m；下部灰黑色黏土，可塑，偏硬，层厚 1m；

（3）黏土夹粉细砂层③，黄褐色稍湿，可塑，无摇震反应，层厚 0.4m。

（4）粉细砂层④，黄褐色，稍湿，矿物成分以石英、长石为主，夹黄褐色黏土，层厚 0.5m。

（5）圆砾层⑤，黄褐色，饱和，一般粒径为 1 ～ 2cm，级配不良，中粗砂充填，层厚 1m。

（6）泥岩层⑥，砖红色，层厚 1.5m。

（7）泥岩层⑦，灰绿色，泥质结构，层状构造，强风化，干钻可钻进，层厚 0.8m。

（8）粉砂岩层⑧，灰白色，强风化，干钻可钻进，层厚 0.8m。

（9）泥岩层⑨，灰绿色，泥质结构，强风化，干钻可钻进，层厚 0.9m。

3）ZK6-3 号孔

其可以分出三套地层。下部为泥岩夹粉砂岩，中部为圆砾层，上部为黑—黄褐色的黏土层局部夹粉砂层。剖面自上而下分层描述如下：

（1）杂填土层①，灰黑色，人工填土，含有植物根系，层厚 0.5m。

（2）黏土层②，灰黑色，稍湿，可塑，层厚 2.3m；

（3）黏土层③，黄褐色，稍湿，可塑，无摇震反应，层厚 0.2m。

（4）粉细砂层④，黄褐色，矿物成分以石英、长石为主，层厚 0.3m。

（5）圆砾层⑤，黄褐色，饱和，一般粒径为 1 ～ 2cm，最大粒径约 10cm，级配不良，中粗砂充填，最大粒径 8 ～ 10cm，层厚 1.2m。

（6）泥岩层⑥，可细分为三层。其中，顶部砖红色泥岩，强风化，干钻可钻进，层厚 1.4m；中部圆砾，黄褐色，粒径为 2 ～ 4cm，层厚 0.1m；底部砖红色泥岩，泥质结构，干钻可钻进，层厚 0.5m。

（7）泥岩层⑦，灰绿色，泥质结构，强风化，干钻可钻进，层厚 1.1m。

（8）粉砂岩层⑧，灰白色，强风化，干钻可钻进，层厚 1.1m。

（9）泥岩层⑨，灰绿色，泥质结构，干钻可钻进，层厚 1.3m。

4）ZK6-4 号孔

其可以分出三套地层，下部为泥岩夹粉砂岩，中部为圆砾层，上部为黑—黄褐色的黏土层局部夹粉砂层。剖面自上而下分层描述如下：

（1）杂填土层①，灰黑色，人工填土，含有植物根系，层厚 2.8m。

（2）黏土层②，黄褐色，稍湿，可塑，无摇震反应，层厚 0.5m。

（3）圆砾层⑤，黄褐色，饱和，一般粒径为 1 ～ 2cm，最大粒径为 10cm，中粗砂充填，级配不良，层厚 2.8m。

（4）泥岩层⑥，砖红色，泥质结构，强风化，干钻可钻进，层厚 1.7m。

（5）泥岩层⑦，灰绿色，泥质结构，强风化，干钻可钻进，层厚 1.8m。

波速测试可用于划分场地类型和建筑场地类别，提供地震反应分析所需的场地土动力参数，评价岩土体的完整性，估算场地的卓越周期等。根据现场的波速测试试验结果（见波速测试附件），第四纪沉积物波速值较低，风化较弱的基岩通常会有较高的波速值，而对于全风化以及残积土，波速值与第四系沉积物相差不大，波速显示钻孔沉积层序与勘察结果基本一致。

勘察结果显示，白垩系地层中存在断层，上覆第四纪覆盖层厚度 4.5 ～ 6.1m，断层错断灰白色粉砂层，断层错距为 1 ～ 2m，而没有错断第四系（T_1）地层，说明该断层第四纪（T_1）以来并没有活动过。

2. 延吉市朝阳川污水处理厂联合钻孔

该剖面位于延吉市朝阳川污水处理厂东侧布尔哈通河 I 级阶地上，共施工钻孔 4 个，由西到东方向依次为 ZK5-1、ZK5-2、ZK5-3、ZK5-4，钻孔间距依次为 10m、22m、10m，剖面总长度 42m。总进尺 34.5m（图 6.68、图 6.69）。

1）ZK5-1 号孔

其可以分出三套地层，下部为泥岩夹粉砂岩，中部为圆砾层，上部为黑—黄褐色的黏土层局部夹粉砂层。剖面自上而下分层描述如下：

（1）黏土层①，可细分为四层。其中，顶部黑色耕土，可塑偏硬，稍湿，无摇震反应，层厚 0.1m；上部黄褐色粉细砂，矿物成分以石英、长石为主，层厚 0.1m；中部黄褐色粉细砂与灰黑色黏土互层，层厚 0.4m；底部灰黑色黏土，可塑偏硬，中压缩性，稍湿，无摇震反应，切面有光泽，层厚 0.4m。

（2）粉细砂层②，灰褐色粉细砂，稍湿—饱和，矿物成分以石英长石为主，层厚 0.6m。

（3）圆砾层③，黄褐色，中粗砂充填，一般粒径为 1 ～ 2cm，最大粒径 10cm，级配不良，层厚 1.8m。

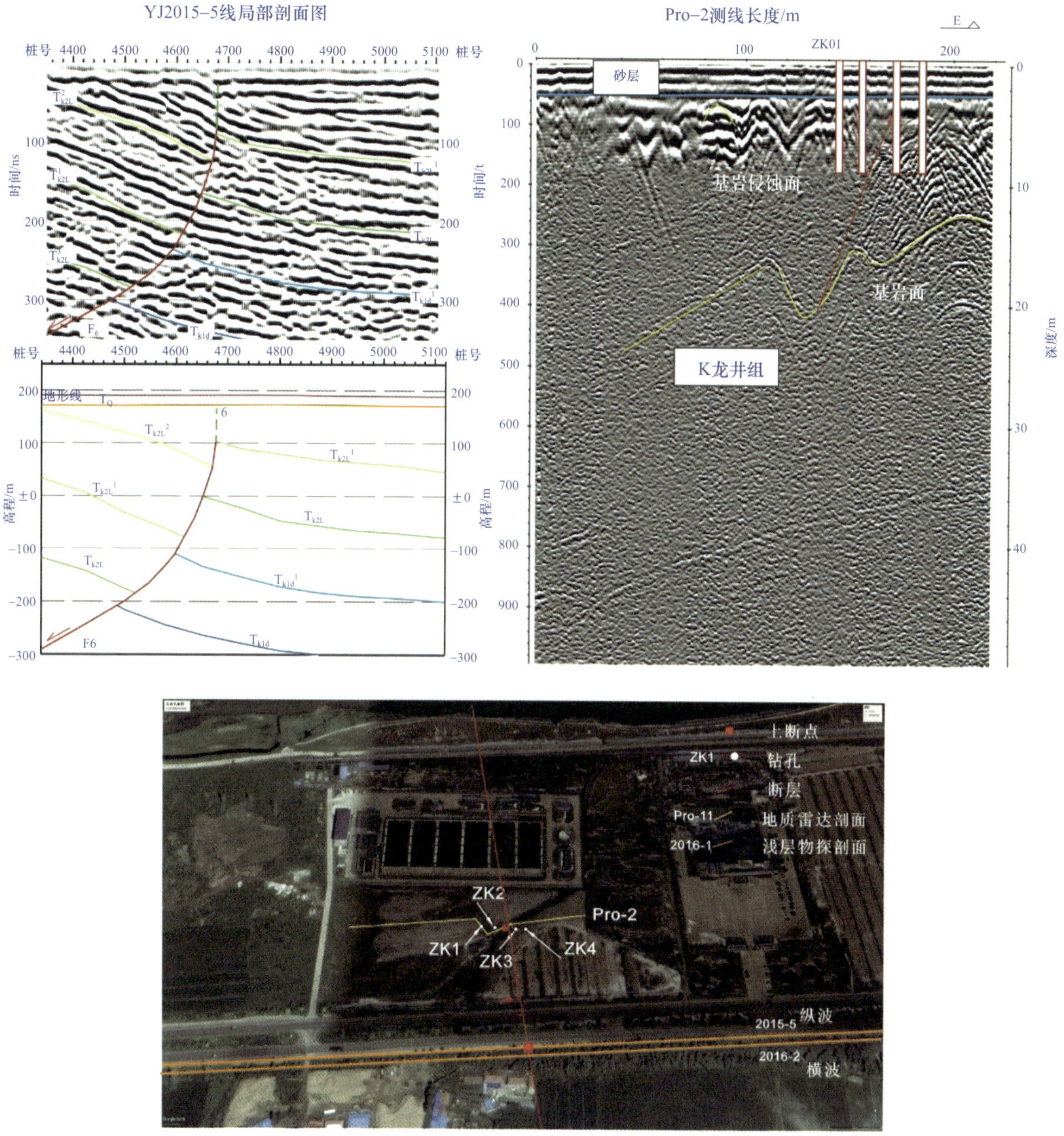

图 6.68　延吉朝阳川污水处理厂剖面钻孔布设示意图

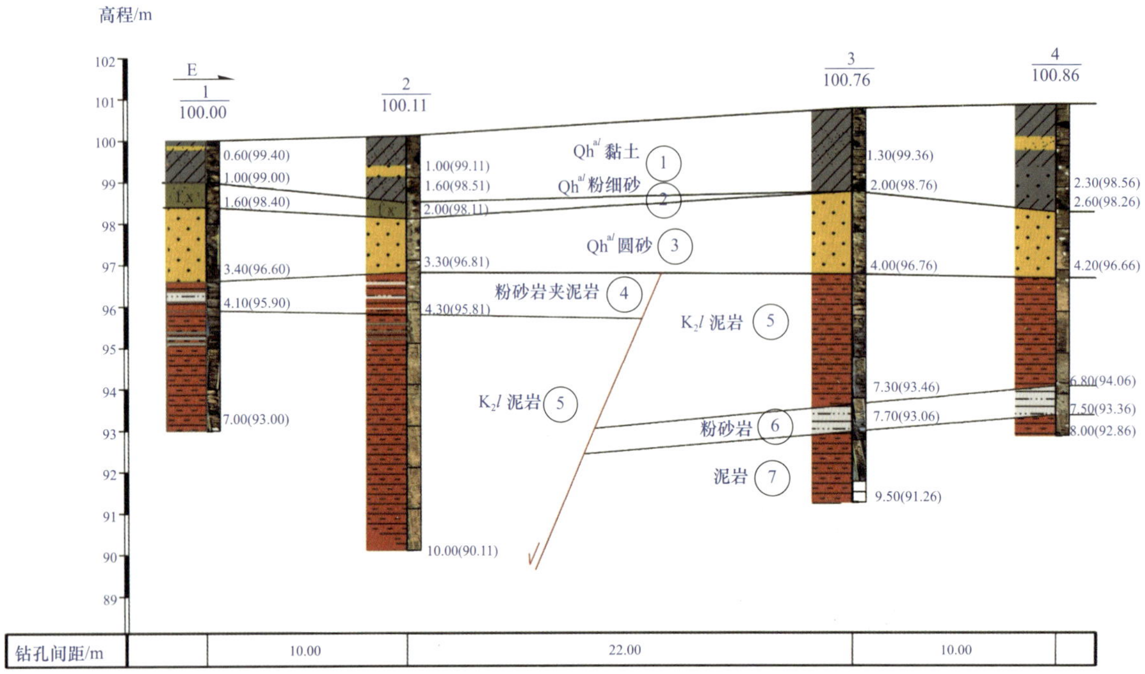

图 6.69　延吉朝阳川污水处理厂联合钻孔地质剖面图

（4）泥岩④，砖红色泥岩与灰白色粉砂岩互层，泥质结构，层状构造，强风化，干钻可钻进，层厚 0.7m。

（5）泥岩⑤，可细分为三层。其中，顶部砖红色泥岩，层厚 0.4m；中部砖红色泥岩含灰白色粉砂岩，层厚 0.5m；底部砖红色泥岩，层厚 2.0m，未见底。

2）ZK5-2 号孔

其可以分出三套地层，即下部为泥岩夹粉砂岩，中部为圆砾层，上部为黑—黄褐色的黏土层局部夹粉砂层。剖面自上而下分层描述如下：

（1）黏土层①，可细分为五层。其中，顶部黑色黏土，较疏松，稍湿，含植物根系，层厚 0.2m；上部灰黑色黏土夹黄褐色粉细砂，稍湿，可塑偏硬，中压缩性，层厚 0.5m；中部黄褐色圆砾，最大粒径 5cm，级配不良，黏土充填，一般粒径为 3 ～ 5cm，层厚 0.3m；下部灰黑色黏土夹粉细砂，黏土可塑，稍湿，中压缩性，粉细砂矿物成分以石英长石为主，层厚 0.4m；底部灰黑色黏土，可塑，稍湿，中压缩性，切面光滑，无摇震反应，层厚 0.2m。

（2）粉细砂层②，灰褐色粉细砂，稍湿－饱和，矿物成分以石英、长石为主，层厚 0.4m。

（3）圆砾层③，黄褐色，饱和，级配不良，一般粒径为 1 ～ 2cm，最大粒径 8cm，中粗砂充填，层厚 1.3m。

（4）泥岩④，泥质结构，砖红色泥岩与灰白色粉砂岩互层，强风化，干钻可钻进，层厚 1m。

（5）泥岩⑤，可细分为两层。其中，顶部砖红色泥岩含少量灰白色粉砂岩；层厚 0.8m；底部砖红色泥岩，层厚 4.9m。

3）ZK5-3 号孔

其可以分出三套地层，下部为泥岩夹粉砂岩，中部为圆砾层，上部为黑—黄褐色的黏土层。剖面自上而下分层描述如下：

（1）黏土层①，可细分为三层。其中，顶部黑色黏土，可塑偏硬，稍湿，无摇震反应，层厚 0.5m；中部黑色黏土含砂，可塑偏硬，稍湿。无摇震反应，层厚 0.9m；底部黑色黏土，可塑，稍湿，切面光滑，无摇震反应，层厚 0.6m。

（2）圆砾层③，黄褐色，饱和，级配不良，最大粒径 8cm，中粗砂充填，层厚 2m。

（3）泥岩⑤，砖红色，泥质结构，层状构造，层厚 3.3m。

（4）粉砂岩⑥，灰白色，强风化，干钻可钻进，层厚 0.4m。

（5）泥岩⑦，砖红色，泥质结构，层状构造，强风化，干钻可钻进，层厚 1.8m。

4）ZK5-4 号孔

其可以分出三套地层，下部为泥岩夹粉砂岩，中部为圆砾层，上部为黑—黄褐色的黏土层。剖面自上而下分层描述如下：

（1）黏土层①，可细分为五层，顶部灰黑色黏土，可塑偏硬，层厚 0.8m；上部黄褐色粉细砂，矿物成分以石英、长石为主，层厚 0.3m；中部灰黑色黏土，稍湿，中压缩性，无摇震反应，层厚 0.4m；下部灰黑色圆砾，黏土充填，级配不良，层厚 0.8m；底部灰黑色黏土，稍湿，可塑，无摇震反应，层厚 0.3m。

（2）圆砾层②，黄褐色，饱和，级配不良，一般粒径为 1 ～ 2cm，中粗砂充填，最大粒径 8cm，层厚 1.6m。

（3）泥岩⑤，砖红色，泥质结构，强风化，干钻可钻进，层厚 2.6m。

（4）粉砂岩⑥，灰白色，强风化，干钻可钻进，层厚 0.7m。

（5）泥岩⑦，砖红色，泥质结构，层状构造，强风化，干钻可钻进，层厚 0.5m。

根据现场的波速测试试验结果，第四纪沉积物波速值较低，风化较弱的基岩通常会有较高的波速值，而对于全风化以及残积土，波速值与第四系沉积物相差不大，波速显示钻孔沉积层序与勘察结果基本一致。

勘察结果显示，白垩系地层中存在断层，上覆第四纪覆盖层厚 3.3 ～ 4.2m，断层错断灰白色粉砂层，断层错距为 1 ～ 2m，而没有错断第四系（T_1）地层，说明该断层第四纪（T_1）以来并没有活动过，活动时间第四纪（T_1）之前。

勘察结果和波速测试结果显示，八道—东盛断裂（F_6）第四纪（T_1）以来并没有活动过，活动时间第四纪（T_1）之前，基本确定了断层上断点的出露位置和深度。

6.3.6 断层活动性分析

浅层地震探测结果确认 F_6 断层为可靠断层。其中 YJ2015-4 线和 YJ2015-7 线剖面上，F_6 断裂、F_{D5} 断裂均向上延伸错断白垩纪龙井组，但未错断第四纪地层。

前人研究发现八道—东盛断裂（F_6）沿线有破碎现象，八道—东盛断裂错断了白垩纪龙井组，联合钻探结果显示断层为确定断层，但未错断第四纪地层。

综上所述，八道—东盛断裂为确定断层，但晚更新世以来无活动现象，为前第四纪（白垩纪）断层，断层性质为正断层。

6.4 龙渊—李花洞断裂（F_7）

龙渊—李花洞断裂（F_7）分布在目标区中（图 1.2、图 1.3）部，北部未发现有确实断裂存在，南部断裂长 7.0km，布哈尔通河谷中的断裂部分为隐伏断层，该断裂为张性或张扭性断裂，倾向西南、倾角为 50°～70°。龙渊—李花洞断裂沿东南方向穿过白垩系龙井组地层，断裂附近的李花洞、气象局等地水井施工时，上部岩芯破碎、岩芯采取率低、钻孔漏水现象十分严重。依据水文扩散法测井资料确定风化裂隙带发育平均深度为 60m，含水层厚 45～50m，含水层埋深为 10～15m，地下水位为 4.6～6.5m，渗透系数为 0.3～0.6m/d。其富水性受岩性的胶结程度及风化裂隙发育程度控制，随深度的增加而逐渐减弱。除接受上覆第四系孔隙水含水层的垂向补给外，低山、丘陵区地层出露部位接受大气降水补给地下径流。

龙渊—李花洞断裂在 DEM 数据与遥感影像融合处理的图像上北部位于布尔哈通河河谷内的部分无明显特征，南部局部有弧形影像特征。

在 1 阶重力细节图中［图 6.70（a）］，龙渊—李花洞断裂沿线为一系列高低重力异常梯度带，区域内高低重力异常圈闭体相间分布。在 2 阶重力细节图中［图 6.70（b）］，龙渊—李花洞断裂沿线的低重力异常圈闭进一步扩大，低重力异常区对应地表的延吉盆地，该断裂北段控制着延吉盆地的西边界，南段被新合—马滴达断裂截断。在 3 阶重力细节图中［图 6.70（c）］，龙渊—李花洞断裂左侧的重力低异常对应延吉凹陷，右侧的重力高异常对应隆起，说明该断裂对延吉地区的地壳结构具有重要的控制作用。在 4 阶重力细节图［图 6.70（d）］中，该断裂重力异常现象不明显，说明该断裂切穿中地壳。

在航磁 1～4 阶对角线方向小波细节分析图（图 6.71）上，龙渊—李花洞断裂表现为对北东方向展布的一系列高、低异常条带的切断或错动。断裂所引起的异常现象在 3～4 阶图上部分消失。

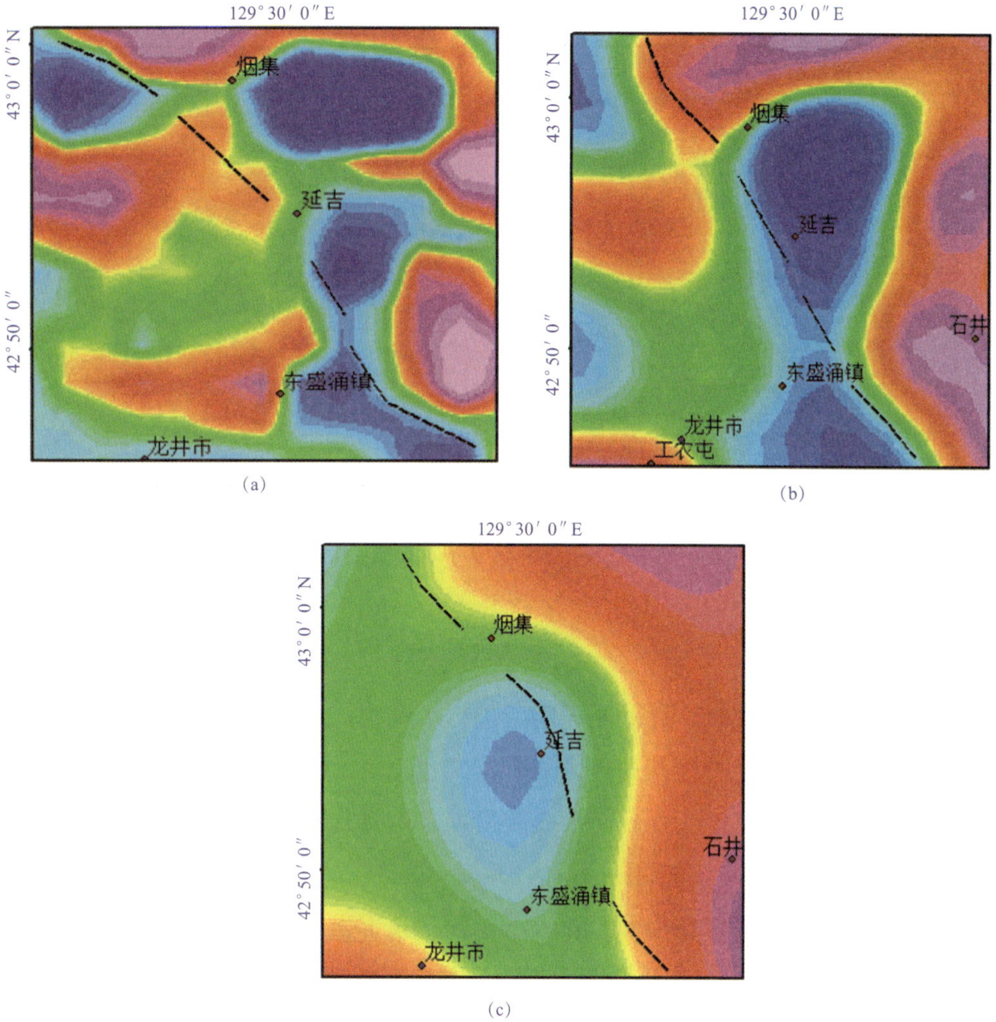

图 6.70　龙渊—李花洞断裂 1～3 阶重力小波细节图

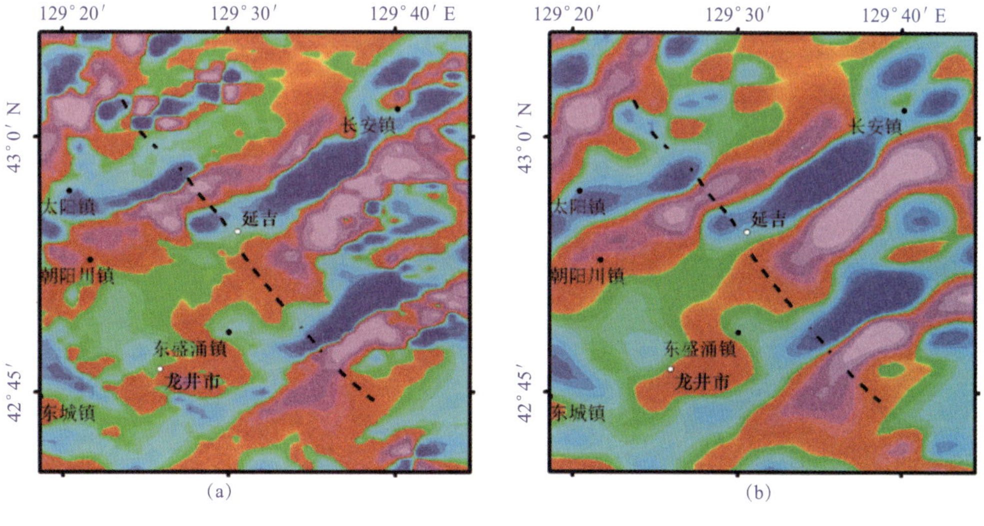

图 6.71　龙渊—李花洞断裂航磁 1～4 阶对角线方向小波断裂分析图

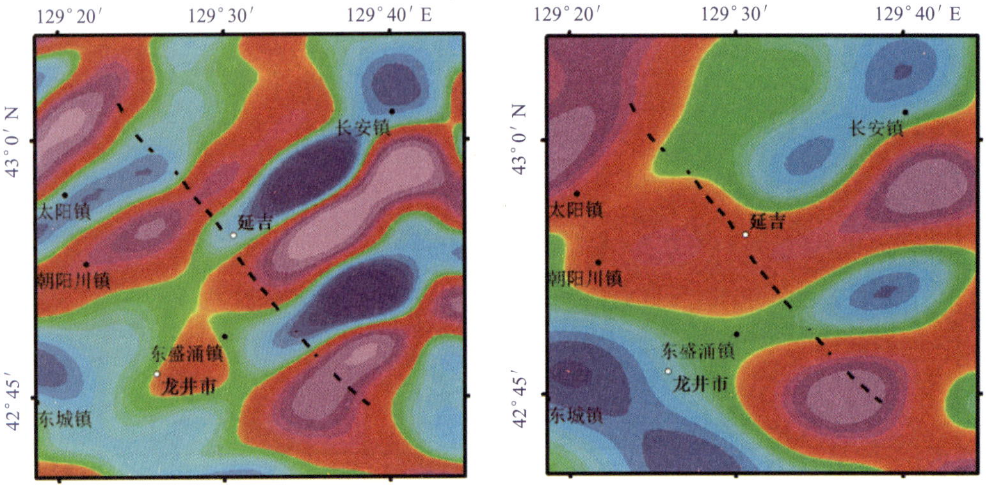

(c) (d)

图 6.71 龙渊—李花洞断裂航磁 1 ～ 4 阶对角线方向小波断裂分析图（续）

6.4.1 野外调查结果

沿珲乌公路横穿了龙渊村，并对断裂附近进行了调查，结果表明，该断裂北支在珲乌公路以东的大片区域多出露龙井组灰白色砂岩和紫红色泥岩，只有顶部有少量第四纪残积物，未发现有断裂错断第四纪地层。而在路西Ⅲ级阶地上，发现了一处似逆冲断层（该位置为前人资料中龙渊—清茶馆东西向逆断层位置），其倾向为 85°、倾角为 19°，两侧为灰白色含粗砂砾岩，砾岩较厚，未见底，断层面舒缓波状，断裂顶部发育小沟，疑为左旋逆冲后形成，但沿断裂面向下挖了大约 2m，发现断裂面终止，并未下延，因此该裂缝很可能为滑坡的滑动面。在该线路上没有发现第四纪断裂活动的有力证据。

调研时收集了延吉市延弘大厦工程施工时的资料。延弘大厦工程在开挖地基时，发现了北北西向隐伏断层（走向为 352°），见图 6.72 和图 6.73。该断层上覆地层为中更新世砂砾石或砂层（Ⅲ级阶地）；下伏为早白垩世大砬子组砂岩或页岩；两者界面平直。

图 6.72 龙渊村龙渊—李花洞断裂（F_7）野外照片

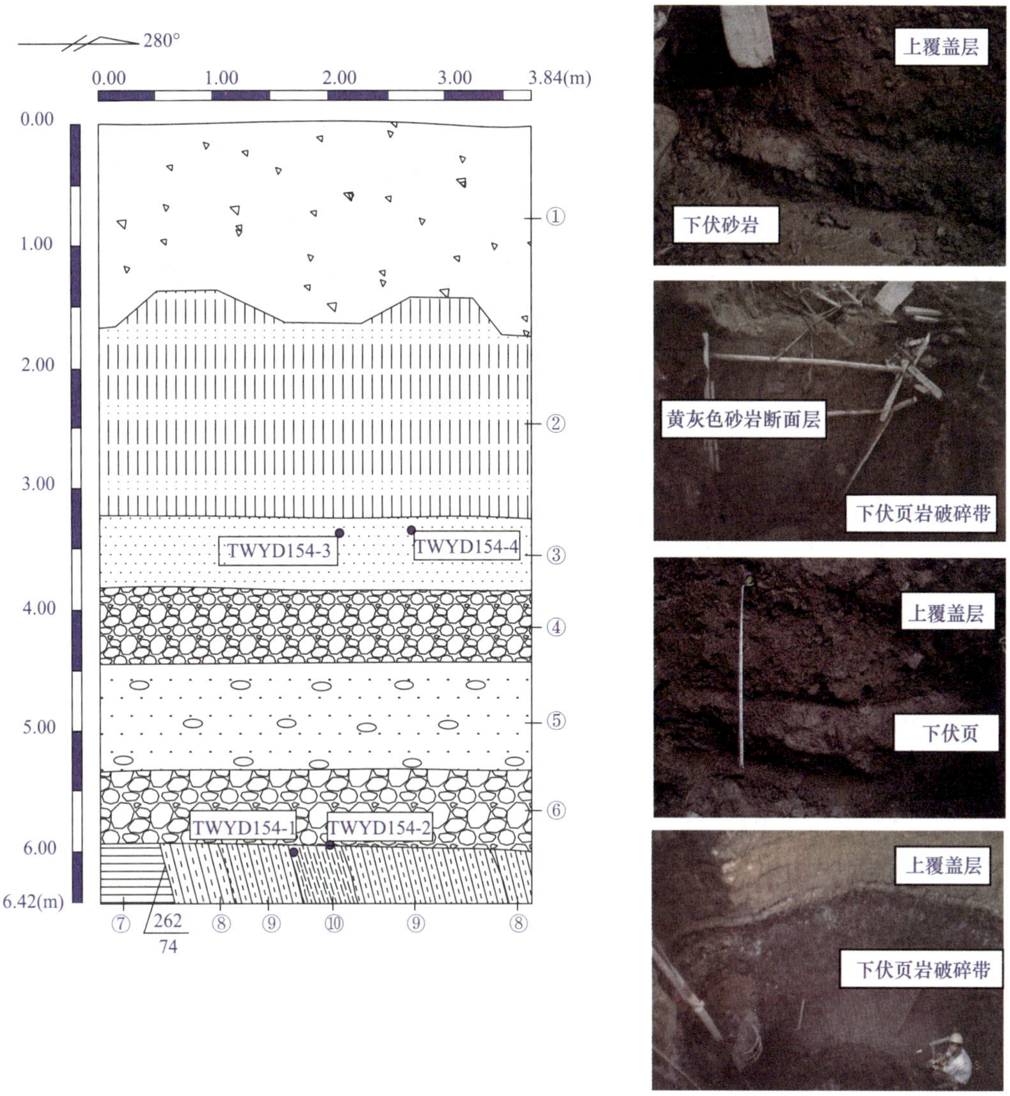

图 6.73　延吉市延弘大厦北北西向隐伏断层探槽素描及照片

①—人工填土；②—老黄土（Qp_2）；③—褐黄色中砂（Qp_2）；④—黄褐色中砾砂（Qp_2）；⑤—褐黄色含砾粗砂（Qp_2）；⑥—黄褐色巨砾砂（Qp_2）；⑦—黄灰色中砂岩（K_1d）；⑧—绿褐色页岩（K_1d）；⑨—紫色页岩（K_1d）；⑩—断层泥泥化带；TWYD154—同位素年龄样品采集点及其位置。

大砬子组黄灰色砂岩、绿褐色页岩和紫色页岩中，各岩性之间均为断层接触。断轻微向北西倾，其倾角小于 5°，没有被下覆断层错动。断层发育在下伏早白垩世层规模较小，宽 3 ～ 10cm 不等，被灰绿色断层泥充填，断层面较平直，有些断层中可见左行滑动的水平擦痕。黄灰色砂岩坚硬，未发现破碎现象，其产状近于水平；绿褐色页岩和紫色页岩，破碎较强烈，见风就碎，可称为挤压破碎带，其产状陡倾，平行于断层面；在紫色页岩中发育约 65cm 宽的灰绿色断层泥化带，其上盘尚未控制。断层上覆地层保持完整，断层未错断第四纪地层。

6.4.2 控制性浅层地震勘探结果

横跨龙渊—李花洞断裂（F_7）布设了 2 条浅层地震探测剖面，分别是 YJ2015-8-1 线和 YJ2015-6 线。YJ2015-8-1 线为 YJ2015-8 线向东的延伸，与 F_7 断层横交，测线长约 8613m。YJ2015-8-1 线解译出了 8 条倾向东或西的平行小断层，其组合断层与前人对龙渊—李花洞断裂（F_7）特征的描述不是很一致。YJ2015-6 线沿延吉站南近水平向东延伸至延东村，接收线长度为 8025m，所测得 F_7 断层特征较为明显，倾向为 252°、倾角为 27°，正断层性质。解释剖面中上断点仅错断 T_{K1dl1} 反射层，T_{K2L} 反射层较为连续，并未发现明显的断层特征，推测该断层并未错断第四系。详查时 YJ2016-4 测线 1200ms 以浅解释出 4 组特征明显的反射波，分别为 T^1_{K2L}、T_{K2L}、T^1_{K1dl}、T_{K1dl}。解释 1 个断点 F_7，由于 F_7 与测线走向相近，交角较小，F_7 在剖面上显示非常缓（图 6.74，表 6.6）。

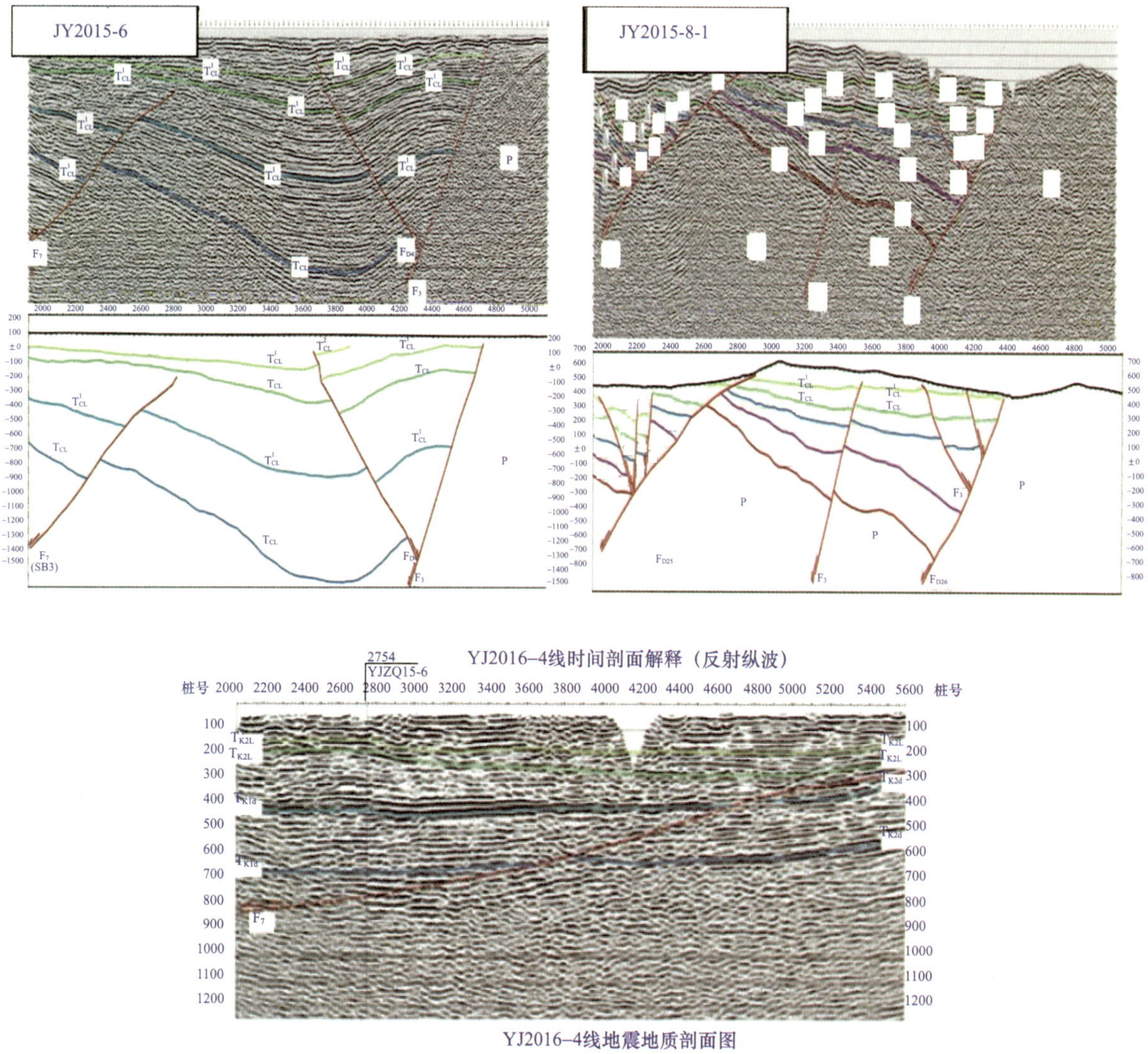

图 6.74　F_7 断层时间剖面与地质剖面解释图

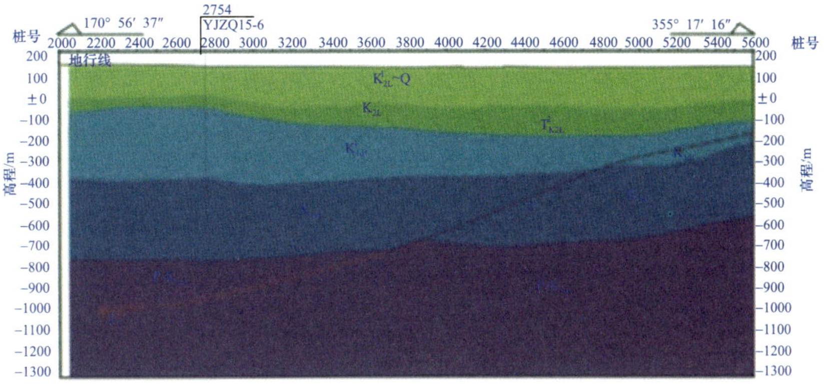

图 6.74　F_7 断层时间剖面与地质剖面解释图（续）

表 6.6　F_7 断层横波解释断点坐标及埋深数据表

测线编号	长度	错断界面	垂直断距	断层性质	视倾向	视倾角
YJ2015-6	8.025	T^1_{K1dl}	111m	正断层	252°	27°
		T_{K1dl}	128m			
YJ2016-4	3.600	T^1_{K2L}		正断层		
		T_{K2L}				
		T^1_{K1dl}				
		T_{K1dl}				

6.4.3　断层活动性分析

浅层地震探测表明，目标断层 F_7 北支未发现与 F_7 性质相同的断层组合，南支断层特征较为明显，倾向为 252°，倾角为 27°，正断层性质，与目标断层 F_7 特征相符。解释剖面中上断点仅错断 T^1_{K1dl} 反射层，T_{K2L} 反射层较为连续，并未发现明显的断层特征，推测该断层并未错断第四系，为前第四纪断层。

野外调查中未发现该断层第四纪活动的有力证据。

6.5　非目标断层活动特征

6.5.1　富兴村断裂

该断裂位于富兴村东部，处于小营断裂与其他东西向断裂、南北向断裂的交会处，上盘破碎严重，下盘较完整，有明显破碎带。断层倾向 202°，倾角 73°，存在一明显的 1.5m 高的断层崖，断层面平直光滑，上有陡坎和阶步，表明该断裂为逆左滑移断层。该断层两盘为灰白色花岗闪长岩，为前第四纪断层。

6.5.2 F_8 断层

控制性浅层地震勘探中经过 YJ2016-7 测线发现一北西西向延伸的断裂 F_8，该断层位于延吉河以东，从伊兰镇北部向东延伸至清茶馆西北。断裂长约 5.1km，视倾向 195°、视倾角 28°，正断层，与油田三维解释 YSH21 为同一断层。在 DEM 与遥感影像融合处理的图像上，沿 F_8 断裂线性影像特征明显，断裂南侧有明显陡坎。

地震时间剖面（图 6.75）1200ms 以浅解释 5 组特征明显的反射波，分别为 T_{K2L}^2、T_{K2L}^1、T_{K2L}、T_{K1dl}^1、T_{K1dl}。解释 1 个断点 F_8，该断点错断最浅层位为 T_{K2L}^2，表明该断层为前第四纪断层。

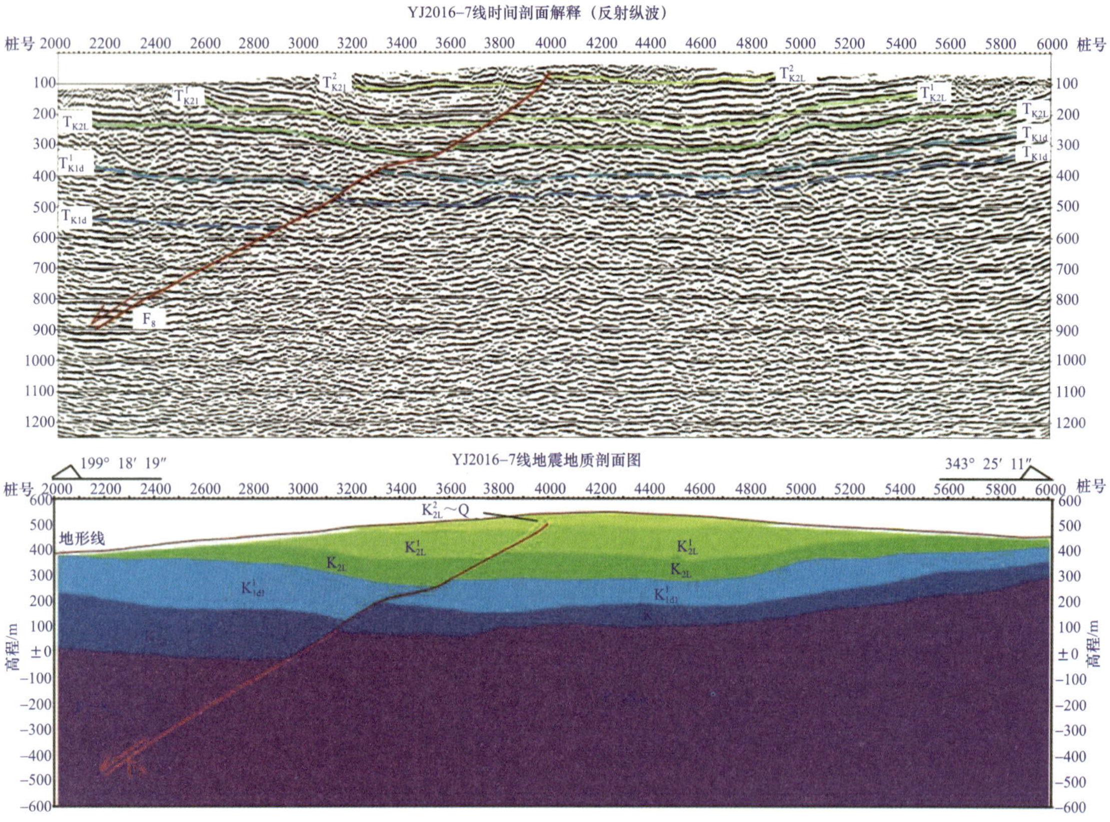

图 6.75 F_8 断层时间剖面与地质剖面解释图

综上所述，在对延吉市城市活断层探测与地震危险性评价目标区地震地质背景资料分析的基础上，基于前期地球物理浅层勘探成果，通过跨断层两侧探地雷达探测、DGPS 地貌测量、联合钻探剖面等方法相结合，探测活动断层的位置、上断点埋深、分析断层活动性和时代鉴定等工作，修改和校核了前人对延吉区域主要活断层的展布特征及最新活动性的认识，初步得到了延吉区域活断层的基本构造格架。

（1）布尔哈通河断裂（F_2）横贯延吉市，控制着布尔哈通河两侧第四纪沉积，在小营子村错断小营断裂，是目标区内较新的断裂。该断裂附近河流阶地比较发育，以基座阶地或侵蚀阶地为主，第四纪运动以上升运动占绝对优势，而多级阶地的出现又说明了地壳运动频繁具间歇性。前人研究结果、野外调查、浅层地震勘探和联合钻孔勘探均表明该断层为前第四纪断层。

（2）小营断裂（F_3）属于图们江断裂带的一部分，分南北两支，在溪洞站北与东西向断裂、北北东向断裂交会，交会处有基性岩浆岩侵入，第四纪残积物极薄，向北向南残积物厚度逐渐增厚，厚度从 2m 到 9m 不等。小营断裂穿过丘陵与山地地貌，南支位于丘陵和山地的交界部位，地貌景观的差异表明其所属的构造部位的差异和其新构造的性质、特点、强弱有区别，而以侵蚀山地为主的地貌景观表明该区总的来说处于上升运动为主的环境。前人研究结果、野外调查、浅层地震勘探和联合钻孔勘探均表明该断层为前第四纪断层。

（3）八道—东盛断裂（F_6）沿朝阳河展布，分南北两支。北支受朝阳河的影响，为隐伏断层，老黄土普遍分布，但厚度较小，一般为 20 ～ 40cm，朝阳河两岸阶地上沿断裂分布的中晚更新世沉积物厚度较薄，阶地西侧高于东侧，表明河流两侧存在差异性抬升过程。前人研究结果、野外调查、浅层地震勘探和联合钻孔勘探均表明该断层为前第四纪断层。

（4）龙渊—李花洞断裂（F_7）分布在目标区中部，沿延吉河河岸展布，断裂北段在多种探测中均不确定，南段位于布尔哈通河河谷中的部分为隐伏断层，隐伏在第四纪沉积物下。前人研究结果、野外调查、浅层地震勘探和联合钻孔勘探均表明该断层为前第四纪断层。

表 6.7　各断裂基本情况

断裂编号	断裂名称	几何特征	产状			性质	目标区长度 /km	上断点埋深 /m	Q 垂直断距 /m	活动时代
			走向	倾向	倾角 /(°)					
F_2	布尔哈通河断裂	基岩中出露	EW	N	40 ～ 70	正断层	25	2 ～ 6	0	Pre-Q
F_3	小营断裂	基岩中出露	SN	W	40 ～ 60	正断层	5	2 ～ 6	0	Pre-Q
F_6	八道—东盛断裂	基岩中出露	NW	SW	20 ～ 80	正断层	15	2 ～ 6	0	Pre-Q
F_7	龙渊—李花洞断裂	基岩中出露	NW	SW	70	正断层	3.5			Pre-Q

第 7 章　活动断层地震危险性评价

7.1　延吉市及其临近地区有影响的破坏性地震分析

探测区处于中朝俄三国交界区，大部分属东北地震区，其余分属华北地震区和朝鲜地震区，延吉市位于东北地震区内。上述地震区是对地壳内的浅源地震而言的。在吉林省汪清、珲春以东，还经常发生深源地震。这一范围通常称为深震区，探测区的东部已延伸到深震区内。所以，就地震活动特征来说，它有与其他地区不同的特征，研究时必要考虑以下三个方面：

一是深震的特征及其对区域的影响。二要区域内发生的地震对目标区的影响，同时兼顾朝鲜和俄罗斯发生的地震对目标区的影响。由于毗邻的俄罗斯不在地震活动区内，本书主要分析朝鲜地震对目标区的影响。三是目标区的地震活动较弱，主要考虑区域外地震的影响。

7.1.1　地震资料

应用于区域地震活动性特征分析的资料分为两部分：第一部分是 $M \geqslant 4.7$ 的地震目录。这部分的资料主要取自中国地震局组织有关专家编制完成的《中国历史强震目录（公元前 23 世纪至公元 1911 年）》（国家地震局震害防御司编，1995 年）和《中国近代地震目录（公元 1912 年至 1990 年，$M \geqslant 4.7$）》（国家地震局震害防御司编，1999），1991 年至今的 $M \geqslant 4.7$ 级地震由中国地震局分析预报中心的台网目录中续补。历史地震资料是利用 1986 年吴戈等编的《东北地震史料辑览》。探测区涉及朝鲜的地震资料取自 1987 年朝鲜地震研究所编辑并由李裕澈编译的《朝鲜、韩国地震目录（公元 27—1985 年）》和 2001 年吴戈等编著的《黄海及其沿岸历史地震编目与研究》。而海参崴至兴凯湖一线以西的 5 级以上地震资料参考了 1996 年国家地震局分析预报中心编制的《世界地震震中分布图》。

现代地震目录部分的资料取自中国地震局分析预报中心的台网地震目录和吉林、黑龙江两省区域地震台网编辑的地震台网报告和地震目录。

1．资料的完整性

探测区涉及 3 个国家，而 3 个国家的地震资料的完整程度和震级标度均有差异。

在我国东北地震区历史地震资料缺失时间长。自 20 世纪初，对破坏性地震开始有调查记载。经统计研究，1923 年以来 5 级以上地震才基本记载完整。探测区包含的延边州及白山市抚松、临江以东地区，经查地方志，地震史料情况与东北地震区一致。

朝鲜半岛历史地震记载时间很长。早在 2000 年前的新罗、百济、高句丽三国时代开始记载地震事件，公元 2 年至今已有 2000 多条地震记录留下来。但因其朝代更迭、都城变迁，部分地区尤其是涉及探测区的地震史料连续性变动大。在 20 世纪初开始日本人在朝鲜半岛建地震台，包括延吉在内，1905—1945 年共建 6 个台，获取了一批仪器记录资料。这些记录的地震事件有文字可查，但地震强度多缺乏描述。探测区涉及的俄罗斯地震资料详略情况在上一世纪与朝鲜半岛相似。由上述各区域的地震史料状况，可以认为探测区 5 级以上地震活动性资料自 1923 年起是完整的。

1970 年开始吉林省陆续组建了区域地震台网，1976 年于延吉市建设了延边地震台。由于探测区在区域地震台网的边缘，台网在这里检测地震的能力偏低。经统计，探测区从 1970 年以来 3 级以上地震不会遗漏。

除历史地震资料的不均一性外，由于探测区地震目录涉及三个国家，各国对历史地震强度计算的经验关系式不同及研究人员的统计目的不同，从而导致部分地震的震级差异。例如，1810 年朝鲜清津发生一次强震，造成地表及建筑物破坏，人员伤亡。《朝鲜、韩国地震目录》确定震级为 6.5 级，《黄海及其沿岸历史地震编目与研究》确定震级为 $7\frac{1}{4}$。本书中重新研究了该地震破坏的原始记载描述。为使衡量标准一致，统一使用《中国地震烈度表（1980）》判定震中烈度并确定震级。由此，1810 年清津地震震中烈度以Ⅸ度为宜，震级为 $6\frac{3}{4}$较适度。但为避免提出过多的震级数值的混乱，本书取定该震震级为 $6\frac{1}{2}$。其他地震情况亦照此处理。本区 4 级以上的地震目录在表 7.1 中给出。另外，东北地区是我国主要的深震区，表 7.2 给出 5 级以上的深震目录，涉及朝鲜强地震和研究区内小震目录不在本书中详细列出。

表 7.1　探测区 4 级以上的地震目录

编号	发震时间 / 年	震中位置		地点	震级	资料来源
		纬度 /（°N）	经度 /（°E）			
1	1501	41.0	126.6	朝鲜慈江道江界	4	韩国、朝鲜地震目录
2	1532	41.3	128.0	朝鲜两江道三水	$4\frac{1}{4}$	韩国、朝鲜地震目录
3	1597	41.3	128.0	朝鲜两江道三水	5	韩国、朝鲜地震目录
4	1665	41.6	129.6	朝鲜咸镜北道镜城	4	韩国、朝鲜地震目录
5	1810	41.8	129.8	朝鲜咸镜北道清津	$6\frac{1}{2}$	韩国、朝鲜地震目录
6	1902	43.2	129.6	吉林汪清	6.6	中国强震目录
7	1936	41.3	128.0	朝鲜两江道三水	4	韩国、朝鲜地震目录

续表

编号	发震时间 / 年	震中位置		地点	震级	资料来源
		纬度 / (°N)	经度 / (°E)			
8	1941	41.8	126.9	朝鲜慈江道中江	4	韩国、朝鲜地震目录
9	1947	42.0	129.0	中朝边界	$4\frac{3}{4}$	中国强震目录
10	1948	46.0	137.0	中国黑龙江七台河	5.3	中国强震目录
11	1960	44.7	126.9	中国吉林省榆树县	5.7	中国强震目录
12	1962	45.3	132.7	中国黑龙江省虎林	5.1	中国强震目录
13	1965	41.5	127.0	朝鲜两江道厚昌	4.2	韩国、朝鲜地震目录
14	1967	44.7	132.4	兴凯湖俄罗斯境内	5.2	中国强震目录
15	1994	42.2	126.9	中国吉林省江源	4.2	中国强震目录

表 7.2　东北地区深震目录

发震时间			震中位置		深度 /km	震级	参考地名
年	月	日	经度 / (°E)	纬度 / (°N)			
1917	7	31	131	42.5	460	$7\frac{1}{2}$	吉林珲春东南
1918	2	10	130	43	450	$6\frac{1}{2}$	吉林图们
1918	4	10	130.5	43.5	570	7.2	吉林珲春北
1920	5	6	131.5	43	520	$6\frac{1}{4}$	吉林珲春东
1923	7	27	130	43	430	$5\frac{3}{4}$	吉林图们一带
1924	3	26	131	43	410	$5\frac{1}{4}$	吉林珲春东
1927	5	18	131	44	430	$6\frac{1}{2}$	黑龙江东宁附近
1928	6	7	131	44	430	6	黑龙江东宁附近
1933	7	15	131	43	530	$5\frac{1}{2}$	吉林珲春东
1933	7	24	131	42.5	550	$5\frac{3}{4}$	吉林珲春东南海中
1933	9	9	130	44	590	$6\frac{1}{4}$	黑龙江牡丹江东南
1935	3	29	131	43	550	$6\frac{1}{4}$	吉林珲春东
1938	10	21	131	43.5	550	$6\frac{1}{4}$	黑龙江东宁南
1940	7	10	131	44	580	7.3	黑龙江东宁
1940	11	22	131.5	43.7	540	6	黑龙江东宁东南
1946	1	11	129.5	44	580	7.2	黑龙江宁安南
1957	1	3	130.6	43.9	593	7	黑龙江东宁西南
1957	1	3	130.6	43.9	580	$5\frac{3}{4}$	黑龙江东宁西南
1959	10	29	131.1	42.8	547	$6\frac{1}{4}$	吉林珲春附近
1961	6	7	130.5	43	300	$4\frac{3}{4}$	吉林珲春附近
1967	4	24	131.1	42.4	527	$4\frac{3}{4}$	吉林珲春东南
1967	6	21	122	48.7	30	4.8	内蒙古布特哈旗（扎兰屯）北
1967	8	15	132.4	44.7	48	5.2	黑龙江兴凯湖
1968	4	11	131	42.4	535	4.9	吉林珲春东南

续表

发震时间			震中位置		深度 /km	震级	参考地名
年	月	日	经度 / (°E)	纬度 / (°N)			
1969	4	10	131.1	42.1	547	5.5	吉林珲春东南
1970	10	12	131	42.8	542	5.1	吉林珲春东南
1973	9	10	130.9	42.5	586	6.4	吉林珲春东南海中
1973	9	29	131	41.9	595	7.7	吉林珲春东南海中
1975	2	4	122.9	40.6	33	5.1	辽宁海城东南
1976	4	11	131.1	42.8	542	5	吉林珲春东南
1976	7	28	117.6	39.3	33	4.8	河北宁河西
1976	9	25	118.4	39.72	70	5	河北唐山东北
1977	2	4	131.1	42.9	520	4.9	吉林珲春东
1977	9	9	131.4	42.9	530	4.8	吉林珲春东
1979	1	31	131.2	42.8	536	5.5	吉林珲春东南
1979	12	25	131	42.9	510	5.5	吉林珲春东
1981	11	28	131.15	42.92	540	6.2	吉林珲春东北
1999	4	8	130.3	43.4	540	7	吉林省汪清县
2002	6	29	130.6	43.5	540	7.2	吉林汪清
2002	9	15	130.3	44.7	540	5.6	黑龙江穆棱
2003	9	1	132.3	43.7	480	6	中俄交界
2005	9	19	120.85	49.8	33	4.7	内蒙古陈巴尔虎、牙克石间
2009	4	18	130.5	42.8	564	5.1	吉林珲春
2009	8	10	130.59	43.56	584	5	吉林汪清
2011	1	8	131.1	43.22	560	5	吉林珲春
2011	5	10	131.2	43.3	560	5.7	吉林珲春
2013	10	30	130.85	43.34	539	5.8	吉林珲春
2016	1	2	129.95	44.81	580	6.4	黑龙江牡丹江市林口县

7.1.2　历史地震对场区的影响

历史地震对场区影响程度分析是危险性评价的内容之一。本书将从两个方面来考察地震影响烈度。一方面是根据有历史地震等震线资料的地震，查明这些地震对场址的实际影响烈度；另一方面是应用历史地震影响烈度的统计分析，计算场地周围强震对它的影响烈度值，从而为目标区的地震影响提供依据。

从公元 19 年到现在，在探测区内共发生 4.7 级以上破坏性地震 8 次，但已查明并对场址区最有影响的地震是 1902 年汪清 6.6 级地震、1947 年和龙崇善 $4\frac{3}{4}$级地震，2002 年汪清 7.2 级地震和 1810 年朝鲜清津 $6\frac{1}{2}$级地震。

1．1902 年汪清 6.6 级地震

1902 年 7 月 3 日汪清 6.6 级地震是东北地区已知最早给出时、分、秒发震时间的一次较大地震，仪器记录也是离场区最近的破坏性地震。1986 年国内出版的时振梁主编《世界地震目录》和谢毓寿等主编的《中国地震历史资料汇编》，对这次地震首次做了辑录。据查上述资料中记载的汪清地震是源于世界资料中心及“苏联强震新目录”，它给出的具体参数如表 7.3 所示。

表 7.3　汪清地震的参数

发震日期	发震时间		震中位置			震级	类别	震源深度 /km	
	时分秒	类别	北纬	东经	类别				
1902 年 7 月 3 日	15 点 36 分 45 秒（±1 分）	5	43° 02′ ±1	129° 06′ ±1	6	6.6±0.5	3	20/10 ～ 40	5

经多方查找，至今未发现对汪清 6.6 级地震有任何不同记载的资料，可以确信 1902 年汪清地震是一次使用早期地震仪器（1897 年开始使用的大森式地震仪）观测记录的地震，其资料来源具有相当的可靠性。

为了考证此次地震，20 世纪 80 年代末和 90 年代初吴戈等人和延边州地震局专门进行了史料分析与实地考察研究。无论是通过震中区附近年迈者“口碑”资料的辨释，还是通过震中区存在的较为活跃的新构造活动背景，如断陷池塘群，小溪错动、断层崖崩塌、辽金时代古城垣破坏等判定，都印证了汪清 6.6 级地震的存在，并给出了宏观震中位置（43° 25′N，129° 25′E），这与苏联强震新目录给出的震中位置（43.2°N，129.6°E）相比偏于北西方向约 28 千米，参考地点为吉林省汪清县蛤蟆塘乡四方台山。

汪清 6.6 级地震已近 100 年，无从考察地震烈度分布状况。苏联强震目录给出的震中烈度为Ⅷ度。但无论是按经验关系式 $M = 0.66I_0 + 0.98$ 估算，还是依四方台山南坡地面构造遗迹看，震中烈度可能要大于Ⅷ度，而地震对场址的影响为Ⅵ度。

2．1947 年和龙崇善 4 级地震

崇善地震资料是国家地震局地球物理所在调查 1966 年怀德 5.2 级地震时发现并辑录于《东北地震资料》。1947 年 12 月日本投降不久，原建在东北地区和朝鲜半岛的地震台尚未恢复观测，因此，崇善地震没有仪器记录资料。1987 年延边州地震局对此地震进行了调查，1992 年对此地震资料来源重新进行鉴别，因此，崇善地震资料是经细致工作后得到的，具有可信度。

从震中区附近 3 个乡、7 个村的 10 位老人进行的“口碑”调查发现，老人们说的亲身经历的地震事件与《东北地震资料汇编》中给出的地震年代、月份相差无几，而且在具体时间上也基本吻合。调查纪实资料的鉴别表明，崇善、下天坪、芦果、南坪、砂丁曲、吉地、竹林等地有感程度较为强烈，但是，以此为中心，沿图们江上下游延伸的广坪、龙渊等地几乎

没有感觉。由此推断，1947 年中朝边境上确实发生过地震，其宏观震中位于朝鲜一侧，离崇善约有 9km。

3．1810 年朝鲜清津$6\frac{1}{2}$级地震

此地震发生在 1810 年 2 月 19 日（李朝纯祖正月辛未），《李朝实录》详细记载了这次地震，其史料概括摘录如下。

本月十六日未时明川、镜城、会宁等地震，城堞颓圮，山麓坍落，人畜压死，富宁府颓户 38，人畜亦有死者。青岩杜水南、水北两里，井泉闭塞者 11 处，土地坼裂塌陷者 3 处，围深各为数抱许，滨海山上一大岩石塌落中折，其半坠人海中，自十六日至二十九日，无日不震，一昼夜内或八九次，或五六次。

又记载，这次地震使远在京都（今日汉城）的朝廷震惊，特别是咸镜道监呈报地震“且其土地塌陷”时，“尤极疑晦”，“故更令详细驰报矣”。清津地震距延吉约 120 多千米，对延吉的影响烈度为不会大于 V 度。

4．2002 年汪清地震

震中位置：43.747°N，130.701°E；震源深度：566km；震级：M_W7.3（USGS）。中国、韩国、俄罗斯和日本有感。

（1）中国的有感范围有北京市、吉林省（长春、吉林、舒兰、四平、通化、梅河口、辽源、松原、延吉、敦化、和龙、九台、榆树、农安、德惠、双阳、松原、汪清、安图）、黑龙江省（哈尔滨、大庆、牡丹江、海林县、东宁、佳木斯、绥化、鸡西、齐齐哈尔、萝北）、辽宁省（沈阳、法库、铁岭、抚顺、大连、锦州、凌海、北宁、鞍山、义县、黑山、丹东、凤城、东港）、内蒙古自治区（通辽、开鲁、库伦旗、科左中旗、科左后旗、奈曼旗、霍林郭勒、赤峰、乌兰浩特、包头、科右前、突泉、扎赉特旗）、河北省（秦皇岛、张家口、唐山、承德、平泉），天津市，山东省（烟台、蓬莱、长岛、莱州、威海）、河南省（郑州、安阳、濮阳、焦作、新乡、南阳），以及浙江省（杭州市）。其中，仅吉林省中、东部地区振动较强，烈度达Ⅴ度（CSI，MMI），其余地区烈度均不超过Ⅲ度。

（2）俄罗斯：斯拉维扬卡Ⅱ—Ⅲ度（MSK），符拉迪沃斯托克（海参崴）、乌苏里斯克（双城子）、斯帕斯克—达利尼、阿尔乔姆、阿尔谢尼耶夫有感，烈度为Ⅱ度。

（3）日本本州东部和北海道中—南部之部分地区为Ⅱ度（JMA）；本州中和南部、北海道南部为Ⅰ度（JMA）。

（4）韩国：首尔、仁川、富川、高阳、瑞山，烈度为Ⅱ度（MMI）；江陵、东海，烈度为Ⅲ度（MMI）。

根据这些资料勾画的 2002 年 6 月 29 日地震烈度绝大多数地点烈度为Ⅲ度（MMI）以下，最大有感半径 2000 余千米。长春、吉林、四平、通化、敦化等局部地区为Ⅴ度（MMI），最大半径 300 余千米。

2010年2月18日在珲春—汪清深震区发生 $M6.7$ 地震，震中位置为北纬42.561°、东经130.836°，震源深度为562.5km（USGS）。震中在中俄朝三国边境地带，但此三国均未报道破坏或有感。

据日本有关报道（http://tenki.jp/earthquake/2010-02-18），2010年2月18日地震在日本北海道和本州东部一些地方烈度为Ⅱ度（JMA），包括东京在内的其他地方的烈度为Ⅰ度（JMA）。

7.1.3 地震活动环境的综合评价

（1）目标区地处东北地震区的东缘，属于该地震区的中部亚区，该亚区的地震活动较弱。近场区的延边地震台1972年开始有仪器记录，但多年来，没有记录到发生在近场区的地震。

（2）历史上对场址的最大地震影响为1902年的汪清地震，但影响烈度不大于Ⅴ度。

（3）目标区毗邻深源地震区，但是2002年的7级汪清深源地震对目标区的影响不超过Ⅴ度。可以认为，未来探测区的深源地震对目标区的影响不会超过Ⅴ度。

（4）历史上朝鲜地震对目标区的影响也不超过Ⅴ度，未来探测区的深源地震对目标区的影响也不会超过Ⅴ度。

7.2 中国东北地区深源地震对浅源地震的影响

7.2.1 东北地区深/源地震动力背景及其时空特征

在中国东北及邻区，深源地震区和浅源地震区共存，在全球区域地震活动分布格局上较为特殊。深源地震的发震机理、构造意义、地理分布、破裂机制、深源地震与强震活动的关系等研究在国内外取得了许多成果，并受到国内外地学工作者的持续关注。中国东北地区深源和浅源地震具有周期性活动特征，每个活跃期具有活跃—平静相间隔的基本幕式特点，深源地震和浅源地震在时间上具有相互关系，其时间分期特征具有明显的规律性，用正弦函数的形式对深源地震和浅源地震的发生时间进行周期拟合检验，20年的显著周期成分较为明显，东北地区深源地震和浅源地震存在明显的周期性活动，这一基本活动规律得到大多数地学研究者的认可，中国东北地区深源地震和浅源地震及其活跃周期始终是国内外地学工作者的研究热点。新的研究结果表明，深源地震具有稳定的活动周期，其次浅源地震活动可能存在震级相依关系，中国东北地区深源地震对浅源地震的影响可能比传统认识的5.0级地震震级更小。除东北地区深源地震和浅源地震受到国内外地学工作者的持续关注外，东北地区中强地震的动力背景同样受到许多研究者的持续关注。一般认为，西太平洋板块低角度俯冲是东北地区深源地震的动力来源，同时影响着浅源地震活动。东北地区深源地震的活动区域主要在集中于吉林汪清一带（图 7.1），而浅源地震则广泛分布于松辽盆地及附近地区。新的研究结果认为，西太平洋板块以 26° 的低角度俯冲模型在地表产生的应力集中影响范围要比 60° 角度模型大许多，低角度俯冲模型可以解释现今中国东北地区浅震的广泛分布和东北地区特有的深震与浅震共存的地震活动特性。

7.2.2 深源地震预示着浅源地震活跃期结束

1900 年以来，中国东北地区深源和浅源地震经历了 5 个平静一活跃周期。以 1999 年 11 月辽宁岫岩 5.4 级地震为标志，中国东北地区浅源地震进入第 5 个活跃周期，先后发生了 2000 年 1 月辽宁岫岩 5.1 级地震、2003 年 8 月内蒙古巴林左旗 5.9 级地震、2004 年 3 月内蒙古东乌珠穆沁旗 5.9 级地震、2005 年 7 月黑龙江林甸 5.1 级地震、2006 年 3 月吉林乾安 5.0 级地震、2008 年 6 月内蒙古阿荣旗 5.2 级地震、2013 年 1 月辽宁灯塔 5.1 级地震、2013 年 4 月内蒙古科左后旗 5.3 级地震、2013 年 6 月内蒙古莫力达瓦 5.0 级地震、2013 年 10—11 月吉林前郭 5.8 级震群（共计 5 次 5.0 级以上地震，最大地震 5.8 级），第 5 活跃期从 1999 年 11 月开始到 2016 年 1 月已经持续 16a 多，共计发生了 15 次 5.0 级以上地震。

2008 年 6 月 10 日内蒙古阿荣旗 5.2 级地震后，东北地区浅源地震第 5 活跃期仍在继续发展，尤其是 2013 年连续爆发 8 次 5.0 级以上地震，第 5 活跃期并未像前人预测的那样在 2008 年结束，主要原因是阿荣旗 5.2 地震并不具备前 4 个活跃期关门地震的时间韵律特征。中国东北地区浅源地震前 4 个活跃期关门地震时间分别为 4.67a、4.01a、3.28a、4.79a，平均关门时间为 4.27a，假设 2013 年的 8 次地震作为第 5 活跃期的关门地震，那么第 5 活跃期的关门时间为 4.62a，5 个活跃期关门地震的时间韵律再次重演，2013 年 1 月以来辽宁灯塔 5.1 级地震、内蒙古科左后旗 5.3 级地震、内蒙古莫力达瓦 5.0 级地震、吉林前郭 5.8 级震群可能就是第 5 活跃期的结束地震。换句话说，东北浅源地震在活跃期期间，出现 4a 左右的平静之后连续发生的若干 5.0 级以上地震，可作为本活跃期结束的标志性地震事件，也是浅源地震活跃期结束的最重要的判别指标之一。

7.2.3 深源地震资料分析对比延吉市目标区地震活动性的影响

进行东北地震深源、浅源地震的对比分析得出结论，东北深源地震（图 7.1）对延吉市活断层探测目标区地震活动无影响。

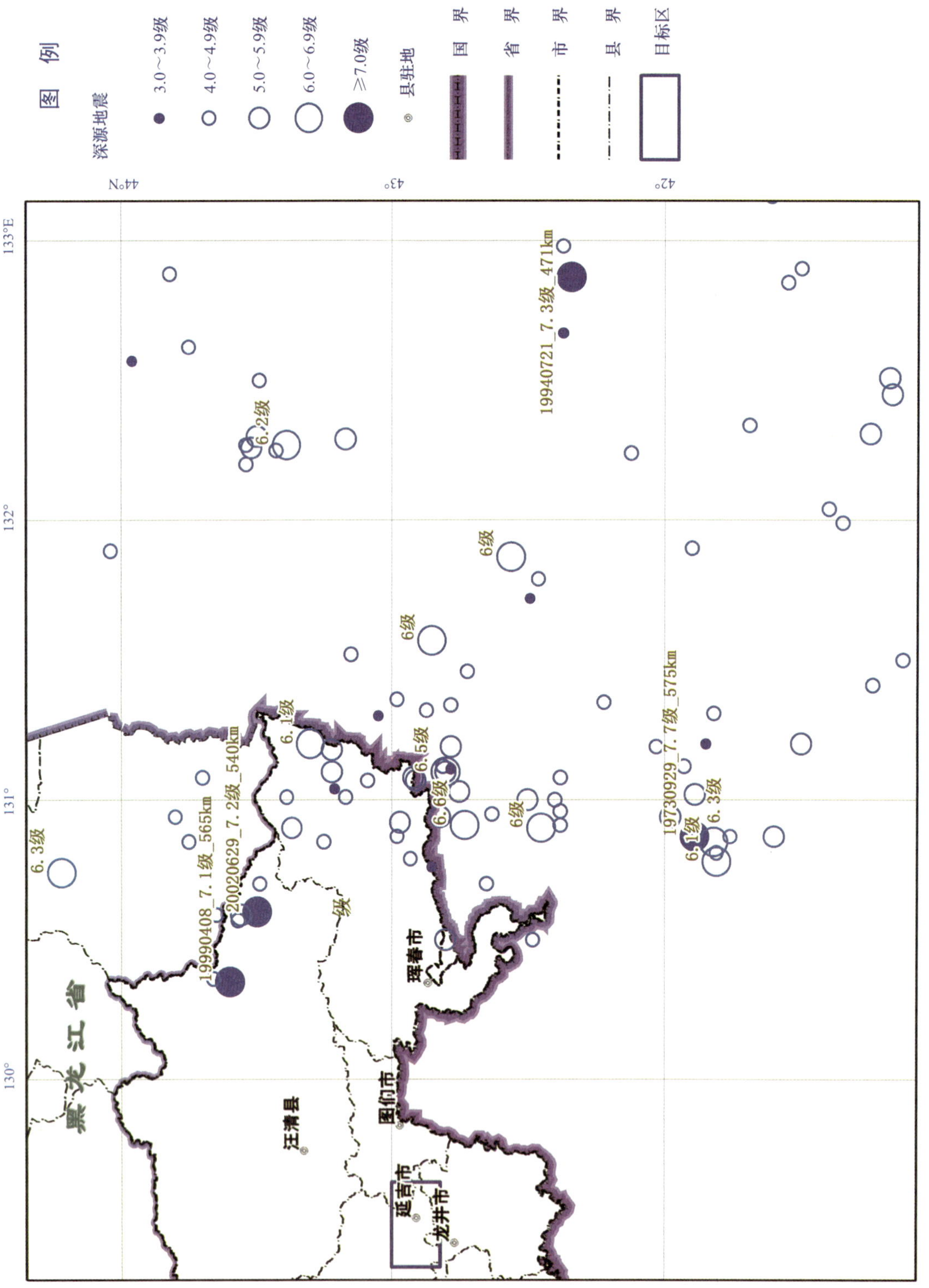

图 7.1 吉林省深源地震分布示意图

7.3　延吉市未来地震危险性评估

7.3.1　利用历史地震资料得到 4 条断裂发生 6 级以上特征地震原地复发周期

特征地震指的特定断裂段上原地重复发生的、大小接近的地震事件。在东北，没有可以利用的浅源特征地震，这里，我们利用深震资料，求得 7 级以上深震的复发周期，7 级以上深震资料见表 7.4。得到深震的复发周期为 13 年。

表 7.4　7 级以上深震资料

震中位置			震中位置		深度 /km	震级	参考地名
年	月	日	经度 / (°E)	纬度 / (° N)			
1917	7	31	131.0	42.5	460	7.5	吉林珲春东南
1918	4	10	130.5	43.5	570	7.2	吉林珲春北
1940	7	10	131.0	44.0	580	7.3	黑龙江东宁
1946	1	11	129.5	44.0	580	7.2	黑龙江宁安南
1957	1	3	130.6	43.9	593	7.0	黑龙江东宁西南
1973	9	29	131.0	41.9	595	7.7	吉林珲春东南海中
2002	6	29	130.6	43.5	540	7.2	吉林汪清

7.3.2　由最大似然法确定重复时间

1. 原理

假定地震发生过程为泊松过程，金学申（1994）定义在 t 时间段内最大地震小于给定震级 x 的概率为

$$G(x/t)=P_r(X\leqslant x)=\exp\left[-v_0 t\left(\frac{A_2-A(x)}{A_2-A_{10}}\right)\right] \tag{7.1}$$

式中，$A_{10}=\exp(-\beta m_0)$，m_0 为目录的起始震级；$A_2=\exp(-\beta m_{\max})$，$m_{\max}$ 为最大震级；$A(x)=\exp'(-\beta x)$；v_0 是年平均发生率。

假定由历史地震目录，从 $T=(t_1, t_2, \cdots, t_{n0})$ 个时间间隔中选取其中的最大地震 $X_0=(x_{01}, x_{02}, \cdots, x_{0n})$，那么，地震活动性参数 $\theta=(\beta, \lambda)$ 的最大似然函数为

$$L_0(\theta/X_0)=\prod_{i=1}^{n_0} g\left(x_{0i}, {}^{t_i}\!/\!_{\theta}\right) \tag{7.2}$$

式中，$g(x,t/\theta)$ 是密度函数，它的形式为

$$g\left(x,t/\theta\right)=v_0 t\frac{A_2-A(x)}{A_{10}-A_2}+\ln\frac{v_0\beta t}{A_{10}-A_2}-\beta x \tag{7.3}$$

假定现今中小地震目录可分为若干个震级下限与持续时间不同的子目录，每个子目录的震级下限为 $m_i(i=1，2，\cdots，l)$，它们的持续时间为 T_i，$i=1，2，\cdots，l$；$T_i=T_{ie}-T_{ib}$，T_{ib} 为第 i 时间段的起始时间，T_{ie} 为第 i 时间段的结束时间，如以“年”为单位，本方法并不要求 $T_{ie}=T_{(i+1)b}-1$，并不要求上一子目录的结束时间与下一子目录的开始时间之间不能存在时间“空区”，这样灵活的条件使资料的选择具有广泛的适用性。

令数组$< X_i >$为

$$< X_i > = (x_{i1},\ x_{i2},\cdots,\ x_{in_i})\ ,\ i=1,\ 2,\cdots,\ l$$

它是从第 i 个子目录中得到的震级数组，根据定义，$x_{ij}\geqslant m_i$，m_i 为第个 i 子目录的震级下限；$j=1，2，\cdots，n_i$。n_i 为第 i 个子目录的地震数。

每个子目录的最大似然函数可写为两个函数之积，即

$$L_i\left(\theta/X_i\right)=L_{i\beta}\bullet L_{i\lambda}$$

β 的似然函数 $L_{i\beta}$ 在假定震级 x 是一随机变量，并在遵从古登堡—里希特分布的条件下可写为（Rao，1973）

$$L_{i\beta}=\beta^{n_i}\exp\left(-\beta\sum_{j=1}^{n_{ji}}x_{ij}\right)/\left(A_{1i}-A_2\right)^{n_i} \tag{7.4}$$

式中，

$$A_{1i}=\exp(-\beta m_i)\ ,\ i=1,\ 2,\cdots,\ l$$

假定单位时间的地震数是一随机变量，则 $L_{i\lambda}$ 可写为

$$L_{i\lambda}=C_i\left[\exp\left(-v_i T_i\right)\right]\left(v_i T_i\right)^{n_i} \tag{7.5}$$

式中，C_i 为常数，$i=1，2，\cdots，l$，于是有

$$L_i\left(\theta/X\right)=\sum_{i=0}^{l}L_i\left(\theta/X_i\right)$$

令$\partial\ln L\left(\theta/X\right)\partial\lambda=0$和$\partial\ln L\left(\theta/X\right)/\theta\beta=0$，得到

$$1/\lambda=\phi_1^E+\phi^C \tag{7.6a}$$

$$1/\beta=X-\varphi_2^E-\varphi_2+\lambda\left(\varphi_3^E+\varphi_3^C\right) \tag{7.6b}$$

式中，

$$\varphi_1^E=r_0B_1\,;\ \varphi_2^E=r_0E\left(m_0,\ m_{\max}\right);\ \varphi_3^E=r_0B_2+\varphi_2^E B_1,$$

$$\varphi_1=\sum_{i=1}^{l}T_iC_1/n\,;\ \varphi_2=\sum_{i=1}^{l}r_i\left[E\left(m_i,\ m_{\max}\right)+D_i/C_i\right];\ \varphi_3=\sum_{i=1}^{l}D_iC_i/n\ 。$$

其中，

$$n=\sum_{i=0}^{l} n_i$$

$$r_i=n_i/n$$

$$B_1=\left(\langle t\rangle A_2-\langle tA\rangle\right)/\left(A_2-A_1\right)$$

$$B_2=\left(\langle tX_0A\rangle-\langle t\rangle m_{\max}A_2\right)/\left(A_2-A_1\right)$$

$$C_i=1-F\left(m_i\right)$$

$$F\left(m_i\right)=\left[A_1-A\left(m_i\right)\right]/\left(A_1-A_2\right)，\ i=1，2，\cdots，\ l$$

$$D_i=E\left(m_{\min}，\ m_i\right)-E\left(m_{\min}，\ m_{\max}\right)F\left(m_i\right)$$

$$E(x,y)=\left[xA(x)-yA(y)\right]/\left[A(x)-A_2\right]$$

$$\langle t\rangle=\sum_{i=1}^{n_0} t_i/n_0\ ;\ \langle tA\rangle=\sum_{i=1}^{n_0} t_i\bullet A\left(X_{0i}\right)/n_0$$

$$\langle tx_0A\rangle=\sum_{i=1}^{n_0} t_i\bullet X_{0i}\bullet A\left(X_{0i}\right)/n_0$$

如果 l=0，r_0=0（n_0=0），这意味着仅考虑现今中小地震目录，而这种目录的精度都认为是一样的。于是，式（7.6）可变为

$$1/\lambda=T/n \tag{7.7a}$$

$$1/\beta=X-\left(m_{\max}A_2-m_{\min}A_1\right)/\left(A_2-A_1\right) \tag{7.7b}$$

如果，则这与 Aki（1965）和 Utsu（1965）得到的公式相同。如果 r_0=1，n_i=0（i=1，2，…，l），这表示仅由历史地震目录来确定各种参数，则式（7.6）可变为

$$\frac{1}{\lambda}=\frac{\langle t\rangle A_2-\langle tA\rangle}{A_2-A_1} \tag{7.8a}$$

$$\frac{1}{\beta}=\bar{X}-\frac{\langle tx_0A\rangle-\langle t\rangle A_2m_{\max}}{\langle tA\rangle-\langle t\rangle A_2} \tag{7.8b}$$

需要指出的是，应用上式时，各时间段的最大震级可以从不相同的时间间隔中取得。

从式 7.8（b）不能得到 $m_{\max}$，为了求最大震级，需引入方程

$$E\left(x_{\max}/T\right)=m_{\max}-\frac{E_1\left(TZ_2\right)-E_1\left(TZ_1\right)}{\beta\exp\left(-TZ_2\right)}-m_{\min}\exp(-\lambda T) \tag{7.9}$$

式中，$T=\sum_{i=1}^{n_0} t_i+\sum_{i=1}^{t} T_i$；$Z_i=\lambda A_i/\left(A_2-A_1\right),\ i=1,\ 2$；$E_1(Z)=\int_Z^{+\infty}\exp(-\xi)/\xi\,\mathrm{d}\xi$；$E\left(x_{\max}/T\right)=x_{\max}$；

$x_{\max}$ 是观测到的最大震级。

式（7.9）与式（7.8）组成一组迭代方程，先以观测到的最大震级带入式（7.8），求得 $m_{\max}$，再带入式（7.9）进行计算，经过数次迭代，可求得 λ、β 和 $m_{\max}$。

2．计算结果

第一，我们把目标区及其邻近地区作为一个计算区，利用表 7.5 的 5 级以上浅震和浅震与深震联合进行了计算。结果见表 7.6。

表 7.5 计算应用的资料

发震时间	震中位置		地点	震级	资料来源
	纬度 /（°N）	经度 /（°E）			
1597	41.3	128.0	朝鲜两江道三水	5	韩国、朝鲜地震目录
1810	41.8	129.8	朝鲜咸镜北道请津	6	韩国、朝鲜地震目录
1902	43.2	129.6	吉林汪请	6.6	中国强震目录
1948	46.0	137.0	中国黑龙江七台河	5.3	中国强震目录
1960	44.7	126.9	中国吉林省榆树县	5.7	中国强震目录
1962	45.3	132.7	中国黑龙江省虎林	5.1	中国强震目录
1967	44.7	132.4	兴凯湖俄罗斯境内	5.2	中国强震目录

表 7.6 最大似然法的计算结果（1）

震级	1 年	50 年	100 年	1000 年
5.0	0.0236	0.6965	0.9079	1
5.5	0.0083	0.3414	0.5662	0.9998
6.0	0.0028	0.1301	0.2434	0.9385

第二，依据 6 级以上的深震资料进行整合，结果见表 7.7 和表 7.8。

表 7.7 最大似然法应用的资料

震中位置			震中位置		深度 /km	震级
年	月	日	经度 /（°E）	纬度 /（°N）		
1917	7	31	131	42.5	460	7.5
1918	2	10	130	43	450	6.5
1918	4	10	130.5	43.5	570	7.2
1920	5	6	131.5	43	520	6.25
1927	5	18	131	44	430	6.5
1928	6	7	131	44	430	6.0
1933	9	9	130	44	590	6.25
1935	3	29	131	43	550	6.25
1938	10	21	131	43.5	550	6.25
1940	7	10	131	44	580	7.3
1940	11	22	131.5	43.7	540	6.0
1946	1	11	129.5	44	580	7.2
1957	1	3	130.6	43.9	593	7.0
1959	10	29	131.1	42.8	547	6.25

续表

震中位置			震中位置		深度 /km	震级
年	月	日	经度 / (°E)	纬度 / (°N)		
1973	9	10	130.9	42.5	586	6.4
1973	9	29	131	41.9	595	7.7
1981	11	28	131.15	42.92	540	6.2
1999	4	8	130.3	43.4	540	7.0
2002	6	29	130.6	43.5	540	7.2
2003	9	1	132.3	43.7	480	6.0
2016	1	2	129.95	44.81	580	6.4

表 7.8　最大似然法的计算结果（2）

震级	1 年	50 年	100 年	1000 年
6.0	0.1472	0.9997	1	1
6.5	0.0249	0.717	0.9199	1
7.0	0.004	0.1799	0.3275	0.9811

第三，把这两种资料结合起来，结果见表 7.9。

表 7.9　最大似然法的计算结果（3）

震级	1 年	50 年	100 年	1000 年
5.5	0.0776	0.9824	0.9997	1
6.0	0.0451	0.9006	0.9901	1
6.5	0.0251	0.72	0.9216	1
7.0	0.013	0.4798	0.7294	1

7.3.3　利用震级时间模型计算发震概率

目前的预测模型（时间可预测模型、震级可预测模型）主要应用于板块边界和简单和参数清楚的断层。他们认为，大地震的重复时间不是随机的，遵从时间可预测模型，并与上一次大地震的位移成正比。

由于历史大地震资料的缺乏，有时人们无法从历史地震资料来估计各断层上大地震的重复时间，出于无奈，他们把几个断层联系起来考虑这些断层的大地震重复性。

Papazachos 于 1989 提出了区域时间—震级可预测模型，它不同于以前的时间可预测模型，也有别于震级可预测模型，它既可研究包括主断层的孕震区，也可对发生中小地震的断层进行研究。它由两个关系式来表达：一个表达式给出重复时间 T_i；另一个给出下一次地震的面波震级 M_P。表达式中包括所考虑资料的最小震级 M_{min}、上一次地震的震级和地震矩的年变化率 m_0。具体的表达式为

$$\lg T_i = bM_{\min} + cM_p + d\lg m_0 + t, \tag{7.10}$$

$$M_f = BM_{\min} + cM_p + D\lg m_0 + m。 \tag{7.11}$$

式中，b、c、d、t、B、C、D、m 都是待定系数。

这模型克服了与单个断层只有有限的时间间隔的资料的困难。该模型中，有几点是需要说明的：

（1）下一次地震的发生时间以及它们的震级不仅取决于上一次地震，也取决于资料样本的最小震级。也就是说，它与探测区的地震活动水平有关。

（2）在这些参数里，b、c、q、B、D 大于零（>0），d、C、m 小于零（<0）。也就是说，上一次地震的震级越大，下一次地震的震级越小；地震矩的变化率越大，距下一次地震的时间也就越短。

（3）C 和 C 是这模型的关键参数，它控制了上一次地震对下一次地震的影响，是模型的核心。

（4）q 和 m 可认为是下一次地震的标定参数，它们与区域地震活动水平有关。在此模型中，如何用地震资料来较可靠的估计地震矩或地震矩年变化率，就显得很重要。我们提出考虑现有地震资料的不完备性，应用结合历史地震资料及现代地震资料甚至考古地震资料，计算地震矩年变化率的方法。

通过计算，地震矩年变化率为

$$\dot{M} = \int_{m_{\min}}^{m_{\max}} m_0 N(m_0) \mathrm{d}m_0 = \frac{\beta \exp\left(\beta d / d\right)}{c(A_1 - A_2)\left(1 - \dfrac{\beta}{c\lg(10)}\right)} \; m_{0,\max}^{1-\frac{\beta}{c\lg(10)}} - m_{0,\min}^{1-\frac{\beta}{c\lg(10)}} \tag{7.12}$$

在一般情况下，$m_{0,\max}$ 远远大于 $m_{0,\min}$，因此式（7.12）可近似为

$$\dot{M} = \frac{\beta ex\left(\beta d / c\right)}{c(A_1 - A_2)\left(1 - \dfrac{\beta}{c\lg(10)}\right)} \; m_{0,\max}^{1-\frac{\beta}{c\lg(10)}} \tag{7.13}$$

式（7.13）与 Molnar 公式基本一致，但避免了 a 值计算上的困难。$m_{\max}$ 为区域地震的极大值，而不是已发生地震的最大值。只要得出 β 和 $m_{\max}$，就可得到地震矩年变化率。由震级—时间模型计算出未来区域百年的 5 级和 5.5 级地震的发震概率分别是 0.48 和 0.27。

7.4 延吉市主要断层的潜在地震危险性评价

延吉市非全新世活动断层的一个重要特征是：即使发生中等—中强地震，沿地表断层迹

线发生地震破裂和同震错动的量也很小。借鉴霍山地震的地表破裂数据，地震破裂和同震错动的量也就是 0.1m 左右，其震级由地震强度—地表位移关系的相应值进行估计。这里引入两种地震强度—地表位移的经验关系进行估计。

1．由入倉—三宅经验关系估计

日本地震学家入倉孝次郎和三宅弘惠（2000）系统总结了全球范围现代地震矩（M_0）与地震时地表断层同震位移 D 的经验关系（图 7.2）。根据这一关系，伴有地表断层位错的最小地震矩为 3.162×10^{24}（dyne-cm），由 Hanks 和 Kanamori（1979）提出的关系式

$$M_w = (2/3)\lg M_0\ (\text{dyne-cm}) - 10.7 \tag{7.14}$$

以及地震矩 M_0 与面波震级 M_s 经验公式（Chen 和 Chen，1989）

$$\lg M_0 = M_s + 19.2 \qquad (M_s \leqslant 6.4) \tag{7.15}$$

考虑在目标区附近没有发生 6 级地震有过伴有同震位移，我们把 4 条断裂的最大地震取在无明显地表位移震级段的下中限，即 $M_s = 5.5$。

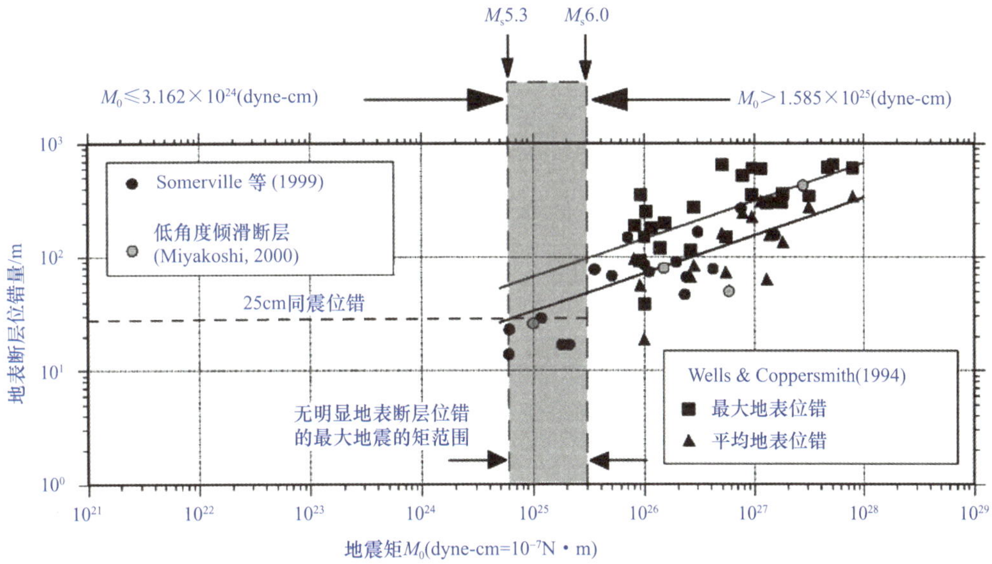

图 7.2　根据入倉—三宅经验关系预测延吉市活动断层的最大地震矩释放的可能范围

［经验关系引自入倉孝次郎和三宅弘恵（2000）］

2．由 WC 经验关系估计

美国学者 Wells 和 Coppersmith（1994）基于大量样本数，建立了全球不同类型地震断层的破裂尺度（长度、面积）同震位移量与矩震级的一系列经验关系式，简称为 WC 经验关系。其中，地表同震平均位错 *AD* 与矩震级 M_w 的经验关系及其建模样本如图 7.3 所示。从中可以看出，除极个别地震外，一般伴有 5cm 以上地表断层同震平均位错的地震震级下限值是 M_w5.8。换句话说，矩震级小于 M_w5.8 的地震一般不伴有地表断层的同震位错。考虑霍山地震 10cm 的地表断层同震平均位错的情况，因此，由 WC 经验关系估计，延吉市的“活动断层”上潜在地震的最大震级要小于 M_w5.8，而且有 10cm 地表断层同震平均位错，根据图中的公

式，计算得到“活动断层”上潜在地震的最大震级为 M_w5.5。

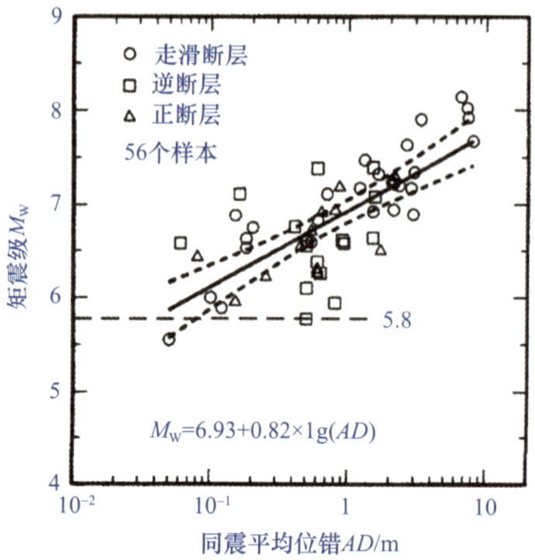

图 7.3 根据 WC 经验关系预测延吉市 5 条“活动断层”的最大发震能力

［经验关系引自 Wells 和 Coppersmith（1994）］

根据以上两种方法的评估，延吉市的 4 条“活动断层”潜在地震最大震级的估值为 M_s5.5。

3．由活动断裂地震潜势的定量评估方法估计延吉市各断裂的潜在最大震级

为了估计断裂的最大发震能力，我们采用走滑断裂的震级—破裂长度的多个经验公式来估计。这里假定一个极端情况，即假定整个断裂在地震时全部破裂，计算在这种情况下断裂的最大发震能力。表 7.10 是计算公式，表 7.11 是对各断裂的计算结果。

表 7.10 由活动断裂地震潜势的定量评估方法估计延吉市各断裂的潜在最大震级的公式

公式适用地区	公式	误差	公式来源
全球	$M = 6.24 + 0.619\lg l$	0.29	Bonila 等（1984）
美国和中国	$M = 4.94 + 1.296\lg l$	0.19	Bonila 等（1984）
青藏高原	$M = 5.92 + 0.88\lg l$	0.37	邓起东等（1982）
中国西部	$M = 5.117 + 0.579\lg l$	0.21	闻学泽（1994）

表 7.11 由活动断裂地震潜势的定量评估方法估计延吉市目标区各断裂的潜在最大震级

适用地区	考虑全部破裂				考虑五分之一破裂			
	F2	F3	F6	F7	F2	F3	F6	F7
美国和中国	6.75	5.8	6.46	5.6	5.8	4.9	5.5	4.8
中国西部	5.97	5.57	5.85	5.48	5.57	5.17	5.44	5.08

从计算结果来看，大部分全破裂的估计结果比较大，对于五分之一破裂的情况，计算结果在 5.5 级左右。考虑即使发生像 1668 年的 $8\frac{1}{2}$级的郯城地震，破裂长度与整个断裂长度相比也是小的，地表破裂长度不到断裂长度的五分之一，所以估计断裂的潜在最大震级为 5.5 级。

综合以上结果，我们认为：

（1）所有的断裂都是前第四纪断裂，它们未来的地震活动应该从非活动的断裂来进行分析。

（2）入倉—三宅经验关系和 WC 经验关系来估计上述断裂未来最大震级，计算结果表明，4 条断裂未来最大震级定为 5.5 级。

所以，我们认为，所有断裂的未来最大震级定为 5.5 级是合理和合适的。

综上所述，可得出以下结论：

（1）由现场勘探，浅层勘探和钻孔方法，揭示所有目标区的 4 条断裂是前第四纪断裂，它们未来地震活动应该从非地震带内的非活动断裂来进行分析。

（2）由入倉—三宅经验关系和 WC 经验关系来估计上述断裂未来最大震级，计算结果表明，4 条断裂未来最大震级定为 5.5 级。

（3）根据最大似然法和震级时间模型方法，计算了未来 100 年和 200 年 5.5 级、6.0 级和 6.5 级地震的发震概率，结果见表 7.12。

表 7.12　结果一

震级	1 年	50 年	100 年	1000 年
5.0	0.0236	0.6965	0.9079	1
5.5	0.0083	0.3414	0.5662	0.9998
6.0	0.0028	0.1301	0.2434	0.9385

然后，依据 6 级以上的深震资料进行计算，结果见表 7.13。

表 7.13　结果二

震级	1 年	50 年	100 年	1000 年
6.0	0.1472	0.9997	1	1
6.5	0.0249	0.717	0.9199	1
7.0	0.004	0.1799	0.3275	0.9811

最后，把这两种资料结合起来进行计算，结果见表 7.14。

表 7.14　结果三

震级	1 年	50 年	100 年	1000 年
5.5	0.0776	0.9824	0.9997	1
6.0	0.0451	0.9006	0.9901	1
6.5	0.0251	0.72	0.9216	1
7.0	0.013	0.4798	0.7294	1

震级—时间模型计算出来未来区域百年的 5.0 级和 5.5 级地震的发震概率，分别是 0.48 和 0.27。

第 8 章　延吉市活断层数据库建设

8.1　数据库专题建设内容

8.1.1　建设内容

依照中国地震局 GB/T 36072—2018《活动断层探测》的规定，延吉市活动断层探测与地震危险性评价项目目标区范围为：129.3°～129.65°E，42.85°～43.0°N，显示东西 25km，南北宽 19km，面积约 475km^2；探测区范围为：127.2°～131.2°E，41.4°～44.7°N，显示东西 337km，南北宽 366km，去除探测区内的海域、国境外的地区，探测区实际面积约 90 000km^2；由于延吉市未发现活动断层，所以无研究区。

综合考虑延吉市及邻区具体的地质环境、已有探测成果等资料，以先进、有效、可靠为基本原则，选择不同工作阶段切实可行的探测技术手段进行探测，具体包括以下内容：高分辨遥感信息处理与解译（101 专题）标准钻孔探测与第四纪地层剖面的建立（102 专题）控制性浅层地震勘探初查工程（103 专题）探测区 1∶25 万地震构造图编制（104 专题）浅层地震勘探详查工程（201 专题）延吉市及附近地区深部结构背景探测（202 专题）目标区 1 ∶ 5 万断层分布图编制（203 专题）地震危险性评价（204 专题）目标区活动断层活动时代鉴定、目标区断层地质地貌调查与活动性鉴定（205 专题）延吉市活动断层探测与地震危险性评价项目数据库建设专题。

8.1.2　行业标准

（1）基础地理信息要素分类与代码 GB/T 13923—2006。

（2）1∶25000、1∶50000、1∶100000 地形图图式 GB/T 20257.3—2006。

（3）1∶25000、1∶50000、1∶100000 基础地理信息要素数据字典 GB/T 20258.3—2006。

（4）1：25000、1：50000、1：100000 地形图航空摄影测量外业规范 GB12341—90。

（5）1：25000、1：50000 地形图编绘规范 GB 12343—90。

（6）国家基本比例尺地形图修测规范 GB/T 14269—93。

（7）国家基本比例尺地形图分幅编号 GB/T 13989—2。

（8）地理信息元数据 GB/T 19710—2005。

（9）1：50000 活动断层填图 DB/T 53—2013。

（10）活动断层探测 DB/T 15—2009。

（11）地质图用色标准及用色原则 DZ/T 0179—1997。

（12）1：50000 活动断层填图数据库规范 DB/T 65—2016。

（13）活动断层探察 1：250000 地震构造图编制 DB/T 73—2018。

8.1.3 数据库运行软、硬件环境

（1）系统要求：Windows10/Windows7 64 位操作系统。

（2）硬件要求：CPU I7 4Core 3.0Ghz，内存 8GB，显卡 Nvidia GTX1080/Quadro P2000 相当性能的硬件设备。

（3）地理信息平台：ArcGIS 10.0 及以上版本，地理信息数据库 9.2Geodatabase 及以上版本。

8.1.4 数据专题技术路线

延吉市活断层数据库及信息管理系统建设专题（以下简称“数据库专题”）涵盖整个活断层探测项目实施中的每一个阶段，主要涉及准备、野外调研、室内总结三个阶（图 8.1）。数据库专题保证整个项目的顺利实施规范化如下工作内容：规定每个阶段每一个专题的成果产出规范性，提供统一的 GIS 操作环境，提供统一的坐标参考系，规定合理的域值选择内容，明确每个数据项目的要素类别，建立合理的数据要素间的拓扑关系。为每个子专题提供实施所用的基础数据，规范化每个专题成果的产出内容，提供标准的填图、制图符号化标准，提供各类相关行业规范、技术标准和技术支持。为项目进行后期的档案管理与归案提供工作标准并录入数据库中，将项目竣工后的所有报告、图件、大容量文件统一录入数据中。

1. 第一阶段数据库专题主要工作内容

根据项目设计要求确定探测区范围地理坐标：129.3°～129.65°E，42.85°～43.0°N，目标区范围：127.2°～131.2°E，41.4°～44.7°N。第一阶段数据库专题完成以下 5 类工作内容，包括 A1_ 参考文献及规划调查方案、A2_1：1/1：5/1：25 万基础地理数据、A3_ 遥感影像、A5_ 地质背景资料、A6_ 地震资料目录（图 8.2）。

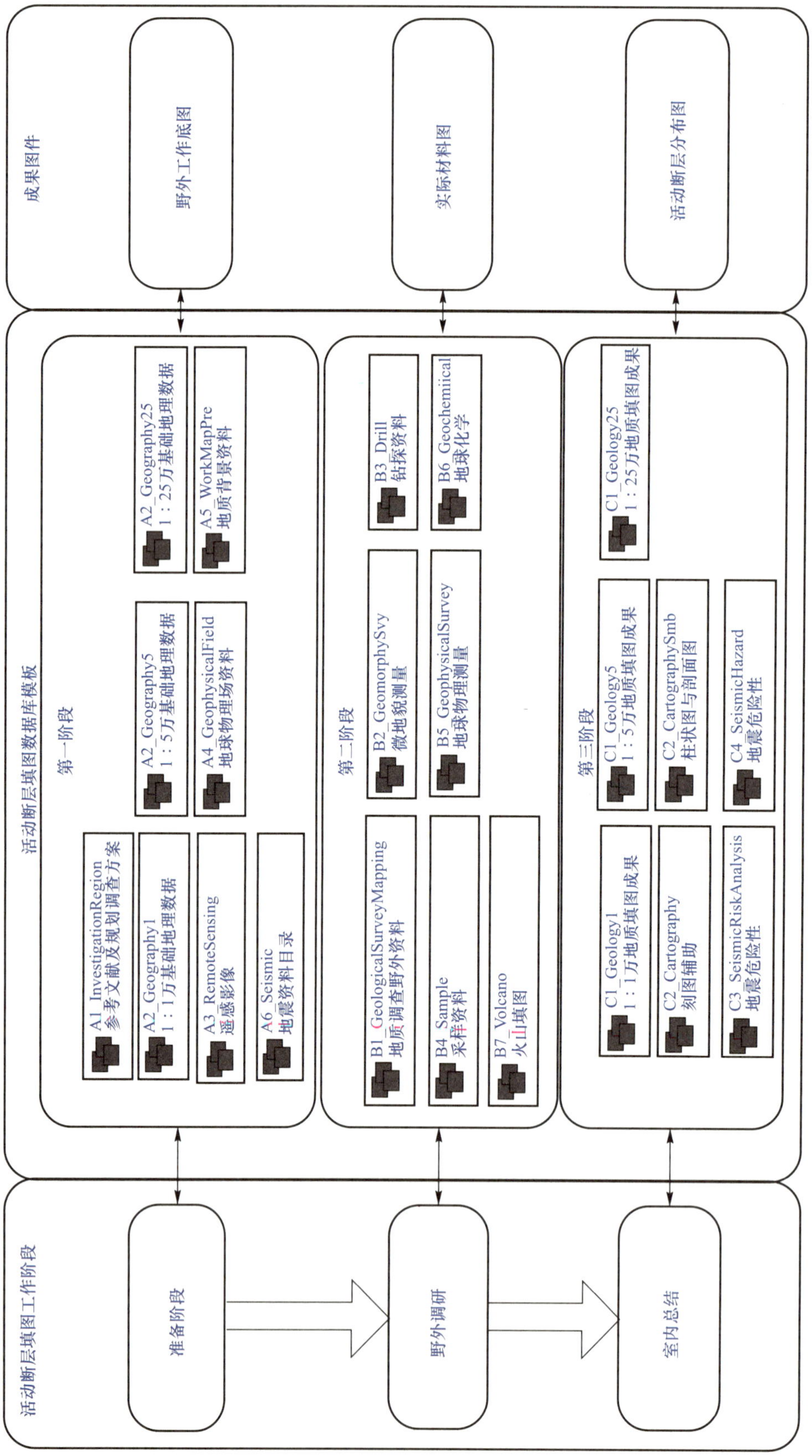
成果图件
野外工作底图
实际材料图
活动断层分布图
活动断层填图数据库模板
第一阶段
A1_InvestigationRegion
参考文献及规划调查方案
A2_Geography1
1：1万基础地理数据
A3_RemoteSensing
遥感影像
A6_Seismic
地震资料目录
A2_Geography5
1：5万基础地理数据
A4_GeophysicalField
地球物理场资料
A2_Geography25
1：25万基础地理数据
A5_WorkMapPre
地质背景资料
第二阶段
B1_GeologicalSurveyMapping
地质调查野外资料
B4_Sample
采样资料
B7_Volcano
火山填图
B2_GeomorphySvy
微地貌测量
B5_GeophysicalSurvey
地球物理测量
B3_Drill
钻探资料
B6_Geochemical
地球化学
第三阶段
C1_Geology1
1：1万地质填图成果
C2_Cartography
刻图辅助
C3_SeismicRiskAnalysis
地震危险性
C1_Geology5
1：5万地质填图成果
C2_CartographySmb
柱状图与剖面图
C4_SeismicHazard
地震危险性
C1_Geology25
1：25万地质填图成果
活动断层填图工作阶段
准备阶段
野外调研
室内总结

图 8.1 数据库专题

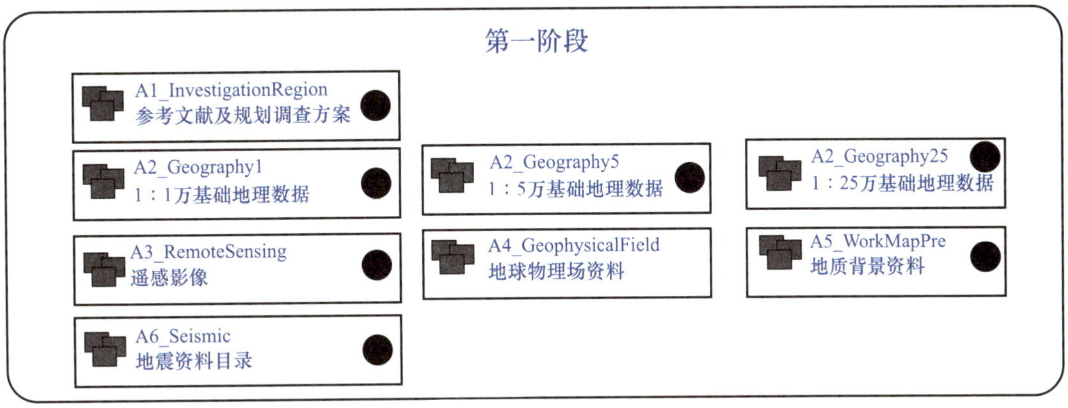

图 8.2　第一阶段数据库专题

（1）A1_ 参考文献及规划调查方案。

A1 模版主要包括如下 8 项建设内容，分别是调查区与面状资料关联表—属性表、文献资料库—属性表、地质调查规划路线—线、地质调查规划点—点、主要活动断层制图区—面、面状资料图层—面、目标区—面、探测区—面。

（2）A2_1：1/1：5/1：25 万基础地理数据。

A2 模版是基础地理数据建设内容。原始的基础地理数据需要经过地理信息坐标系变换，要素类拼接，属性字段结构重建，要素编码等一系列操作，产出项目所需要的基础地理数据，录入数据库中。

（3）A3_ 遥感影像。

A3 模版包括影像索引表—面，航、卫片解译线—线，航、卫片解译面—面 3 项建设内容。影像数据原始数据由遥感解释专题承担单位负责提供，使用 Arcgis10 兼容数据格式，使用数据库建立栅格数据集来管理影像数据资源。

（4）A5_ 地质背景资料。

A5 模版为基础地质数据，主要建立的数据内容为三个比例尺的岩体数据线、面要素，岩体线面要素。地质数据的属性表信息较为复杂，需要根据相关标准与规范制作，并录入数据库中。

2. 第二阶段数据库专题主要工作内容

第二阶段数据库专题需要完成以下 4 类工作内容，包括 B1_ 地质调查野外资料、B3_ 钻探资料、B4_ 采样资料、B5_ 地球物理测量（图 8.3）。第二阶段主要为野外探测相关工作内容，数据库专题提供该阶段实施过程中需要的基础数据，规范野外探测成果并入数据库。

（1）B1_ 地质调查野外资料。

B1_ 地质调查野外资料共包括 20 项建设内容，分别是活动断层—线、断层段古地震事件与探槽关联表—属性表、断层段古地震事件表—属性表、地质调查工程表—属性表、地貌线与地质地貌点关联表—属性表、2 地貌线与地表破裂带关联表—属性表、地貌面与地质地貌点关联表—属性表、地貌面与地表破裂带关联表—属性表、探槽古地震事件—属性表、探槽与采样工程关联表—属性表、断层观测点—点、地质地貌调查观测点—点、地质调查路线—线、地质调查观测点—点、地貌线—线、地貌面—面、地质剖面线—线、重要地名地物—点、地层观测点—点、探槽—点。

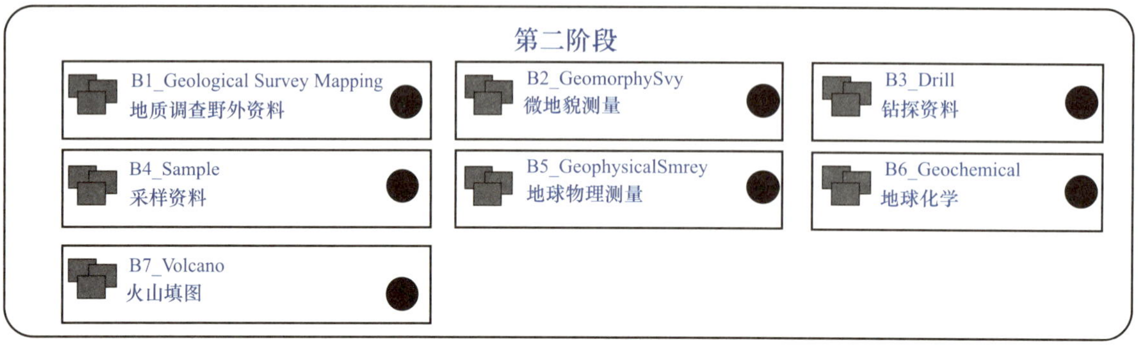

图 8.3　第二阶段数据库专题

（2）B3_ 钻探资料。

B3_ 钻探资料主要为钻探相关专题的实施标准，将产出成果规范化建设并录入数据库中，包括初勘与详勘阶段成果。B3_ 钻探资料包括建设钻探工程表—属性表、收集钻孔—点、跨断层钻探断点—点、钻孔—点、跨断层钻探剖面—线 5 项建设内容。

（3）B4 采样资料。

B4 采样资料主要为各个专题采样结果的存储与管理数据项，主要包括样品数据表—属性表、采样工程表—属性表、样品测试结果表—属性表、采样点—点 4 项建设内容。

（4）B5 地球物理测量。

B5 地球物理测量根据项目的实施要求，地球物理测量指浅层人工地震勘测专题，包括初勘与详勘工作内容。其中，主要包括地球物理探测数据表—属性表、地球物理探测工程表—属性表、地球物理探测断点—点、地球物理测线—线、地球物理测点—点 5 项建设内容。

3. 第三阶段数据库专题主要工作内容

第三阶段数据库专题需要完成如下 4 类工作内容，包括 C1_1∶1/1∶5/1∶25 万三比例尺地质填图成果，C2_ 制图辅助、柱状图与剖面图，C3_ 地震危险性，C4_ 地震危害性（图 8.4）。第三阶段为室内处理与资料处理阶段，可产出项目最终成果数据，并录入数据库中。

（1）C1 地质填图成果。

C1 包括 1∶5 万目标区地质填图成果，1∶25 万探测区地质填图成果等。建设内容包括：盆地—面；断层—线；断层产状—点；褶皱—线；地震地表破裂带—线；地貌点、线、面；岩体线、面；地层等厚线—线；地层线、面；隆起—面。

（2）C2_ 制图辅助、柱状图与剖面图。

C2 为制图辅助相关数据，柱状图与剖面图数据项较为复杂，包括三个比例尺的地质剖面图断层数据、地层接触关系、岩性描述等建设内容。

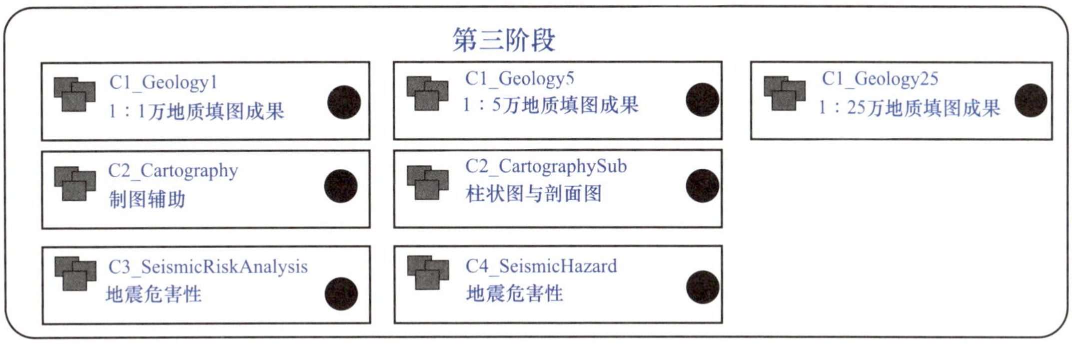

图 8.4　第三阶段数据库专题

（3）C3_ 地震危险性。

为地震危险性评价专题提供数据处理与产出模版，将成果存储到数据库中。地震危险性评价专题需要提 8 项数据成果，包括避让带表一面、断层地震危险性分析一线、潜在震源区分布一面、潜源区地震危险性分析一面、采取对策措施的区域一面、强变形带表预测一面、地震带一面、地震区一面。

（4）C4_ 地震危害性。

为地震危害性评价提供成果产出模版，该专题需要提供 13 项目数据成果，包括断层分段分析结果震级估计副表一属性表、地脉动数据表一属性表、场地分类场地放大系数表一属性表、地震危害性分析结果表一属性表、地震动时程曲线反应谱曲线一属性表、强地震动预测基础数据表一属性表、现今地震破裂过程反应结构点一点、反应谱峰值和周期分布点图一点、地表破裂带表预测一面、目标区的时程峰值点图一点、目标区的典型地质区划图一面、三维地下结构模型层面格架点一点、3D 地下结构离散化模型点一点。

8.2　数据建设主要内容

8.2.1　高分辨遥感信息处理与解译（101 专题）

1．主要工作内容

根据项目研究的层次性，相应地把工作范围分为两个层次：首先是探测区，大尺度范围的研究，进行中等比例尺活动断裂遥感、重磁探测以及典型地区的大比例尺遥感、重磁研究；其次是目标区，针对延吉市及周边地区，进行大比例尺断裂带综合分析。在探测区大范围上对活动断裂带进行研究，其目的是从宏观上研究延吉地区活动断裂的空间展布和交接关系等，同时为局部地区的活断裂调查分析提供一个大的区域背景。探测区内分布着一些活动断裂带，通过对目前已有成果的进一步分析，获取有关探测区活动构造的更准确、详尽的信息。

2. 建立 101 专题数据库

如图 8.5～图 8.7 所示，专题的主要建立专题数据库成果集中在 A3_RemoteSensing 数据集中，包括 ImageIndexLayer 影像索引表、RSInterpretationLine 航、卫片解译线、RSInterpretationPolygon 航、卫片解译面等要素类。

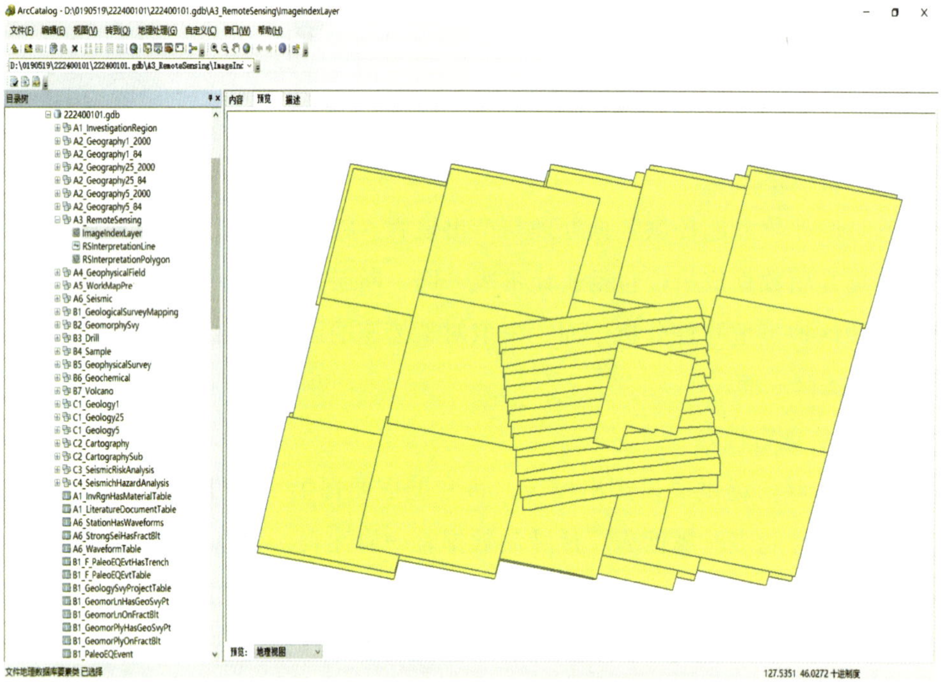

图 8.5 ImageIndexLayer 影像索引空间数据

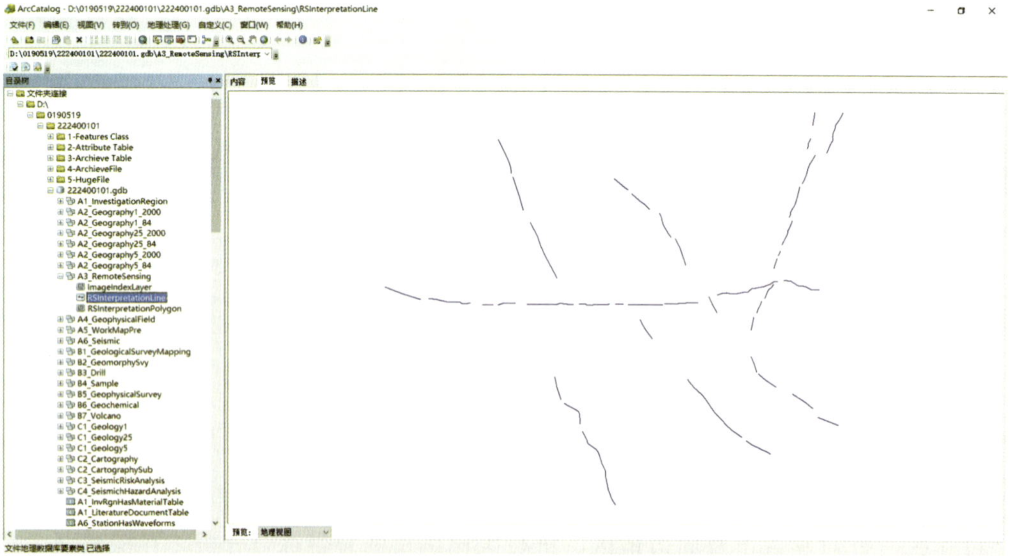

图 8.6 RSInterpretationLine 航、卫片解译线空间数据

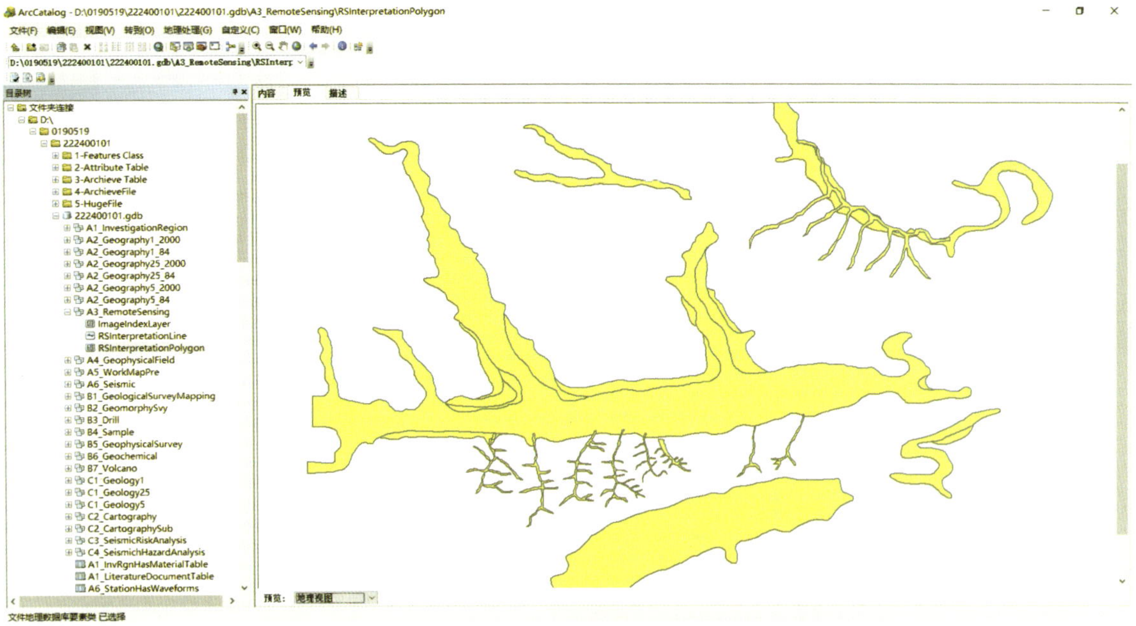

图 8.7　RSInterpretationPolygon 航、卫片解译面空间数据

8.2.2　标准钻孔探测与第四纪地层剖面的建立（102 专题）

1. 主要工作内容

根据延吉市现有城区、经济开发区、远景规划区范围，结合主要断层分布情况，活断层探测目标区范围内（图 8.8），查明延吉市目标区布尔哈通河断裂（F_2）小营断裂（F_3）八道—东盛断裂（F_6）龙渊—理化洞断裂（F_7）4 条目标断层的位置、规模、活动性及地震危险性；确定延吉市目标区主要目标断层及地表破裂带的准确位置，并提供标注在高精度地理底图上的活断层分布图和断层强地面活动场分布图，在完成主要活断层的精确定位和地震危险性评价后，综合深浅部的探测成果建立活断层的三维结构模型，评定地震活断层近场强地面运动的分布特征及断层位错量等。针对活断层类型提出城市活断层危害防范对策，采用计算机技术建立目标区目标断层基础数据库和用于活断层地震危险性分析、近断层强地面运动场和危害性对策咨询的地理信息系统。建立信息咨询服务部。

2. 建立 102 专题数据库

专题数据库主要包括以下内容，即 CollectedDrillHole 收集钻孔（图 8.9）、DrillFaultPoint 跨断层钻探断点、DrillHole 钻孔、SamplePoint 采样点、B3_DrillProjectTable 钻探工程表、B4_SampleDataTable 样品数据表、B4_SampleProjectTable 采样工程表、B4_SampleResultTable 样品测试结果表。

图 8.8 活断层探测目标区范围图

图 8.9 CollectedDrillHole 收集钻孔空间数据

8.2.3　控制性浅层地震勘探初查工程（103 专题）

1．主要工作内容

初查工程采用浅层地震反射纵波勘查方法，详查采用浅层地震反射纵波或横波勘查方法，查明测线控制范围内的断裂位置、性质及其上断点埋深，为地震危险性评价提供依据。

根据《延吉市城市活断层探测项目初步设计（修改版）》内容，结合对勘查工作目标区踏勘，依照监理公司审查意见内容修改，初查工程设计在目标区跨 F_2、F_3、F_6、F_7 等断层及附近布设 9 条浅层地震测线。设计测线总长度 49.962km。野外实际完成地震测线 10 条，完成测线总长度 50.72km。

目标区位于延吉市及周边村屯附近，行政归属于延边朝鲜族自治州管辖。其间有 G12 珲乌高速、G302 国道以及县乡级公路相通，交通较方便（图 8.10）。

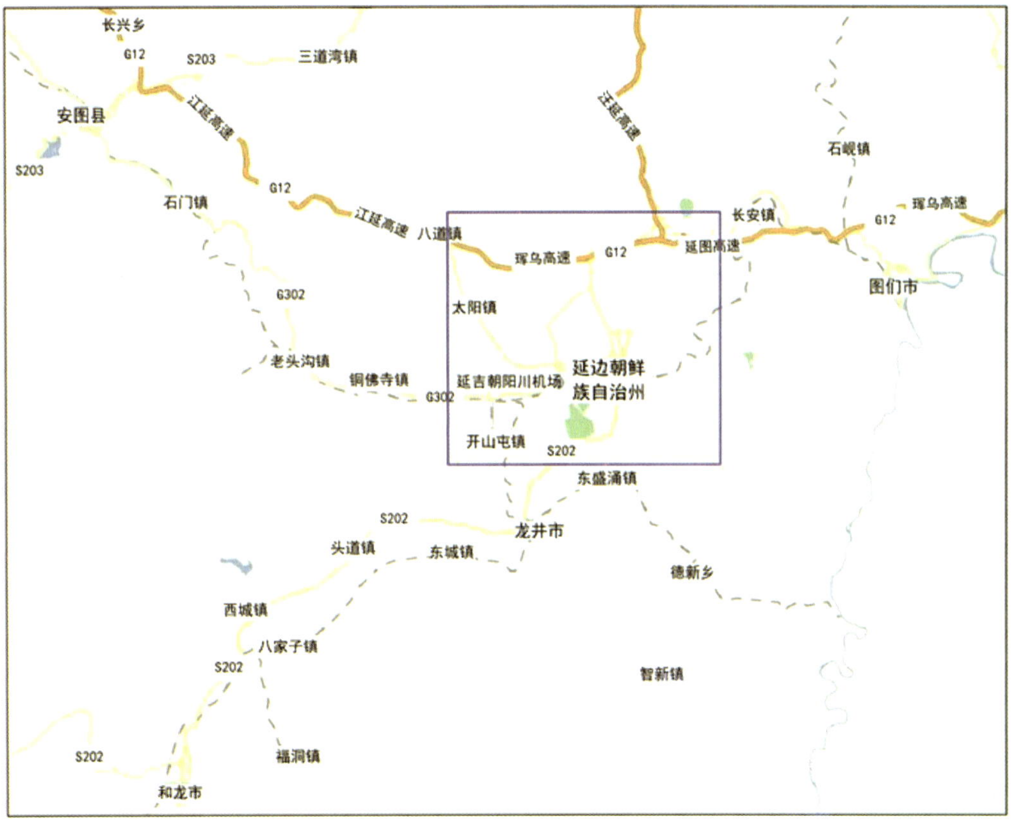

图 8.10　目标区交通位置示意图

2．建立 103 专题数据库

如图 8.11 所示，专题数据库主要包括以下内容，即 GeophySvyFaultPoint 地球物理探测断点、GeophySvyLine 地球物理测线、GeophySvyPoint 地球物理测点、B5_GeophySvyProjectTable 地球物理探测工程表等。

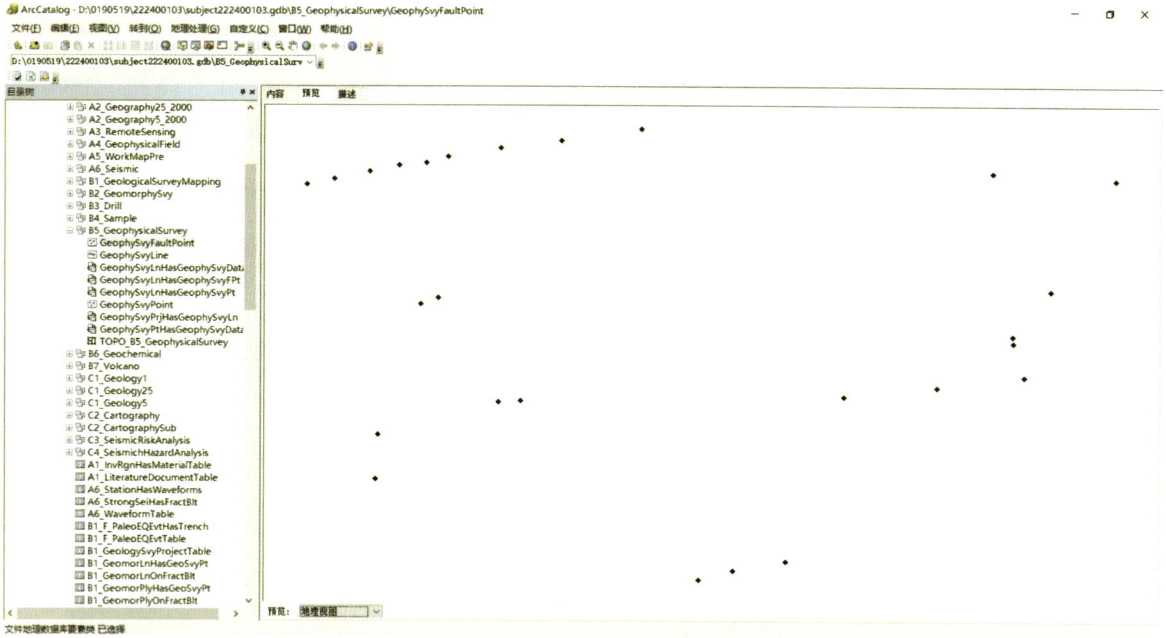

图 8.11 GeophySvyFaultPoint 地球物理探测断点空间数据

8.2.4 探测区 1∶25 万地震构造图编制（104 专题）

1. 主要工作内容

延吉市活断层探测与地震危险性评价项目的探测区地震构造图是根据《城市活断层探测与地震危险性评价主要阶段与技术要求》（中国地震局，2004 年 9 月）、《中国地震活动断层探测技术系统技术规程》（中国地震局，2005 年 7 月）提出的技术要求和《延吉市活断层探测与地震危险性评价初步设计》编制的，本图的图面元素包括了上述技术要求和规程规定的全部内容。

为给评价延吉市的地震危险性提供较为完整的区域构造环境资料，本次研究认真收集了吉林省地质调查院近年来编制的 1∶25 万区域地质调查资料、吉林省第六地质调查所编制的 1∶20 万区域地质图，以及探测区内地球物理、水文地貌等资料，并进行了综合分析整理。

在编图过程中，前新生代地层根据编图技术要求进行了合并，新生代以来的地层按实际地层单元及分布范围在图面上进行了表示。断层按活动时代划分为前新近纪断层及新近纪以来的断层。对于前新近纪断层，只表示了规模较大的，以适当简化图面，突出活动断层。新近纪以来的活断层，采用了前人的研究成果，并将其标注在图面上。

吉林省第六地质调查所承担了该项目中“探测区 1∶25 万地震构造图编制”子课题研究工作，通过收集资料和适当的野外调查编制探测区 1∶25 万地震构造图，包括本探测区附图范围地理座标：41° 06′ ～ 44° 43′N，127° 02′ ～ 131° 58′E。探测区地震构造图的编图范围确定为以延吉市为重点的整个延边地区，总面积约 90000km^2。

主要应用了近年来新编制的 1∶25 万新的区域地质调查资料，包括《1∶25 万延吉市幅》《1∶25 万和龙市幅》《1∶25 万吉林市幅》《1∶25 万敦化市幅》《1∶25 万汪清县幅》《1∶25 万通化市幅》《1∶25 万浑江市、长白朝鲜族自治县幅》《1∶25 万靖宇县幅》《1∶25 万牡丹江市幅》《1∶25 万亚布力市幅》。同时，借鉴和利用了《吉林省新构造运动区划研究报告》《吉林省及其西部邻区构造体系与地震分布规律图说明书》《长白山火山地质研究》《长春市地震构造图报告》《吉林省延边地区中比例尺成矿预测报告》等部分科研成果。另外还参考了吉林省第六地质调查所 1∶20 万区域地质矿产图及《1∶50 万吉林省区域地质志》等资料。

2. 建立 104 专题数据库

专题数据主要集中在 2 个数据集中，C1_Geology25 数据集包含地震构造图的主体内容，Basin25、1∶25 万盆地，Fault25、1∶25 万断裂，FaultAttitude25、1∶25 万断层产状，Rock25、1∶25 万岩体，Rock25Line、1∶25 万岩体线，Stratigraphy25、1∶25 万地层，Stratigraphy25Line1∶25 万地层线，数据内容见图 8.12 ～图 8.18。C2_Cartography 数据集是地震构造图的辅助制图数据，包括 CartoAuxLabel 制图辅助注记，CartoAuxLine 制图辅助线，CartoAuxPoint 制图辅助点，ColumnPolygon25、1∶25 万地层柱状图地层。

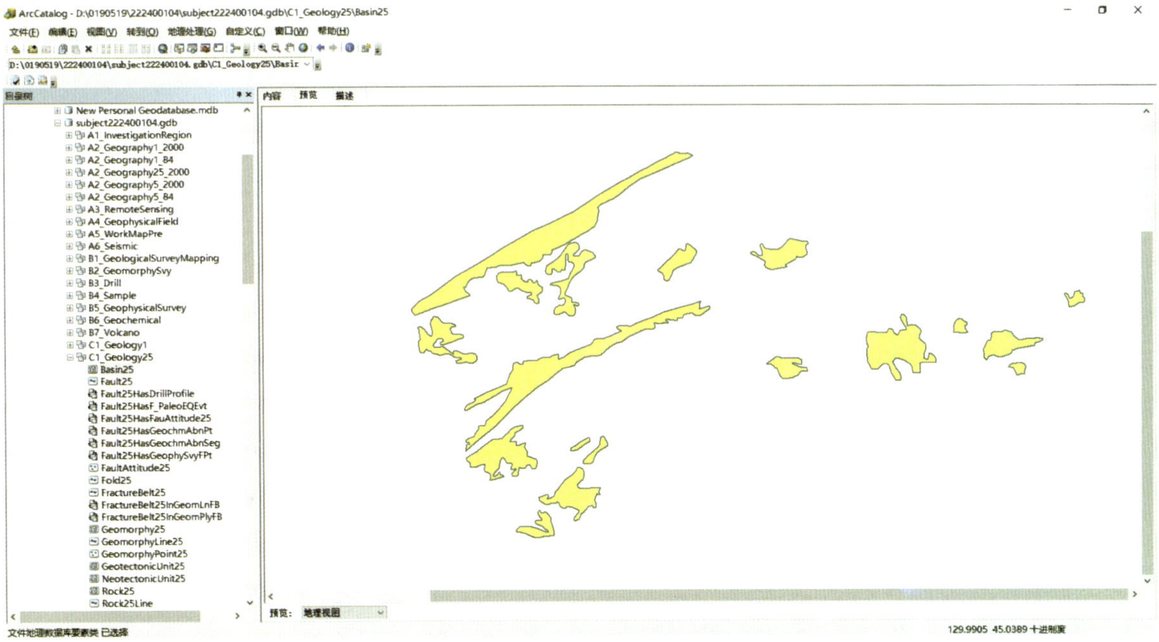

图 8.12　Basin25、1∶25 万盆地面要素空间数据

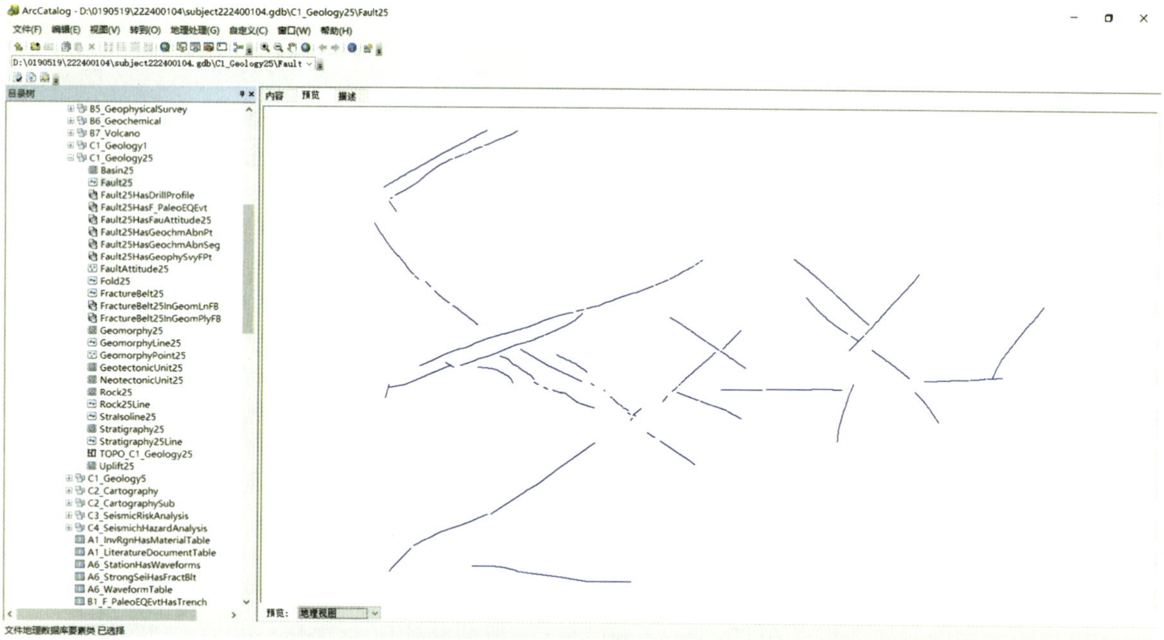

图 8.13　Fault25、1∶25 万断裂线状要素空间数据

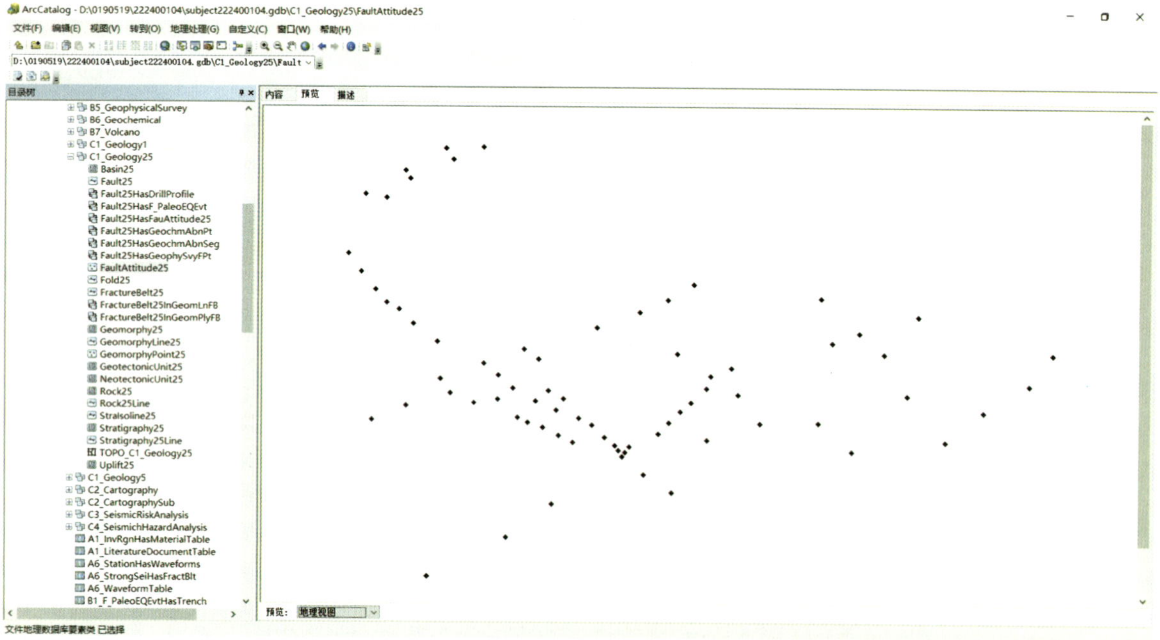

图 8.14　FaultAttitude25、1∶25 万断层产状点状要素空间数据

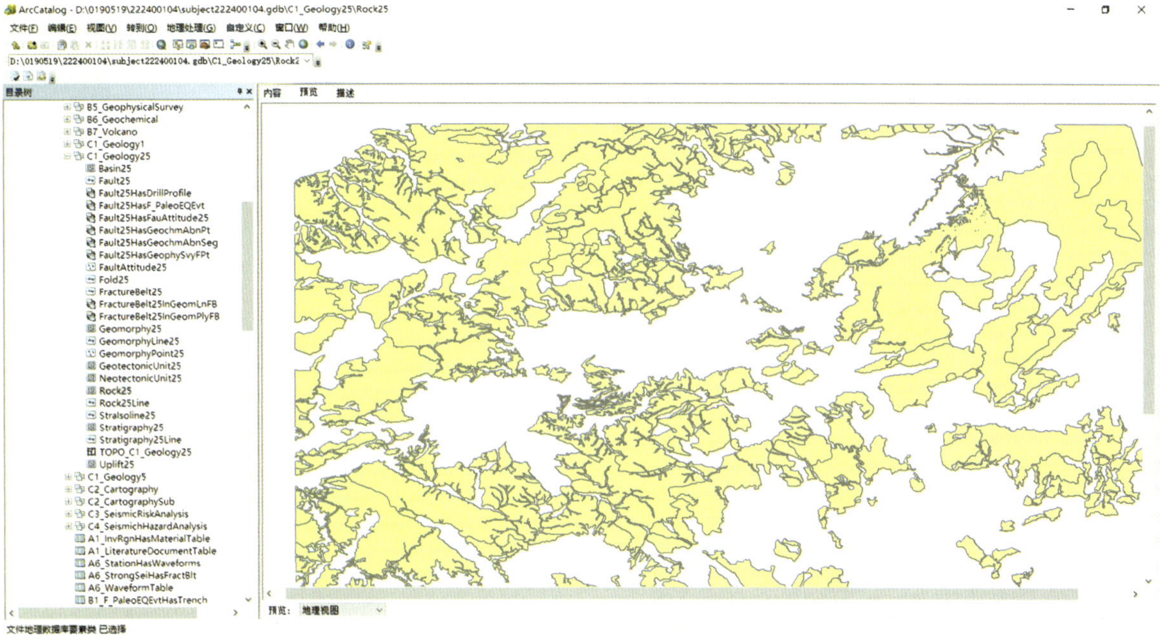

图 8.15　Rock25、1∶25 万岩体面状要素空间数据

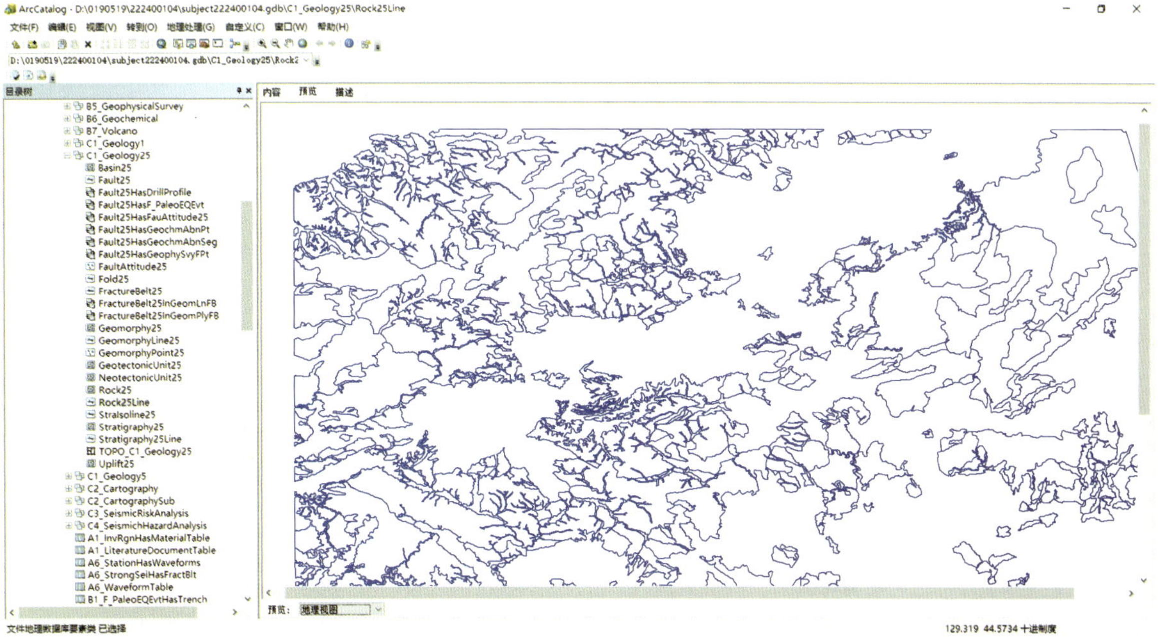

图 8.16　Rock25Line、1∶25 万岩体线状要素空间数据

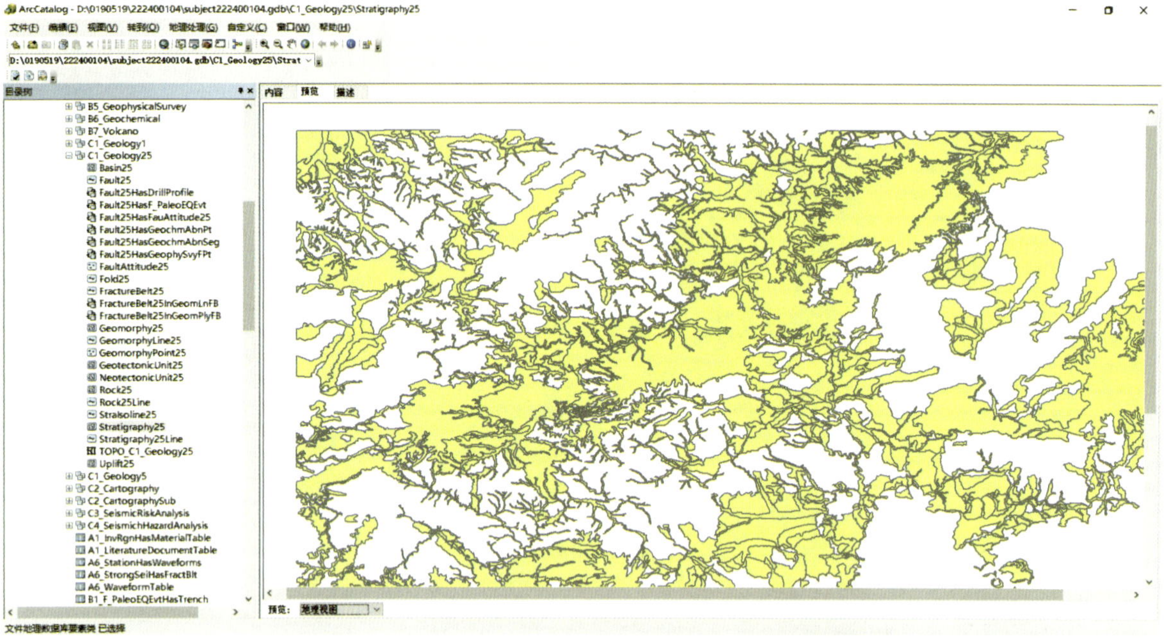

图 8.17 Stratigraphy25、1∶25 万地层面状要素空间数据

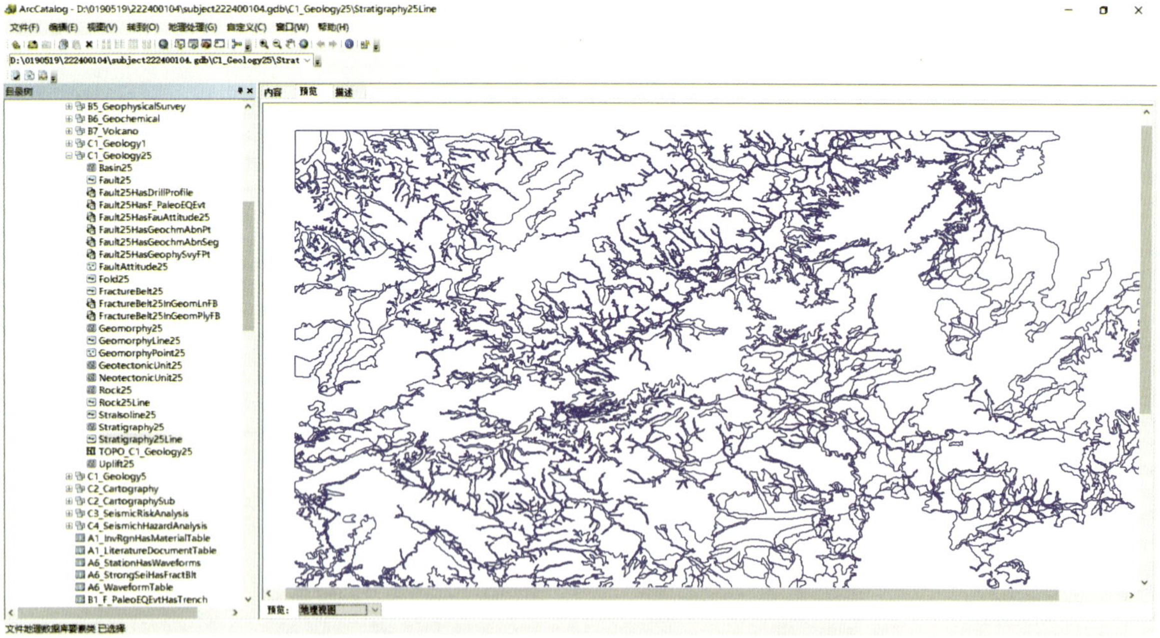

图 8.18 Stratigraphy25Line、1∶25 万地层线状要素空间数据

8.2.5　浅层地震勘探详查工程（201 专题）

1. 主要工作内容

为了提高城市防御地震灾害的能力，保障社会稳定和人民生命财产的安全，延吉市政府启动了“延吉市活动断层探测项目”。通过政府公开招标，确定由吉林省煤田地质物探公司承担“延吉市活动断层探测项目初查与详查工程浅层地震勘查”工程。该项目由延吉市地震办公室（延吉市生产力促进中心）负责项目管理，北京震科工程监理有限责任公司负责工程监理。该项目分为初查和详查两个阶段进行，2015 年完成初查阶段，2016 年完成详查阶段，其浅层地震勘查专题由吉林省煤田地质物探公司承担。

2015 年 2 月 11 日—2015 年 3 月 16 日吉林省煤田地质物探公司完成了“控制性浅层地震勘探初查工程”的野外测量工作与地震数据采集任务。2015 年 7 月完成了《延吉市城市活动断层探测与地震危险性评价：控制性浅层地震勘探初查工程专题报告》，并于 2015 年 12 月通过了专家组验收会议，按照要求提交了成果报告及附图，目标区位于延吉市及周边村屯附近，行政归属于延边朝鲜族自治州管辖（图 8.19）。

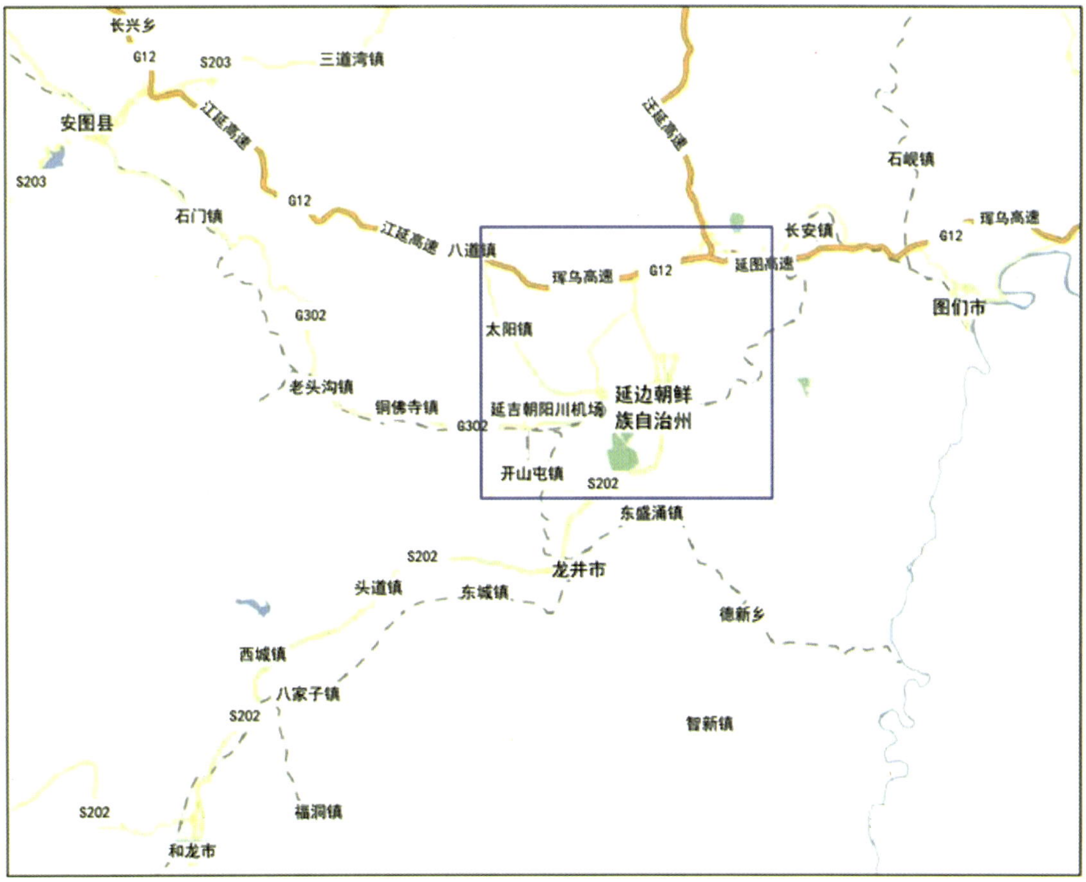

图 8.19　目标区交通位置示意图

2016年2月，吉林省煤田地质物探公司专题技术负责人依据甲方及专家组对浅层地震勘探详查工程的建议，编制完成了《延吉市城市活动断层探测与地震危险性评价—浅层地震勘探详查工程实施方案》。获得甲方批准，2016年2月21日—3月12日吉林省煤田地质物探公司完成了“浅层地震勘探详查工程”的野外测量工作与地震数据采集任务。2016年3月16日—6月29日完成数据处理。于2016年8月编制完成《延吉市城市活动断层探测与地震危险性评价—浅层地震勘探详查工程专题报告》。

2017年5月11日，通过了专家组验收会议。按照专家组验收意见以及2017年完成的第四系钻孔资料，同时对初查工程与详查工程成果进行了修改，完善了本专题。

2. 建立201专题数据库

如图8.20和图8.21所示，专题数据库主要包括以下内容，即GeophySvyFaultPoint地球物理探测断点、GeophySvyLine地球物理测线、GeophySvyPoint地球物理测点、B5_GeophySvyProjectTable地球物理探测工程表。

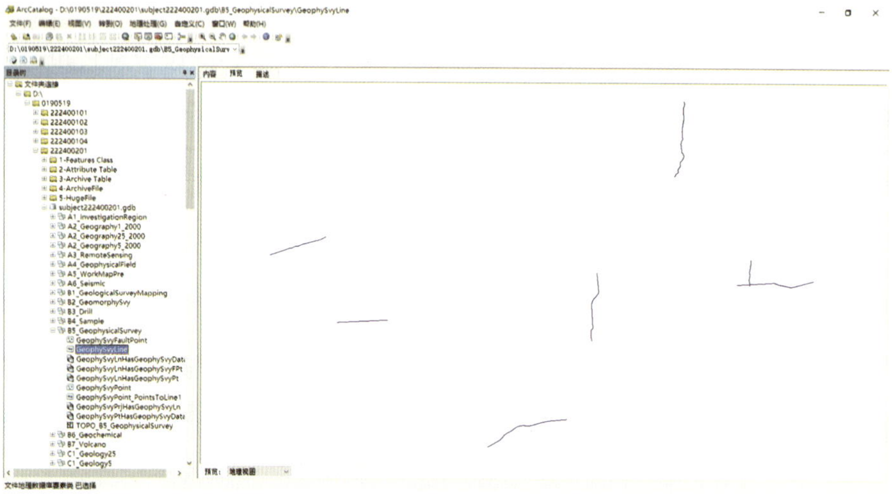

图8.20 GeophySvyLine地球物理测线空间数据

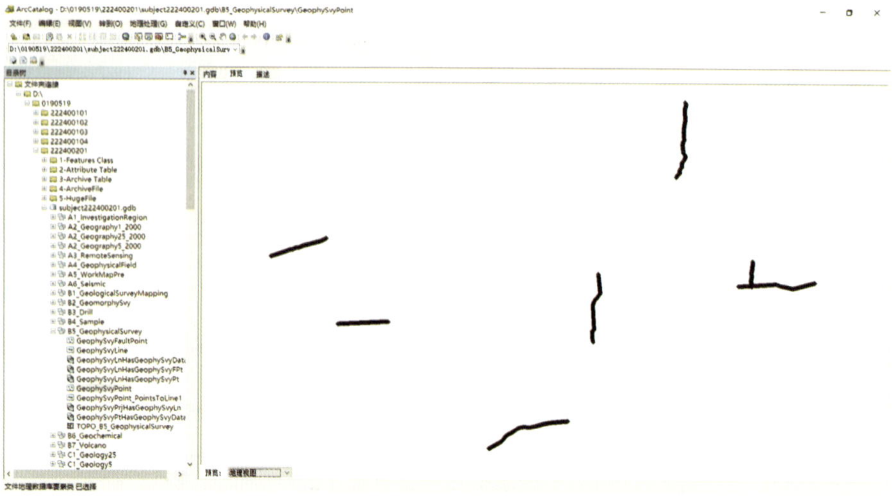

图8.21 GeophySvyPoint地球物理测点空间数据

8.2.6　延吉市及附近地区深部结构背景探测（202 专题）

1．主要工作内容

收集探测区周边固定地震台和密集流动地震台阵（图 8.22）的观测资料，基于高精度地震定位和震源反演方法，对探测区周边深源地震和浅源地震的震源特征进行研究。基于接收函数、地震面波和背景噪声反演等方法，获取探测区周边的深部细结构。综合分析探讨探测区地震孕育的深部结构环境。施工设计图探测区（蓝线）周边地震台与浅源强震（星号）和 5.0 级以上深震（白圆点）分布。2011 年 1 月—2016 年 6 月 20 日的 5.0 级以上深震震源机制单独标出，主要工作内容：

（1）通过地震精定位来提高地震震源的测定精度。

（2）多种资料联合反演获得探测区深部的三维波速结构。

（3）探讨地震波速度结构、区域活动断裂及地震活动的相关性。

2．建立 202 专题数据库

专题数据库主要包括，RelocationISCatalog 小震重新定位目录、Station 地震台站、EpiMechanismResult 震源机制解数据、Ug3DGridPoint 三维地下结构模型层面格架点、Ug3DMeshLattice 3D 地下结构离散化模型点等内容（图 8.23 ～图 8.27）。

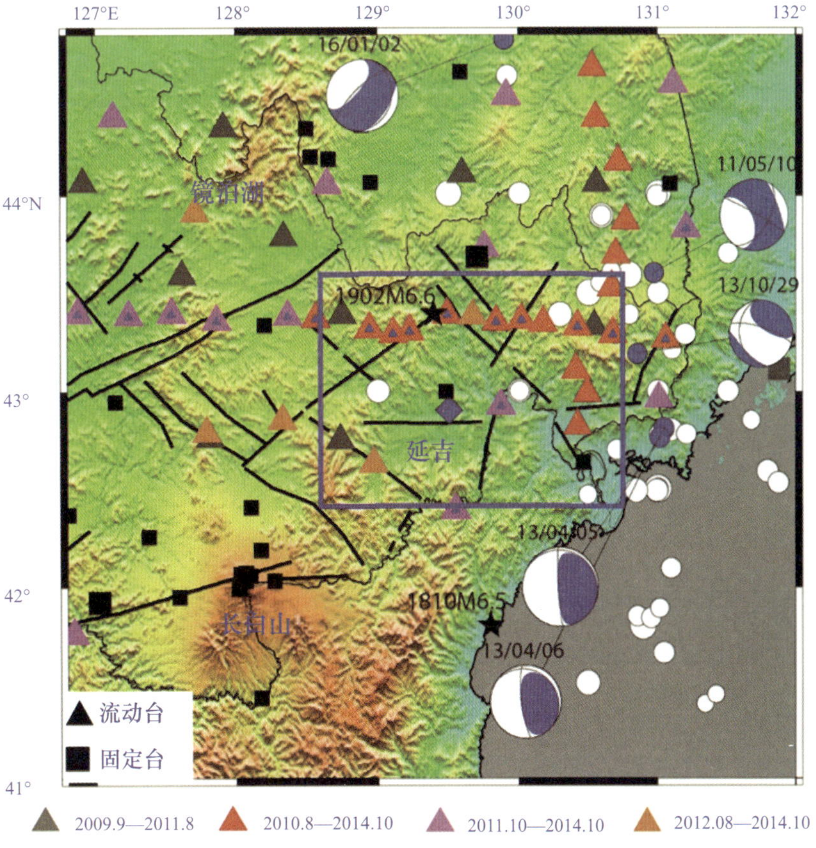

图 8.22　固定地震台和密集流动地震台阵

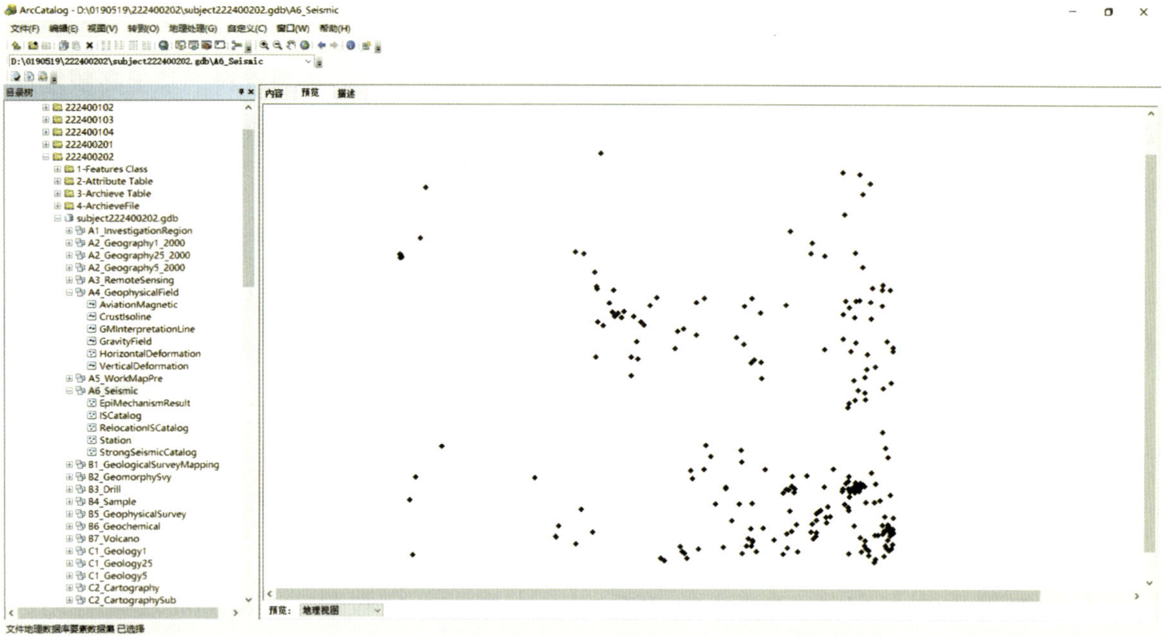

图 8.23　RelocationISCatalog 小震重新定位目录空间数据

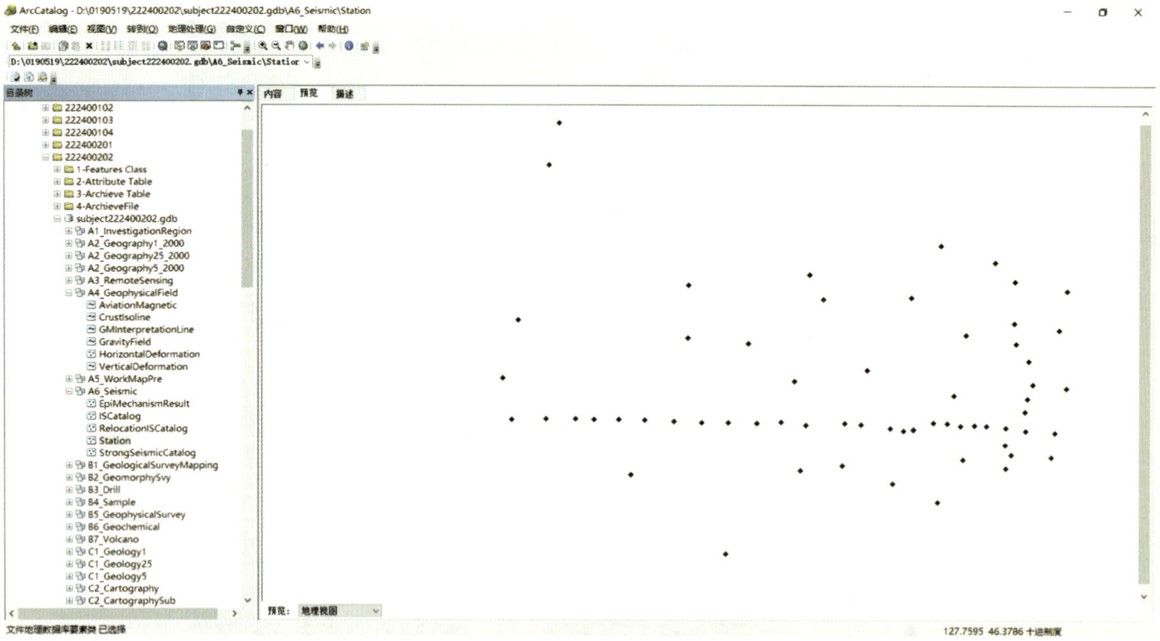

图 8.24　Station 地震台站空间要素

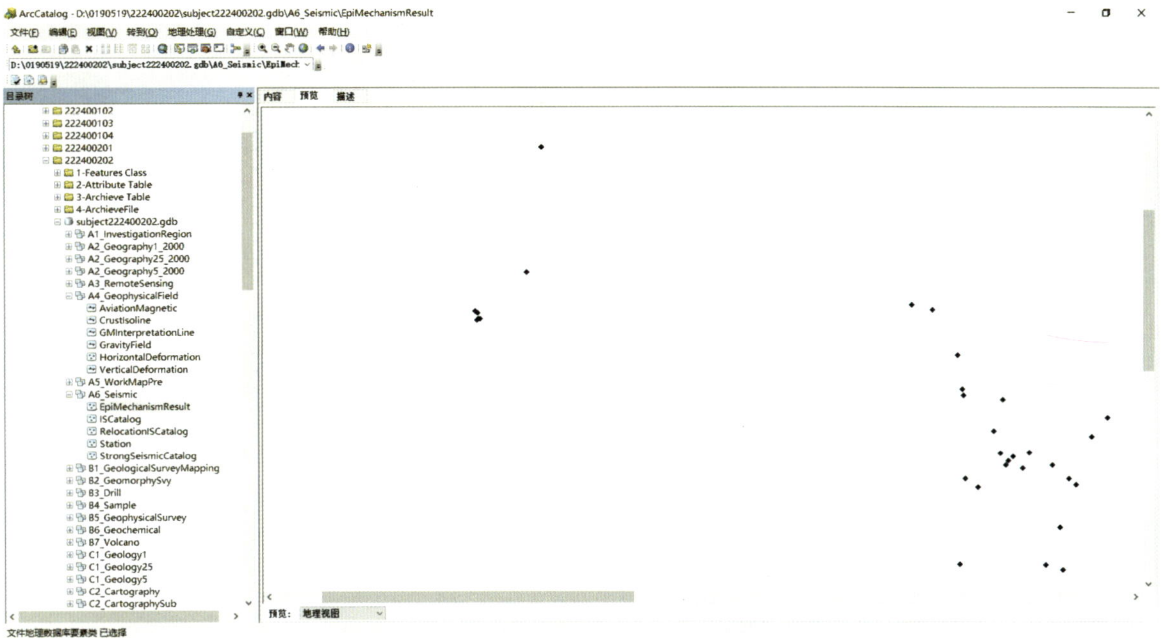

图 8.25　EpiMechanismResult 震源机制解空间要素

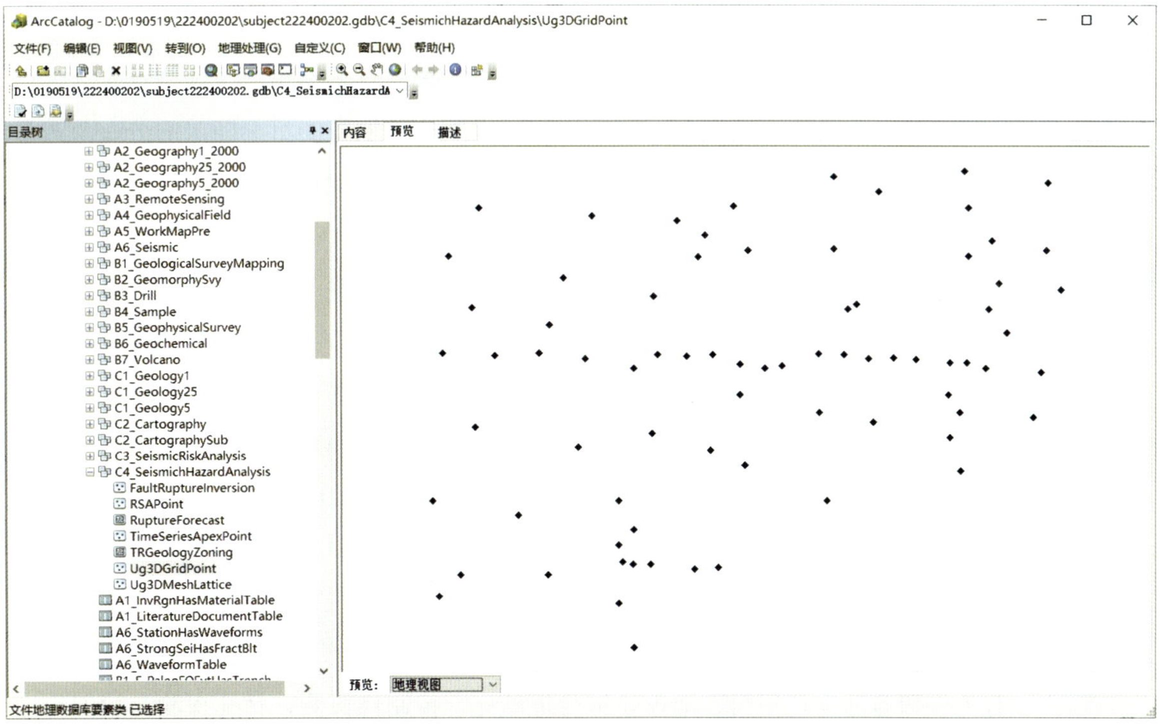

图 8.26　Ug3DGridPoint 三维地下结构模型层面格架点空间数据

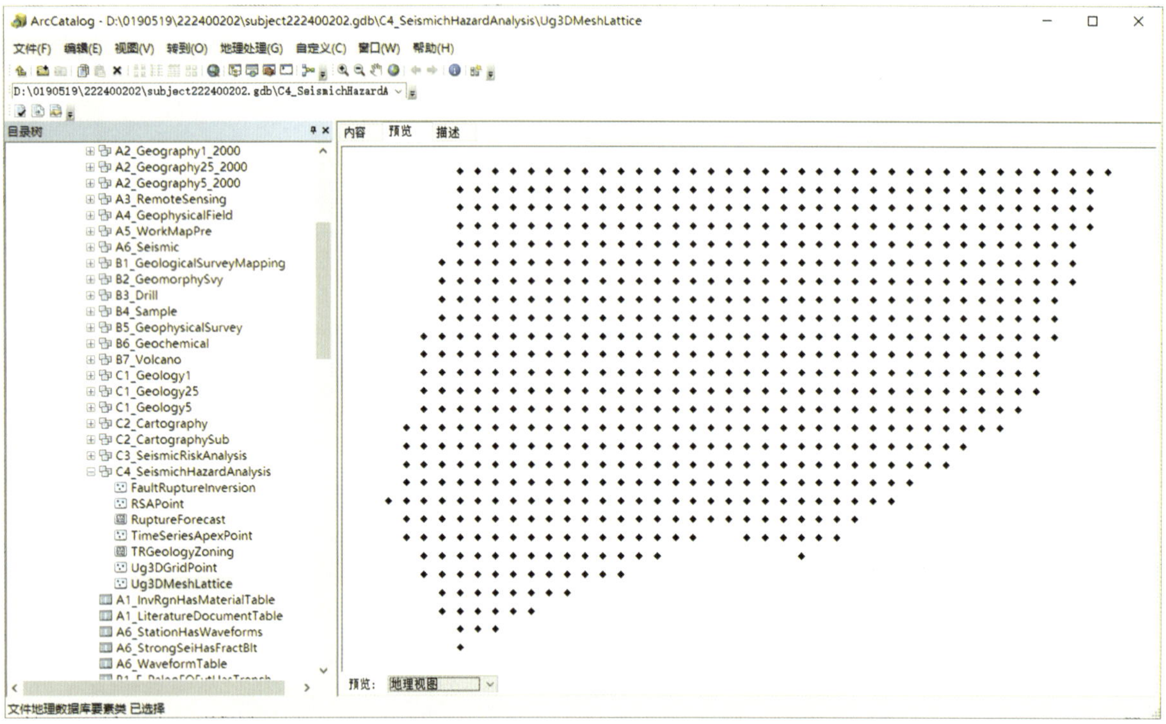

图 8.27 Ug3DMeshLattice 3D 地下结构离散化模型点空间数据

8.2.7 目标区 1∶5 万断层分布图编制（203 专题）

1. 主要工作内容

延吉市目标区 1∶5 万主要断层分布图是延吉市城市活断层探测与地震危险性评价项目中的重要成果图件之一。在此重点说明目标区内通过一系列工作取得的目标断层的分布及其活动性初步分析成果。根据《城市活断层探测与地震危险性评价工作大纲（试行）》（以下简称“大纲”）和《延吉市城市活断层探测与地震危险性评价项目初步设计》的要求，并考虑目标区的实际情况，图中标注的内容有：①目标断层。②新生界和前新生界。其中新生界划分到统，前新生界划分到系。③目标区内主要城市城区及市郊主要村镇地名。④主要河流、湖泊和道路。地形底图以延吉市地震局提供的目标区数字化 1∶5 万地形图为基础，为减轻图面负担，成图时选用了必不可少的地理要素，对地名等要素进行了适当的删减。图中的地层根据《地质图 1∶20 万（K-52-X 延吉市幅）》《地质图 1∶5 万（K52E007015 延吉市幅）》中前人资料绘制，并结合野外调研成果进行修正和补充；地表出露的断层和盆地内隐伏断层采用本项目控制性浅层地震勘探初查成果进行绘制；断层性质采用本项目控制性浅层地震勘探初查成果结合野外调研与前人成果确定。

综合已有地质和地球物理资料、地球物理与地球化学控制性探测、钻孔探测与第四纪地层划分方案，以及地震地质调查结果，编制目标区 1 ∶ 5 万活动断层分布图，确定第四纪地层层序及物性参数、初步鉴定主要断层的活动性及需要开展地震危险性评价的主要活动断层数量。

具体目标断层是：布尔哈通河断裂（F_2）东、西段、小营断裂（F_3）中南段、八道—东盛断裂（F_6）南、北段、龙渊—李花洞断裂（F_7）南北段。

（1）目标区野外地震地质调查。综合已有的各条断层的构造地质、水文地质、钻孔剖面、工程勘测、遥感解译、断层控制性探测等资料，对断层进行年龄样品的采集，开展地质地貌调查。基于已有研究及地震地质调查结果，进行断层活动性初步鉴定。

（2）目标区 1∶5 万主要断层分布图编制及说明书。编制 1 幅 1 ∶ 5 万《目标区主要断层分布图》，并编写详细的说明书，对它们的几何学和运动学特征做出详细论述。

2. 建立 203 专题数据库

Fault5-1∶5 万断裂、FaultAttitude5-1∶5 万断层产状、Rock5-1∶5 万岩体、Rock5Line-1∶5 万岩体线、Stratigraphy5-1∶5 万地层、Stratigraphy5Line-1∶5 万地层线、目标区 1∶5 万断层分布图属于大比例尺地质图件，不提供数据截图。

8.2.8 地震危险性评价（204 专题）

1. 主要工作内容

对于晚更新世活动断裂，只要准确确定断层位置、几何结构特征、断层分段以及最后一次古地震事件的离逝时间等，就可以计算该断层在未来某时段内发生地震的强度和可能性大小。对于早、中更新世的活动断层，特别是隐伏活动断层，由于很难正确获得隐伏断层的活动数据，只好从安全的角度从活动断层的结果，结合深部和浅部地球勘探结果，来确定设定地震的震级。

（1）资料收集。为核实历史地震的破坏情况，查阅县志 17 本；收集第五代区划图的潜在震源区资料；收集目标区深部地球物理勘探资料；收集目标区浅层地球物理勘探资料；收集目标区地壳模型资料；收集地震活动性资料。

（2）计算。断层未来发生强地震概率的计算，设定地震震级的计算。

对目标区内第四纪活动断裂的地震危险性评价是城市活断层探测的主要目的之一，断层的地震危险性评价主要解决以下问题：各断层（段）未来是否会发生破坏性地震；未来发生破坏性地震的强度有多大；未来发生破坏性地震的概率有多大；为地震危害性评价提供震源断层的主要参数。延吉市活动断层探测研究的目标断层有 4 条（图 8.28），分别为 F_2：布尔哈通河断裂（延吉—图们）；F_3：小营断裂；F_6：八道—东盛断裂；F_7：龙渊—理化洞断裂。

2. 建立 204 专题数据库

专题主要的成果是建立危险性分析数据，存放在 FSeismicRiskAnalysis—断层地震危险性分析—线要素（图 8.29）中。

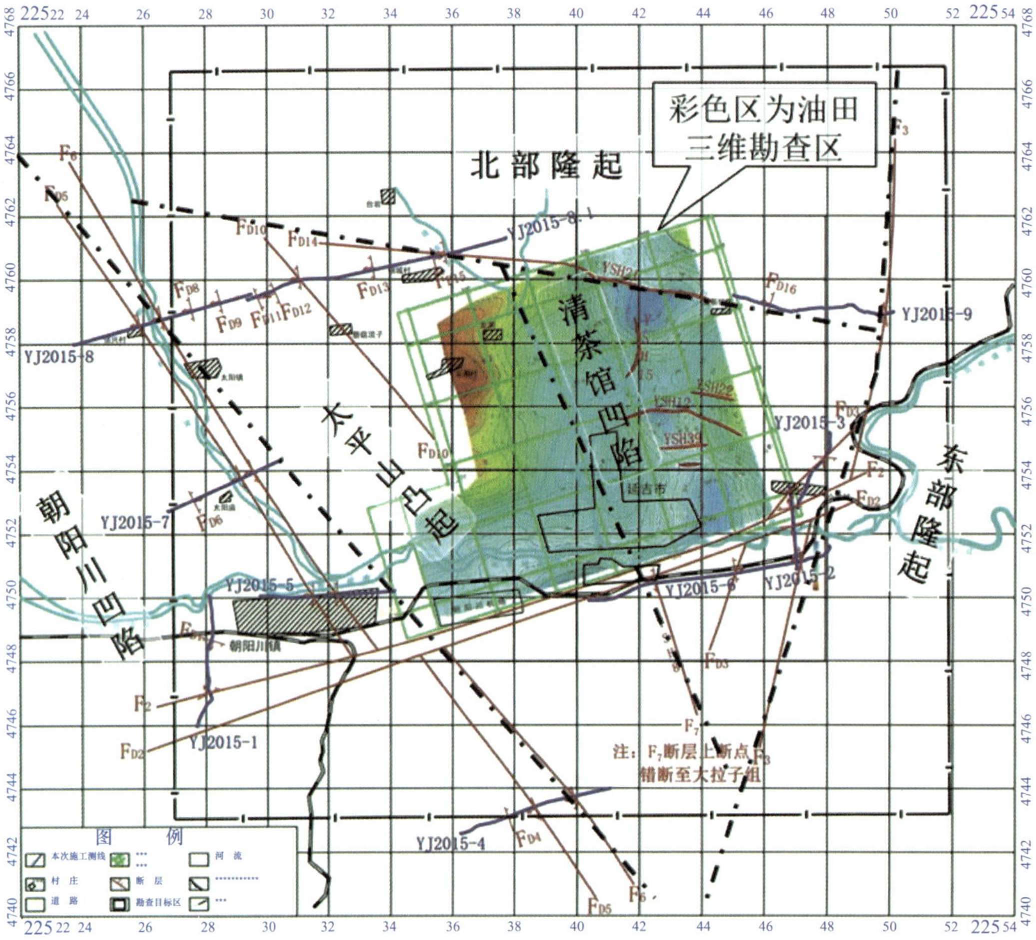

图 8.28 地震危险性评价工作材料图

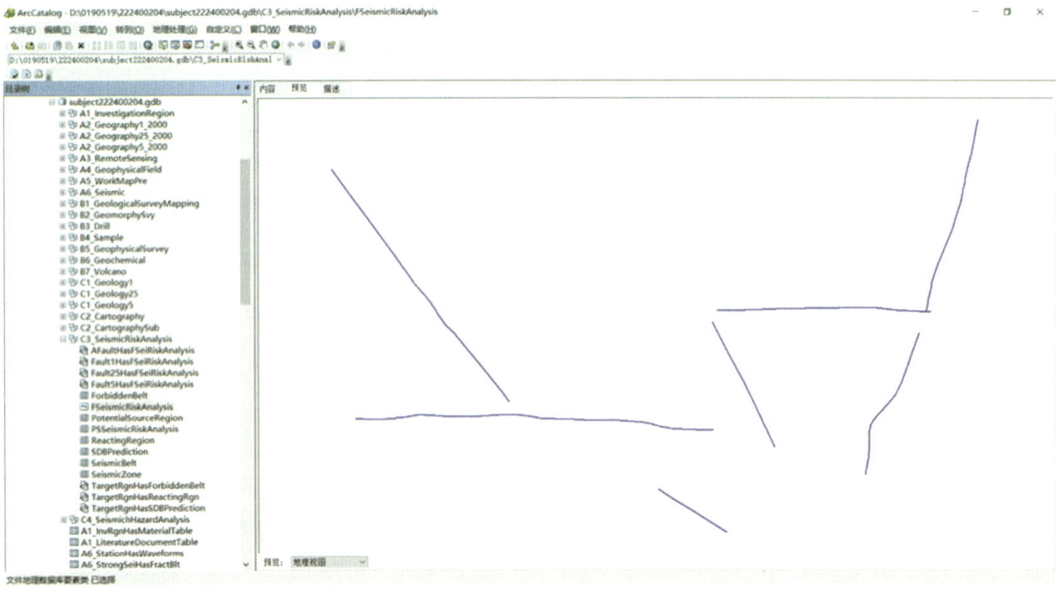

图 8.29 断层地震危险性分析线要素空间数据

8.2.9　目标区断层地质地貌调查与活动性鉴定（205 专题）

根据《延吉市活断层探测与地震危险性评价施工设计》（2015 年 2 月）要求，本次研究属于第二阶段的《目标区活动断层活动时代鉴定》和《目标区断层地质地貌调查与活动性鉴定》专题部分。针对延吉市目标区内断层进行地质和地震条件研究。

其主要任务包括以下两个方面：

（1）目标区活动断层活动时代鉴定。

在浅层物探基础上，使用探地雷达探测小于 50m（主要在 10m 以内）埋深范围内的断层空间位置，并讨论上断点埋深；在浅层物探和探地雷达探测成果的基础上，合理设计断层两侧的钻孔位置及探测目标层（深度），使用钻探联合剖面探测活动断层的位置、上断点埋深，以及活动时代鉴定等工作。

（2）目标区断层地质地貌调查与活动性鉴定。

对布尔哈通河断裂、小营断裂、八道—东盛列 3 条目标断层，获取断裂位置、断点埋深、滑动方向及位移值；确定隐伏断层最新活动时代，并给出活动断层的平均滑动速率。

综上所述，延吉市活动断层探测与地震危险性评价项目数据库，可以科学有效地管理地球物理勘探、地震地质调查、钻孔探测等方法获得的数据、信息和成果，可供国土规划、重大工程选址、城市建设和制定防震减灾对策等使用，具体包括以下内容：高分辨遥感信息处理与解译、标准钻孔探测与第四纪地层剖面的建立、控制性浅层地震勘探初查工程、探测区 1∶25 万地震构造图编制、浅层地震勘探详查工程、延吉市及附近地区深部结构背景探测、目标区 1∶5 万断层分布图编制、地震危险性评价、目标区活动断层活动时代鉴定、目标区断层地质地貌调查与活动性鉴定等多个专题的探测成果。数据库的数据结构合理、数据项完备、内容符合规定，满足了地震活动断层探测研究、断层活动性鉴定等工作的需要。符合《活动断层探测》（GB/T 36072 － 2018）的数据库平台要求。数据库系统采用 ArcGIS 的 Godeatabase 空间数据模型来实现管理功能，具有强大的数据服务与分析功能。

第9章 结 论

按照《活动断层探测》及有关规范标准，项目系统收集了地质、地震、水文、工程地质、地震安评等方面的资料，开展地形图数字化、航卫片遥感图像解译、第四系剖面建立等工作，进行了深部构造条件研究，通过浅层人工地震勘探、跨断层联合钻孔探测、野外地震地质调查和年代学测试等工作，查明了目标区主要断层的空间分布及其活动性，编制目标区主要断层分布图，并且利用综合方法开展地震危险性评价，所取得的成果可满足城市建设、土地利用、发展规划和抗震设防等工作需求，为延吉市防震减灾工作提供了依据，主要工作内容和结论如下。

1．探测区地震构造环境

《延吉市活动断层探测与地震危险性评价项目施工设计》项目的探测区范围为：以延吉市区为核心，337km×366km；地理坐标：127.2°～131.2°E，41.4°～44.7°N，去除探测区内的海域、国境外的地区面积约90000km^2。本次研究工作对探测区范围内的地质、新构造运动、地球物理场、活动构造、地震活动等多方面的资料进行了系统的收集整理，综合分析了探测区所处的地震构造环境，研究探测区地震构造条件，主要成果结论如下。

延吉市位于吉林省东部长白山山脉北麓，为延边朝鲜族自治州的首府，位于中、俄、朝三国的交界处。于近东西向分布的古亚洲洋构造域与北东向展布的太平洋构造域的交叉点，其地质构造演化历史极为复杂，岩浆活动强烈。东北地区是由额尔古纳—兴安陆块、松嫩—张广才岭陆块和佳木斯陆块等拼合而成的增生大陆，为世界上一种新型的小地块碰撞拼合时受大洋板块俯冲的应力场作用形成的盆、山相间结构。东北地区新生代期间以大范围的碱性玄武岩喷发和北东向断裂活动为特点，形成长白山、龙岗、镜泊湖、五大连池等著名火山区。区域内断裂发育，按走向可分为东西向断裂带、南北向（包括北北东向）断裂带、北东向断裂带及北西向断裂带，按切割深度可分为盖层断裂、基底断裂、壳断裂和岩石圈断裂。探测区内第四纪以来有过活动的主要断裂带主要有东西向断裂带（赤峰—开原—和龙—榆城川断裂带、天池—广坪断裂、二道沟—长白断裂、延吉—马滴达断裂带）、南北向（或北北东向）断裂带（图们江断裂、春化断裂、兴凯湖断裂）、北东向断裂带（敦化—密山断裂带、两江—大兴沟断裂、天池—狼林断裂、崇善—德化断裂、明川断裂）北西向断裂带（春阳—汪清—珲春断裂带）。

中生代开始，探测区脆性变形占主导地位，形成一系列规模较大的断层。该时期由于库拉板块以北西方向，向欧亚板块俯冲，探测区处在东西向挤压应力场中，因此形成同一序次的南北向挤压断层和东西向张性断层以及介于两者之间的两组扭性断层，其中一组扭性断层走向北东，右行滑动；而另一组走向北西，左行滑动。

新生代以来，由于太平洋板块以北西方向，向欧亚板块俯冲并发生北北东向左行剪切运动，在探测区形成了新的北北东向扭性或压扭性断层。该时期部分早期形成的断裂构造重新活动，即早期的南北向断层，东西向断层及北东向断层发生左行剪切运动，而北西向断层则发生引张。

探测区位于东北区东部，活动大陆边缘内侧，主要受太平洋板块深俯冲作用的影响，地壳形变相对较弱，以东西向缩短较强烈为特征。因此地壳形变呈现以垂向运动为主，水平形变较弱的地壳形变特征。探测区位于东北地区东部，主要出露前新生代基底岩石，总体表现为隆起区，地壳发生的抬升由东向西逐渐减弱。

延吉市位于欧亚大陆东缘，受太平洋板块俯冲及日本海开合影响，其附近地区新生代火山活动强烈，深源地震多发，浅源地震相对较少，中强地震以深源地震为主，但有6级左右浅源地震发生的历史记录。1902年7月3日汪清6.6级地震的发震断裂是春阳－汪清－珲春北西向断裂，是晚古生代以来继承性活动的复活断裂。新生代以来，由于太平洋板块对欧亚板块的俯冲作用，使北西向断裂发生引张或张扭性（左行）滑动，触发汪清地震。

郯庐断裂带以东地区，根据震源机制解的结果，深震最大主压应力（*P*轴）方位集中在255°～295°，平均为288°，与日本海沟俯冲带的倾向一致，*P*轴仰角较小，集中在25°～35°，平均为31°，与俯冲带倾角一致，*T*轴方向比较分散，仰角大多数在45°以上，*B*轴方位集中在185°～205°，平均为198°，与俯冲带走向一致，仰角较小，平均为28°。深震的发生主要受北西西向挤压应力场控制，代表了该处西太平洋板块向东北大陆俯冲的一级应力场方向，该区域构造活动方式以逆断型、逆走滑型构造为主。

郯庐断裂带北段（探测区内浅源地震）*P*轴方位以北东东—南西西方向为主，平均为76°或258°，仰角多小于45°，平均为26°；*T*轴方位以北北西—南南东向为主，平均142°或333°，仰角多小于45°，平均为23°；*B*轴方位较分散，仰角较大，平均为52°。这说明郯庐断裂带北段现今主要受北东东—南西西向的近水平挤压和北北西—南南东向的近水平拉张应力的作用。该区域构造活动方式以走滑型为主，兼有逆断活动。

2. 探测区深部环境

利用密集的区域台网及接收函数方法，获得了我国东北地区地壳厚度和波速比及上地幔间断面的精细起伏形态。研究表明，在俯冲板片与660km间断面交汇作用区域，660km间断面发生大幅度下沉（30 ～ 50km）；探测区域 410km 间断面表现为整体下沉。

利用布设在中国东北深俯冲区的 NECsaids 流动台阵及固定地震台站和 NECESSArray 流动台阵的波形记录，通过采用地震背景噪声成像反演和基于 GSDF 理论双台地震事件的 Eikonal 成像反演及远震有限频层析成像反演得到了探测区深部的 S 波和 P 波速度结构，结果表明探测区下方速度结构存在明显的横向和纵向不均匀性，浅部速度结构与浅表地质构造单元有较好的对应，深部速度结构较好的反映了区域火山活动及深部热物质作用的结构特征；长白山火山、龙岗火山和镜泊湖火山在深部（岩石圈地幔或者更深）可能具有同源的特征，这与地球化学的研究结果比较一致。

郯庐断裂带两侧的深部速度结构存在明显差异，表明郯庐断裂带的形成和发育与深部构造背景可能存在密切的联系。

延边地区延伸规模较大的重力场梯级带有两条。对应着中朝准地台与吉黑褶皱系结合带的边界和敦一密断裂。

3．地球物理场与深部构造特点

本项目为了深入研究探测区与目标区深部构造条件，查明地震构造环境，开展了重力航磁综合处理与解译专项研究、地震层析成像研究。该项工作系统收集了探测区及附近区域的深部地球物理探测和地球物理场资料，编制探测区布格重力异常图、探测区航磁异常图、探测区现今地壳深部结构图；开展了重力场、航磁资料的再处理工作，分析不同延拓距离情况下地球物理场的特征以及探测区布格重力、航磁异常的多尺度逼近场与细节场分离信息；分析了探测区主要断层、目标断层在地球物理场中的表现及其与深部构造的关系。为分析探测区地震构造环境、发震构造条件和孕震特征以及地震危险性评价提供了依据。

区域布格重力异常值总体呈负值，仅东北部出现小面积的重力正异常，呈现为由北向南重力值逐渐降低的缓坡带，说明地壳厚度由北向南呈现逐渐增大的趋势，重力值变化范围为 -96.6 ～ 22.3mGal，重力异常最高值分布在珲春市南部，而最低值分布于长白县，敦化—密山、富尔河—古洞河等深大断裂形成了北东方向的重力梯度带，梯度带重力异常值变化剧烈；航磁场总体以南东方向展布，相间分布的正、负异常条带为主要特征，异常变化幅度为 -393 ～ 575nT，最高异常分布于汪清县以东约 50km 位置，最低异常值分布在抚松县以南约 60km 处，以蛟河、敦化、安图、龙井一线南东向分布的航磁正、负异常分界线最为显著，其位置与华北北缘造山带和松嫩地块之间的分界相对应，其南侧航磁正高异常中心，属华北北缘造山带，呈南东向条带状展布，北侧为航磁负低异常为主，属松嫩地块，异常中心航磁异常值在 -100 ～ -200nT 间，最低可达 -300nT。

莫霍面在横向上起伏较大，范围为 33 ～ 41km，自西向东具有明显的分区性，大部分区域莫霍面过度比较平缓。沿敦化—安图—长白一带，莫霍面深度逐渐增加，莫霍面处于沉降区，深度介于 37 ～ 40km，沿敦化—汪清—珲春一带，莫霍面自西向东逐渐抬升，深度为

35～40km，而延吉市和蛟河市均为莫霍面上隆区，这两个上隆区以敦化—长白沉降区为中心对称分布。敦化—密山断裂带为莫霍面陡变带，造成区域莫霍面东西分异的格局；居里面形态主要受到北西、北东两组断裂控制，埋深范围为22～34km，以延吉市以北的近东西向分布的居里面隆起区为主要特征，埋深最深处位于和龙县以南，埋深范围为32～33km，埋深最浅处位于蛟河市北侧，埋深范围为22～23km，蛟河—敦化—安图一线北侧为一显著的居里面隆起区，埋深范围为22～24km。

4. 目标区地震构造环境综合评价

“延吉市活动断层探测与地震危险性评价项目施工设计”项目的目标区范围为129.3°～129.65°E，42.85°～43.0°N，显示为东西长25km，南北宽20km的长方形区域，延吉市依兰镇、三道湾镇不包括在内，面积约500km^2。

延吉盆地地表基本被白垩系和第四纪地层覆盖。延吉盆地主要有东西向、北东向、北西向三组断裂构造发育。受断裂控制和约束形成盆地内显著的坳陷和隆起，由西至东，依次大致分为西部隆起，中央坳陷、中部隆起和东部坳陷。东部坳陷呈现近南北向的条带状特征，盆地内基底最深处位于延吉北侧的坳陷内，深度达到2.6km。

延边地区自华力西期构造运动至印支构造运动塑性变形占主导地位，而到了燕山构造运动，由于库拉板块向欧亚板块强烈俯冲和随着各地块之间的多运动造山缝合作用的完成，以脆性变形为特征的断块升降运动和平移剪切作用占主导地位，形成了与其有关的上叠盆地构造，如延吉内陆湖泊断陷盆地、清茶馆河湖相断陷盆地及第四纪布尔哈通河沉降区，各盆地的形态和延伸方向均受基底断裂构造的控制。延吉断陷盆地在早白垩纪时，受南北向断裂构造控制，形成以大砬子组地层为主体的湖泊相盆地；到晚白垩世，在前一盆地继承性活动的基础上，又形成了以龙井组地层为主体的湖相盆地。清茶馆河湖相断陷盆地，以新生代下古近系古新统珲春组地层为主体，构成宽阔的向斜，其北翼倾角6°～21°，南翼倾角4°～5°，轴向东西，受东西向断裂的控制。

从上新世起，延边地区区域构造运动以上升运动为主，处于隆升环境，但水平运动明显。两级夷平面和Ⅵ级阶地的存在表明该区曾存在8次比较明显的抬升运动。从早更新世到全新世大致可以划分出有规律的六个构造旋回。

在有观测报告可用的2007年6月—2017年10月时段内，延吉市活断层探测探测区内稀少的浅源地震活动，无法通过小震活动对断层的展布形态进行精细分析。利用密集的区域台网及接收函数方法，获得延吉市活断层探测探测区的地壳厚度为30～32km，其波速比约在1.7～1.8，探测探测区的八道—东盛断裂和龙渊—李花洞断裂之间的地壳厚度稍薄而波速比稍高。反演得到近东西向穿越延吉市的布尔哈通河断裂下方8～45km深部存在明显的S波速度结构差异且深部稍显南倾，与基于重磁资料获得的断裂两侧地体间存在较为明显的密度变化和断裂在地壳深部向南倾的认识相一致。

目标区深部构造特征复杂，切穿至上地壳至下地壳深度，4 条断裂带沿各自的高、低重磁异常圈闭体的过渡带延展，形成线性的重磁梯度条带或截切、扭错其他的梯度带，分隔相应的隆凹地质单元；而中地壳至下地壳深度，4 条断裂带的重磁梯度带现象均消失，在下地壳尺度上，区域整体平缓过渡，说明目标区的 4 条断裂带非深大断裂系，切割深度至中地壳深度，未延伸至下地壳。

5．延吉市第四纪地层与地貌标尺分析

延吉市东、南、北三面环山，西面开阔，中间平坦，呈马蹄状盆地。平均海拔高度 150m。第四纪地层单元以冲洪积相的山间盆地沉积为主。目标区第四纪沉积普遍比较薄，最厚沉积层约 10m，分布在烟集河沿岸发展村周围。朝阳河沿岸第四纪沉积比较薄，形成低值区，部分地点厚度只有 1m 左右。

河流阶地以基座阶地或侵蚀阶地为主。Ⅰ级阶地主要分布全新世沉积物。为典型的河流沉积，具有清楚的二元结构，下部为褐黄色砾石层，上部为灰黑色黏土（黑土）。Ⅱ级和Ⅲ级阶地主要分布晚更新世沉积物，是一套典型的河流沉积，下部为砂或砂砾石；中部Ⅱ级阶地为灰黄色—褐黄色砾石与灰色粗砂细砾层相间，可见沉积韵律，Ⅲ级阶地为黄褐色黏土（含有少量砾石）；顶部为褐灰色黏土。阶地顶部被厚 1.2 ～ 1.5m 的全新世黑土（灰黑色黏土）覆盖。Ⅳ级基座阶地主要分布中更新世沉积物，岩性下部为砾石层，上部为砂和黏土。

通过钻探岩芯的沉积相划分和系列样品的 14C、OSL 测年，获得了探测区第四系年代学框架，除残积层推测为中更新世形成外，第四系主要是距今约 7 万年来沉积而成，结合区域地层对比，可划分出中更新世晚期地层、晚更新世地层和全新世地层。参照长白山阶地地貌标尺，建立了延吉盆地第四纪晚更新世—全新世地质地貌标准剖面。

Ⅰ级阶地拔河约 2 ～ 5m，形成于 2 ～ 4ka 左右，Ⅱ级阶地拔河 10 ～ 15m，形成于 22 ～ 33ka 以来，Ⅲ级阶地拔河 30 ～ 45m，形成于 75ka 以来，Ⅳ级阶地拔河 60 ～ 80m，可以与长白山二道岗冰碛层的Ⅲ级阶地（拔河 60 ～ 80m）对比，形成于 100 ～ 320ka 以来（庐山冰期），Ⅴ级阶地（或台地面）拔河约 100m，可以与长白山布老克冰碛层的Ⅳ级阶地（拔河 100 ～ 140m）对比，形成于 1200ka 以来，剥夷面拔河 170 ～ 190m，上部有第三纪～第四纪早期的玄武岩堆积，可以与长白山堆积玄武岩的Ⅴ级阶地（拔河～ 190m）对比，形成时间为 1660ka 以来，帽儿山拔河～ 320m，可以与长白山的海拔 1070m 的剥夷面对比。

第四纪运动以上升运动占绝对优势，而多级阶地的出现又说明了地壳运动频繁具间歇性。拟合得到的隆升速率指示延吉盆地第四纪以来隆升过程可以分为三个阶段，其中第四纪早中期和中晚更新世阶段的隆升速率较大，更新世早期的隆升速率较小。

6．目标断层定位与活动性综合评价

延吉市及其附近（目标区）发育一系列相互平行的北西向断裂和东西向断裂，其次还有南北向断裂和北东向断裂。主要的北西向断裂有龙渊—李花洞断裂（F_7），八道—东盛断裂

（F_6），东西向断裂为布尔哈通河断裂（F_2），南北向断裂和北东向断裂主要有小营断裂（F_3）。其中布尔哈通河断裂则分布在横贯延吉市的布尔哈通河南北两岸，龙渊—李花洞断裂和八道—东盛断裂分别沿烟集河、朝阳河展布。

在对延吉市城市活断层探测与地震危险性评价目标区地震地质背景资料分析的基础上，综合前人工作成果、浅层地震勘探成果、断层的遥感影像特征分析及野外调研，初步得到如下认识：

（1）布尔哈通河断裂（F_2）横贯延吉市，控制着布尔哈通河两侧第四纪沉积，在小营村附近错断小营断裂，是目标区内较新的断裂。该断裂附近河流阶地比较发育，以基座阶地或侵蚀阶地为主，第四纪运动以上升运动占绝对优势，而多级阶地的出现又说明了地壳运动频繁具间歇性。前人研究结果、野外调查、浅层地震勘探和联合钻孔勘探均表明该断层为前第四纪断层。

（2）小营断裂（F_3）属于图们江断裂带的一部分，分南北两支，在溪洞站北与东西向断裂、北北东向断裂交汇，交汇处有基性岩浆岩侵入，第四纪残积物极薄，向北向南残积物厚度逐渐增厚，厚度从 2m 到 9m 不等。小营断裂穿过丘陵与山地地貌，南支位于丘陵和山地的交界部位，地貌景观的差异表明其所属的构造部位的差异和其新构造的性质、特点、强弱有区别，而以侵蚀山地为主的地貌景观表明该区总的来说处于上升运动为主的环境。前人研究结果、野外调查、浅层地震勘探和联合钻孔勘探均表明该断层为前第四纪断层。

（3）八道—东盛断裂（F_6）沿朝阳河展布，分南北两支。北支受朝阳河的影响，为隐伏断层，老黄土普遍分布，但厚度较小，一般为 20 ～ 40cm 厚，朝阳河两岸阶地上沿断裂分布的中晚更新世沉积物厚度较薄，阶地西侧高于东侧，表明河流两侧存在差异性抬升过程。前人研究结果、野外调查、浅层地震勘探和联合钻孔勘探均表明该断层为前第四纪断层。

（4）龙渊－李花洞断裂（F_7）分布在目标区中部，沿烟集河河岸展布，断裂北段在多种探测中均不确定，南段位于布尔哈通河河谷中的部分为隐伏断层，隐伏在第四纪沉积物下。前人研究结果、野外调查、浅层地震勘探和联合钻孔勘探均表明该断层为前第四纪断层。

7. 目标断层地震危险性评价

探测区处于中朝俄三国交界区，大部分属东北地震区，其余分属华北地震区和朝鲜地震区，延吉市位于东北地震区内，东部已延伸到深震区内。所有，就地震活动特征来说，目标区的地震活动较弱，主要考虑区域外地震的影响、也要考虑深震的特征及其对区域的影响、朝鲜和俄罗斯发生的地震对目标区的影响。我国东北、朝鲜半岛的地震史料状况，可以认为探测区 5 级以上地震活动性资料自 1923 年起是完整的，从 1970 年以来 3 级以上地震不会遗漏。

由现场勘探，浅层勘探和钻孔方法，揭示所有目标区的 4 条断裂是前第四纪断裂，它们未来地震活动应该从非地震带内的非活动断裂来进行分析。对于晚更新世活动断裂，在准确确定断层位置、几何结构特征、断层分段以及最后一次古地震事件的离逝时间等，就可以计算该断层在未来某时段内发生地震的强度和可能性大小。对于早、中更新世的活动断层，特别是隐伏活动断层，由于很难正确获得隐伏断层的活动数据，只好从安全的角度从活动断层的结果，结合深部和浅部地球勘探结果，在此基础上，采用构造类比方法和历史地震重演方法，综合评估确定目标区内主要目标断层的地震危险性，对未来地震发生地点、震级、地震危险程度进行评估。

历史上对场址的最大地震影响为 1902 年的汪清地震，但影响烈度不大于Ⅴ度。2002 年的 7 级汪清深源地震对目标区的影响不超过Ⅴ度。可以认为，未来探测区的深源地震对目标区的影响不会超过Ⅴ度。由入倉—三宅经验关系和 WC 经验关系来估计 4 条断裂未来最大震级定为 5.5 级；根据最大似然法和震级时间模型方法，计算出来未来区域百年的 5 级和 5.5 级地震的发震概率，分别是 0.48 和 0.27。

参考文献

陈聪，任云生，赵华雷，等，2015. 延边东部五道沟花岗闪长岩体的年代学与地球化学特征及其成矿意义［J］. 中南大学学报（自然科学版），（8）：2962-2973.

陈跃军，周晓东，1998. 吉林延边汪清县蛤蟆塘盆地白垩纪地层划分及其演化［J］. 吉林地质，（4）：21-24，45.

仇根根，裴发根，方慧，等，2014. 长白山天池火山岩浆系统分析［J］. 地球物理学报，57（10）：3466-3477.

崔斗烈，黄昌基，1990. 长春市地质灾害的探讨［J］. 吉林地质，（4）：62-66.

崔辉辉，周元泽，石耀霖，等，2016. 华北克拉通东部滞留板块下方低速异常的地震三重震相探测［J］. 地球物理学报，59（4）：1309-1320.

崔同翠，张莹，张艳芯，1994. 对延吉盆地晚中生代地层层序的认识［J］. 大庆石油地质与开发，2（13）：26-29.

邓起东，徐锡伟，张先康，等，2003. 城市活动断裂探测的方法和技术［J］，地学前缘，10（1）：93-102.

邓智恒，罗伟栋，2007. 基于 Bootstrap 方法的独立分量分析可靠性研究［J］. 电子测量技术，30（9）：8-11.

东北平原第四纪自然环境形成与演化课题组，1990. 中国东北平原第四纪自然环境形成与演化［M］. 哈尔滨：哈尔滨地图出版社.

段永红，张先康，刘志，等，2005. 长白山—镜泊湖火山区地壳结构接收函数研究［J］. 地球物理学报，48（2）：352-358.

段永红，张先康，杨卓新，等，2003. 长白山天池火山区基底结构研究［J］. 地震地质，25（3）：501-508.

冯暄，迟唤昭，刘财等，2013. 长白山及邻区地壳、上地幔顶部三维速度结构［J］. 吉林大学学报（地球科学版），43（3）：983-992.

付媛媛，高原，2016. 东北地区背景噪声的 Rayleigh 和 Love 波相速度层析成像［J］. 地球物理学报，59（2）：494-503.

傅维洲，1996 中国东北深震及其构造意义［J］. 长春地震学院学报，26（3）：16-32.

高金哲，刘杰，桑成良，等，2007. 长白山天池火山地区的尾波 Q 值估计［J］. 中国地震 . 23（4），400-409.

高立新，2011. 中国东北地区地震活动的动力背景及其时空特征分析［J］. 地震，31（1）：1-50.

高占永，张瑞青，吴庆举，等，2015. 中国东北地区下方 660km 间断面研究 . 地震学报，37（5）：711-721.

郝福江，杜继宇，王璞珺，等，2010. 深大断裂对松辽断陷盆地群南部的控制作用［J］. 世界地质，29（4）：553-559.

何建坤，刘福田，1998. 俯冲板片形貌特征和活动大陆边缘演化体制的关系 . 地球物理学进展，13（2）：15-25.

黄骥超，万永革，盛书中，等，2016. 汤加—克马德克俯冲带现今非均匀应力场特征及其动力学意义［J］. 地球物理学报，59（2）：578-592.

吉林省地矿局区调所，1990. 吉林省新构造运动区划研究报告（内部报告）［R］.

吉林省地质局区域地质调查大队，1980. 吉林省及其西部邻区构造体系与地震分布规律图说明书（1∶50 万）（内部报告）［R］.

吉林省地质局区域地质调查大队 . 长春市活断层探测与地震危险性评价地震构造图报告（内部报告）［R］.

吉林省地质矿产局，1988. 吉林省区域地质志［M］. 北京：地质出版社，553-574.

吉林省第六地质调查所，1991. 吉林省延边地区金银铜铅锌锑锡中比例尺成矿预测报告（内部报告）［R］.

吉林省农业区划委员会地貌区划组，1985. 吉林省农业地貌区划与地貌图［M］. 长春：吉林科技出版社 .

贾大成，1995. 延吉地体地质特征及构造演化探讨［J］. 吉林地质，14（1）：40-44.

金炳成，刘永江，韩国卿，等，2012. 吉林—延吉—朝鲜咸北地区晚古生代沉积特征及其构造演化意义［J］. 吉林大学学报，1（42）：296-305.

金伯禄，1994. 长白山火山地质研究［M］. 东北朝鲜民族教育出版社 .

金钟范，郑京浩，1994. 延边地区新构造运动特征［J］. 延边大学学报，（6）：63-67.

金钟范，郑京浩，1994. 延边地区新构造运动特征［J］. 延边大学学报（自然科学版），20（2）：63-67.

雷建设，赵大鹏，2004. 长白山火山的起源和太平洋俯冲板块之间的关系 . 地球科学进展，19（3）：364-367.

李建军，张军龙，2015. 探地雷达在探测隐伏活动断层中的应用［J］. 地震，35（4）：83-89.

李圣强，陈棋福，赵里，等，2013. 2011年5月中国东北M_w5.7深震的非同寻常震源机制：区域波形反演与成因探讨［J］. 地球物理学报，56（9）：2959–2970.

李钟根，2012. 吉林省四级以上地震地迁移特点和区域构造关系［J］. 科技创新，5：42–43.

刘国明，杨景奎，王丽娟，等，2011. 长白山火山活动状态分析［J］. 矿物岩石地球化学通报，30（4）：393–399.

刘嘉麒，1999. 中国火山［M］. 北京：科学出版社.

刘若新，樊祺诚，郑祥身，等，1998. 长白山天池火山的岩浆演化［J］. 中国科学（D），28：226–231.

刘志，张先康，王夫运，等，2005. 用地震走时反演计算长白山天池火山区二维地壳泊松比［J］. 地震学报，27（3），324–331.

卢造勋，1983. 东北地区的深部构造与地震［J］. 长春地质学院学报，1：113–120.

卢造勋等，2005. 东北地区地壳上地幔结构的探测与研究［J］. 东北地震研究，21（1）：1–8.

吕延防，姜贵周，1997. 延吉盆地断裂特征及对油气分布的控制［J］. 断块油气田，2（4）：1–4.

马学英，滕吉文，刘有山，等，2016. 长白山火山区壳幔物性结构与深部物理场特征［J］. 地球物理学进展，31（5）：1973–1985.

潘佳铁，李永华，吴庆举，等，2014a. 中国东北地区地壳上地幔三维S波速度结构［J］. 地球物理学报，57（7）：2077–2087.

潘佳铁，吴庆举，李永华，等，2014b. 中国东北地区噪声层析成像［J］. 地球物理学报，57（3）：812–821.

裴军令，杨振宇，赵越，等，2009. 中国东北及邻区白垩纪古地磁分析与块体旋转运动动力学背景［J］. 地质学报，83（5）：617–627.

强祖基，王洪涛，1992. 活动构造研究［M］. 北京：地震出版社，52–69.

邵建波，毕守业，1995. 吉林省东部主要北东向断裂带地质特征及地壳演化［J］. 吉林地质，14（1）：35–39.

孙建中，1982. 吉林省第四纪冰期的划分［J］. 地质学报，2：174–186.

孙明道，2016. 中国东北及邻区白垩纪岩浆活动与古太平洋板块俯冲的关系［J］. 矿物岩石地球化学通报，35（6）：1071，1090–1097.

孙文福，关英梅，李芳，等，2004. 东北地区地震活动规律及发展趋势研究［J］. 东北地震研究，20（1）：9–18.

邰振华，2012. 吉林省延边地区重磁场研究［D］. 长春：吉林大学.

汤吉，邓前辉，赵国泽，等，2001. 长白山天池火山区电性结构和岩浆系统. 地震地质，

23（2）：191-200.

汤吉，刘铁胜，江钊，等，1997. 长白山天池火山地区大地电磁测深初步观测 . 地震地质，19（2）：164-170.

田有，刘财，冯晅，2011. 中国东北地区地壳、上地幔速度结构及其对矿产能源形成的控制作用［J］. 地球物理学报，54（2）：407-414.

田原，C.P.Legendre，周彤，等，2017. 中国东北地区高精度相速度层析成像及其构造意义［J］. 地球物理学报，60（5）：1659-1675.

王成文，金巍，张新洲，等，2008. 东北及邻区晚古生代大地构造属性新认识［J］. 地层学杂志，32（2）：119-136.

王夫运，张先康，杨卓欣，2002. 用地震走时反演长白山天池火山地区的二维地壳结构 . 地震学报，24（2）：144-152.

王开燕，刘丹，柳俊茹，等，2015. 东北地区地壳结构研究［J］. 地球物理学进展，30（1）：61-69.

王敏，李强，王凡，等，2011. 全球定位系统测定的 2011 年日本宫城 M_w9.0 地震远场同震位移 . 科学通报，56（20）：1593-1596.

王武，陈棋福，2017. 长白山火山区地壳 S 波速度结构的背景噪声成像［J］. 地球物理学报，60（8）：3080-3095.

王锡魁等，1999. 中国东北新生代火山活动与地热资源［J］. 地质论评，45（增刊），190-195.

王新，2016. 西北太平洋俯冲区上地幔过渡带的地震学研究［D］. 北京：中国科学院大学 .

王兆国，刘财，冯晅等，2009. 中国东北地区地震空间分布与主要断裂带，深部构造及应力场关系［J］. 世界地质，4（28）：513-519.

吴福元，徐义刚，高山，等，2008. 华北岩石圈减薄与克拉通破坏研究的主要学术争论［J］. 岩石学报，24（6）：1145-1174.

吴建平，明跃红，刘一鸣，等，2003. 2002 年 8 月 20 日长白山天池火山小震震群研究［J］. 地震地磁观测与研究，24（4）：1-8.

吴建平，明跃红，张恒荣，等，2005. 2002 年夏季长白山天池火山区的地震活动研究［J］. 地球物理学报，48（3）：621-628.

吴建平，明跃红，张恒荣，等，2007. 长白山天池火山区的震群活动研究［J］. 地球物理学报，50（4）：1089-1096.

吴建平，明跃红，苏伟，等，2009. 长白山火山区壳幔 S 波速度结构研究［J］. 地震地质，31（4）：584-597.

吴庆举，田小波，张乃铃，等，2003. 计算台站接收函数的最大熵谱反褶积方法［J］. 地震学报，25（4）：352-389.

谢宇平，刘祥，向天元，1989. 吉林省东部新生代火山与火山岩研究［M］. 长春：东北师范大学出版社 .

徐岳仁，张军龙，陈长云，2012. DGPS 和 SPOT-5 异轨立体像对在岷江源构造地貌研究中的应用［J］. 北京大学学报（自然科学版），48（4）：686-694.

许力生，蒋长胜，陈运泰，等，2007. 2004 年首都圈地区中小地震的矩张量反演［J］. 地震学报，29（3）：229-239.

杨宝俊，穆石敏，金旭，等，1996. 中国满洲里—绥芬河地学断面地球物理综合研究［J］. 地球物理学报，39（6）：772-782.

杨清福，高金哲，刘俊清，等，2013. 长白山天池火山预警系统建设架构（Ⅰ）——火山监测网络建设［J］. 自然灾害学报，22（5），112-119.

杨清福，薄景山，2007. 长白山天池火山的研究现状与展望［J］. 自然灾害学报，16（6）：133-139.

杨文采，施志群，侯遵泽，等，2001. 离散小波变换与重力异常多重分解［J］. 地球物理学报，44（4）：534-541.

杨卓欣，张先康，赵金仁，等，2005. 长白山天池火山区三维地壳结构层析成像 . 地球物理学报，48（1）：107-115.

于龙伟，1987. 东北中强震和强震的时空分布特征［J］. 东北地震研究，3（1）：1-22.

翟明国，朱日祥，刘建明，等，2003. 华北东部中生代构造体制转折的关键时限［J］. 中国科学（D），33（10）：913 ～ 920.

张成科，张先康，赵金仁，等，2002. 长白山天池火山区及邻近地区壳幔结构探测研究[J]. 地球物理学报，45（6）：812-820.

张风雪，吴庆举，李永华，2013. 中国东北地区远震 P 波走时层析成像研究［J］. 地球物理学报，56（8）：2690-2700.

张风雪，吴庆举，李永华，2014. 中国东北地区远震 S 波走时层析成像研究［J］. 地球物理学报，57（1）：88-101.

张广成，吴庆举，潘佳铁，等，2013. 利用 H-K 叠加方法和 CCP 叠加方法研究中国东北地区地壳结构与泊松比［J］. 地球物理学报，56（12）：4084-4094.

张国伟，郭安林，董云鹏，等，2011. 大陆地质与大陆构造和大陆动力学［J］. 地学前缘 18（3）：1-12.

张景发，陶夏新，田云锋，等，2004. 城市周边活断层探测中遥感技术的应用［J］，自然灾害学报，13（1）：138-145.

张军龙，田勤俭，张小龙，等，2008. Dgps 方法在新构造研究中的应用探讨[J]. 地学前缘，

15（4）：290–297.

张军龙，田勤俭，李智敏，等，2007. 差分GPS方法在城市活断层探测中的应用探讨［J］. 地震，27（3）：74–82.

张克亮，魏东平，2008. 环太平洋俯冲带内双地震带及其成因机制研究进展［J］. 地球物理学进展，23（1）：31–39.

张克亮，魏东平，2011. 双地震带的影响因素探讨［J］. 地球物理学报，54（11）：2838–2850.

张萍，2009. 东北地区中强地震震源机制分析［J］. 地震地磁观测与研究，30（1）：12–19.

张先康，张成科，赵金仁，等，2002. 长白山天池火山区岩浆系统深部结构的深地震测深研究［J］. 地震学报，24（2）：135–143.

张兴洲，杨宝俊，吴福元，等，2006. 中国兴蒙—吉黑地区岩石圈结构基本特征［J］. 中国地质，33（4）：816–823.

张贻侠，孙运生，张兴洲，等，1998. 中国满洲里—绥芬河地学断面［M］. 北京：地质出版社.

张庸，王锡魁，1995. 中国满洲里—绥芬河地学断面域及邻区新构造运动［M］. 长春：吉林大学出版社.

张之一，1989. 延吉盆地构造地质特征及其含油性［J］. 石油与天然气地质，4（19）：398–403.

赵大鹏，雷建设，唐荣余，2004. 中国东北长白山火山的起源：地震层析成像证据［J］. 科学通报，49（14），1439–1446.

赵金仁，张先康，杨卓欣，等，2003. 长白山天池火山区上地壳三维速度层析成像［J］. 地球物理学报，46（6），796–802.

赵越，徐刚，张拴宏，等，2004. 燕山运动与东亚构造体制的转变［J］. 地学前缘，11（3）：319–328.

赵越，杨振宇，马醒华，1994. 东亚大地构造发展的重要转折［J］. 地质科学，29（2）：105–119.

郑天愉，姚振兴，1994. 中国台湾以东地区地震矩张量研究及其构造意义［J］. 地球物理学报，37（4）：478–486.

周琴，吴福元，储著银，等，2007. 吉林蛟河地幔橄榄岩捕虏体的Sr–Nd–Hf–Os同位素特征与岩石圈地幔时代［J］. 岩石学报，23（6）：1269–1280.

朱洪翔，田有，刘财，等，2017. 中国东北地区高分辨率地壳结构：远震接收函数［J］. 地球物理学报，60（5）：1676–1689.

Ai Y S，Zheng T Y，Xu W W，et al.，2008，Small scale hot upwelling near the North Yellow Sea of Eastern China ［J］.Geophysical Research Letters，35，L20305.

Ai Y S，Zheng T Y，Xu W W，et al.，2003. A complex 660kmdiscontinuity beneath northeast China ［J］. Earth Planetary ScienceLetters，212（1-2）：63-71.

Barmin M P，Ritzwoller M H，Levshin A L，2001. A fast and reliable method for surface wave tomography ［J］. Pure Appl. Geophys.，158：1351-1375.

Bensen G D，Ritzwoller M H，Barmin M P，et al.，2007. Processing seismic ambient noise data to obtain reliable broad-band surface wave dispersion measurements ［J］. Geophys. J. Int.，169（3）：1239-1260.

Ben-Zion Y，Ampuero J，2009，Seismic radiation from regionssustaining material damage ［J］.Geophys. J. Int.，178：1351-1356.

Bhattacharyya B K，Leu L K，1977. Spectral analysis of gravity and magnetic anomalies due to rectangular prismatic bodies ［J］. Geophysics，42（1）：41-50.

Bhattacharyya B K，1966 Continous spectrum of the total magnetic anomalies field anomaly due to a rectangular Prismatie baby ［J］. Geophysics，31，97-121.

Bina C R，Helffrich G. 1994. Phase transition Clapeyron slopes and transition zone seismic discontinuity topography. J. Geophys. Res.-Solid Earth，99（B8）：15853-15860.

Bina C R，Kawakatsu H. 2010. Buoyancy，bending，and seismic visibility in deep slab stagnation ［J］. Phys. Earth Planet. Inter.，183（1-2）：330-340.

Buffett B A，Becker T W. 2012. Bending stress and dissipation in subducted lithosphere［J］. Journal of Geophysical Research：Solid Earth，117（B05413）：1-10.

Chen C，Zhao D，Tian Y，et al.，2017，Mantle transition zone，stagnant slab and intraplate volcanism in Northeast Asia ［J］. Geophysical Journal International，209，68-85.

Chen QF，Wang X，Li J，2016，Imaging the subducting Pacific slab beneath Northeast China with dense seismic array ［C］. SE25-D2-PM1-402A（L4S）-004，AOGS 13th Annual Meeting，31 Jul to 5 Aug，2016，Beijing，China.

Choi S，Oh C W，Götze H J, 2013，Three-dimensional density modeling of the EGM2008 gravity field over the Mount Paekdu volcanicarea ［J］. Journal of Geophysical Research，118，3820-3836.

Christova C，2004. Stress field in the Ryukyu–Kyushu Wadati–Benioff zone by inversion of earthquake focal mechanisms ［J］. Tectonophysics，384（1-4）：175-189.

Christova C，2015. Spatial distribution of the contemporary stress field in the Kurile Wadati-Benioff zone by inversion of earthquake focal mechanisms ［J］. Journal of

Geodynamics，83：1–17.

Cizkova H，Bina C R，2013. Effects of mantle and subduction–interface rheologies on slab stagnation and trench rollback [J] . Earth Planet. Sci. Lett.，379：95–103.

Dokht R M，Gu Y J，Sacchi M D，2016. Waveform inversion of SS precursors：an investigation of the northwestern Pacific subduction zones and intraplate volcanoes in China [J] . Gondwana Research，40，77–90.

Duan Y H，Zhao D，Zhang X K，et al.， 2009. Seismic structure andorigin of active intraplate volcanoes in Northeast Asia [J] . Tectonophysics，470（3–4）：257–266.

Dziewonski A M，Chou T A，Woodhouse J H，1981. Determination of earthquake source parameters from waveform data for studies of global and regional seismicity [J] . Journal of Geophysical Research，86：2825–2852.

Efron B，Tibshirani R，1986. Bootstrap Methods for Standard Errors，Confidence Intervals，and Other Measures of Statistical Accuracy [J] . Statistical Science，1（1）：54–75.

Ekström G，Nettles M，Dziewo ń ski A M, 2012，The global CMT project 2004–2010: Centroid–moment tensors for 13017 earthquakes，Phys. Earth Planet. Int.，200–201：1–9.

Engdahl E R，R van der Hilst，Buland R，1998. Global teleseismic earthquake relocation with improved travel times and procedures for depth determination [J] . Bull. Seismol. Soc. Amer.，88（3）：722–743.

Forsyth D，Uyedaf S，1975. On the Relative Importance of the Driving Forces of Plate Motion [J] . Geophysical Journal of the Royal Astronomical Society，43（1）：163–200.

Frohlich C, 1995. Characteristics of well–determined non–double–couple earthquakes in the Harvard CMT catalog [J] . Phys. Earth Planet. Inter.，91：213–228.

Fu YV，Gao Y，Li A，et al.，2016. Origin of intraplate volcanism in northeast China from Love wave constraints [J] . Journal of Geophysical Research，121（11）：8099–8112.

Fukao Y，Obayashi M，2013. Subducted slabs stagnant above，penetrating through，and trapped below the 660km discontinuity [J] . Journal of Geophysical Research，118（11），5920–5938.

Fukao Y，Obayashi M，Inoue H，Nenbai M, 1992. Subducting slabsstagnant in the mantle transition zone [J] . Journal of Geophysical Research，97，4809–4822.

Gee L S，Jordan T H，1992. Generalized Seismological Data Functionals [J] . Geophysical Journal International，111（2）：363–390.

Giardini D, 1984. Systematic analysis of deep seismicity：200 centroidmoment tensor solutions for earthquake between 1977and 1980 [J] . Geophys. J. R. Astr. Soc., 77: 883–914.

Goto K, Hamaguchi H, Suzuki Z, 1985. Earthquake generating stresses in a descending slab [J] . Tectonophysics, 112 (1) : 111–128.

Gu Y, Okeler A, Schultz R, 2012. Tracking slabs beneath northwesternPacific subduction zones [J] . Earth Planetary Science Letters, 331, 269–280.

Guo Z, Chen YJ, Ning J, et al., 2015. High resolution 3–D crustal structure beneath NE China from joint inversion of ambient noise and receiver functions using NECESSArray data [J] . Earth Planetary Science Letters, 416: 1–11.

Guo Z, Chen YJ, Ning J, et al., 2016. Seismic evidence of on–going sublithosphere upper mantle convection for intra–plate volcanism in Northeast China [J] . Earth Planetary Science Letters, 433: 31–43.

Hardebeck J L, Michael A J, 2006. Damped regional–scale stress inversions: Methodology and examples for southern California and the Coalinga aftershock sequence [J] . Journal of Geophysical Research: Solid Earth, 111 (B11) : B11310.

Hasegawa A, Horiuchi S, Umino N, 1994. Seismic structure of the northeastern Japan convergent margin: A synthesis [J] . Journal of Geophysical Research: Solid Earth, 99 (B11) : 22295–22311.

Hayes G P, Wald D J, Johnson R L, 2012. Slab1.0: A three–dimensional model of global subduction zone geometries [J] . Journal of Geophysical Research: Solid Earth, 117 (B1) : 180–198.

Helffrich G, Wood B J, 2001. The Earth's mantle. Nature, 412 (6846) : 501–507.

Herrmann R B, 2013. Computer programs in seismology: an evolving tool for instruction and research [J] . Seismol Res Let, 84, 1081–1088.

Hetland E A, Wu F T, Song J L, 2004. Crustal structure in theChangbaishan volcanic area, China, determined by modeling receiverfunctions. Tectonophysics 386, 157–175.

Huang J L, Zhao D, 2006. High–resolution mantle tomography of China and surrounding regions [J] . Journal of Geophysical Research, 111, B09305.

Isacks B, Molnar P, 1971. Distribution of stresses in the descending lithosphere from a global survey of focal–mechanism solutions of mantle earthquakes [J] . Reviews of Geophysics, 9 (1) : 103–174.

Ito E, Akaogi M, Topor L, et al., 1990. Negative Pressure–Temperature Slopes for Reactions Formign MgSiO3 Perovskite from Calorimetry. Science, 249 (4974) : 1275–1278.

Li J J, Zhang J L, Cai Y Y, 2016. Geometric Detection of the Concealed Area of Tazang

Fracture with Ground Penetrating Radar. Revista de la Facultad de Ingeniería U.C.V., 31 : 1-10.

Jin G, Gaherty J B, 2015. Surface wave phase-velocity tomography based on multichannel cross-correlation [J] . Geophysical Journal International, 201 (3) : 1383-1398.

Kang D, Shen W, Ning J, et al., 2016. Seismic evidence for lithospheric modification associated with intracontinental volcanism in northeastern China [J] . Geophysical Journal International, 204 (1) : 215-235.

Karato S, Karki B B, 2001. Origin of lateral variation of seismic wave velocities and density in the deep mantle [J] . J. Geophys. Res.-Solid Earth, 106 (B10) : 21771-21783.

Katsura T, Ito E, 1989. The system Mg_2SiO_4-Fe_2SiO_4 at high pressures and temperatures: Precise determination of stabilities of olivine, modified spinel, and spinel [J] . Journal of Geophysical Research-Solid Earth and Planets, 94 (B11) : 15663-15670.

Kawakatsu H, Yoshioka S, 2011. Metastable olivine wedge and deep dry cold slab beneath southwest Japan [J] . Earth Planet. Sci. Lett., 303 (1-2) : 1-10.

Kennett B L N, Engdahl E R, 1991.Travel times for global earthquakelocation and phase identification [J] . Geophys. J. Int., 105: 429-465

Kim S, Tkalčić H, Rhie J, 2017. Seismic constraints on magmaevolution beneath Mount Baekdu (Changbai) volcano fromtransdimensional Bayesian inversion ofambient noise data [J] . Journal of Geophysical Research, 122, 5452–5473.

Kim S, Tkalčić H, Rhie J, et al., 2016. Intraplate volcanism controlled by back-arc and continental structures in NE Asia inferred fromtransdimensional Bayesian ambient noise tomography [J] . Geophysical Research Letters, 43, 8390–8398.

Kubo T, Kaneshima S, ToriiY, et al., 2009. Seismological and experimental constraints on metastable phase transformations and rheology of the Mariana slab [J] . Earth Planet. Sci. Lett., 287 (1-2) : 12-23.

Kuge K, Kawakatsu H, 1992. Deep and intermediate depth non-double couple earthquakes -Interpretation of moment tensor inversions using various passbands of very broadband seismic waves [J] .Geophys. J. Int., 111 : 589-606.

Kyong-Song R, Hammond J O, Chol-Nam K, et al., 2016. Evidence for partial melt in the crust beneath Mt. Paektu (Changbaishan) , Democratic People's Republic of Korea and China [J] . Science Advances, 2 (4) , e1501513.

Lee S-H, Rhie J, Park Y, et al., 2014. Topography of the 410 and 660km discontinuities beneath the Korean Peninsula and southwestern Japan using teleseismic receiver functions [J] . J. Geophys. Res.-Solid Earth, 119 (9) : 7245-7257.

Lei JS, Zhao D, 2005. P-wave tomography and origin of the Changbai intraplate volcano in Northeast Asia [J]. Tectonophysics, 397 (3-4), 281-295.

Lei J S, Xie F R, Fan Q C, et al., 2013. Seismic imaging of the deepstructure under the Chinese volcanoes: An overview [J]. Physics ofthe Earth and Planetary Interiors, 244: 104-123.

Levshin A L, Yanovskaya T B, Lander A V, et al., 1989., Seismic surface waves in a laterally inhomogeneous Earth [J]. Modern Approaches in Geophysics, 9: 131-169.

Li C, van der Hilst RD, 2010. Structure of the uppermantle and transition zone beneath Southeast Asia fromtraveltime tomography [J]. J. Geophys. Res., 115 (B7), B07308.

Li J, Chen Q F, Niu F, 2008. Topography of the 660km discontinuity beneath northeast China: Implications for a retrograde motion of the subducting Pacific slab, Geophysical Research Letters, 35 (1), L01302.

Li J, Tosi N, Maierova P, et al, 2016. Evidence from caustics waveform modelling for long slab thickening above the 660km discontinuity under northeast Asia: Dynamical implicaiton. AGU Monograph.211, 5-18.

Li J, Wang X, Wang X, et al., 2013. P and SH velocity structurein the upper mantle beneath Northeast China: Evidence for a stagnantslab in hydrous mantle transition zone [J]. Earth and Planetary ScienceLetters, 367: 71-81.

Li X, Yuan X, 2003. Receiver functions in northeast China – implications for slab penetration into the lower mantle in northwest Pacific subduction zone [J]. Earth Planetary Science Letters, 216, 679-691.

Li YH, Wu Q J, Pan J T, et al., 2012. S-wave velocity structure of northeastern China from joint inversion of Rayleigh wave phase and group velocities [J]. Geophysical Journal International, 190 (1): 105-115.

Lin F C, Ritzwoller M H, Snieder R, 2009. Eikonal tomography: surface wave tomography by phase front tracking across a regional broad-band seismic array [J]. Geophysical Journal International, 177 (3): 1091-1110.

Litasov K, Ohtani E. 2002. Phase relations and melt compositions in CMAS-pyrolite-H2O system up to 25 GPa. Phys. Earth Planet. Inter., 134 (1-2): 105-127.

Liu X, Zhao D, Li S, Wei W, 2017. Age of the subducting Pacific slab beneath East Asia and its geodynamic implications, Earth and Planetary Science Letters, 464, 166-174.

Liu Z, Huang J, Yao H, 2016. Anisotropic Rayleigh wave tomography of Northeast China using ambient seismic noise [J]. Physics of the Earth and Planetary Interiors, 256, 37-48.

Liu Z，Niu F，Chen YJ，et al.，2015. Receiver function images of the mantle transition zone beneath NE China：New constraints on intraplate volcanism，deep subduction and their potential link［J］. Earth Planetary Science Letters，412：101-111.

Lou X，S.van der Lee，Lloyd S，2013. AIMBAT：A Python/Matplotlib tool for measuring teleseismic arrival times［J］. Seismol. Res. Lett.，84（1），85-93.

Michael A J，1984. Determination of stress from slip data：Faults and folds［J］. Journal of Geophysical Research，89：11517-11526.

Michael A J，1987. Use of focal mechanisms to determine stress：A control study. Journal of Geophysical Research，92：357-368.

Miller A D，Foulger G R，Julian B R，1998. Non-double-couple earthquakes 2. Observations，Rev. Geophys.，36（4）：551-568.

Miller M S，Kennett B L N，2006. Evolution of mantle structure beneath the northwest Pacific：Evidence from seismic tomography and paleogeographic reconstructions［J］. Tectonics. 25（4）：14.

Niu F，2014. Distinct compositional thin layers at mid-mantle depths beneath northeast China imaged by the USArray［J］. Earth Planetary Science Letters，402，305-312.

Niu F，Li J，2011. Component azimuths of the CEArray stations estimated from P-wave particle motion［J］. Earthquake Science，24（1）：3-13.

Niu F，Kawakatsu H，1996. Complex structure of the mantle discontinuities at the tip of the subducting slab beneath the northeast China：A preliminary investigation of broadband receiver functions［J］. Journal of Physics of the Earth，44，701-711.

Obayashi M，Yoshimitsu J，Nolet G，et al.，2013. Finite frequency whole mantle P wave tomography: Improvement of subducted slab images［J］. Geophysical Research Letters，40（21）：5652-5657.

Ohtani E，Zhao D，2009. The role of water in the deep upper mantle and transition zone：dehydration of stagnant slabs and its effects on the big mantle wedge［J］. Russ. Geol. Geophys.，50（12）：1073-1078.

Ozawa S，Nishimura T，Suito H，et al.，2011. Coseismic and postseismic slip of the 2011 magnitude-9 Tohoku-Oki earthquake［J］. Nature. 475：373-376.

Schmerr N，Garnero E J，2007. Upper mantle discontinuity topography from thermal and chemical heterogeneity［J］. Science，318（5850）：623-626.

Seton，M，Muller R D，Zahirovic S，et al.，2012. Global continental and ocean basin reconstructions since 200 Ma. Earth-Science Reviews，113（3-4）：212-270.

Shen W，Ritzwoller M H，Kang D，et al.，2016. A seismic reference model for the crust and uppermost mantle beneath China from surface wave dispersion［J］. Geophysical Journal International，206（2）：954–979.

ShestakovN V，Takahashi H，Ohzono M，et al.，2012，Analysis of the far–field crustal displacements caused by the 2011 Great Tohoku earthquake inferred from continuous GPS observations［J］. Tectonophysics，（524–525）：76–86.

Shuler A，Nettles M，Ekström G，2013. Global observation of vertical–CLVD earthquakes at activevolcanoes［J］. J. Geophys. Res. Solid Earth，118：1–27，doi：10.1029/2012JB009721.

Sinogeikin S V，Bass J D，Katsura T，2003. Single–crystal elasticity of ringwoodite to high pressures and high temperatures：implications for 520km seismic discontinuity［J］. Phys. Earth Planet. Inter.，136（1–2）：41–66.

Song J L，Hetland E A，Wu F T，et al.，2007. P–wave velocity structure under the Changbaishan volcanic region，NE China，from wide–angle reflection and refraction data［J］. Tectonophysics（433）：127–139.

Spector A，Grant F S，1970. Statistical models for interpreting aeromagnetic data. Geophysics，35（2）：293–302.

Stein S，Wysession M，2003. An introduction to seismology，earthquakes，and earth structure［J］. Malden：Blackwell Publishing，215–228.

Tajima F，Katayama I，Nakagawa T，2009. Variable seismic structurenear the 660km discontinuity associated with stagnant slabs and geochemicalimplications［J］. Physics ofthe Earth and Planetary Interiors（172）：183–198.

Takeuchi N，Kawakatsu H，Tanaka S，et al.，2014. Upper mantle tomography in the northwesternPacific region using triplicated P waves［J］. Journal of Geophysical Research，119，7667–7685.

Tang Y C，Obayashi M，Niu F，et al.，2014. Changbaishan volcanism in northeast China linked to subduction–induced mantle upwelling［J］. Nature Geoscience，7（6）：470–475.

Tao K，Niu F，Ning J，et al.，2014. Crustal structure beneath NE China imaged by NECESSArray receiver function data［J］. Earth Planetary Science Letters，398：48–57.

Tauzin B，Ricard Y，2014. Seismically deduced thermodynamics phase diagrams for the mantle transition zone［J］. Earth Planet. Sci. Lett.，401：337–346.

Tian Y，Zhu H，Zhao D，et al.，2016. Mantle transitionzone structure beneath the Changbaivolcano：Insight into deep slab dehydrationand hot upwelling near the 410km discontinuity [J] . Journal of Geophysical Research，121（8），5794-5808.

Turcotte D L S G，2002. Geodynamics [M] . Cambridge：Cambridge University Press，442-447，627-637.

Uyeda，S.1992. 日本岛弧和俯冲作用 [J] . 潘秋霞，译 . 海洋石油，（4）：41-46.

van der Meijde，Marone M F，Giardini D，et al. 2003. Seismic evidence for water deep in earth's upper mantle [J] . Science，300（5625）：1556-1558.

Vavry uk V，2014. Iterative joint inversion for stress and fault orientations from focal mechanisms [J] . Geophysical Journal International，199（1）：69-77.

Wang B S，Niu F，2010. A broad 660km discontinuity beneath northeastern China revealed by dense regional seismic networks in China [J] . Journal of Geophysical Research，，115，B06308.

Wang T，Revenaugh J，Song X，2014. Two-dimensional/threedimensionalwaveform modeling of subducting slab and transition zonebeneath Northeast Asia [J] . Journal of Geophysical Research，119，4766–4786.

Wang X，Chen QF，Li J，et al.，2016. Seismic sensor misorientation measurement using P wave particle motion：an application to the NECsaids Array [J] . Seismol. Res. Lett. 87（4）：901-911.

Wang X，Li J，Chen QF, 2017. Topography of the 410km and 660km discontinuities beneath Japan Sea and adjacent regions by analysis of multiple-ScS waves [J] . J. Geophys. Res. Solid Earth. 122，1264-1283.

Warren L M，Baluyut E C，Osburg T，et al.，2015. Fault plane orientations of intermediate-depth and deep-focus earthquakes in the Japan-Kuril-Kamchatka subduction zone [J] . Journal of Geophysical Research：Solid Earth，120（12）：8366-8382.

Warren L M，Hughes A N，Silver P G，2007. Earthquake mechanics and deformation in the Tonga-Kermadec subduction zone from fault plane orientations of intermediate- and deep-focus earthquakes [J] . Journal of Geophysical Research，112（B05314）：1-17.

Wei W，Xu J，Zhao D，et al.，2012. East Asia mantle tomography：new insight into plate subduction and intraplate volcanism [J] . Journal of Asian Earth Sciences，60，88–103.

Wei W，Zhao D，Xu J，et al.，2015. P and S wave tomographyand anisotropy inNorthwest Pacific and East Asia：constraints on stagnantslab and intraplate volcanism [J] . Journal of Geophysical Research，120，1642–1666.

Wu J P，Jiao W J，Ming Y H，et al.，2006. Attenuation of coda waves at the Changbaishan Tianchi volcanic area in Northeast China. Pure and Applied Geophysics，163（7），1351-1368.

Wu J P, Ming Y H, Fang L H, et al., 2009. S-wave velocity structurebeneath Changbaishan volcano inferred from receiver function.Earthquake Science, 22（4）: 409-416.

Xu P, Zhao D, 2009. Upper-mantle velocity structure beneath the North China Craton: implications for lithospheric thinning [J]. Geophysical Journal International, 177: 1279-1283.

Yamada A, Zhao D, Inoue T, et al., 2009. Seismological evidence for compositional variations at the base of the mantle transition zone under Japan Islands [J]. Gondwana Res., 16（3-4）: 482-490.

Zhang M, Guo Z, Cheng Z, et al., 2015. Late Cenozoic intraplate volcanism in Changbai volcanic field, on the border of China and North Korea: insights into deep subduction of the Pacific slab and intraplate volcanism. Journal of the Geological Society, 172（5）, 648-663.

Zhang R, Gao Z, Wu Q, et al., 2016. Seismic images of the mantle transition zone beneath Northeast China and the Sino-Korean craton from P-wave receiver functions. Tectonophysics, 675, 159-167.

Zhang R, Wu Q, Li Y, et al., 2012. Lateral variations in sh velocity structure of the transition zone beneath Korea and adjacent regions. Journal of Geophysical Research, 117（B9）, 9315.

Zhao D, Tian Y, 2013. Changbai intraplate volcanism and deep earthquakes in East Asia: a possible link [J]? Geophys. J. Int., 195（2）: 706-724.

Zhao D, Yu S, Ohtani E, 2011. East Asia: Seismotectonics, magmatism andmantle dynamics [J]. Journal of Asian Earth Sciences, 40: 689-709.

Zhao D, Liu L, 2010. Deep structure and origin of active volcanoes in China [J]. Geoscience Frontiers, 1（1）: 31-44.

Zhao D, Tian Y, Lei J, et al., 2009. Seismic image and origin of the Changbai intraplate volcano in East Asia: Role of big mantle wedgeabove the stagnant Pacific slab. Physics of the Earth andPlanetary Interiors, 173（3-4）: 197-206.

Zhao D, 2004. Global tomographic images of mantle plumes andsubducting slabs: Insight into deep Earth dynamics. Physics ofthe Earth and Planetary Interiors, 146（1-2）: 3-34.

Zhao L F, Xie X B, Tian B F, et al., 2015. Pn wave geometrical spreading and attenuation in Northeast China and the Korean Peninsula constrained by observations from North Korean nuclear explosions [J]. Journal of Geophysical Research, 120, 7558-7571.

Zhao L F, Xie X B, Wang W M, et al., 2010. Seismic Lg-wave Q tomography in and around Northeast China [J]. Journal of Geophysical Research, 115, B08307.

Zhu L, Ben-Zion Y, 2013. Parameterization of general seismic potency and moment tensors for source inversion of seismic waveform data [J]. Geophys. J. Int., 194 (2): 839-843.

Zhu L, Helmberger DV, 1996. Advancement in source estimation techniques using broadband regional seismograms [J]. Bull.Seism.Soc.Am., 86 (5): 1634-1641.

Zhu L, Kanamori H, 2000. Moho depth variation in southern California from teleseismic receiver functions [J]. J. Geophys. Res., 105 (B2): 2969-2980.

Zhu L, Rivera L A, 2002. A note on the dynamic and static displacements from a point source in multilayered media [J]. Geophys.J.Int., 148: 619-627.

Zhu L, 2000. Crustal structure across the San Andreas Fault, southern California from teleseismic converted waves [J]. Earth Planet. Sci. Lett., 179 (1): 183-190.

Zou H B, Fan Q C, Yao Y P, 2008. U-Th systematics of dispersed young volcanoes in NE China: Asthenosphere upwelling caused by piling up and upward thickening of stagnant Pacific slab [J]. Chemical Geology, 255 (1-2): 134-142.

Wang X K Qiu S W, Song CC, et al, 2001.Cenozoic Volcanism and Geothermal Resources in Northeast China [J]. Chinese Geographical Science, 11 (2), 150-154.

Wang X K, Xi K, Li J M, et al., 2004. Characteristics of Quaternary deposits near Songjianghe town on west slope of Changbai mountains [J]. Journal of Geoscientific Research in Northeast Asia, 7 (2), 125-131.